建筑电气专业系列教材

建筑电气控制技术

郭福雁　黄民德　乔　蕾　主编

哈尔滨工程大学出版社

内容简介

本书从实际工程应用和便于教学的需要出发,在阐述继电接触器控制系统和可编程序控制器控制系统的工作原理、设计方法及其实际应用。全书分为三部分,第一部分主要介绍常用控制电器的基本结构、工作原理及使用方法和选型问题;继电器、接触器控制的基本环节及设计和调试,软启动器和变频器的使用等内容。第二部分为建筑内各系统主要设备的电气控制线路分析。第三部分为 PLC 控制系统,包括可编程序控制器基础知识、可编程序控制器程序设计方法、常用的可编程序控制器及其指令,触摸屏的基础知识及其应用,并配合了大量的实例分析。

本书既可作为大专院校和职业技术院校建筑电气与智能化、电气工程及自动化专业、建筑电气技术专业及其他相关专业的教材,也可作为成人教育和技术培训用教材或工程技术人员参考用书。

图书在版编目(CIP)数据

建筑电气控制技术/郭福雁,黄民德,乔蕾主编. —哈尔滨:哈尔滨工程大学出版社,2014.2(2021.1 重印)

ISBN 978 - 7 - 5661 - 0737 - 4

Ⅰ.建… Ⅱ.①郭… ②黄… ③乔… Ⅲ.房屋建筑设备 – 电气控制 – 高等学校 – 教材 Ⅳ.TU85

中国版本图书馆 CIP 数据核字(2014)第 006902 号

出版发行	哈尔滨工程大学出版社	
地 址	哈尔滨市南岗区南通大街 145 号	
邮政编码	150001	
发行电话	0451 – 82519328	
传 真	0451 – 82519699	
经 销	新华书店	
印 刷	哈尔滨圣铂印刷有限公司	
开 本	787mm × 1 092mm　1/16	
印 张	24.5	
字 数	607 千字	
版 次	2014 年 2 月第 1 版	
印 次	2021 年 1 月第 2 次印刷	
定 价	45.00 元	

http://www.hrbeupress.com

E-mail:heupress@hrbeu.edu.cn

前　言

随着科学技术的发展,电气控制技术已经发展到一个相当的高度。传统的电气控制技术的内容发生了很大变化,有些产品和技术已经被淘汰。可编程序控制是基于继电器逻辑控制系统的原理而设计,逐步取代了继电－接触逻辑控制系统,称为电气自动化领域中不可替代的中心控制器件。

目前,电气控制技术在工业与民用建筑中得到越来越广泛的应用,已渗透到建筑设备的设计、运行、制造、管理等部门。随着建筑设备自动化程度的日益提高及对建筑节能的迫切要求,需要每一位建筑电气的从业者具有对建筑电气控制线路解读和运行分析的能力,因此本书从实际工程应用和便于教学的需要出发,系统地介绍了控制系统的分析、设计开发及应用的全过程。精选内容,突出应用,着重阐释基本概念,充分体现建筑电气控制技术的理论性、工程的实用性和技术的现代性。本书分三大部分,共9章和3个附录。

第一部分为传统的基础部分(1~3章),主要介绍常用控制电器的基本结构、工作原理及使用方法和选型问题;继电器、接触器控制的基本环节及设计和调试内容。重点讲解新型电气控制装置——软启动器和变频器的使用。根据电气应用技术的发展,对现代电气控制回路的设计方法进行详细的讲解。

第二部分为建筑内各系统主要设备的电气控制线路分析(4~6章),主要介绍水暖与消防设备、空调与制冷设备、锅炉、电梯等设备的电气控制系统。针对电气技术专业的特点和学生就业的需要,将水、暖、电三大专业有机地结合在一起。

第三部分为可编程序控制器(7~9章),主要介绍可编程序控制器基础知识、可编程序控制器程序设计方法、常用的可编程序控制器及其指令,触摸屏的基础知识及其应用,并配合了大量的实例分析。

本书具有以下特点:

(1)既适应建筑行业电气控制现状的实际需要,又反映电气控制技术的新发展;

(2)内容精炼,结合工程实际,突出应用,着重于生产机械或设备控制回路的工作原理和分析方法,通俗易懂,便于自学;

(3)深入浅出地阐述了建筑电气控制技术研究的主要内容、发展方向及在建筑中的应用,将水暖电专业的知识有机结合;

(4)充分体现建筑电气控制技术的理论性、工程的实用性和技术的现代性。

本书由天津城市建设学院郭福雁、黄民德和乔蕾合作完成。其中第1~5章由郭福雁编写;第6~7章及附录由黄民德编写;第8~9章由乔蕾编写。全书由黄民德负责统稿。

感谢天津宝利集团有限公司张哲同志、天津城建大学杨国庆同志、天津市华汇工程建筑设计有限公司张月洁同志、天津博风建筑设计有限公司王佃瑞同志，以及天津城建大学刘学、闫洪锦和耿志江三位同志对本书编写提供的大力帮助。同时，本书编写过程中也参考了大量已出版的参考文献和网上资料，这些文献已在书后的参考文献中一一列举，在此谨向这些文献的作者表示衷心的感谢！

建筑电气控制技术是一门涉及知识面广、技术性强、实用性强的学科，并仍在不断发展中，本书不可能涵盖所有内容，希望能起到抛砖引玉的作用。该书虽然经过认真仔细的修改和校对，但由于作者在学术水平上的局限性和编写过程中的疏漏，书中难免存在不妥之处，恳请广大读者和同仁给予批评指正，以便再次印刷时改正，也欢迎大家进行交流和探讨。另外，本书还配有电子教案，限于时间和精力，该教案只向高等院校、职业技术院校和技术培训机构中使用本教材的任课教师提供。

编 者
2013 年 11 月

目　　录

第1章　常用低压电器

低压电器是电力拖动控制系统、低压供配电系统的基本组成单元,其性能的优劣直接影响着系统的可靠性、先进性和经济性,是电气控制技术的基础。因此,必须熟练掌握低压电器的结构、工作原理并能正确使用。本章主要介绍用于常用低压电器的分类、结构、工作原理以及使用方法等,以利进行控制系统的设计、分析和维护等。

1.1　概　述

1.1.1　电器的分类

电器用途广泛、功能多样、种类繁多、结构各异,工作原理也各有不同,因而有多种分类方法。

1. 按工作电压等级分类

(1)高压电器　工作在交流电压 1 200 V、直流电压 1 500 V 及以上电路中的电器,如高压断路器、高压隔离开关、高压熔断器等。

(2)低压电器　工作在交流 50 Hz(或 60 Hz)、额定电压 1 200 V 以下或直流额定电压 1 500 V 以下的电路内起通断、保护、控制或调节作用的电器,如接触器、继电器等。生产机械上大多使用低压电器。

2. 按动作原理

(1)手动电器　人手操作发出动作指令的电器,如刀开关、按钮等。

(2)自动电器　产生电磁吸力而自动完成动作指令的电器,如接触器、继电器、电磁阀等。

3. 按工作原理

(1)电磁式电器　根据电磁感应原理进行工作的电器,如交直流接触器、电磁式继电器等。

(2)非电量控制电器　以非电物理量作为控制量进行工作的电器,如按钮开关、行程开关、刀开关、热继电器、速度继电器等。

4. 按用途分类

(1)控制电器　主要用于各种控制回路和控制系统。这类电器有接触器、继电器、控制器和电磁阀等。对这类电器的主要技术要求是有一定的通断能力,操作频率要高,电器和机械寿命要长。

(2)保护电器　主要用于对回路和电气设备进行安全保护。这类低压电器有熔断器、热继电器、安全继电器、电压继电器、电流继电器和避雷器等。对这类电器的主要技术要求是有一定的通断能力,反应要灵敏,可靠性要高。

(3)主令电器　主要用于发送控制指令。这类电器有控制按钮、主令控制器、行程开关和万能转换开关等。对这类电器的主要技术要求是操作频率要高,抗冲击,电器和机械寿命要长。

（4）执行电器　主要用于执行某种动作和传动功能。这类低压电器有电磁铁、电磁离合器等。

（5）配电电器　主要用于供、配电系统中,进行电能输送和分配。这类电器有刀开关、自动开关、隔离开关、转换开关以及熔断器等。对这类电器的主要技术要求是分断能力强、限流效果好,在系统发生故障时保护动作准确、工作可靠;动稳定及热稳定性能好。

随着电子技术和计算机技术的进步,近几年又出现了利用集成电路或电子元件构成的电子式电器、利用单片机构成的智能化电器以及可直接与现场总线连接的具有通信功能的电器。

1.1.2　电器的作用

电器是构成控制系统的最基本元件,它的性能将直接影响控制系统能否正常工作。电器能够依据操作信号或外界现场信号的要求,自动或手动的改变系统的状态、参数,实现对回路或被控对象的控制、保护、测量、指示、调节。它的工作过程是将一些电量信号或非电信号转变为非通即断的开关信号或随信号变化的模拟量信号,实现对被控对象的控制。

电器的主要作用如下。

（1）控制作用　如电梯的上下移动、快慢速自动切换与自动停层等。

（2）保护作用　能根据设备的特点,对设备、环境以及人身安全实行自动保护,如电动机的过热保护、电网的短路保护、漏电保护等。

（3）测量作用　利用仪表及与之相适应的电器,对设备、电网或其他非电参数进行测量,如电流、电压、功率、转速、温度、压力等。

（4）调节作用　低压电器可对一些电量和非电量进行调整,以满足用户的要求,如电动机速度的调节、柴油机油门的调整、房间温度和湿度的调节、光照度的自动调节等。

（5）指示作用　利用电器的控制、保护等功能,显示检测出的设备运行状况与电气回路工作情况。

（6）转换作用　在用电设备之间转换或使低压电器、控制回路分时投入运行,以实现功能切换,如被控装置操作的手动控制与自动控制的转换、供电系统的市电与自备电源的切换等。

当然,电器的作用远不止这些。随着科学技术的发展,新功能、新设备会不断出现。常用低压电器的主要种类及用途见表1-1。

表1-1　常用低压电器的主要种类及用途表

序号	类别	主要品种	主要用途
1	断路器	框架式断路器	主要用于回路的过载、短路、欠电压、漏电保护,也可用于不需要频繁接通和断开的回路
		塑料外壳式断路器	
		快速直流断路器	
		限流式断路器	
		漏电保护式断路器	

表 1-1(续一)

序号	类别	主要品种	主 要 用 途
2	接触器	交流接触器	主要用于远距离频繁控制负载,切断带负荷回路
		直流接触器	
3	继电器	中间继电器	主要用于控制回路中,将被控量转换成控制回路所需电量或开关信号
		时间继电器	
		热继电器	
		电流继电器	
		电压继电器	
		温度继电器	
		速度继电器	
		干簧继电器	
4	熔断器	瓷插式熔断器	主要用于回路短路保护,也用于回路的过载保护
		螺旋式熔断器	
		有填料封闭管式熔断器	
		无填料封闭管式熔断器	
		快速熔断器	
		自复式熔断器	
5	主令电器	控制按钮	主要用于发布控制命令,改变控制系统的工作状态
		行程开关	
		万能转换开关	
		主令控制器	
6	刀开关	胶盖闸刀开关	主要用于不频繁地接通和分断回路
		封闭式负荷开关	
		熔断器式刀开关	
7	转换开关	组合开关	主要用于电源切换,也可用于负荷通断或回路切换
		换向开关	
8	控制器	凸轮控制器	主要用于控制回路的切换
		平面控制器	
9	启动器	电磁启动器	主要用于电动机的启动
		星/三角启动器	
		自耦降压启动器	
		软启动器	

表 1-1(续二)

序号	类别	主要品种	主　要　用　途
10	电磁铁	制动电磁铁	主要用于起重、牵引、制动等场合
		起重电磁铁	
		牵引电磁铁	

1.2　电磁式电器结构及工作原理

电磁式电器是低压电器中最典型也是应用最广泛的一种电器。控制系统中的接触器和继电器就是两种最常用的电磁式电器。虽然电磁式电器的类型很多,但它的工作原理和构造基本相同。其结构大都由两个部分组成,即感应部分(电磁机构)和执行部分(触点系统)。

1.2.1　电磁机构原理

1. 电磁机构

电磁机构是电磁式低压电器的关键部分,由线圈、铁芯和衔铁组成,主要作用是通过电磁感应原理将电能转换成机械能,带动触点动作,完成接通或分断回路的功能。根据衔铁相对铁芯的运动方式,电磁机构可分为直动式和拍合式两种,如图 1-1 及图 1-2 所示。在图 1-2 中,拍合式又分为衔铁沿棱角转动和衔铁沿轴转动两种。

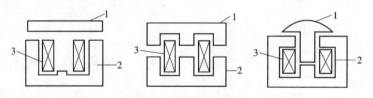

图 1-1　直动式电磁机构
1—衔铁;2—铁芯;3—吸引线圈

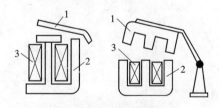

图 1-2　拍合式电磁机构
1—衔铁;2—铁芯;3—吸引线圈

直动式电磁机构多用于交流接触器、继电器中。衔铁沿棱角转动的拍合式电磁机构广泛应用于直流电器中。衔铁沿轴转动的拍合式电磁机构的铁芯形状有 E 形和 U 形两种,多用于触点容量大的交流电器中。

电磁式电器分为直流和交流两类,都是利用电磁铁的原理而制成。通常,直流电磁铁的铁芯是用整块钢材或工程纯铁制成,而交流电磁铁的铁芯则是用硅钢片叠铆而成。

2. 吸引线圈

吸引线圈的作用是将电能转换为磁能。按通入电流种类不同可分为直流电磁线圈和交流电磁线圈。直流电磁线圈一般做成无骨架、高而薄的瘦高型,使线圈与铁芯直接接触,易于散热;交流电磁线圈由于铁芯存在磁滞和涡流损耗,铁芯也会发热。为了改善线圈和铁芯的散热情况,线圈设有骨架,使铁芯与线圈隔离,并将线圈制成短而厚的矮胖型。另外,根据线圈在回路中的连接形式,可将线圈分为串联线圈和并联线圈。电磁线圈串联接入回路,用来感测线路电流,电磁机构的衔铁吸合与否取决于线圈中流过的电流的大小。这种接入方式的线圈又称为电流线圈,一般用于电流继电器或控制电器的电流线圈。电磁线圈并联接入回路,用来感测线路电压,电磁机构的衔铁吸合与否取决于线圈两端电压的大小。这种接入方式的线圈又称为电压线圈,大多数电磁式电器线圈都按照并联接入方式设计。为减少对回路电压分配的影响,串联型线圈采用粗导线制造,匝数少,线圈的阻抗较小。并联型线圈为减少回路的分流作用,需要较大的阻抗,一般线圈的导线细,匝数多。

1.2.2 电磁吸力及其特性

电磁线圈通电以后,铁芯吸引衔铁带动触点改变原来状态进而接通或断开回路的力称为电磁吸力,如图1-3所示。电磁式低压电器在吸合或释放过程中,气隙是变化的,电磁吸力也将随气隙的变化而变化,这种特性称为吸力特性。当电磁线圈断电时使触点恢复常态的力称为反力。电磁机构使衔铁释放(复位)的力与气隙长度的关系曲线称为反力特性。电磁式电器中

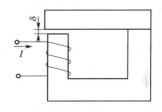

图1-3 电磁机构

反力由复位弹簧和触点产生,衔铁吸合时要求电磁吸力大于反力,衔铁复位时要求反力大于电磁吸力(此时是剩磁产生的电磁吸力)。

电磁式电器是根据电磁铁的基本原理设计的,电磁吸力是决定其能否可靠工作的一个重要参数。电磁吸力 $F \propto B^2 S$(B为气隙磁感应强度),可由式(1-1)表示。

$$F = \frac{\mu_0 S}{2\delta^2} I^2 N^2 \tag{1-1}$$

式中　I——线圈中通过的电流(A);

　　　N——线圈的匝数(匝);

　　　S——气隙截面积(m^2)

　　　δ——气隙宽度(m);

　　　F——电磁吸力(N);

　　　μ_0——真空磁导率,$\mu_0 = 4\pi \times 10^{-7}$ H/m。

1. 直流电磁机构的电磁吸力特性

从式(1-1)可以看出,对于固定线圈通以恒定直流电流时,其电磁力,F仅与δ^2成反比。吸力特性曲线如图1-4所示。由此看出,衔铁闭合前后吸力很大,气隙越小,吸力越大。但衔铁吸合前后吸引线圈励磁电流不变,故直流电磁机构适用于运动频繁的场合,且衔铁吸合后电磁吸力大,工作可靠。

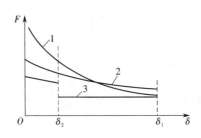

图1-4 电磁吸力特性
1—直流电磁机构;2—交流电磁机构;3—反力特性

但是对于依靠弹簧复位的电磁铁来说,在线圈断电时,由于剩磁产生吸力,使复位比较困难,会造成一些保护用继电器的性能不能满足要求。在吸力较小的直流电压型电器中,衔铁上一般都装有一片 0.1 mm 厚非磁性磷钢片,增加在吸合时的空气间隙,使衔铁易于复位。在吸力较大的直流电压型电器中,如直流接触器,铁芯的端面上加有极靴,减小在闭合状态下的吸力,使衔铁复位自如。

2. 交流电磁机构的电磁吸力特性

与直流电磁机构相比,交流电磁机构的吸力特性有较大的不同。交流电磁机构多与回路并联使用,当外加电压 U 及频率 f 为常数时,忽略线圈电阻压降。外加电压

$$U \approx E = 4.44 f \Phi N \tag{1-2}$$

式中　U——线圈电压(V);

　　　　E——线圈感应电动势(V);

　　　　f——线圈电压的频率(H_z);

　　　　N——线圈匝数;

　　　　Φ——气隙磁通(Wb)。

当外加电压 U、频率 f 和线圈匝数 N 为常数时,则气隙磁通 Φ 也为常数,由式(1-1)可知电磁吸力 $F \propto B^2 S$ 也为常数,即交流电磁机构的吸力特性为一条与气隙长度无关的直线。实际上,考虑衔铁吸合前后漏磁的变化时,F 随 δ 的减小而略有增加。对于并联电磁机构,由磁路欧姆定律 $NI \approx \Phi R_m$ 可知(R_m 为气隙磁阻,随 δ 的变化成正比变化),在线圈通电而衔铁尚未吸合瞬间,吸合电流随 δ 的变化成正比变化,衔铁吸合后的额定电流的很多倍,U 形电磁机构可达 5~6 倍,E 形电磁机构可达 10~15 倍。若衔铁卡住不能吸合,或衔铁频繁动作,交流励磁线圈很可能因电流过大而烧毁。所以,在可靠性要求较高或要求频繁动作的控制系统中,一般采用直流电磁机构而不采用交流电磁机构。

电磁机构的复位是依靠弹簧的弹力实现的,因此在吸合过程中,电磁吸力必须克服弹簧的弹力 F_r。电磁吸力 F 与弹力 F_r 相比应大一些,但不宜相差太大。对于交流电磁机构,由于电流是交变的,吸力也是脉动的,电流为 0 时,吸力也为 0,所以 50 Hz 的电源加在线圈上时,吸力为 100 Hz 的脉动吸力。当脉动的吸力 F 小于弹力 F_r 时,衔铁将在弹簧的作用下移动,而当吸力 F 大于弹力 F_r 时,衔铁将克服弹簧力而吸合。如此周而复始,使衔铁产生振动,发出噪声,不能正常工作。实际吸力曲线如图 1-5 所示。解决该问题的具体办法是在铁芯端部开一个槽,槽内嵌入称为短路环(或称分磁环)的铜环,如图 1-6 所示。当励磁线圈通入交流电后,在短路环中就有感应电流产生,该感应电流又会产生一个磁通。短路环把铁芯中的磁通分为两部分,即不穿过短路环的 Φ_1 和穿过短路环中的 Φ_2,由于短路的作用,使 Φ_1 与 Φ_2 产生相移,即不同时为零,使合成吸力始终大于反作用力,从而消除了振动和噪声。

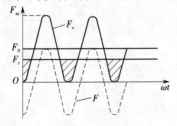

图1-5　交流电磁机构实际吸力曲线

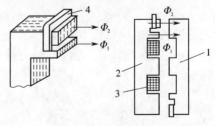

图1-6　交流电磁铁的短路环

1—衔铁;2—铁芯;3—线圈;4—短路环

3. 反力特性

电磁系统的反作用力与气隙的关系曲线称为反力特性。反作用力包括弹簧力、衔铁自身重力、摩擦阻力等。图 1-4 中曲线 3 即为反力特性曲线。

为了保证使衔铁能牢牢吸合,反作用力特性必须与吸力特性正确配合,如图 1-4 所示。在整个吸合过程中,吸力都必须大于反作用力,但不能过大或过小。吸力过大,动、静触点接触时以及衔铁与铁芯接触时的冲击力也大,会使触点和衔铁发生弹跳,导致触点熔焊或烧毁,影响电器的机械寿命;吸力过小,会使衔铁运动速度降低,难以满足高操作频率的要求。因此吸力特性与反力特性必须配合得当。在实际应用中,可调整反力弹簧或触点初压力以改变反力特性,使之与吸力特性有良好配合。

1.2.3　电器的触头系统

触点是电磁式电器的执行部分,起接通或断开回路的作用。触点的结构形式很多,按其所控制的回路可分为主触点和辅助触点。主触点用于接通或断开主回路,允许通过较大的电流;辅助触点用于接通或断开控制回路,只能通过较小的电流。

电磁式电器触点在线圈未通电状态时有常开(动合)和常闭(动断)两种状态,分别称为常开(动合)触点和常闭(动断)触点。当电磁线圈有电流通过,电磁机构动作时,触点改变原来的状态,常开(动合)触点将闭合,使与其相连的回路接通,常闭(动断)触点将断开,使与其相连的回路断开。能与机械联动的触点称动触点,固定不动的触点称静触点。

1. 触点的接触形式

在闭合状态下,动、静触点完全接触,称为电接触。电接触时触点的接触电阻大小将影响工作情况。接触电阻大时触点易发热,温度升高,从而使触点易产生熔焊现象,既影响工作的可靠性,又降低了触点的寿命。触点接触电阻的大小主要与触点的接触形式、接触压力、触点材料及触点的表面状况有关。

触点的接触形式有点接触、线接触和面接触三种,如图 1-7 所示。图(a)所示为点接触,由两个半球形触点或一个半球形与一个平面形触点构成。这种结构有利于提高单位面积上的压力和减小触点表面电阻,常用于小电流电器中,如接触器的辅助触点和继电器触点。图(b)所示为线接触,通常做成指形触点结构,接触区是一条直线。触点通、断过程是滚动接触并产生滚动摩擦,利于去掉氧化膜。开始接触时,静、动触点在 A 点接触,靠弹簧压力滚动到 B 点,并在 B 点保持接通状态。断开时作相反运动,这样可以在通断过程中自动清除触点表面的氧化膜。同时,长时期工作的位置不是在易烧灼的 A 点而是在 B 点,保证了触点的良好接触。这种滚动线接触适用于通电次数多、电流大的场合,多用于中等容量的电器,如接触器的主触点。图(c)所示为面接触,这种触点一般在接触表面上镶有合金,以减小触点的接触电阻,提高触点的抗熔焊、抗磨损能力,允许通过较大的电流,多用于较大容量接触器的主触点。

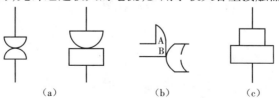

图 1-7　触点的接触形式

(a)点接触;(b)线接触;(c)面接触

2. 触点的结构

触点的结构主要有图 1-8 所示的几种类型。

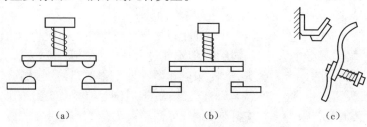

图 1-8　触点的结构形式
(a)桥式触点(点接触);(b)桥式触点(面接触);(c)指形触点(线接触)

(1)桥式触点　电磁式电器通常同时具有常开和常闭两种触点。桥式常闭触点与常开触点结构及动作对称,一般在常开触点闭合时,常闭触点断开。图 1-8 中静触点的两个触点串接于同一条回路中。当衔铁被吸向铁芯时,与衔铁固连在一起的动触点也随着移动。当与静触点接触时,便使同静触点相连的回路接通。回路的接通与断开由两个触点共同完成。

(2)指形触点　这种触点接通或分断时产生滚动摩擦,以利于去掉触点表面的氧化膜。指形触点适用于接电次数多、电流大的场合。

3. 减小触点接触电阻的方法

增加接触压力可使触点的接触面积增加,从而减小接触电阻。

在触点接触时,为了使触点接触得更加紧密,并消除开始接触时产生的振动,一般在触点上都装有接触弹簧。当动触点刚与静触点接触时,由于安装时弹簧预先压缩了一段,因此产生一个初压力 F_1,如图 1-9(b)所示,并且随着触点闭合,逐渐增大触点间的压力。触点闭合后由于弹簧在超行程内继续变形而产生一个终压力 F_2,如图 1-9(c)所示。弹簧被压缩的距离称为触点的超行程,即从静、动触点开始接触到触点压紧,整个触点系统向前压紧的距离。有了超行程,在触点磨损情况下,仍具有一定压力,但磨损严重时超行程将失败。

另一间小接触电阻的方法是选择电阻系数小的材料,如在触点上镀银或嵌银等。

另外,改善触点的表面状况,尽量避免或减少触点表面氧化物形成,注意保持触点表面清洁,避免聚集尘埃,也是较好的方法。

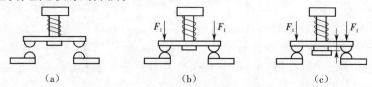

图 1-9　桥式触点闭合过程位置示意图
(a)最终断开位置;(b)刚刚接触位置;(c)最终闭合位置

1.2.4　电弧的产生及灭弧方法

在大气中断开回路时,如果被断开回路的电流超过某一数值,断开后加在触点间隙(或称弧隙)两端电压超过某一数值时,触点间隙中就会产生电弧。电弧实际上是触点间气体在强电场作用下产生的放电现象,会产生高温并发出强光,将触点烧损,并使电路的切断时间延长,严重时会引起火灾或其他事故,因此必须采取适当且有效的措施,以保护触点系统,减小对它的损伤,提高它的分断能力,从而保证整个电器的工作安全可靠。常用的灭弧方法有以下几种。

（1）电动力灭弧　图1-10是一种桥式结构双断口触点,流过触点两端的电流方向相反,将产生互相排斥的电动力。当触点打开时,在断口中产生电弧,电弧电流在两电弧之间产生图中以"⊕"表示的磁场。根据左手定则,电弧电流要受到一个指向外侧的电动力F的作用,使电弧向外运动并拉长,并迅速穿越冷却介质,从而加快电弧冷却并熄灭。这种灭弧方法多用于小容量交流接触器等交流电器中。

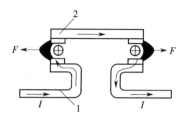

图1-10　电动力灭弧示意图
1—静触点;2—动触点

（2）磁吹灭弧　磁吹灭弧方法是利用电弧在磁场中受力,将电弧拉长,并使电弧在冷却的灭弧罩窄缝隙中运动,产生强烈的消电离作用,从而将电弧熄灭。其原理如图1-11所示。

图1-11中,在触点电路中串入吹弧线圈,该线圈产生的磁场由导磁夹板引向触点周围,其方向由右手螺旋定则确定(为图1-11中×所示),触点间的电弧所产生磁场的方向为⊕和⊙所示。这两个磁场在电弧下方方向相同(叠加),在弧柱上方方向相反(相减),所以弧柱下方的磁场强于上方的磁场。在下方磁场作用下,电弧受力的方向为F的方向。在F的作用下,电弧被吹离触点,经引弧角引进灭弧罩,使电弧熄灭。这种灭弧装置利用电弧电流本身灭弧,电弧电流越大,吹弧能力也越强。它广泛应用于直流灭弧装置中,如直流接触器。

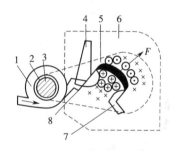

图1-11　磁吹灭弧示意图
1—磁吹线圈;2—绝缘套;3—铁芯;
4—引弧角;5—磁导夹板;6—灭弧罩;
7—动触点;8—静触点

（3）栅片灭弧　灭弧栅是一般是由镀铜薄钢片(称为栅片)和石棉绝缘板组成,它们通常在电器触点上方的灭弧室内,彼此间互相绝缘,如图1-12所示。电弧进入栅片时被分割成一段一段串联的短弧,而栅片就是这些短弧的电极,这样就使每段短弧上的电压达不到燃弧电压。同时每两片灭弧片之间都有150~250 V的绝缘强度,使整个灭弧栅的绝缘强度大大加强,以致外加电压无法维持,电弧迅速熄灭。此外,栅片还能吸收电弧热量,使电弧迅速冷却。基于上述原因,电弧进入栅片后就会很快熄灭。由于栅片灭弧装置的灭弧效果在电流为交流时要比直流时强得多,因此在交流电器中常采用栅片灭弧。

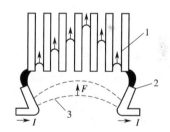

图1-12　栅片灭弧示意图
1—灭弧栅片;2—触点;3—电弧

（4）窄缝灭弧　这种灭弧方法是利用灭弧罩的窄缝实现的。灭弧罩内有一个或数个纵缝,缝的下部宽,上部窄,如图1-13所示,当触点断开时,电弧在电动力的作用下进入缝内,窄缝可将电弧柱分成若干直径较小的电弧,同时可将电弧直径压缩,使电弧同缝紧密接触,加强冷却和去游离作用,使电弧熄灭速度加快。灭弧罩通常用耐弧陶土、石棉水泥或耐弧塑料制成。

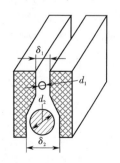

图1-13　窄缝灭弧罩的断面

1.3　接触器

接触器是一种用来自动接通或断开大电流回路的电器。它可以频繁地接通或分断交、直流负载回路,并可实现中远距离控制。其主要控制对象是电动机,也可用于电热设备、电焊机、电容器组等其他设备。它还具有低电压释放保护功能。接触器具有控制容量大、过载能力强、使用寿命长、设备简单经济等特点,是电力拖动自动控制回路中使用最广泛的电器元件之一。接触器有比工作电流大数倍甚至十几倍的接通和分断能力,但接触器不能用于分断短路电流。

按操作方式不同接触器可分为电磁接触器、气动接触器和电磁气动接触器;按灭弧介质不同可分为空气电磁接触器、油浸式接触器和真空接触器等。最常用的分类是按照接触器主触点控制的回路种类来划分,即将接触器分为交流接触器和直流接触器两大类。接触器线圈电流的种类一般与主接触点相同,但在重要场合或需要频繁通断的操作场所,交流接触器的控制线圈可以采用直流线圈。所以在工程设计中,除表明接触器的型号外,还需要表明其线圈的电压等级和种类。

1.3.1　接触器的结构及原理

1.交流接触器的结构

图 1-14 为交流接触器结构示意图。交流接触器由以下四部分组成。

(1)电磁机构　电磁机构由线圈、动铁芯(衔铁)和静铁芯组成,其作用是将电磁能转换成机械能,产生电磁吸力,带动触点动作。

(2)触点系统　包括主触点和辅助触点。主触点用于接通或断开主回路,通常为三极。辅助触点用于控制回路,起控制其他元件接通或分断及电气连锁作用,故又称连锁触点,一般有多对常开、常闭触点。主触点容量较大,带有灭弧装置;辅助触点容量较小,不设灭弧装置。辅助触点结构通常是常开和常闭成对出现。当线圈得电后,衔铁在电磁吸力的作用下吸向铁芯,同时带动动触点移动,使其与常闭触点的静触点分开,与常开触点的静触点接触,实现常闭触点断开,常开触点闭合。辅助触点不能用来断开主回路。主、辅触点一般采用桥式双断点结构。

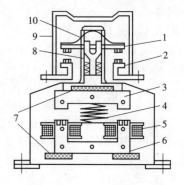

图 1-14　交流接触器结构

1—动触点;2—静触点;3—衔铁;
4—弹簧;5—线圈;6—铁芯;
7—垫毡;8—触点弹簧;9—灭弧罩;
10—触点压力弹簧

(3)灭弧装置　容量较大的接触器都有灭弧装置。大容量的接触器常采用窄缝灭弧及栅片灭弧。小容量的接触器,常采用电动力灭弧、相间弧板隔弧及陶土灭弧罩灭弧。

(4)其他辅助部件　包括反作用弹簧、缓冲弹簧、触点压力弹簧、传动机构、支架及底座等。

2.接触器的工作原理

当交流接触器线圈得电后,在铁芯中产生磁通及电磁吸力,衔铁在电磁吸力的作用下吸向铁芯,同时带动触点动作。触点动作时,常闭触点断开,常开触点后闭合。当线圈中的电压值降低到某一数值时(无论是正常控制还是欠电压、失电压故障,一般降至线圈额定电压的85%),铁芯中的磁通下降,电磁吸力减小,当减小到不足以克服复位弹簧的反力时,使得衔铁释放,主、辅触点的常开触点断开、常闭触点恢复闭合。这也是接触器的失压保护功能。

直流接触器的结构和工作原理与交流接触器基本相同,接触器的图形符号和文字符号如图1-15所示,文字符号为KM。

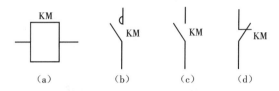

图1-15　接触器的图形符号

(a)线圈;(b)主触点;(c)常开触点;(d)常闭触点

1.3.2　接触器的型号及主要技术参数

目前,我国常用的交流接触器主要有 CJ20、CJX1、CJX2 和 CJ24 等系列;引进产品应用较多的有德国 BBC 公司的 B 系列、西门子公司的 3TB 和 3TF 系列,法国 TE 公司的 LC1 和 LC2 系列等;常用的直流接触器有 CZ18、CZ21、CZ22、CZ10 和 CZ2 等系列。

CJ20 系列交流接触器的型号含义如下:

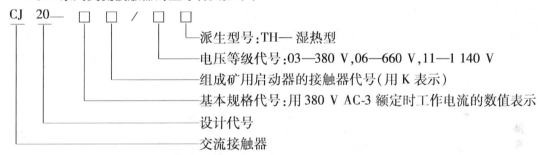

CZ18 系列直流接触器的型号含义如下:

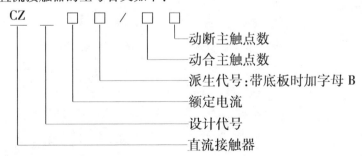

接触器的主要技术参数有极数和电流种类以及额定电压、额定电流、额定通断能力、线圈额定电压、允许操作频率、寿命、使用类别等。

(1)接触器的极数和电流种类　按接触器主触点的个数确定其极数,有两极、三极和四极接触器;按主回路的电流种类分有交流接触器和直流接触器。

(2)额定工作电压　指主触点之间正常工作电压值,也就是主触点所在回路的电源电压。

直流接触器的额定电压有 110 V、220 V、440 V、660 V;交流接触器的额定电压有 110 V、220 V、380 V、500 V、660 V 等。接触器的额定电压应大于或等于负载回路的电压。

(3)额定电流　指接触器触点在额定工作条件下的电流值。直流接触器的额定电流有 40 A、80 A、100 A、150 A、250 A、400 A 及 600 A;交流接触器的额定电流有 10 A、20 A、40 A、60 A、100 A、150 A、250 A、400 A 及 600 A。

(4)通断能力　指接触器主触点在规定条件下能可靠接通和分断的电流值。在此电流值下接通回路时,主触点不应造成熔焊。在此电流值下分断电路时,主触点不应发生长时间燃弧。一般通断能力是额定电流的 5 ~ 10 倍。这一数值与开断回路的电压等级有关,电压越高,通断能力越小。

(5)线圈额定电压　指接触器正常工作时线圈上所加的电压值。选用时,一般交流负载用交流接触器,直流负载用直流接触器,但对动作频繁的交流负载可采用使用直流线圈的交流接触器。从安全角度考虑,接触器吸引线圈的额定电压,应选择低一些,如可选 127 V。但当电气控制回路比较简单,所用电器不多时,为了节省变压器,应选 380 V 或 220 V。

(6)操作频率　指接触器每小时允许操作次数的最大值。交流接触器最高为 600 次/h,而直流接触器最高为 1 200 次/h。操作频率直接影响接触器的电寿命和灭弧罩的工作条件,对于交流接触器还影响线圈的温升。选用时一般交流负载用交流接触器,直流负载用直流接触器,但交流负载在频繁动作时可采用直流线圈的交流接触器。

(7)寿命　包括电寿命和机械寿命。目前接触器的机械寿命已达 1 000 万次以上,电气寿命约是机械寿命的 5% ~ 20%。

(8)使用类别　接触器用于不同负载时,对主触点的接通与分断能力要求不同,按不同使用条件选用相应类别的接触器便能满足其要求。根据低压电器基本标准的规定,接触器的类别比较多,其中用于电力拖动控制系统中接触器常见的类别及典型用途见表 1-2。

表 1-2　接触器使用类别及典型用途

电流种类	使用类别	典 型 用 途
AC(交流)	AC1	无感或微感负载,如白炽灯和电阻炉等
	AC2	绕线式异步电动机的启动和停止
	AC3	笼型异步电动机的运转和运行中分断
	AC4	笼型异步电动机的启动、反接制动、反转和点动
DC(直流)	DC1	无感或微感负载、电阻炉
	DC2	并励电动机的启动、反接制动、反向和点动
	DC5	串励电动机的启动、反接制动、反向和点动

接触器的使用类别代号通常标注在产品的名牌或工作手册中。表 1-2 中要求接触器主触点达到的接通和分断能力为:

(1)AC1、DC1 类允许接通和分断额定电流;

(2)AC2、DC3、DC5 类允许接通和分断 4 倍的额定电流;

(3)AC3 类允许接通 6 倍的额定电流,分断额定电流;

（4）AC4 类允许接通和分断 6 倍的额定电流。

常用交流接触器主要技术数据见表 1-3。

表 1-3 常用交流接触器主要技术数据

| 型号 | 主触头 | | | 辅助触头 | | | 线圈 | | 可控制电器的最大功率/kW | | 额定操作频率/（次/h） |
	对数	额定电流/A	额定电压/V	对数	额定电流/A	额定电压/V	电压/V	功率/kW	220	380	
CJ0－10	3	10	380	二个常开二个常闭	5	380	36 110（127） 220 380	14	2.5	4	≤600
CJ0－20	3	20						33	5.5	10	
CJ0－40	3	40						33	11	20	
CJ0－75	3	75						55	22	40	
CJ10－10	3	10						11	2.2	4	
CJ10－20	3	20						22	5.5	10	
CJ10－40	3	40						32	11	20	
CJ10－60	3	60						70	17	30	

1.3.3 接触器的选用

接触器的选择主要从类型、主回路参数、控制回路参数和辅助回路参数、电气寿命、使用类别和工作制式等方面来考虑。除此之外，还应考虑负载条件的影响，具体情况如下。

1. 类型确定

形式的确定主要是确定接触器极数和电流种类。由主回路电流种类来决定选择直流接触器还是交流接触器。交流接触器主要有 CJ10 及 CJ20 系列，直流接触器多用 CZ0 系列。目前，符合 IEC 和新国家标准的产品有 LC1－D 系列及可与西门子 3TB 系列互换使用的 CJX1、CJX2 系列，这些新产品正逐步取代 CJ 和 CZ0 系列产品。

三相交流系统中一般选用三极接触器，当需要同时控制中性线时，则选用四极交流接触器。单相交流和直流系统中常选用两极或三级并联，一般场合选用电磁式接触器，易燃易爆场合应选用防爆型及真空接触器。

2. 主回路参数的确定

确定主回路参数主要是确定工作电压、额定工作电流、额定通断能力和耐受过载电流能力。接触器可以在不同的额定工作电压和额定工作电流下工作，但在任何情况下，所选定的额定工作电压都不得高于接触器的额定绝缘电压，所选定的额定工作电流也不得高于接触器在相应工作条件下规定的额定工作电流。接触器的额定通断能力应高于通断时回路中实际可能出现的电流值，承受过载电流能力也应高于回路中实际可能出现的工作过载电流值。

接触器的额定电流应大于或等于被控回路的额定电流。对于电动机负载可按下式计算

$$I_{\mathrm{C}} = \frac{P_{\mathrm{N}} \times 10^{3}}{KU_{\mathrm{N}}} \tag{1-3}$$

式中　I_C——流过接触器主触点的电流(A);

　　　　P_N——电动机的额定功率(kW);

　　　　U_N——电动机的额定电压(V);

　　　　K——经验系数,一般取 1~1.4。

接触器的额定电流应大于或等于 I_C。接触器如使用在电动机频繁启动、制动或正反转的场合,一般将接触器的额定电流降一个等级使用。

3.控制回路参数和辅助回路参数的确定

接触器的线圈电压应按选定的控制回路电压确定。交流接触器的控制回路电流种类分为交流和直流两种。接触器的辅助触点种类和数量,一般应根据系统控制要求确定所需的辅助触点种类、数量和组合方式,同时应注意辅助触点的通断能力和其他额定参数。

4.电气寿命和使用类别的选择

电寿命指标和使用类别有关,可根据制造厂给出的有关资料选择。一般可根据接触器所控制的负载的类型选择相应使用类别的接触器。如负载是一般任务则选用 AC3 系列;负载为重任务则应选用 AC4 类别;负载是一般任务与重任务混合时,则可根据实际情况选用 AC3 或 AC4 类接触器。如选 AC3 类别时,应降级使用。

1.4　继 电 器

继电器是一种通过监测各种电量或非电量信号以接通或断开小电流控制回路的电器。它可以改变控制的回路状态。与接触器不同,继电器不能用来直接接通和分断负载回路,而主要用于电动机或线路的保护以及生产过程自动化的控制的控制回路中。一般来说,继电器通过测量环节输入外部信号(如电压、电流等电量或温度、压力、速度等非电量)并传递给中间机构,将它与整定值(即设定值)进行比较,当达到整定值时(过量或欠量),中间机构就使执行机构产生输出动作,从而闭合或分断回路,达到控制的目的。继电器的种类很多,根据不同分类方法,主要有以下几种:

(1)按用途分为控制继电器、保护继电器;

(2)按动作原理分为电磁式继电器、感应式继电器、热继电器、机械式继电器、电动式继电器、电子继电器;

(3)按输入信号分为电压继电器、电流继电器、时间继电器、速度继电器、压力继电器、温度继电器;

(4)按动作时间分为瞬时继电器、延时继电器。

在控制系统中,使用最多的是电磁式继电器。本节主要介绍电磁式电压、电流继电器、时间继电器、中间继电器。

继电器的主要技术参数包括额定参数、吸合时间和释放时间、整定参数(继电器的动作值,大部分控制继电器的动作值是可调的)、灵敏度(一般指继电器对信号的反应能力)、触点的接通和分断能力、使用寿命等。

1.4.1　电磁式继电器的结构与特性

电磁式继电器结构简单、价格低廉、使用维护方便,因此在低压控制系统中,采用的继电器大部分是电磁式继电器。

1. 结构与工作原理

电磁式继电器的结构和工作原理与电磁式接触器相似，也是由电磁系统、触点系统和释放弹簧等部分组成。电磁式继电器原理如图 1-16 所示。两者主要区别在于：继电器可对多种输入量的变化做出反应，而接触器只有在一定的电压信号作用下动作；继电器用于切换小电流的控制回路和保护回路，而接触器用来控制大电流回路；由于继电器用于控制回路，流过触点的电流比较小（一般 5 A 以下），故不需要灭弧装置，也无主辅触点之分等。电磁式继电器的图形、文字符号如图 1-17 所示。常用的电磁式继电器有电压继电器、中间继电器和电流继电器。

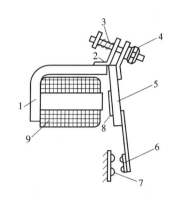

图 1-16　电磁式继电器原理图

1—铁芯；2—旋转棱角；3—释放弹簧；4—调节螺母；5—衔铁；6—动触点；7—静触点；8—非磁性垫片；9—线圈

2. 电磁式继电器的特性

继电器的主要特性是输入 – 输出特性，又称继电特性。继电特性曲线如图 1-18 所示。当继电器输入量 X 由 0 增至 X_2 以前，继电器输出量 Y 为零。当输入量增加到 X_2 时，继电器吸合，输出量为 Y_1，若再增大 X，Y 保持不变。当 X 小到 X_1，继电器释放，输出量由 Y_1 到零，X 再减小，Y 值均为 0。图 1-18 中，X_2 称为继电器吸合值，欲使继电器吸合，输入量必须等于或大于 X_2；X_1 称为继电器释放值，欲使继电器释放，输入量必须等于或小于 X_1。

图 1-17　电磁式继电器的图形、文字符号

$K_f = X_1 / X_2$ 称为继电器的返回系数，是继电器重要参数之一。K_f 值是可以调节的，可通过调节释放弹簧的松紧程度（拧紧时，X_1 与 X_2 同时增大，K_f 也随之增大；放松时，K_f 减小）或调整铁芯与衔铁间非磁性垫片的厚度（增厚时 X_1 增大、K_f 增大；减薄时 K_f 减小）达到。不同场合要求不同的 K_f 值。例如一般继电器要求低的返回系数，K_f 值应在 0.1 ~ 0.4 之间，这样当继电器吸合后，输入量波动较大时不致引起误动作。欠电压继电器则要求高的返回系数，K_f 值在 0.6 以上。设某继电器 $K_f = 0.66$，吸合电压为额定电压的 90%，则电压低于额定电压的 50% 时，继电器释放，起到欠电压保护作用。

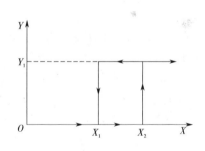

图 1-18　继电器特性曲线图

另一个重要参数是吸合时间和释放时间。吸合时间是指从线圈接受电信号到衔铁完全吸合所需的时间；释放时间是指从线圈失电到衔铁完全释放所需的时间。一般继电器的吸合时间与释放时间为 0.05 ~ 0.15 s，快速继电器为 0.005 ~ 0.05 s，它的大小影响继电器的操作频率。

1.4.2 电压继电器

根据线圈两端电压大小通断回路的继电器称为电压继电器。电压继电器的线圈并接在回路上,对所接回路上的电压高低作出反应,用于控制系统的电压保护和控制。电压继电器分过电压继电器、欠电压继电器和零电压继电器。

1. 过电压继电器

过电压继电器用于回路的过电压保护,其吸合整定值为被保护回路额定电压的 1.1~1.2 倍,线圈并联接入被保护回路中。在额定电压工作时,衔铁不产生吸合动作。只有当被保护回路的电压高于额定值并达到过电压继电器的整定值时,衔铁吸合,触点机构动作,控制回路失电,控制接触器及时分断被保护回路。

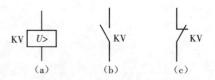

图 1-19　过电压继电器符号

(a)线圈;(b)常开触点;(c)常闭触点

由于直流回路中不会产生波动较大的过电压,所以产品中没有直流过电压继电器。过电继电器的符号如图 1-19 所示。

2. 欠电压继电器

欠电压继电器用于回路的欠电压保护,其释放整定值为回路额定电压的 0.1~0.6 倍,线圈并联接入被保护回路中。在额定电压工作时,欠电压继电器的衔铁可靠吸合;当被保护回路电压降至欠电压继电器的释放整定值时,衔铁由吸合状态转为释放状态,触点机构复位,断开与它相连的回路,实现欠电压保护。所以

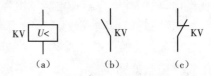

图 1-20　欠电压继电器符号

(a)线圈;(b)常开触点;(c)常闭触点

控制回路中常用欠电压继电器的常开触点。欠电压继电器的符号如图 1-20 所示。

1.4.3　电流继电器

根据线圈中电流的大小通断回路的继电器称为电流继电器。电流继电器用于电力拖动系统的电流保护和控制。其线圈串联接入主回路,用来感测主回路的电流;触点接入控制回路,为执行元件。

常用的电流继电器有过电流继电器和欠电流继电器两种。

1. 过电流继电器

过电流继电器用于回路的过流保护。过电流继电器在回路正常工作时不动作,整定范围通常为额定电流的 1.1~4 倍。当被保护回路的电流高于额定值并达到过电流继电器的整定值时,衔铁吸合,触点机构动作,控制回路失电,从而使控制接触器及时分断回路,对回路起过电流保护作用。过电流继电器的符号如图 1-21 所示。

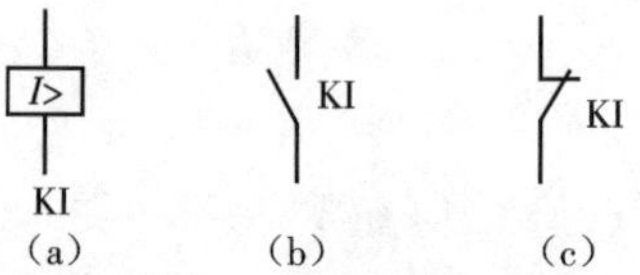

图 1-21　过电流继电器符号

(a)线圈;(b)常开触点;(c)常闭触点

2. 欠电流继电器

欠电流继电器用于回路的欠电流保护。吸引电流为线圈额定电流 30%~65%,释放电流为额定电流 10%~20%,因此在回路正常工作时,衔铁是吸合的,只有当电流降低到某一整定值时,继电器释放,控制回路失电,从而使控制接触器及时分断回路。欠电流继电器的符号如图 1-22 所示。

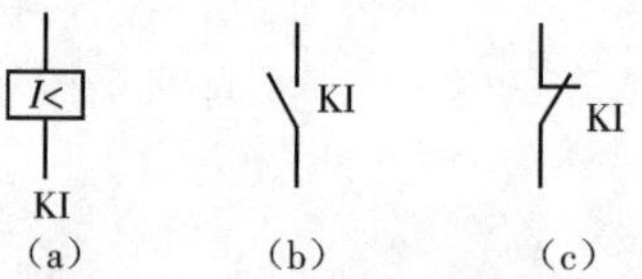

图 1-22　欠电流继电器符号

(a)线圈;(b)常开触点;(c)常闭触点

电流、电压继电器的选用主要依据是被控制或被保护对

象的特性、触点种类、数量,控制回路的电压、电流,负载性质等线圈电压、电流应满足控制回路的要求。

如果控制电流超过继电器触点额定电流,可将触点并联使用,也可以采用触点串联使用方法来提高触点的分断能力。

1.4.4　时间继电器

从得到输入信号(即线圈通电或断电)开始,经过一定的延时后才输出信号(延时触点状态变化)的继电器,称为时间继电器。时间继电器可分为通电延时型和断电延时型。通电延时型是当接受输入信号后延迟一定时间,输出信号才发生变化;输入信号消失后输出瞬时复原。断电延时型是当接受输入信号时瞬时产生输出信号,输入信号消失后延迟一定时间输出信号才复原。

时间继电器种类很多,常用的有电磁式、空气阻尼式、电动式和电子式等。目前用得最多的是电子式,本章 1.10 节作详细介绍,这里介绍利用电磁原理工作的两种时间继电器。

1. 直流电磁式时间继电器

直流电磁式时间继电器在铁芯上有一个阻尼铜套,其结构如图 1-23 所示。

由电磁感应定律可知,在继电器线圈通断电过程中铜套内将产生感应电动势,同时有感应电流存在,此感应电流产生的磁通阻碍穿过铜套内的原磁通变化,因而对原磁通起了阻尼作用。

当继电器通电吸合时,由于衔铁处于释放位置,气隙大,磁阻大,磁通小,铜套阻尼作用也小,因此铁芯吸合时的延时不显著,一般可忽略不计。当继电器断电时,磁通量的变化大,铜套的阻尼作用也大,使衔铁延时释放起到延时的作用,因此这种继电器仅作为断电延时用。其延时动作触点有延时打开常开触点和延时闭合常闭触点两种。这种时间继电器的延时时间较短,而且准确度较低,一般只用于延时精度要求不高的场合。

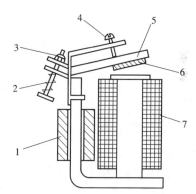

图 1-23　直流电磁式时间继电器结构
1—阻尼铜套;2—释放弹簧;3—调节螺母;
4—调节螺钉;5—衔铁;
6—非磁性垫片;7—电磁线圈

2. 空气阻尼式时间继电器

空气阻尼式时间继电器利用空气阻尼原理达到延时的目的。它由电磁机构、延时机构和触点组成。其中电磁机构有交流、直流两种;延时方式有通电延时型和断电延时型,两种继电器原理和结构均相同,只是将其电磁机构翻转 180°安装。当衔铁位于铁芯和延时机构之间时为通电延时型;当铁芯位于衔铁和延时机构之间时为断电延时型。JS7 – A 系列时间继电器结构如图 1-24 所示。

现以通电延时型为例说明其工作原理。当线圈 1 得电后衔铁 3 吸合,活塞杆 6 在塔形弹簧 8 作用下带动活塞 12 及橡皮膜 10 向上移动,橡皮膜下方空气室空气变得稀薄,形成负压,活塞杆只能缓慢移动,其移动速度由进气孔气隙大小来决定,经一段延时后,活塞杆通过杠杆 7 压动微动开关 15,使其触点动作,起到通电延时作用。

当线圈断电时,衔铁释放,橡皮膜下方空气室内的空气通过活塞肩部所形成的单向阀迅速

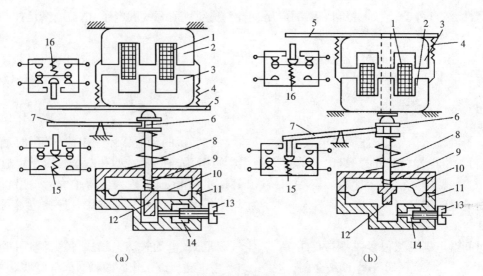

图 1-24　JS7－A 系列时间继电器(空气阻尼式)结构图

(a)通电延时型;(b)断电延时型

1—线圈;2—铁芯;3—衔铁;4—反力弹簧;5—推板;6—活塞杆;7—杠杆;8—塔形弹簧;

9—弱弹簧;10—橡皮膜;11—空气室壁;12—活塞;13—调节螺钉;14—进气孔;15、16—微动开关

排出,使活塞杆、杠杆、微动开关等迅速复位。从线圈得电到触点动作的一段时间即为时间继电器的延时时间。此时间可以通过调节螺钉 13 调节进气孔气隙大小来改变。

在线圈通电和断电时,微动开关 16 在推板 5 的作用下都能瞬时动作,其触点即为时间继电器的瞬动触点。

空气阻尼式时间继电器的优点是延时范围大、结构简单、寿命长、价格低廉;缺点是延时误差大,没有调节指示,很难精确地整定延时值,在延时精度要求高的场合不宜使用。空气阻尼式时间继电器的图形符号如图 1-25 所示。

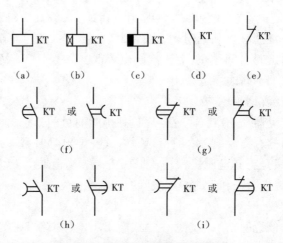

图 1-25　时间继电器的图形符号

(a)一般线圈;(b)通电延时线圈;(c)断电延时线圈;(d)瞬时常开触点;(e)瞬时常闭触点

(f)通电延时闭合常开触点;(g)通电延时断开常闭触点;(h)断电延时断开常开触点;(i)断电延时闭合常闭触点

此外,还有电动机式时间继电器,可用于延时精度高的控制场所,民用建筑工程中不常用;半导体式时间继电器的延时范围宽(通电延时范围:1~3 600 s;断电延时范围:1~180 s),延时精度高,体积小,工作稳定,寿命长,常用于工业和民用建筑中;数字显示时间继电器是一种控制精度很高的时间控制元件,广泛用于程序控制系统、自动化生产线和智能建筑中,一般民用建筑中较少使用。

3. 时间继电器的选用

时间继电器在选用时应考虑延时方式(通电延时或断电延时)、延时范围、延时精度要求、外形尺寸、安装方式、价格等因素。要求延时范围大、延时准确度较高的场所,应选用电动机式或电子式时间继电器。当延时精度要求不高、电源电压波动较大的场所,可选用价格较低的空气阻尼式时间继电器。例如民用建筑中的风机、水泵电动机采用降压启动控制时,常采用空气阻尼式时间继电器式。

时间继电器选用的原则:

(1)线圈的电流种类和电压等级应与 控制回路相同。

(2)按控制要求选择延时方式(通电或断电延时)和触点形式。

(3)注意校核触点的容量和数量。不足时,用中间继电器扩展。

时间继电器的触点对数较少(各类触点一般只有一对),当需要采用时间继电器进行多回路控制时,需采用中间继电器进行触点数量扩展。除电磁式时间继电器外,有些类型的时间继电器触点容量较小,在对大容量的接触器线圈实施控制时,需采用中间继电器进行触点容量扩展。

1.4.5 中间继电器

中间继电器实质上是一种电压继电器。它的特点是触点数量较多(一般有 4 对常开、4 对常闭),触点容量较大(额定电流为 5~10 A),且动作灵敏。其主要用途是当其他继电器的触点数量或触点容量不够时,可借助中间继电器扩大触点容量(触点并联)或触点数量,起到中间转换的作用。由于中间继电器只要求线圈电压为零时能可靠释放,对动作参数无要求,故中间继电器没有调节装置。

中间继电器的图形符号和文字符号如图 1-26 所示。

中间继电器用于回路中传递信号、扩大控制路数或将小功率控制信号转换为大功率控制,扩充交流接触器及其他电器的控制作用。选用时主要根据触点的数量及种类确定型号,同时注意吸引线圈的额定电压应等于控制回路的电压。常用的有 JZ7 系列,新产品有 JDZ1 系列、CA2 - DN1 系列及仿西门子 3TH 的 JZC1 系列等。

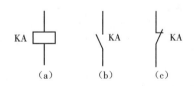

图 1-26 中间继电器的符号
(a)线圈;(b)常开触点;(c)常闭触点

1.5 热继电器

在电磁式低压电器中,电压或电流是感测元件接收的信号。但在许多低压电器中,感测元件接收的还有温度、转速位移及机械力等不同形式的非电量信号。常用的非电磁式继电器有热继电器、速度继电器、干簧继电器、永磁感应继电器等,其中热继电器最为常用。

1.5.1　热继电器的作用及工作原理

1. 热继电器的作用

热继电器主要用于电力拖动系统中一般交流电动机的过载及断相保护。

在电动机运行时,常会遇到过载或欠电压情况,但只要不严重、时间短,电机绕组不超过允许的温度,是允许的。但若出现长期带负载欠电压运行、长期过载运行及长期断相运行等不正常情况时,就会加速电动机绝缘老化过程,缩短电动机的使用寿命,甚至会烧毁电动机绕组。为了充分发挥电动机的过载能力,保证电动机的正常启动和运转,当电动机出现长时间过载等情况,需要自动切断回路,从而出现了能随过载程度而改变动作时间的电器,这就是热继电器。与电流继电器和熔断器不同,热继电器中发热元件有热惯性,在回路中不能做瞬时过载保护,更不能做短路保护。

热继电器按相数分有单相、两相和三相式三种类型,每种类型按发热元件的额定电流又有不同的规格和型号。三相热继电器常用于三相交流电动机的过载保护,按其职能分为不带断相保护和带断相保护两种类型。

2. 热继电器的结构与工作原理

热继电器主要由热元件、双金属片和触点组成,如图 1-27 所示。热元件由发热电阻丝做成,双金属片由两个热膨胀系数不同的金属辗压而成,热元件 3 串接在电动机定子绕组中。

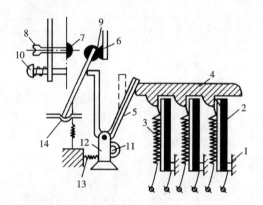

图 1-27　热继电器的结构原理图

1—双金属片固定支点;2—双金属片;3—热元件;4—导板;5—补偿双金属片;6—常闭触点;7—常开触点;
8—复位螺钉;9—动触点;10—复位按钮;11—调节旋钮;12—支撑;13—压簧;14—推杆

电动机绕组电流即为流过热元件的电流。当电动机正常运行时,热元件产生的热量虽能使双金属片 2 弯曲,但还不足以使继电器动作。当电动机过载时,热元件产生的热量增大,使双金属片弯曲位移增大,经过一定时间后,双金属片弯曲到推动导板 4,并通过补偿双金属片 5 与推杆 14 将动触点 9 和常闭触点 6 分开,动触点 9 和常闭触点 6 为热继电器串于接触器线圈回路的常闭触点,断开后使接触器失电,接触器的常开触点断开电动机的电源以保护电动机。调节旋钮 11 是一个偏心轮,它与支撑 12 构成一个杠杆,13 是一个压簧。转动偏心轮,改变它的半径即可改变补偿双金属片 5 与导板 4 的接触距离,因而达到调节整定动作电流的目的。此外,靠调节复位螺钉 8 来改变常开触点 7 的位置使热继电器能工作在手动复位和自动复位两种工作状态。调试手动复位时,在故障排除后要按下复位按钮 10 才能使动触点恢复到与常闭触点 6 相接触的位置。

3. 带断相保护的热继电器

三相异步电动机在运行时经常会发生因一根相线断开或一相熔丝熔断使电动机缺相运行,从而造成电动机烧坏。如果热继电器所保护的电动机是丫接法,热继电器的整定电流与电动机绕组电流(相电流)相同,当线路发生一相断电时,另外两相电流便增大很多,此时由于线电流等于相电流,流过电动机绕组的电流和流过热继电器的电流增加比例相同,因此普通的两相或三相热继电器可以起到保护作用。

但是,如果电动机是△接法,当发生断相时,由于电动机的相电流与线电流不等,流过电动机绕组的电流和流过热继电器的电流增加比例不相同,而热元件又串联在电动机的电源进线中,按电动机的额定电流,即线电流来整定,整定值较大。当故障线电流达到额定电流时,在电动机绕组内部,电流较大的那一相绕组的故障电流将超过额定相电流,便有过热烧毁的危险。所以△接法必须采用带断相保护的热继电器。

带有断相保护的热继电器是在普通热继电器的基础上增加了一个差动机构,对三相电流进行比较。差动式断相保护装置结构原理如图 1-28 所示。

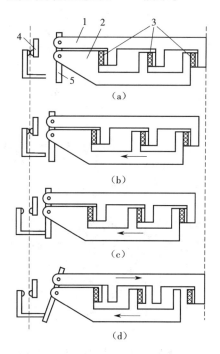

图 1-28　差动式断相保护的热继电器的动作原理
(a)通电前;(b)三相正常通电;(c)三相均过载;(d)C 相断线
1—上导板;2—下导板;3—双金属片;4—常闭触点;5—杠杆

由图可见将热继电器的导板改为差动机构,由上导板 1、下导板 2 及杠杆 5 组成,它们之间都用转轴连接。图 1-28(a)为通电前机构各部件的位置。图 1-28(b)为正常通电时的位置,此时三相双金属片都受热向左弯曲,但弯曲的挠度不够,所以下导板向左移动一小段距离,继电器不动作。图 1-28(c)是三相同时过载时的情况,三相双金属片同时向左弯曲,推动下导板向左移动,通过杠杆 5 使常闭触点立即断开。图 1-28(d)是某相断线的情况,这时该相双金属片逐渐冷却降温,端部向右动,推动上导板 1 向右移。而另外两相金属片温度上升,端部向左弯曲,推动下导板 2 继续向左移动。由于上、下导板一左一右移动,产生差动作用,通过杠杆的机械动作,使常闭触点打开,断开控制回路,起到保护电动机的作用。

1.5.2　热继电器型号及选用

1. 热继电器的型号

在电气原理图中,热继电器的发热元件和触点的图形符号如图 1-29 所示。

我国常用的热继电器主要有 JR20、JRS1、JR16 等系列。引进产品有 T 系列(德国 BBC 公司)、3UA(德国西门子)、LRI-D(法国 TE 公司)。JRS1、JR20 系列具有断电保护、温度补偿、整定电流可调、能手动脱扣及手动断开动断触点等功能。三相交流电动机的过载保护均采用三相式热继电器,尤其是 JR16 和 JR20 系列三相式热继电器得到广泛应用。这两种系列的热继电器按职能又分为带断相保护和不带断相保护两种类型。

常用的 JRS1 系列和 JR20 系列热继电器的符号含义如图 1-30 所示。

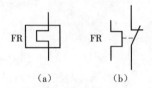

图 1-29　热继电器的图形符号和文字符号
(a)发热元件;(b)常闭触点

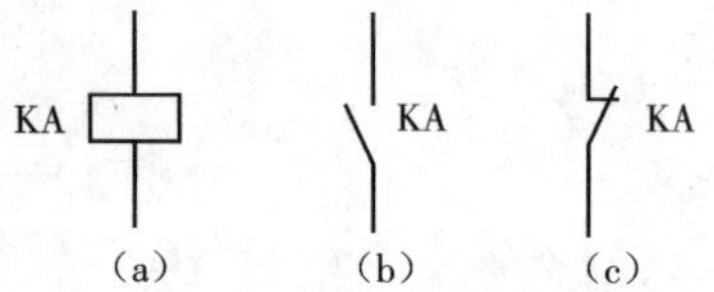

图 1-30　JRS1 和 JR20 系列热继电器的符号含义
(a)发热元件;(b)常闭触点;(c)常开触点

常用的 JR16、JR20、JRS1、T 系列热继电器的技术参数见表 1-4。

表 1-4　常用的热继电器技术参数

型号	额定电压/V	额定电流/A	相数	热 元 件			断相保护	温度补偿	触点数量
				最小规格/A	最大规格/A	挡数			
JR16	380	20	3	0.25 ~ 0.35	14 ~ 22	12	有	有	一动合一动断
		60		14 ~ 22	40 ~ 63	4			
		150		40 ~ 63	100 ~ 160	4			
JR20	660	6.3	3	0.1 ~ 0.15	5 ~ 7.4	14	无	有	一动合一动断
		16		3.5 ~ 5.3	14 ~ 18	6			
		32		8 ~ 12	28 ~ 36	6			
		63		16 ~ 24	55 ~ 71	6			
		160		33 ~ 47	144 ~ 176	9			
		250		83 ~ 125	167 ~ 250	4			
		400		130 ~ 195	267 ~ 400	4			
		630		200 ~ 300	420 ~ 630	4			

表 1-4(续一)

型号	额定电压/V	额定电流/A	相数	热元件			断相保护	温度补偿	触点数量
				最小规格/A	最大规格/A	挡数			
JRS1	380	12	3	0.11~0.15	9.0~12.5	13	有	有	一动合一动断
		25		9.0~12.5	18~25	3			
T	660	16	3	0.11~0.16	12~17.6	22	有	有	一动合一动断
		25		0.17~0.25	26~32	21			
		45		0.28~0.40	30~45	21			一动合或一动断
		85		6~10	60~100	8			一动合一动断
		105		27~42	80~115	6			
		170		90~130	140~220	3			
		250		100~160	250~400	3			
		370		100~160	310~500	4			

2. 热继电器的选用

热继电器具有带公共触点的常开、常闭触点各一对。常闭触点接于控制回路,与被保护电动机的运行接触器线圈串联;常开触点接于信号显示回路,与声光报警装置串联。

热继电器的保护对象是电动机,故选用时应了解电动机的技术性能、启动情况、负载性质以及电动机允许过载能力等,即选用热继电器时,应根据被保护的电动机的额定电流确定热继电器的额定电流等级,确定热元件型号,按负载电流进行整定。应该指出的是,热继电器的额定电流为其长期工作时的电流,当负载电流超过其额定电流(整定电流)20%时,热继电器 20 min 内动作。

(1)长期稳定工作的电动机,按电动机的额定电流选择热继电器

对于一般长期稳定工作的电动机可按电动机的额定电流选用热继电器。通常取热继电器整定电流的 0.95~1.05 倍或中间值等于电动机额定电流。使用时要奖热继电器的整定电流调至电动机的额定电流值。对于过载能力较差的电动机,热继电器热元件的额定电流应适当小于额定电流,其热继电器的整定电流(即热元件的额定电流)可选为电动机额定电流的 60%~80%。

(2)考虑电动机的绝缘等级及结构的影响

由于电动机结缘等级不同,其容许温升和承受过载的能力也不相同。同样条件下,绝缘等级越高,过载能力就越强,即使所用绝缘材料相同,但电动机结构不同,在选用热继电器时也应有所差异。例如,封闭式电动机散热比开启式电动机差,其过载能力比开启式电动机低,热继电器的整定电流应选为电动机额定电流的 60%~80%。

(3)考虑电动机的启动电流和启动时间的影响

在非频繁启动的场所,应注意保证热继电器在电动机的启动过程中不产生误动作。一般而言,电动机的启动电流为额定电流的 5~7 倍。对于非频繁启动、连续运行的电动机,在启动时间不超过 6 s 的情况下,可按电动机的额定电流选用热继电器。

(4)考虑负载的具体工作情况

若只有发生过载事故时,方可考虑让继电器脱扣,否则不允许电动机随便停机,以免遭受经济损失,则选取热继电器的整定电流应比电动机额定电流偏大一些。

双金属片式热继电器只适用于轻载启动、不频繁启动电动机的过载保护。因为热元件受热变形需要时间,故热继电器不能作短路保护用。

对于重载、频繁启动的电动机,如起重用电动机则不宜采用热继电器作过载保护,需采用过电流继电器(延时动作型的)作它的过载保护和短路保护。

(5)选择热元件型号时,应注意上下留有余地,以便调整热元件选好后,还需按电动机的额定电流来调整它的整定值。例如对于一台额定功率为45 kW、额定电压为380 V、额定电流为87 A、不频繁启动的三角形接法三相笼型异步电动机,若将热元件接入主回路,则热元件的整定电流为电动机的额定电流,可选用JR20 - 160 - 4W 型热继电器,热元件整定电流范围为74 A ~ 86 A ~ 98 A,将其整定到87 A;若将热元件接入控制回路,则热元件的整定电流为电动机的相电流(额定电流的$1/\sqrt{3}$),选用JR20 - 63 - 5U 型热继电器,热元件整定电流范围为47 A ~ 55 A ~ 62 A,将其整定到50 A。JR20 型热继电器主要技术数据如表1-3 所示。

(6)不设过载保护的情况

对于工作时间短、间歇时间较长的电动机,以及虽然长期工作但过载的可能性很小的电动机,可以不设过载保护。

(7)热继电器有手动复位和自动复位两种方式

对于重要设备,宜采用手动复位方式。如果热继电器和接触器的安装地点远离操作地点,且从工艺上又易于看清过载情况,宜采用自动复位方式。

1.6　信号继电器

信号继电器是指输入非电信号,且当非电信号到一定值时才使触点动作的继电器。常用的信号继电器有温度继电器、速度继电器、液位继电器和干簧继电器。

1.6.1　温度继电器

热继电器是对电动机进行过载保护用的电器。然而,即使电动机不过载,当电网电压升高时,也会导致铁损增加而使铁芯发热,使绕组温升过高,或者电动机环境温度过高以及通风不良等同样会使绕组温度过高。出现这些情况,热继电器就无能为力了。为此,出现了按温度原则动作的继电器,这就是温度继电器。使用时将温度继电器埋设在电动机发热部位,如电动机定子槽内、绕组端部等部位,可直接反映该处发热情况。无论是电动机本身出现过载电流引起温度升高,还是其他原因引起电动机温度升高,温度继电器都可起保护作用。

温度继电器大体上有两种类型,一种是双金属片式温度继电器,另一种是热敏电阻式温度继电器。

双金属片式温度继电器的工作原理与热继电器相似,在此不重复。双金属片式温度继电器的动作温度是以电动机绕组绝缘等级为基础划分的,共有50 ℃、60 ℃、70 ℃、80 ℃、95 ℃、105 ℃、115 ℃、125 ℃、135 ℃、145 ℃和165 ℃等11 个规格。继电器的返回温度因动作温度而异,一般比动作温度低5 ~ 40 ℃。

双金属片式温度继电器的缺点是加工工艺复杂,且双金属片容易老化。另外,由于体积偏大而多置于绕组的端部,故很难反映温度上升的情况,以致发生动作滞后的现象。同时,也不宜用来保护高压电动机,因为过强的绝缘层会加剧动作的滞后现象。

热敏电阻式温度继电器的外形同一般晶体管式时间继电器相似,但作为温度检测元件的热敏电阻不装在继电器中,而是装在电动机定子槽内或绕组的端部。热敏电阻是一种半导体器件,根据材料性质可分为正温度系数和负温度系数两种。正温度系数热敏电阻因为具有明显的开关特性、电阻温度系数大、体积小、灵敏度高等优点而得到广泛应用并迅速发展。

没有电源变压器的正温度系数热敏电阻式温度继电器电路如图 1-31 所示。图中 R_T 是表示各绕组内埋设的热敏电阻串联后的总电阻,它同电阻 R_3、R_4、R_6 构成一电桥。由晶体管 V_1、V_2 构成的开关接在电桥的对角线上。当温度在 65 ℃以下时,R_T 大体为一恒值且比较小,电桥处于平衡状态;V_1 及 V_2 截止,晶闸管 VS 不导通,执行继电器 KA 不动作。当温度上升到动作温度时,R_T 阻值剧增,电桥出现不平衡状态而使 V_1 及 V_2 导通,晶闸管 VS 获得门极触发电流而导通,执行继电器 KA 线圈有电而使衔铁吸合,其常闭触点分断接触器线圈从而使电动机断电,实现了电动机的过热保护。当电动机温度下降至返回温度时,R_T 阻值锐减,电桥恢复平衡,使 VS 关断,执行继电器线圈断电而使衔铁释放。

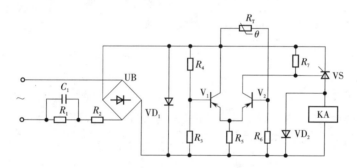

图 1-31 热敏电阻式温度继电器电路

在热敏电阻式温度继电器中,执行继电器的任务是控制主回路接触器的线圈回路,因此,完全可以用一只双向晶闸管代替执行继电器,直接控制接触器的线圈。

温度继电器的触点的图形符号与电压继电器或电流继电器相同,只是在符号旁标注字母"θ"即可。

1.6.2 速度继电器

速度继电器主要用于鼠笼式异步电动机的反接制动控制,所以也称反接制动继电器。当速度达到规定值时,继电器动作,当速度下降到接近 0 时,能自动及时切断电源。速度继电器是依靠电磁感应原理实现触点动作的,与交流电动机的电磁系统相似,由定子和转子组成其电磁系统。速度继电器在结构上主要由定子、转子和触点三部分组成。转子是一个圆柱形永久磁铁,定子是一个笼形空心圆环,由硅钢片叠成,并装有笼形绕组。图 1-32 为速度继电器外形、结构和图形符号示意图。

工作时,速度继电器转子的轴与被控电动机轴相连,而定子空套在转子上。当电动机转动时,速度继电器的转子随之一起转动,这样永久磁铁的静止磁场就成了旋转磁场。定子内的笼

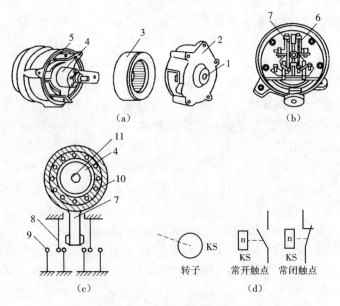

图 1-32 速度继电器

(a)外形;(b)结构;(c)原理示意图;(d)文字符号

1—接头;2—端盖;3—定子;4—转子;5—可动支架;6—触点;7—胶木摆杆;8—簧片;9—静触点;10—绕组;11—轴

型导体因切割磁场而产生感应电动势,从而产生电流。此电流与旋转磁场相互作用产生电磁转矩,于是定子跟着转子偏转。转子转速越高,定子导体内产生的电流越大,电磁转矩也就越大。当定子偏转到一定角度时,装在定子轴上的摆锤推动簧片动作,使常闭触点打开而常开触点闭合。当电动机转速下降时,速度继电器的转子转速也随之下降,定子导体内产生的电流也相应减少,因而使电磁转矩也相应减小。当继电器转子的转速下降到一定数值时,定子产生的电磁转矩减小,触点在弹簧作用下复位。

速度继电器的动作转速一般不低于 120 r/min,复位转速约在 100 r/min 以下,该数值可以调整,工作时,允许的转速高达 1 000 ~ 3 600 r/min。由速度继电器的正转和反转切换触点动作反映电动机转向和速度变化。常用的速度继电器有 JY1 和 JFZ0 系列。

1.6.3 压力继电器

压力继电器广泛用于各种气压和液压控制系统。

图 1-33 为一种简单的压力继电器结构示意图,由微动开关、给定装置、压力传送装置及继电器外壳等几部分组成。给定装置包括给定螺帽平衡弹簧 3 等。压力传送装置包括入油口管道接头 5、橡皮膜 4 及滑杆 2 等。当用于机床润滑油泵的控制时,润滑油经管道接头入油口管道接头 5 进入油管,将压力传送给橡皮膜 4,当油管内的压力达到某给定值时,橡皮膜 4 便受力向上凸起,推动滑杆 2 向上,压合微动开关,发出控制信号。旋转弹簧 3 上面的给定螺帽便可调节弹簧的松紧程度和改变动作压力的大小,以适应控制系统的需要。

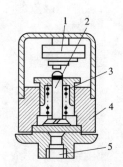

图 1-33 简单的压力继电器结构图

1—微动开关;2—滑杆;

3—给定螺帽平衡弹簧;

4—橡皮膜;5—入油口管道接头

1.6.4　干簧继电器

由于干簧继电器有结构小巧、动作迅速、工作稳定、灵敏度高等优点,近年来得到广泛应用。干簧继电器是利用磁场作用来驱动继电器触点动作的,主要部分是干簧管,由一组或几组导磁簧片封装在惰性气体(如氦、氮等气体)的玻璃管中组成开关元件。导磁簧片又兼作接触簧片,即控制触点,也就是说,一组簧片起开关电路和磁路的双重作用。图 1-34 为干簧继电器的结构原理图,在密封玻璃管 2 内,两端各固定一片用弹性好、导磁率高的玻莫合金制成的舌簧片 1 和 3。舌簧片自由端触点镀有金、铑、钯等金属,以保证良好的接通和断开能力。玻璃管中充入氮等惰性气体,以减少触点的污染与电腐蚀。图 1-34(a)、(b)分别是常开和常闭触点的干簧管开关原理结构图。

舌簧片常用永久磁铁和磁短路板两种方式驱动。图 1-34(c)所示为永久磁铁驱动。当永久磁铁运动到它附近时,舌簧片被磁化,触点接通(或断开);当永久磁铁离开时,触点因弹性而断开(或接通)。图 1-34(d)是磁短路板驱动,干簧管与永久磁铁组装在一起,中间有缝隙,其舌簧片已经被磁化,触点已经接通(或断开)。当磁短路板(铁板)进入缝隙时,磁力线通过磁短路板组成闭合回路,舌簧片消磁,因弹性而恢复触点断开(或接通)。当磁短路板离开后,舌簧片恢复到原状态。

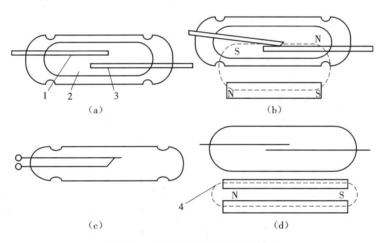

图 1-34　干簧继电器的结构原理图
(a)常开触点;(b)常闭触点;(c)永久磁铁驱动;(d)磁短路板驱动
1、3—舌簧片;2—玻璃管

干簧继电器的特点:

(1)触点密封,可有效地防止老化和污染,也不会因触点产生火花而引起附近可燃物燃烧;

(2)结构简单,体积小,吸合功率小,灵敏度高;

(3)触点采用金、钯的合金镀层,接触电阻稳定,寿命长,一般可达 107 次;

(4)动作速度快,一般吸合与释放时间均在 0.5~2 ms 以内,比一般继电器快 5~10 倍;

(5)与永久磁铁配合使用方便、灵活,可与晶体管电器配套使用;

(6)承受电压低,通常不超过 250 V。

1.7　主令电器

主令电器用来闭合和断开控制回路,用以控制电力拖动系统中电动机的启动、停车、制动以及调速等。主令电器可直接或通过电磁式电器间接作用于控制回路。在控制回路中,由于它是一种专门发布命令的电器,故称为主令电器。主令电器不允许分合主回路。

主令电器应用十分广泛,种类也繁多,常用的有控制按钮(简称按钮)、行程开关、接近开关、万能转换开关、主令控制器及其他主令电器(脚踏开关、到顺开关、紧急开关、钮子开关)等。

1.7.1　控制按钮

1. 按钮的结构与符号

按钮是一种结构简单、使用广泛的手动主令电器。它可以与接触器或继电器配合,在控制回路中对电动机实现远距离自动控制,实现控制回路的电气连锁。

控制按钮一般由按钮帽、复位弹簧、触点和外壳等部分组成,结构如图 1-35 所示。它既有常开触点,也有常闭触点。常态时在复位的作用下,由桥式动触点将静触点 1、2 闭合,静触点 3、4 断开;当按下按钮时,桥式动触点将静触点 1、2 断开,静触点 3、4 闭合。触点 1、2 被称为常闭触点或动断触点,触点 3、4 被称为常开触点或动合触点。

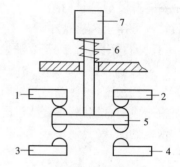

图 1-35　典型控制按钮的结构示意图
1、2—常闭触点;3、4—常开触点;
5—桥式动触点;6—复位弹簧;7—按钮

控制按钮的图形符号和文字符号如图 1-36 所示。

2. 控制按钮的种类及动作

按结构分以下几类:

(1)旋钮式　用手动旋钮进行操作。

(2)指示灯式　按钮内装入信号灯显示信号。

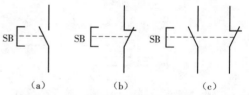

图 1-36　控制按钮的图形符号和文字符号
(a)常开触头;(b)常闭触头;(c)符合触头

(3)紧急式　装有蘑菇型钮帽,以示紧急动作。

按触点形式分以下几类:

(1)动合按钮　外力未作用时(手未按下),触点是断开的,但外力消失后,在复位弹簧作用下自动恢复到原来的断开状态。

(2)动断按钮　外力未作用时(手未按下),触点是闭合的,外力作用时,触点断开,但外力消失后,在复位弹簧作用下自动恢复到原来的闭合状态。

(3)复合按钮　既有动合按钮,又有动断按钮的按钮组,称为复合按钮。按下复合按钮时,所有的触点都改变状态,即动合触点要闭合,动断触点要断开。但是,这两对触点的变化是有先后次序的,按下按钮时,动断触点先断开,动合触点后闭合;松开按钮时,动合触点先复位(断开),动断触点后复位(闭合)。

值得注意的是,通常情况下,控制按钮呈非激励状态,此时其动合触点处于开启状态,动断触点处于闭合状态。但消防工程中,用于报警并启动消火栓泵的消防按钮(又称打碎玻璃按钮或消火栓破玻按钮)却与之相反,该按钮正常状态下为受激励状态(按钮被玻璃罩压下),打碎按钮控制面板玻璃报警时,按钮在反力弹簧作用下触点复位,状态翻转而报警。

3. 控制按钮的选用

按钮通常是用来短时接通或断开小电流控制回路的一种主令电器,选用依据主要是触点对数、动作要求、结构形式、颜色以及是否需要带指示灯等。为了避免误操作,常用色彩表明各个按钮的作用,即将钮帽做成不同的颜色以示区别,常用的颜色有红、绿、黑、黄、蓝、白等。如启动按钮选绿色、停止按钮选红色、紧急操作选蘑菇式等。目前,按钮产品有多种结构、多种触点组合以及多种颜色。

按钮的额定电压有交流 500 V,直流 440 V,额定电流为 5 A。常选用的按钮有 LA2、LA10、LA19 及 LA20 等系列。符合 IEC 国际标准的新产品有 LAY3 系列,额定工作电流为 1.5 ~ 8 A。

1.7.2　行程开关

行程开关依据生产机械的行程发出命令以控制其运行方向或行程长短。若将行程开关安装于生产机械行程终点处,以限制其行程,则称为限位开关或终点开关。

行程开关广泛应用于各类机床和起重机械的控制,以限制这些机械的行程。当生产机械运动到某一预定位置时,行程开关就通过机械可动部分的动作,将机械信号转换为电信号,以实现对生产机械的控制,限制它们的动作或位置,对生产机械予以保护。在电梯的控制中,还利用行程开关控制轿门的速度,门的位置和轿箱的上、下限位保护等。

按结构行程开关可分为直动式(如 LX1、JLXK1 系列)、滚轮式(如 LX2、JLXK2 系列)和微动式(LXW–11、JLXKl.1l 系列)三种。

直动式行程开关的外形、结构原理及符号如图 1-37 所示,动作原理与按钮相同。但其触点的分合速度取决于生产机械的运行速度,不宜用于速度低于 0.4 m/min 的场所。

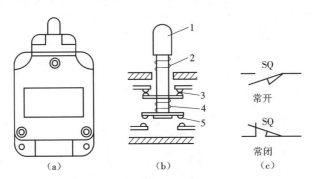

图 1-37　直动式行程开关

(a)外形图;(b)结构原理图;(c)符号

1—顶杆;2—弹簧;3—动断触点;4—触点弹簧;5—动合触点

滚轮式行程开关的外形、结构原理及符号如图 1-38 所示。当滚轮 1 受到向左的外力作用时,上转臂 2 向左下方转动,推杆 4 向右转动,并压缩右边弹簧 8,同时下面的小滚轮 5 也很快沿着擒纵杆 6 迅速转动,因而使动触点迅速与右边的静触点分开,并与左边的静触点闭合。这样就减少了电弧对触点的损坏,并保证了动作的可靠性。这类行程开关适合于低速运动的机械。滚动式行程开关又分为单滚轮自动复位和双滚轮(羊角式)非自动复位式。由于双滚轮式行程开关具有两个稳态位置,有"记忆"作用,在某些情况下可简化控制回路。

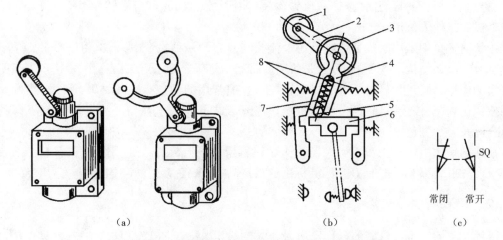

图 1-38 滚动式行程开关的外形、内部结构及符号
(a)外形图;(b)结构原理图;(c)符号
1—滚轮;2—上转臂;3—盘形弹簧;4—推杆;5—小滚轮;6—擒纵杆;7—压缩弹簧;8—左右弹簧

微动式行程开关(LXW - 11 系列)的结构原理如图 1-39 所示。它是行程非常小的瞬时动作开关,特点是操作力小且操作行程短,常用于机械、纺织、轻工、电子仪器等各种机械设备和家用电器中,作为限位保护和连锁使用。微动开关可看成尺寸甚小而又非常灵敏的微动式行程开关。

由于半导体元件的出现,所以产生了一种非接触式的行程开关,这就是接近开关。当生产机械接近它到一定距离范围之内时,它就能发出信号,以控制生产机械的位置或进行计数。

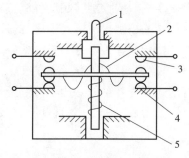

图 1-39 微动式行程开关的内部结构
1—推杆;2—弹簧;3—动合触点;
4—动断触点;5—压缩弹簧

行程开关主要用于控制运动机构的行程、位置或连锁等。根据控制功能、安装位置、电压和电流等级、触点种类及数量选择结构和型号。常用的有 LXZ 型、LX19 型、JLXK1 型行程开关以及 JXW - II 型、JLXKI - II 型微动开关等。

对于要求动作快、灵敏度高的行程控制,可采用无触点接近开关。特别是近年来出现的霍尔接近开关性能好,寿命长,是一种值得推荐的无触点行程开关。

1.7.3 万能转换开关

万能转换开关是一种多挡式,且控制多回路的主令电器,主要用于低压断路操作机构的合闸与分闸控制、各种控制回路的转换、电压和电流表的换相测量控制、配电装置线路的转换和遥控等。万能转换开关还可以直接控制小容量电动机的启动、调速和换向。图 1-40 为万能转换开关结构图。

常用万能转换开关有 LW5 和 LW6 系列。LW5 系列可控制 5.5 kW 及以下的小容量电动机;LW6 系列只能控制 2.2 kW 及以下的小容量电动机。用于可逆运行控制时,只有在电动机停车后才允许反向启动。LW5 系列万能转换开关按手柄的操作方式可分为自复式和自定位式两种。所谓自复式是指用手拨动手柄于某一挡位时,手松开后,手柄自动返回原位;定位式则是指手柄被置于某挡位时,不能自动返回原位而停在该挡位。

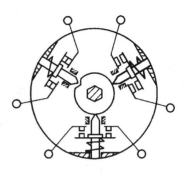

图 1-40　万能转换开关结构图

万能转换开关的手柄操作位置是以角度表示的。不同型号的万能转换开关的手柄有不同万能转换开关的触点,回路图中的图形符号如图 1-41 所示。由于触点的分合状态与操作手柄的位置有关,所以除在回路图中画出触点图形符号外,还应画出操作手柄与触点分合状态的关系。

根据图 1-41(a)、(b)知,当万能转换开关打向左 45°时,触点 1 - 2、3 - 4、5 - 6 闭合,触点 7 - 8 打开;打向 0°时,只有触点 5 - 6 闭合;向右 45°时,触点 7 - 8 闭合,其余打开。

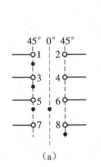

LW5-15D0403/2				
触头编号		45°	0°	45°
⟋	1-2	×		
⟋	3-4	×		
⟋	5-6	×	×	
⟋	7-8			×

图 1-41　万能转换开关的图形符号

(a)图形符号;(b)触头闭合表

1.7.4　主令控制器

主令控制器是一种频繁地按顺序对回路进行接通和切断的电器。通过它,可以对控制回路发布命令或与其他回路连锁或切换,常配合电磁启动器对绕线转子异步电动机的启动、制动、调速及换向实行远距离控制,广泛用于各类起重机械的拖动电动机的控制系统中,外形图如图 1-42(a)所示。

主令电器一般由触点、凸轮、定位机构、转轴、面板及其支撑件等部分组成。图 1-42(b)为主令控制器的结构示意图。主令控制器按照手柄的操作方式不同可分为单动式和联动式两种形式;按照凸轮能否调整又可分为凸轮可调式和凸轮非可调式两种。凸轮式主令控制器主要用来控制功率在 45 kW 以上的大容量的电动机,结构原理与万能转换开关基本相同。凸轮式主令控制器能够按照一定的顺序分合触点,是一种用来频繁地换接多回路的控制电器,能够发送指令或与其他控制回路连锁、转换,从而实现远距离控制。与万能转换开关相比,它的触点容量大些,操纵挡位也较多。主令控制器的动作过程与万能转换开关类似,也是由一个可转动的凸轮带动触点动作。

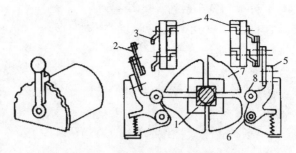

图1-42　凸轮可调式主令控制器

(a)外形图;(b)结构原理图

1—凸轮块;2—动触头;3—静触头;4—接线端子;5—支杆;6—转动轴;7—凸轮块;8—小轮

常用的主令控制器有LK5和LK6系列。其中LK5系列有直接手动操作、带减速器的机械操作与电动机驱动等三种类型。LK6系列是由同步电动机和齿轮减速器组成定时元件,由此元件按预先规定的时间顺序,周期性地分合回路。

在电路图中,主令控制器触点的图形符号以及操作手柄在不同位置时的触点分合状态的表示方法与万能转换开关相类似,这里不再重述。

1.8　熔　断　器

熔断器是一种简单而有效的保护电器,在回路中主要起短路保护作用。

熔断器主要由熔体和安装熔体的绝缘管(或盖、座)等部分组成。其中熔体是主要部分,它既是感测元件又是执行元件。熔体是由不同金属材料(铅锡合金、锌、铜或银)制成丝状、带状、片状或笼状,串接于被保护回路。当回路发生短路或过载故障时,通过熔体的电流使熔体发热。当达到熔化温度时,熔体熔断,从而分断故障回路。熔断管一般由硬质纤维或瓷质绝缘材料制成半封闭式或封闭式管状外壳,熔体装于其中。熔断管的作用是便于安装熔体和有利于熔体熔断时熄灭电弧。

1.8.1　熔断器的结构与分类

熔断器的种类很多,按结构可分为半封闭插入式、螺旋式、无填料密封管式和有填料密封管式。按用途可分为一般工业用熔断器、半导体器件保护用快速熔断器和特殊熔断器(如具有两段保护特性的快慢动作熔断器、自复式熔断器)。常用的熔断器有以下几种。

1. 插入式熔断器

插入式熔断器如图1-43所示,常用于民用交流50 Hz,额定电压为380 V或220 V,额定电流小于200 A的低压照明线路或分支回路中,作为配电支线或电气设备的短路保护来使用。

2. 螺旋式熔断器

螺旋式熔断器如图1-44所示。熔体上的上端盖有一熔断指示器,一旦熔体熔断,指示器马上弹出,可透过瓷帽上的玻璃孔观察到,它常用于机床电气控制设备中。螺旋式熔断器分断电流较大,可用于电压等级500 V及其以下、电流等级200 A以下的回路中,作为短路保护。

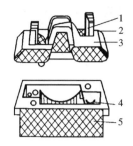

图 1-43　插入式熔断器

1—动触点;2—熔体;3—瓷插件;4—静触点;5—瓷座

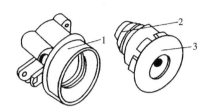

图 1-44　螺旋式熔断器

1—底座;2—熔体;3—瓷帽

3. 封闭式熔断器

封闭式熔断器分为有填料熔断器和无填料熔断器两种。有填料封闭式熔断器如图 1-45 所示,一般用方形瓷管,内装石英砂及熔体,分断能力强,用于电压 500 V 以下、电流 1 kA 以下的回路中。无填料封闭式熔断器如图 1-46 所示,将熔体装入密闭式圆筒中,分断能力稍小,用于 500 V 以下、600 A 以下电力网或配电设备中。

4. 快速熔断器

快速熔断器主要用于半导体整流元件或整流装置的短路保护。由手半导体元件的过载能力很低,只能在极短时间内承受较大的过载电流,因此要求短路保护具有快速熔断的能力。快速熔断器的结构和有填料封闭式熔断器基本相同,但熔体材料和形状不同。快速熔断器的熔体是用银片冲制的有 V 形深槽的变截面熔体。

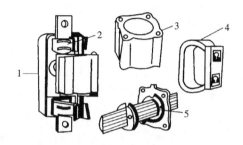

图 1-45　有填料封闭式熔断器

1—瓷底座;2—弹簧片;3—管体;
4—绝缘手柄;5—熔体

5. 自复熔断器

自复熔断器采用金属钠作熔体,在常温下具有高电导率。当回路发生短路故障时,短路电流产生高温使钠迅速汽化,汽态钠呈现高阻态,从而限制了短路电流。当短路电流消失后,温度下降,金属钠恢复原来的良好导电性能。自复熔断器只能限制短路电流,不能真正分断回路。其优点是不必更换熔体,能重复使用。

1.8.2　熔断器的选用

1. 熔断器的保护特性

熔断器的动作是靠熔体的熔断实现的,当电流较大时,熔体熔断所需的时间就较短;电流较小时,熔体熔断所需用的时间就较长,甚至不会熔断。这一特性可用"时间—电流特性"曲线描述,称熔断器的保护特性,如图 1-47 所示。

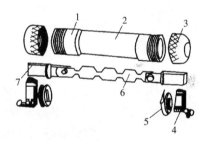

图 1-46　无填料封闭式熔断器

1—铜圈;2—熔断管;3—管帽;
4—插座;5—特殊垫圈;6—熔体;7—熔片

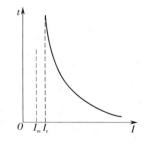

图 1-47　熔断器的保护特性

图 1-47 中，I_r 为最小熔化电流或称临界电流，I_{re} 为熔体额定电流。当熔体电流小于 I_r 时，熔体不会熔断。I_r 与 I_{re} 之比称为熔断器的熔化系数，即 $K = I_r/I_{re}$，K 的值小对小倍数过载保护有力，但 K 也不宜接近于 1，否则不仅熔体在 I_{re} 下工作温度会过高，而且还有可能因保护特性本身的误差而发生熔体在 I_{re} 下也熔断的现象，影响熔断器工作的可靠性。

2. 熔断器的主要参数

（1）额定电压　指熔断器长期工作时和分断后能够承受的压力。

（2）额定电流　指熔断器长期工作时，电器设备升温不超过规定值时所能承受的电流。熔断器的额定电流有两种：一种是熔管额定电流，也称熔断器的额定电流；另一种是熔体的额定电流。厂家为减少熔管额定电流的规格，熔管额定电流等级少，而熔体电流等级较多，在一种电流规格的熔断管内有适于几种电流规格的熔体，但熔体的额定电流最大不能超过熔断管的额定电流。

（3）极限分断能力　指熔断器在规定的额定电压和功率因数（或时间常数）条件下，能可靠分断的最大短路电流。

（4）熔断电流　指通过熔体并能使其融化的最小电流。

3. 熔断器的图形、文字符号及选用

熔断器的图形及文字符号如图 1-48 所示。

图 1-48　熔断器的
图形及文字符号

选择熔断器时主要考虑熔断器的种类、额定电压、额定电流和熔体的额定电流等。因为熔断器在动作时不需要保持动、热稳定，因此选择熔断器时只考虑满足正常工作条件和分断能力的要求即可。

满足正常工作条件要求即满足熔断器额定电压及额定电流要求。由于熔断器有熔断器额定电流和熔体额定电流两个参数，因此需对两个电流进行选择。熔体是对线路或电气设备进行保护的，正常工作（指额定电流和设备启动的尖峰电流）条件下，熔体不应产生误动作，即不会熔断。

（1）熔断器类型的选择

熔断器的类型主要依据负载的保护特性和短路电流的大小选择。对于容量小的电动机和照明支线，常采用熔断器作为过载及短路保护，因此熔体的熔化系数可适当小些；对于较大容量的电动机和照明干线，则应着重考虑短路保护和分断能力，通常选用具有较高分断能力的熔断器；当短路电流很大时，宜采用具有限流作用的熔断器。

（2）熔断器额定电压的选择

熔断器额定电压一般应等于或大于电器设备的额定电压。

（3）熔体的额定电流的选择

①对于负载平稳无冲击的照明回路、电阻、电炉等，熔体额定电流略大于或等于负荷回路中的额定电流，即

$$I_{re} \geq I_e \tag{1-4}$$

式中　I_{re}——熔体的额定电流；

　　　I_e——负载的额定电流。

②对于单台长期工作的电动机，熔体电流可按最大启动电流选取，也可按下式选取。

$$I_{re} \geq (1.5 \sim 2.5) I_e \tag{1-5}$$

式中　I_{re}——熔体的额定电流；

I_e——电动机的额定电流。

如果电动机频繁启动,式中系数可适当加大至 3~3.5,具体应根据实际情况而定。

③对于多台长期工作的电动机(供电干线)的熔断器,熔体的额定电流应满足下列关系。

$$I_{re} \geq (1.5 \sim 2.5) I_{e\,max} + \sum I_e \tag{1-6}$$

式中　$I_{e\,max}$——多台电动机中容量最大的一台电动机额定电流;

　　　$\sum I_e$——其余电动机额定电流之和。

当熔体额定电流确定后,根据熔断器额定电流大于或等于熔体额定电流来确定熔断器额定电流。

(4)熔断器级间的配合

为防止发生越级熔断,上、下级(即供电干、支线)熔断器之间应有良好的配合。选用时,应使上级(供电干线)熔断器的熔体额定电流比下级(供电支线)的大 1~2 个级差。

1.9　低压开关和低压断路器

开关是最为普通的电器之一,用于分合回路,开断电流,常用的开关有刀开关、隔离开关、负荷开关、转换开关、组合开关、空气断路器等。

开关可分为有载运行操作、无载运行操作、选择性运行操作三种;也可分为正面操作和背面操作的开关;还可分为带灭弧和不带灭弧的开关。开关刀口接触有面接触和线接触两种。线接触刀口开关的刀片易插入,接触电阻小,制造方便。开关常采用弹簧片,以保证接触良好。

1.9.1　低压开关

1.刀开关的用途及分类

低压开关也称低压隔离器。以刀开关(又称闸刀开关)为例,它是低压电器中结构比较简单、应用较广的一类手动电器,主要用于隔离电源,也可用来非频繁地接通和分断容量较小的低压配电回路及直接启动小容量电动机等。

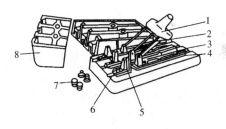

图 1-49　胶盖闸刀开关的结构图
1—瓷柄;2—动触点;3—出线座;4—瓷底座;
5—静触点;6—进线座;7—胶盖紧固螺钉;8—胶盖

刀开关由闸刀(又称触刀,动触点)、静插座(静触点)、手柄和绝缘底板等组成。胶盖闸刀开关的结构如图 1-49 所示。

刀开关有多种。按用途可分为胶盖闸刀开关、铁壳开关、组合开关等;按极数,可分为单极、双极和三极;按操作方式,可分为直接手柄操作式、杠杆操作机构式和电动操作机构式;按投掷方向,可分为单投和双投等。刀开关的图形及文字符号如图 1-50 所示。

单投刀开关主要用在低压电力网中用作电源隔离,是配电工程不可或缺的电器元件,常用于各种低压配电

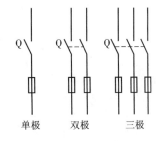

图 1-50　刀开关的图形及文字符号

柜、配电箱、照明箱的进线处。当电器元件或线路中出现故障时,通过它切断来隔离电源,以保证对设备、电器元件的安全检修。

双投刀形转换开关主要用作低压电网的电源(手动)转换,当双电源中的一路电源不能供电,可用它将电源转换到另一路供电电源。当双投刀形转换开关处于中间位置时,两路电源均处于分断状态。

装有灭弧室的刀开关及刀形转换开关可用于非频繁的接通或分断回路,未装灭弧室的刀开关及刀形转换开关仅作为隔离开关使用。

2. 刀开关的主要技术参数

(1)额定电压　刀开关在长期工作中能承受的最大电压称为额定电压。目前我国生产的刀开关的额定电压为交流 380 V,直流 220 V 或 440 V。

(2)额定电流　刀开关在合闸位置上允许长期通过的最大工作电流称为额定电流。小电流刀开关的额定电流分为 10 A、15 A、20 A、30 A、60 A 五个等级,大电流刀开关的额定电流一般分为 100 A、200 A、400 A、600 A、1 000 A 和 1 500 A 六个等级。

(3)分断能力　刀开关在额定电压下能可靠地分断的最大电流称为分断能力。一般刀开关只能分断额定电流值以下的电流;当刀开关与熔断器配合使用时,刀开关的分断能力指与其相配合的熔体或熔断其的分断能力。

(4)操作次数　操作次数有机械次数和电次数两个指标。开关在不带电的情况下所能达到的操作次数为机械次数,即机械寿命。刀开关在额定电压下能可靠分断一定百分率额定电流的总次数为电次数,即电寿命。

(5)电动稳定性电流　刀开关在一定短路电流峰值所产生的电动力作用下不产生变形、破坏或触刀自动弹出现象时、则此短路电流峰值就是刀开关的电动稳定性电流。通常,刀开关的电动稳定性电流比其额定电流大数十倍。

(6)热稳定电流　短路发生时,若刀开关能在一定时间(一般为 1 s)内通过某一最大短路电流,并不会因温度急剧上升而发生熔焊现象,此电流即为刀开关的热稳定电流。通常,刀开关的 1 s 热稳定性电流为其额定电流的数十倍。

3. 刀熔开关、组合开关及其他

(1)刀熔开关

为了使用方便和减少体积,实际使用中,对于小容量刀开关,常将熔丝或熔断器与刀开关安装在一起,组成兼有通断回路和保护作用的开关电器,如胶盖闸刀开关、熔断器式刀开关等。

胶盖刀开关即开启式复合开关,适用于交流 50 Hz、额定电压单相 220 V 和三相 380 V、额定电流至 100 A 的回路中,作为不频繁地接通和分断有负载回路与小容量线路的短路保护之用。其中三极开关适当降低容量后,可作为小型感应电动机手动不频繁操作的直接启动及停机用。常用的刀熔开关为 HK2 系列,技术数据见表 1-5。

表 1-5　HK2 系列刀开关的技术数据

额定电压/V	额定电流/A	极数	熔体极限分断能力/A	控制电动机最大容量/kW	机械寿命/次	电气寿命/次
250	10	2	500	1.1	10 000	2 000
	15		500	1.5		
	30		1 000	3.0		

表 1-5(续二)

额定电压/V	额定电流/A	极数	熔体极限分断能力/A	控制电动机最大容量/kW	机械寿命/次	电气寿命/次
500	15	3	500	2.2	10 000	2 000
	30		1 000	4.0		
	60		1 000	5.5		

(2)熔断器式刀开关

熔断器式刀开关即熔断器隔离开关,是以熔断体或带有熔断体的载熔件作为动触点的一种隔离开关。常用的型号有 HR5、HR6 系列,主要用于额定电压 AC660 V(45 ~ 62 Hz),约定发热电流至 630 A 的具有高短路电流的配电线路和电动机回路中,作为电源开关、隔离开关、应急开关,并作为回路保护用,但一般不作为直接启停单台电动机之用。

在使用时,进线座接电源端的进线,出线座接负载端导线,靠触刀与触点座的分合来接通和分断回路。胶盖使电弧不致飞出灼伤操作人员,防止极间电弧造成电源短路。熔丝起短路保护作用。

安装刀开关时,合上开关时手柄在上方,不得倒装或平装。倒装时手柄有可能因自重下滑而引起误合闸,造成安全事故。接线时,将电源线接在熔丝上端,负载线接在熔丝下端,拉闸后刀开关与电源隔离,便于更换熔丝。

(3)组合开关

组合开关又称转换开关,是一种操作手柄可以转动的刀开关。安装组合开关时,可以选择不同类型的动触点和静触点,然后组装,得到不同的接线方案,即可通过"组合",满足各种不同的控制要求。

组合开关适用于交流 50 Hz、380 V 及以下和直流 220 V 及以下的电气线路,作为手动非频繁接通或断开电源、换接电源、测量三相电压、改变负荷连接方式(串联、并联)用,也常用于控制 7.5 kW 以下小容量电动机的直接启动、正反转等不频繁操作的场合。组合开关的额定电压等级为 220 V 和 380 V,额定电流有 6 A、10 A、25 A、60 A、100 A 等。常用的产品型号为 HZ10、HZ15 系列。型号含义如下所示。

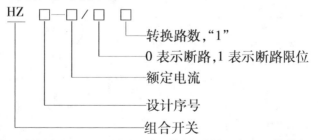

组合开关的结构示意图如图 1-51 所示。主开关的结构采用扭簧储能机构,可以使开关快速闭合及分断,分断能力和灭弧性能较高,可以带负荷操作。

组合开关的组合层数可为 2 ~ 10 层,每层有 2 对触点,其挡位有 2 ~ 4 挡,因此触点组可以进行多种组合。图 1-51(a)仅示出了一种 2 挡位、2 极(即 2 对触点)的情况,图中虚线表示组合开关的挡位,虚线上的黑点表示触点在该挡位处于闭合状态,无黑点时则表示触点在该挡位处于打开状态。由图 1-51(a)、(b)可知,静止时 3 对触点虽然位置不同(均处于开启状态),但当将手柄转动90°时,3对触点均处于闭合状态,接通回路。

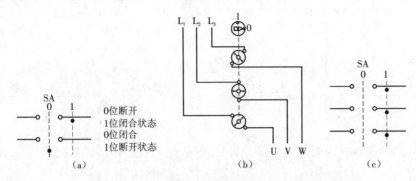

图 1-51　组合开关的符号及结构示意图

(a)图形及位置符号;(b)结构示意图;(c)与结构示意图相对应的触点闭合图

(4)小型隔离开关

近年来国内多个厂家从国外引进技术,生产较为先进的小型隔离开关,如 INT100、E230、E270 系列隔离开关等。小型隔离开关为可拼装式隔离开关,可拼装为 2 极、3 极和 4 极。其外壳采用工业塑料等材料制成,具有耐高温、抗老化、绝缘性能好、体积小、质量轻、可采用导轨进行拼装等优点。该产品电寿命和机械寿命都较长,主要技术数据如表 1-6 所示。它可替代小型刀开关,广泛应用于工矿企业、民用建筑等场所的低压配电回路和控制回路中。

表 1-6　小型隔离开关主要技术数据

极数	额定电流/A	交流额定电压/V	宽度(9 mm 的倍数)	机械寿命/万次
1		230	2	
2	32、40、63、80、100	230、400	4	5
3		400	6	
4			8	

4. 刀开关的选择

(1)结构的选择　应根据刀开关的作用和装置的安装方式选择是否带灭弧装置。如开关用于分断负载电流时,应选择带灭弧装置的刀开关。可根据装置的安装形式选择正面、背面、侧面操作方式,以及是直接操作还是杠杆操作,是板前接线还是板后接线的结构方式。

(2)额定电流的选择　额定电流一般应等于或大于所分断回路中各个负载电流的总和。对于电动机负载,应考虑其启动电流,所以应选额定电流大一级的刀开关。若考虑回路出现的短路电流,还应选择额定电流更大一级的刀开关。

(3)组合开关主要用于电源的引入与隔离,又叫电源隔离开关　其选用依据是电源种类、电压等级、触点数量以及电动机容量。当采用组合开关来控制 5 kW 以下小容量异步电动机时,额定电流一般取电动机额定电流的 1.5 ~ 3 倍。接通次数 15 ~ 20 次/h 时,常用的组合开关为 HZ 系列:HZ1,HZ2,…,HZ10 等。额定电流为 10A、25A、60A 及 100 A 四种,适用于交流 380 V 以下,直流 220 V 以下的电气设备中。

1.9.2 负荷开关

负荷开关通常采用手动操作(为方便操作,也有可电动操作的产品),是一种非自动双位(断开和闭合)设备。

负荷开关具有简单的灭弧装置,能用于分合负载线路,但不能分断短路电流,不能对所控制回路提供保护功能。负荷开关通常配合熔断器一起使用,利用熔断器切断故障电流。负荷开关分断后,具有明显的断开点,因此它可起隔离开关的作用。负荷开关与隔离开关的本质区别是前者可带负荷操作,而后者却不能。

负荷开关的图形及文字符号如图1-52所示。铁壳开关是一种常用的负荷开关,将开关装在铁壳内。铁壳开关主要由刀闸、熔断器和铁制外壳、壳盖以及手柄组成。刀闸断开处有灭弧罩,开关内部与手柄相连处装有速断弹簧,分断速度比胶盖闸刀开关快,灭弧能力较强,具有短路保护功能。负荷开关适用于不频繁地手动接通和分断负荷回路,可用于控制三相感应电动机的不频繁启动和停转。它常用于工业设备,主要有HH3、HH4等系列。

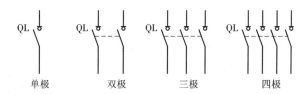

图1-52 负荷开关的图形及文字符号
1—衔铁;2—铁芯;3—吸引线圈

1.9.3 低压断路器

低压断路器过去称为自动空气开关(自动开关),为了与IEC标准一致,故改用此名。它是一种既有手动开关作用,又能进行自动失压、欠压、过载和短路保护的电器,应用极为广泛。

低压断路器可用来分配电能、不频繁地启动异步电动机、对电动机及电源线路进行保护。这些设备当它们发生严重过载、短路或欠电压等故障时,低压断路器能自动切断电源,功能相当于负荷开关、熔断器、热继电器和欠压继电器的组合,是一种自动切断回路故障用的保护电器,可配合各种脱扣装置实现以下操作:①正常分合负荷回路;②作为过电流及短路保护;③作为失压保护;④进行远距离控制。而且在分断故障电流后,一般不需要更换零部件。低压断路器的图形及文字符号如图1-53所示。

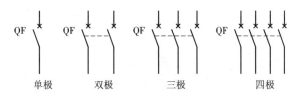

图1-53 低压断路器的图形及文字符号

1.9.3.1 低压断路器的类型

(1)万能式低压断路器

又称开启式低压断路器。容量较大,具有较高的短路分断能力和较高的动稳定性。适用

于交流 50 Hz、额定电压 380 V 的配电网中作为配电干线的主保护。主要型号有 DW10 和
DW15 两个系列。

（2）装置式低压断路器

又称塑料外壳式低压断路器。内装触点系统、灭弧室及脱钩器等,可手动和电动合闸。它
适合做配电网的保护和电动机、照明回路及电热器等的控制开关。主要型号有 DZ5、DZ10 和
DZ20 等系列。

（3）快速断路器

具有强有力的灭弧装置,最快动作时间可在 0.02 s 以内,用于半导体整流元件和整流装
置的保护,主要型号有 DS 系列。

（4）限流断路器

利用短路电流产生的巨大吸力,使触点迅速断开,能在交流短路电流尚未达到峰值之前就
把故障回路切断,用于短路电流相当大(高达 70 kA)的电路中。主要型号有 DWX15 和 DZX10
两种系列。

（5）智能化断路器

目前国产的智能化断路器有框架式和塑料外壳式两种。前者主要用作智能化自动配电系
统中的主断路器;后者主要用于配电网中,分配电能和作为电路及电源设备的控制和保护。智
能化断路器的控制核心采用了微处理器或单片机技术,它不仅具有普通断路器的各种保护功
能,同时还具有实时显示电路中的电气参数(电流、电压、功率、功率因数等),对电路进行在线
监视、自动调节、测量、试验、自诊断和通信等功能。能够对各种保护功能的动作参数进行显
示、设定和修改,能存储保护回路动作时的故障参数能够存储以便查询。

1.9.3.2　低压断路器的结构和工作原理

1. 结构

低压断路器工作原理图如图 1-54 所示。低压断路器由主触点和灭弧系统、脱扣器、自由
脱扣机构和操作机构组成。

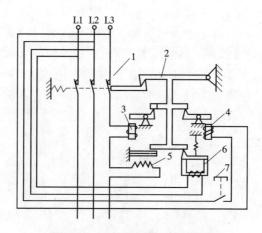

图 1-54　低压断路器工作原理图
1—主触点;2—自由脱扣机构;3—过电流脱扣器;
4—分励脱扣器;5—热脱扣器;6—欠电压脱扣器;7—停止按钮

（1）主触点和灭弧系统

主触点是断路器的执行元件，用来分合主回路，灭弧系统（灭弧栅、灭弧罩）用于增强主触点的分断能力。主触点是由操作机构和脱扣器操纵其通断的，因而操作机构可用操作手柄操作，也可用电磁脱扣机构进行远距离操作。在正常情况下，触点可接通、分断工作电流；过载或短路故障时，依靠自由脱扣机构及时切断故障电流，从而保护系统中的电气设备和线路。

低压断路器还可配置一些辅助触点以扩展使用功能。其辅助动合触点、动断触点的组合可实现开关间的电气连锁。

（2）脱扣器

脱扣器是断路器的感测元件，由不同功能的脱扣器可以组合成不同性能的低压断路器。

按不同的分类方式，脱扣器有以下几种。

1）按脱扣器工作原理分类

按照脱扣器的工作原理可分为电磁型脱扣器、热脱扣器和电子式脱扣器。

脱扣器通常是利用热、磁效应工作的。利用电磁原理工作的脱扣器称为电磁型脱扣器。利用热元件和双金属片发热原理工作的脱扣器称为热脱扣器。如图 1-54 所示，3、4、6 都是电磁脱扣器，5 是由热元件和双金属片构成的热脱扣器。

电子式脱扣器除具有热、磁型脱扣器的所有功能外，还具有一些扩展功能，是利用电子器件实现的。

2）按脱扣器作用分类

按照脱扣器的作用可分为过电流脱扣器、过载脱扣器、欠电压脱扣器和分励脱扣器。

①欠压脱扣器　相当于欠压继电器的作用，用于欠压保护。当系统欠电压（电压过低）时，欠电压脱扣器的衔铁释放，使自由脱扣机构动作。

②过流脱扣器　相当于过电流继电器的作用，用于过电流或短路保护。反映电流过量的电磁脱扣器称为过电流脱扣器。从保护动作时间看，过电流电磁脱扣器分为瞬时动作过电流脱扣器和短延时动作过电流脱扣器。

③过载脱扣器　过载脱扣器又称为热脱扣器，相当于热继电器的作用，用于过载保护。热脱扣器具有反时限特性，用于反映系统较小的过电流量（过载保护）。热脱扣器因为动作时间与通过电流有关，通常被称为长延时脱扣器。热脱扣器动作后，一般应等待 2～3 min，使热脱扣器冷却复位后才能重新合闸，这也是低压断路器不能频繁地进行通断操作的原因之一。热脱扣器承担主回路的一般过负荷保护（过载保护），过电流脱扣器承担短路和严重过负荷保护（短路保护）。

④励脱扣器　正常情况下，脱扣器线圈是断电的。当需要远距离控制时，按下启动按钮，使线圈通电，衔铁带动自由脱扣机构动作，主触点断开。这种脱扣器称为分励脱扣器，用于远距离分断回路。

（3）自由脱扣器机构和操作机构

此机构用于完成自动跳闸或手动合闸。如图 1-54 所示，自由脱扣机构 2 是一套连杆机构，当主触点 1 闭合后，自由脱扣机构将主触点锁在合闸位置上。如果系统中发生故障，自由脱扣机构就在有关脱扣器的操作下动作，使锁扣脱开。

2. 工作原理

低压断路器的主触点 1 是靠手动操作或自动合闸的。主触点 1 闭合后，自由脱扣机构 2

将主触点锁在合闸位置上。过电流脱扣器 3 的线圈和电源并联。当回路发生短路或严重过载时,过电流脱扣器 3 的衔铁吸合,使自由脱扣机构 2 动作,主触点 1 断开主回路。当回路过载时,热脱扣器 5 的热元件发热使双金属片上弯曲,推动自由脱扣机构 2 动作。当回路欠电压时,欠电压脱扣器 6 的衔铁释放,也使自由脱扣机构动作。分励脱扣器 4 则作为远距离控制用,在正常工作时,其线圈是无电的。在需要远距离控制时,按下启动按钮 7,使线圈得电,衔铁带动自由脱扣机构动作,使主触点断开。

1.9.3.3 主要技术参数及保护特性

1. 主要技术参数

(1)额定电压

额定电压可分为额定工作电压、额定绝缘电压和额定脉冲电压。

额定工作电压(U_e)是断路器长期工作时的允许电压。在数值上取决于电网的额定电压等级。我国低压电网标准电压规定为交流 220 V/380 V 和直流 220 V、440 V 等。

应该指出,同一断路器可以规定在几种额定工作电压下使用,但相应的通断能力却不相同。

开关电器工作时,要承受系统中所发生的过电压,因此开关回路(包括断路器)的额定电压参数中给定了额定脉冲耐压值,其数值应大于或等于系统中出现的最大过电压峰值。额定绝缘电压和额定脉冲电压共同决定了开关电器的绝缘水平。

(2)额定电流(I_n)

断路器的额定电流一般是指断路器的额定持续电流,即过电流脱扣器上能长期通过的电流(长延时过电流脱扣器的额定电流)。断路器在此值下运行时,不会超过电流承受部件规定的温度值。

(3)瞬动或短延时过电流脱扣器电流整定值(短路脱扣继电器 I_m)

短路脱扣继电器用于以短路电流为典型代表的高故障电流出现时,使断路器迅速跳闸,其跳闸极限为 I_m。

(4)壳架电流的等级值

断路器的壳架可配备有不同电流整定值的过电流脱扣器,其最高的过电流脱扣器所能整定的电流值即是壳架电流的等级值。例如一台 DZ20 - 400 的塑壳断路器可配 200 A、250 A、315 A、350 A、400 A 五种过电流脱扣器,断路器的壳架电流为 400 A。

(5)分断能力(额定短路分断电流 I_{cu})

断路器在规定的电压、频率及线路参数(交流回路为功率因数(一般 $\cos\varphi = 0.2$)、直流回路为时间常数)下,所能正常分断的最大短路电流值。

(6)分断时间

这是指切断故障电流所需的时间,包括固有的断开时间和燃弧时间。

2. 低压断路器的分段保护特性

为了充分发挥电气设备的过载能力并尽可能缩小事故停电范围,断路器的保护特性还应具有选择性,即分段保护特性(两段式、三段式)。断路器的保护特性如图 1-55 所示。

图 1-55 中,ab 段曲线为保护特性的过载保护部分,它是反时限特性的;ef 段是保护特性的短路保护部分,具有瞬动特性;cd 段是定时限延时动作部分,只要故障电流超过与 c 点相对应的电流值,过电流脱扣器即经过一段短延时后动作,切除故障回路。

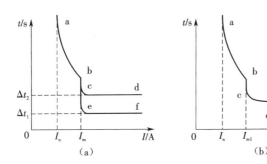

图 1-55　断路器的保护特性

(a)两段式保护特性;(b)三段式保护特性

两段式保护特性如图 1-55(a)所示。两段式有过载延时和短路瞬时动作(图中曲线 ab – ef 段)及过载延时和短路延时动作(图中曲线 ab – cd 段)等两类。前者用于末端支路负载的保护,后者用于支干线配电保护。

三段式保护特性如图 1-55(b)所示。图中 ab-cd-ef 段分别对应于过载延时,短路短延时和大短路时瞬动保护,适用于供配电线路中的级间配合调整。

具有三段式保护特性的断路器又称为具有"选择性"的断路器。

1.9.3.4　低压断路器的选择

(1)低压断路器的额定电流和额定电压应大于或等于线路、设备的正常工作电压和工作电流。

(2)低压断路器的极限分断能力应大于或等于回路最大短路电流。

(3)欠电压脱扣器的额定电压等于线路的额定电压。

(4)过电流脱扣器的额定电流大于或等于线路的最大负载电流。

1.9.3.5　使用低压断路器的注意事项

由于自动开关具有过载、欠压、短路保护作用,故应用中越来越多。自动开关的类型较多,有框架式、塑料外壳式、限流式、手动操作式和电动操作式。在选用时,主要从保护特性要求、分断能力、电网电压类型、电压等级、长期工作负载的平均电流、操作频繁程度等几方面确定型号。常用的有 DZ10 系列(额定电流分 10A、100A、200A、600 A 四个等级)。符合 IEC 标准的有 3VE 系列(额定电流 0.1~63 A)。使用低压断路器时注意以下问题:

(1)低压断路器投入使用时应先进行整定,按照要求整定热脱扣器的动作电流,以后就不应随意旋动有关的螺丝和弹簧。

(2)在安装低压断路器时,应注意把来自电源的母线接到开关灭弧罩一侧的端子上,来自电气设备的母线接到另外一侧的端子上。

(3)在正常情况下,每 6 个月应对开关进行一次检修,清除灰尘。

(4)发生断路、短路事故的动作后,应立即对触点进行清理,检查有无熔坏,并清除金属熔粒、粉尘,特别要把散落在绝缘体上的金属粉尘清除掉。

使用低压断路器来实现短路保护比熔断器要好,因为三相电路短路时,很可能只有一相熔断器熔断,造成缺相运行。对于低压断路器来说,只要造成短路就会使开关跳闸,将三相同时切断。低压断路器还有其他自动保护作用,性能优越,但其结构复杂,操作频率低,价格高,因此适合于要求较高的场合,如电源总配电盘。

1.10 常用电子电器

电子电器是全部或部分由电子器件构成的电器。半导体技术的迅速发展,使电子电器逐渐渗透到低压电器领域,发挥着越来越重要的作用。本节主要介绍常用的晶体管时间继电器、固态继电器、晶闸管开关和无触点行程开关。

1.10.1 晶体管时间继电器

除了执行继电器外,晶体管时间继电器的其他部件均由电子元件组成,没有机械部件,因而具有寿命较长、精度较高、体积小、延时范围大、调节范围宽、控制功率小等优点。

晶体管时间继电器利用电容对电压变化的阻尼作用作为延时的基础。大多数阻容式延时电路都有类似图 1-56 结构,电路由阻容环节、鉴幅器、出口电路、电源四部分组成。当接通电源时,电源电压 E 通过电阻 R 对电容 C 充电,电容上电压 U_C 上升到鉴幅器的门限电压 U_d 时,鉴幅器即输出开关信号至后级电路,使执行继电器动作。电容充电曲线如图 1-57 所示。延时时间的长短与电路的充电时间常数 RC 及电压 E、门限电压 U_d、电容的初始电压 U_{co} 有关。为了得到必要的延时时间,必须恰当地选择参数;为了保证延时精度,必须保持上述参数的稳定。

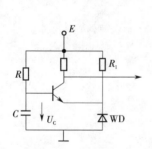

图 1-56　阻容式延时电路基本结构形式

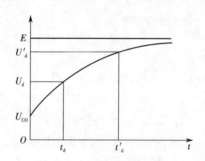

图 1-57　阻容电路充电曲线

晶体管时间继电器品种很多,电路各异。其中 JS20 系列时间继电器按所用电路可分为两类,即单结晶体管电路和场效应管电路。这里以 JS20 系列单结晶体管通电延时电路为例说明。单结晶体管延时继电器电路如图 1-58 所示,全部电路由延时环节、鉴幅器、输出电路、电源和指示灯等五部分组成。

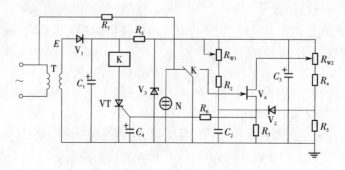

图 1-58　JS20 单结晶体管延时继电器电路

电路的工作原理如下。当接通电源后，经二极管 V_1 整流、电容 C_1 滤波以及稳压管 V_3 稳压的直流电压通过 R_{W2}、R_4、V_2 向电容 C_2 以极短的时间常数快速充电。电容 C_2 上电压在相当于 U_{RS} 预充电压的基础上按指数规律继续升高。当此电压大于单结晶体管的峰点电压 U_P 时，单结晶体管导通，输出电压脉冲触发晶闸管 VT。VT 导通后使继电器 K 吸合，除用其触点接通或分断外电路外，还利用其另一常开触点将 C_2 短路，使之迅速放电，为下次使用作准备。此时氖指示灯 N 起辉。当切断电源时，K 释放，电路恢复为原始状态，等待下次动作。JS20 系列时间继电器除具有上面介绍的通电延时型外，还具有断电延时型和带瞬动触点的通电延时型，对于后面两种继电器，这里不做具体介绍。

随着半导体集成电路的广泛应用，晶体管时间继电器得到了长足的发展。目前，我国已有采用集成电路和显示器件制成的 JS14P、JS14S、JSS1 系列等数字显示时间继电器。其特点是延时精度高、延时范围广、触点容量大、调整方便、指示清晰准确等特点。JS11S 和 JSS11 系列的数字显示时间继电器是电动机式时间继电器的更新换代产品。它采用先进的数控技术，用集成电路和显示器件取代电动机和机械传动系统，采用拨码开关整定延时时间，使用非常方便。

此外，有的厂家还引入了目前国际上最新式的 ST 系列超级时间继电器。此种继电器内部装有时间继电器专用的大规模集成电路，并使用高质量薄膜电容器与金属陶瓷可变电阻器，从而减少了元件的数量，缩小了体积，增加了可靠性，提高了抗干扰能力。另外还采用了高精度振荡回路和高频率分频回路，保证了高精度和长延时。因此，它是一种体积小、质量轻、可靠性高的小型时间继电器。

1.10.2　固态继电器

固态继电器（SSR）是采用固体半导体元件组装成的一种新颖的无触点开关。由于它的接通和断开没有机械接触，因此具有开关速度快、工作频率高、质量轻、使用寿命长、噪声低和动作可靠等优点，不仅在许多自动化装置中代替了常规电磁式继电器，而且广泛应用于数字程控装置、调温装置、数据处理系统及计算机输入、输出接口等电路，尤其适用于动作频繁、防爆耐潮和耐腐蚀等特殊场合。

固态继电器是一种能实现无触点通断的四端器件开关，有两个输入端、两个输出端，中间采用光电器件。当控制输入端无信号时，主回路输出呈阻断状态；当输入端施加控制信号时，主回路输出端呈导通状态。它利用信号光电耦合方式使控制回路与负载之间没有电磁关系，实现了输入与输出之间的电气隔离。

固态继电器有多种产品，以负载电源类型可分为直流型固态继电器和交流型固态继电器。直流型以功率晶体管作为开关元件；交流型以晶闸管作为开关元件。以输入、输出之间的隔离形式可分为光耦合隔离型和磁隔离型。以控制触发的信号可分为过零型和非过零型以及有源触发型和无源触发型。

图 1-59 为光耦合式交流固态继电器的原理图。

当无信号输入时，发光二极管 VD_2 不发光，光敏三极管 V_1 截止，三极管 V_2 导通，晶闸管 VT_1 控制门极被钳在低电位而关断，双向晶体 VT_2 无触发脉冲，固态继电器两个输出端处于断开状态。

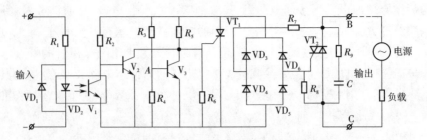

图 1-59　光耦合式交流固态继电器的原理图

当在该电路的输入端输入很小的信号电压,就可以使发光二极管 VD_2 导通发光,光敏三极管 V1 导通,三极管 V_2 截止。VT_1 控制门极为高电位,VT_1 导通,双向晶闸管 VT_2 可以经 R_8、R_9、VD_3、VD_4、VD_5、VD_6、VT_1 对称电路获得正负两个半周的触发信号,保持两个输出端处于接通状态。

固体继电器的输入电压、电流均不大,但能控制强电压、大电流。它与晶体管、TTL/COMS 电子线路有较好的兼容性,可直接与弱电控制回路(如计算机接口电路)连接。

使用固态继电器时要注意以下事项:

(1)选择固态继电器时应根据负载类型(阴性、感性)确定,并且要采用有效的过压吸收保护;

(2)过电流保护应采用专门保护半导体器件的熔断器或动作时间小于 10 ms 的自动开关。

1.10.3　无触点行程开关

无触点行程开关又称为接近开关。其功能是当某物体与之接近到一定距离时就发出动作信号,而不像机械行程开关那样需要施加机械力。接近开关是通过其感应头与被测物体间介质能量的变化获取信号的。接近开关的应用已超出一般行程控制和限位保护的范畴,可用于高速计数、测速、液面控制、检测金属体的存在、零件尺寸以及无触点按钮等场合。即使用作一般行程开关,其定位精度、操作频率、使用寿命及对恶劣环境的适应能力也比机械行程开关高。

从原理上看,接近开关有高频振荡型、感应电桥型、霍尔效应型、光电型、永磁及磁敏元件型、电容型及超声波型等,其中以高频振荡型最常用,占全部接近开关产量的 80% 以上。我国生产的接近开关也是高频振荡型的,它包括感应头、振荡器、开关器、输出器和稳压器等几部分。当装在生产机械上的金属检测体(通常为铁磁件)接近感应头时,由于感应作用,处于高频振荡器线圈磁场中的物体内部产生涡流(及磁滞)损耗,以致振荡回路因电阻增大、损耗增加而使振荡减弱,直至停止振荡。这时,晶体管开关就导通,并通过输出器(即电磁式继电器)输出信号,从而起到控制作用。高频振荡型用于检测各种金属,现在应用最为普遍。电磁感应型(包括差动变压器型)用于检测导磁和非导磁金属。电容型用于检测各种导电和不导电的液体及金属;超声波型用于检测不透过超声波的物质。

晶体管停振型接近开关属于高频振荡型。高频振荡型信号的发生机构实际上是一个 LC 振荡器,其中 L 是电感式感辨头。当金属检测体接近感辨头时,在金属检测体中产生涡流。涡流的去磁作用使感辨头的等效参数发生变化,改变振荡器回路的谐振阻抗和谐振频率,使振荡停止,并以此发出接近信号。LC 振荡器由 LC 谐振回路、放大器和反馈电路构成。按反馈方式可分为电感分压反馈式、电容分压反馈式和变压器反馈式。图 1-60 为某型号接近开关的实际电路。图中采用了电容三点式振荡器。感辨头 L 仅有两根引出线,因此也可做成分离式结构。由 C_2 取出的反馈电压经 R_2 和 R_f 加到晶体管 T_1 的基极和发射极两端,取分压比等于 l,即 $C_1 = C_2$,其目的是为了能够通过改变 R_f 来整定开关的动作距离。由 T_2、T_3 组成的射极耦合触发器不仅用作鉴幅,同时也起电压和功率放大作用。T_2 的基射结还兼作检波器。为了减轻振荡器的负担,选用较小的耦合电容 C_3(510 pF)和较大的耦合电阻 R_4(10 kΩ)。振荡器输出的正半周电压使 C_3 充电。负半周 C_3 经过 R_4 放电,选择较大的也可减小放电电流,由于每周内的充电量等于放电量,所以较大的 R_4 也会减小充电电流,使振荡器在正半周的负担减轻。但是 R_4 也不应过大,以免 T_2 的基极信号过小而在正半周内不足以饱和导通。检波电容 C_4 不接在 T_2 的基极而接到集电极上,其目的是为了减轻振荡器的负担。由于充电时间常数 R_5C_4 远大于放电时间常数(C_4 通过半波导通向 T_2 和 T_3 放电),因此当振荡器振荡时,T_2 的集电极电位基本等于其发射极电位,并使 T_3 可靠截止。当有金属检测体接近感辨头 L 使振荡器停振时,T_3 的导通因 C_4 充电约有百微秒的延迟。C_4 的另一作用是当电路接近电源时,振荡器虽不能立即起振,但由于 C_4 上的电压不能突变,使 T_3 不致有瞬间的误导通。

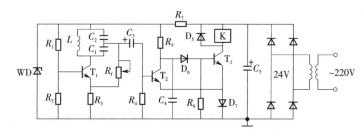

图 1-60　晶体管停振型接近开关电路

振荡回路中的电容 C_1、C_2 采用温度略呈负值的 CBX 聚苯乙烯电容器,与晶体管 β_1 值的正温度系数一同对感辨头线圈的电阻温度系数进行补偿,使开关的温度特性得以改善。由于电路中设置了稳压环节,当电源电压偏移 $-15\% \sim 10\%$ 时,接近开关的动作距离几乎不变。振荡器直流工作点设置的原则是使叠加在静态电流上的交变分量远大于后级电路提供的负载电流,一般选在 $1 \sim 3$ mA。

思考题与习题

1-1　简述电磁式电器的一般工作原理。

1-2　如何区分常开与常闭触点?时间继电器的常开与常闭触点与普通继电器常开常闭触点有何不同?

1-3　接触器和中间继电器的作用是什么,它们有什么区别?

1-4　在电动机的主回路中装有熔断器,为什么还要装热继电器?装了热继电器是否可以不装熔断器,为什么?

1-5　交流电动机的主回路中装有熔断器作短路保护,能否同时起到过载保护作用,为什么?

1-6　两个相同的交流接触器的线圈能否串联使用,为什么?

1-7　什么是继电器,常用的继电器有哪些?

1-8　过电流继电器与欠电流继电器有什么区别?

1-9　什么是时间继电器,它有何用途?

1-10　热继电器和过电流继电器有何区别,各有何用途?

1-11　行程开关、万能转换开关及主令控制器在回路中各起什么作用?

1-12　熔断器与低压断路器的区别是什么?

1-13　两台电动机不同时启动,一台电动机额定电流为 14.8 A,另一台电动机额定电流为 6.47 A,试选择用作短路保护熔断器的额定电流及熔体的额定电流。

1-14　选择熔断器应注意哪些因素?

1-15　熔断器与热继电器有何区别?

1-16　简述固态继电器的优点及应用场合。

第2章　继电－接触器控制系统的基本控制环节

各种生产机械和电气设备主要采用电动机作为动力,并用电气控制回路来完成自动控制。

电气控制回路是把各种有触点的接触器、继电器以及按钮、行程开关等电气元件用导线按一定的控制方式连接起来组成电气控制回路,因此电气控制通常称为继电－接触器控制。电气控制回路能实现对电动机的启动、停止、点动、正反转、调速和制动等运行方式的控制以及必要的保护,从而实现生产过程自动化,满足生产工艺要求。随着我国经济的发展,对电力拖动系统的要求不断提高。在现代化的控制中采用了许多新的控制装置和元件,如 MP、MC、PC、晶闸管等用于实现复杂的生产过程的自动控制。在我国,因电气控制回路具有回路简单、维修方便、便于掌握、价格低廉等优点,一直获得广泛应用。

生产工艺和生产过程不同,对自动控制回路的要求也不同。但是,无论是简单的,还是复杂的,都是按一定的控制原则和逻辑规律,由基本的控制环节组合而成的,因此掌握这些基本环节是学习电气控制的基础,特别是对生产机械整个电气控制回路工作的原理分析与设计有很大的帮助。

本章着重介绍组成电气控制回路的基本原则和基本控制环节以及三相异步电机的启动、调速和制动的基本电气控制回路的设计方法。

2.1　电气控制回路图的图形、文字符号及绘制原则

电气控制回路是由许多电气元件按一定的要求连接而成的。为了表达生产机械电气控制系统的结构、原理等设计意图,便于电气系统的安装、调试、使用和维护,将电气控制系统中各元件及其连接回路用一定的图形表达出来,就是电气控制回路图。电气控制回路分为电气原理图、安装接线图和电气布置图三种。电气控制回路图是工程技术的通用语言。它将各电气元件的连接用图形表达,各种电气元件用不同的图形符号表示,并用不同的文字符号来说明其所代表电气元件的名称、用途、主要特征及编号等。

2.1.1　电器控制回路常用的图形符号和文字符号

在电气控制回路中,各种元件的图形、文字符号必须符合国家标准。国家标准局参照国际电工委员会(IEC)公布的文件制定了我国电气设备的国家标准,颁布了 GB4728《电气图用图形符号》、GB6988《电气制图》和 GB7159《电气技术中的文字符号制定通则》。图形符号由要素、限定符号、一般符号以及常用的非电操作控制的动作符号(如机械控制符号等),根据不同的具体器件组合构成。附录1列出了常用电气图形、文字符号。

国家标准 GB7159《电气技术中的文字符号制定通则》给出电气工程图中的文字符号,分为基本文字符号和辅助文字符号。基本文字符号有单字母符号和双字母符号。单字母符号表示电气设备、装置和元器件的大类,例如 K 为继电器类器件这一大类。双字母符号由一个表示大类的单字母与另一个表示器件某些特性的字母组成,例如 KA 即表示继电器类器件中的

中间继电器(或电流继电器),KM 表示继电器器件中控制电动机的接触器。

辅助文字符号用来进一步表示电气设备、装置和元器件的功能、状态和特征。

一般来说,主回路标号由文字符号和数字组成。文字符号用于标明主回路的元件或回路的主要特征;数字标号用以区别回路不同线段。三相交流电源引入线采用 L_1、L_2、L_3 标号,电源开关之后的三相交流电源主回路分别标 U、V、W 标示。

控制回路由三位以上的数字组成,交流控制回路的标号一般以主要压降元件(如元件线圈)为分界,左侧用奇数标号,右侧是偶数标号。直流控制回路中正极按奇数标号,负极按偶数标号。

2.1.2　电气控制回路的绘制原则

电气原理图是根据工作原理绘制的,用于分析动作原理和寻找故障,而不考虑电气元件的实际结构和安装位置。通过回路图,可详细地了解回路、设备电气控制系统的组成和工作原理,并可在测试和寻找故障时提供信息,同时电气原理图也是绘制接线图的重要依据。

回路图在电气工程中是表达和交流经验的重要工具,看懂电气原理图,就可根据它来维护、修理各种电气设备;看懂电气安装接线图,就可以根据它接线和安装电气设备。

下面以图 2-1 鼠笼式电动机连续运转控制回路的电气原理图为例说明原理图的画法和注意事项。

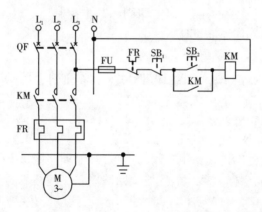

图 2-1　鼠笼式电动机连续运转电气控制回路的原理图

1. 电气原理图绘制原则

(1)电气控制回路

电气控制回路可分为主回路和控制回路两部分。主回路是电气控制回路中大电流通过的部分,包括从电源到电动机之间连接的元件。一般由组合开关、主熔断器、接触器主触点、热继电器的热元件和电动机等组成。主回路通常用粗实线画在图样的左侧(或上方);辅助回路包括控制回路、照明回路、信号回路和保护回路。其中控制回路是由按钮、接触器和继电器的线圈及辅助触点、热继电器触点、保护电器触点等组成。控制和辅助回路一般用细实线画在图样的右侧(或下方)。控制和辅助回路要分开画。控制回路画出控制主回路工作的控制电器的动作顺序,画出用作其他控制要求的控制逻辑,实现需要的控制功能。

（2）电气原理图中的回路

电气原理图中的回路可水平布置或者垂直布置。水平布置时，电源线垂直画，其他回路水平画，控制回路中的耗能元件画在回路的最右端。垂直布置时，电源线水平画，其他线路垂直画，控制回路中的耗能元件画在回路的最下端。

同一元件的各部可以不画在一起，但需用同一文字符号标出。若有多个同一种类的元件。可在文字符号后加上数字序号的下标，如 SB_1、SB_2、KA_1、KA_2 等。

所有电器的可动部分均按没有通电或没有外力作用时的状态画出。对于继电器、接触器的触点，按其线圈没有通电时的原始状态画出；控制器按手柄处于零位时的状态画出；对于按钮、行程开关等触点，按未受外力作用时的状态画出。

电气原理图中，应尽量减少线条和避免线条交叉。各导线之间有电联系时，在导线交点处画实心圆点。根据图面布置需要，可以将图形符号旋转绘制，一般逆时针方向旋转 90°，但文字符号不可倒置。

2. 电气原理图的坐标图示法

电气原理图坐标图示法是在上述电气原理图基础上发展而来的，分为轴坐标标注和横坐标标注两种方法。

（1）轴坐标标注法

首先根据回路的繁简程度以及回路中各部分回路的性质、作用和特点，将回路分为交、直流主回路，交、直流控制回路及辅助回路等。图 2-2 为两台电动机正反转控制轴坐标图示法电气原理图。图中根据回路性质、作用和特点分为交流主回路、交流控制回路、交流辅助回路和直流控制回路四部分。为便于标注坐标，将回路各元件均按纵向画法排列。每一条纵向回路为一单元，而每一个单元给定一个轴坐标，并用数字表示。这样每一回路单元中的各元件具有同一轴坐标。在对回路单元进行坐标标号时，为标明各回路性质、作用和特点，往往对同一系统的回路单元用数字来标注轴坐标。在图 2-2 中，交流主回路轴坐标标号为 100~108，交流控制回路轴坐标为 200~211，直流控制回路轴坐标标号为 300~309，交流辅助回路轴坐标标号为 400~406。在轴坐标 202 标号的回路单元中有 SB1、KM1 元件。在选定坐标系统与给定坐标后，下一步就是标注图示坐标。为了阅读、查找方便，可在回路图下方标注"正序图示坐标"和"逆序图示坐标"。

正序图示坐标一般标注在含有接触器或继电器线圈的回路单元下方。在图 2-2 中标注了 KM_1~KM_4 的正序图示坐标，在该回路单元的下方标注该继电器或接触器各触头分布位置。如接触器 KM_1 在回路中用了 4 对常开触头、一对常闭触头，它们分别位于 102、102，102、402、204 号回路单元中。这样，各对触头的位置和作用就一目了然了。

逆序图示坐标一般标在各回路单元的下方，用来标注该回路单元中的触头和受控制线圈所在的轴坐标号，如图 2-2 中的 202 回路单元中含有触头 SB_1、KM_1，其中元件 KM_1 在 202 和 204 回路单元中（按钮 SB_1、SB_2 因不受其他单元元件的控制，无需标注）。

由上可知，正序图示坐标是以线圈为据找触头，而逆序图示坐标则是以触头为据找线圈。图示坐标的标注采用与否，可根据回路图的繁简程度决定。回路简单、一目了然的，正、逆图示坐标均可不标注；回路不算很复杂的，一般只标注正序图示坐标即可；比较复杂的回路，可根据需要标注正、逆序图示坐标。回路越复杂，越能体现标注坐标的优越性。

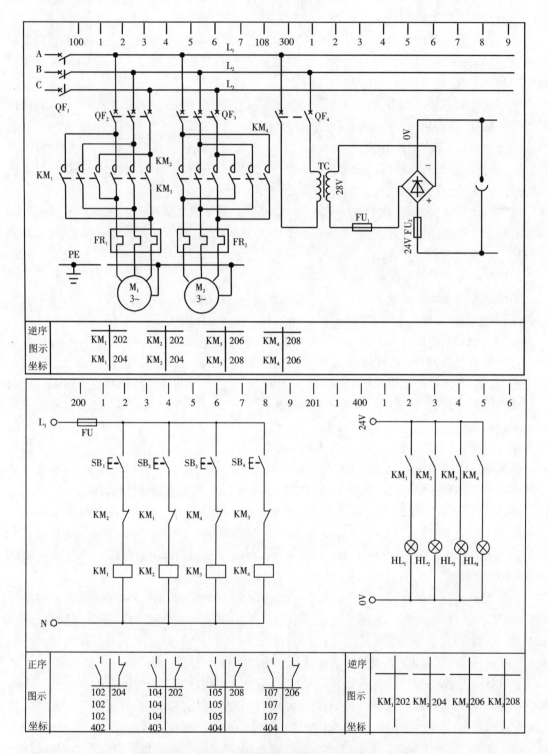

图 2-2　两台电动机正反转控制轴坐标图示法电气原理图

（2）横坐标标注法

以三台电动机状态控制横坐标图法电气原理如图 2-3 所示。采用横坐标标注法，回路上的各元件均按横向画法排列。各元件线圈的右侧,由上到下标明各支路的序号 1,2,…,并在该元件线圈旁标明其常开触头(标在横线上方)、常闭触头(标在横线下方)在回路中所在支路的标号,以便阅读和分析回路时查找。例如接触器 KM₁ 常开触头在主回路有 3 对,控制回路 2 支路中有一对;而 KM₂、KM₃ 所实现的是点动控制功能。常开触头在主回路各有 3 对,常闭触头 KM₂ 在控制回路 4 支路中有一对,常闭触头 KM₃ 在控制回路 3 支路中有 1 对。KM₄ 的用法与 KM₁ 同,这里不再详述。

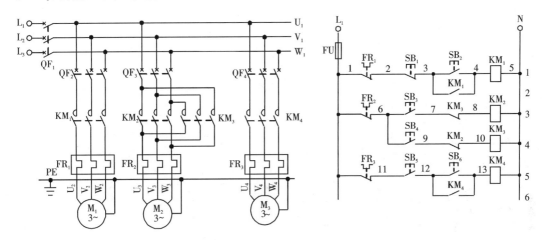

图 2-3　多电机状态控制横坐标图法电气原理图

2.1.3　电气安装接线图

电气安装接线图也叫电气装配图,是根据电气设备和电气元器件的实际结构、安装情况绘制的,用来表示接线方式、电气设备和电气元器件的位置、接线场所的形状和尺寸等。

电气安装接线图只从安装、接线角度出发,而不明显表示电气动作原理,是供电气安装、接线、维修、检查用的。它为安装电气设备、元件之间进行配线及检修电气故障等提供了依据。电气安装接线图的特点是所有电气设备和电气元器件都按其所在位置绘制在图纸上。图 2-4 为图 2-3 中电动机正反转控制的安装接线图,假定电动机功率为 3.7 kW。

在绘制安装接线图时一般应遵循以下原则。

(1)各元件用规定的图形、文字符号绘制,同一元件各部件必须画在一起,各元件的位置应与实际安装位置一致。

(2)不在同一控制柜或操作台上的元件的电气连接必须通过端子排进行。各元件的文字符号及端子编号应与原理图一致,并按原理图的接线进行连接。

(3)走向相同的多根导线可用单线表示,但线径不同的导线例外。

(4)画连接导线时,应标明导线的规格、型号、根数等规格要求,以便施工人员顺利施工。

2.2　电气控制的基本环节及规律

任何简单或复杂的电气控制回路均由一系列基本环节所组成,包括点动控制、连续控制、自锁控制、互锁控制、多地点控制、顺序控制和自动循环控制等诸多环节。下面就上述环节的

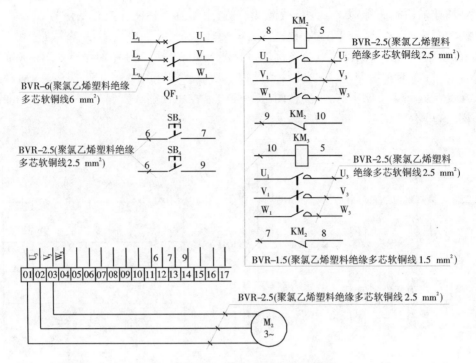

图 2-4 电动机正反转控制的安装接线图

结构及规律作详细介绍。

2.2.1 异步电动机简单的启、保、停电气控制回路

异步电动机启、保、停电气控制回路如图 2-5 所示。图中左侧为主回路,由断路器 QF、接触器 KM 主触点、热继电器 FR 的发热元件和电动机 M 构成;右侧控制回路由熔断器 FU、热继电器 FR 常闭触点、启动按钮 SB$_1$、停止按钮 SB$_2$、接触器 KM 常开辅助触点和它的线圈构成。

1. 工作原理

电动机启动时,合上断路器 QF,引入三相电源,按下按钮 SB$_1$,接触器 KM 的线圈通电吸合,主触点 KM 闭合,电动机 M 接通电源启动运转。同时与 SB$_1$ 并联的常开触点 KM 闭合。当手松开按钮后,SB$_1$ 在自身复位弹簧的作用下恢复到原来断开的位置时,接触器 KM 的线圈仍可通过 KM 的常开触点使

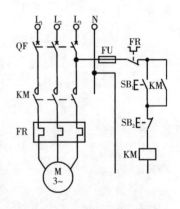

图 2-5 异步电动机启、保、停电气控制回路

接触器线圈继续通电,从而保持电动机的连续运行。这种依靠接触器自身常开触点而使其线圈保持通电的现象称为自锁。起自锁作用的辅助触点称为自锁触点。

电动机停止时,只要按下停止按钮 SB$_2$,将控制回路断开即可。这时接触器 KM 的线圈断电释放,KM 的常开主触点将三相电源切断,M 停止旋转。当手松开按钮后,SB$_2$ 的常闭触点在复位弹簧的作用下,虽又恢复到原来的常闭状态,但接触器线圈已不再能依靠自锁触点通电了,因为原来闭合的自锁触点早已随着接触器线圈的断电而断开了。

这个回路是单向自锁控制回路。

2. 保护环节

(1)短路保护　断路器 QF 和熔断器 FU 分别做主回路和控制回路的短路保护,当回路发生短路故障时能迅速切断电源。

(2)过载保护　通常生产机械中需要持续运行的电动机均设过载保护,其特点是过载电流越大,保护动作越快,但电动机启动电流不会使它动作。

(3)失压和欠压保护　在电动机正常运行时,如果因为电源电压的消失而使电动机停转,那么在电源电压恢复时电动机就可能自行启动,电动机的自启动可能会造成人身事故或设备事故。防止电源电压恢复时电动机自启动的保护叫做失压保护,也叫零电压保护。在电动机正常运行时,电源电压过分降低会引起电动机转速下降和转矩降低。若此时负载转矩不变,电流就会过大,造成电动机停转和烧毁。由于电源电压过分降低可能会使一些电器释放,造成回路不正常工作,也会产生事故。因此需要在电源电压下降到最小允许的电压值时将电动机电源切除,这样的保护叫做欠压保护。图 2-5 中依靠接触器自身电磁机构实现失压和欠压保护。当电源电压由于某种原因而严重欠电压或失电压时,接触器的衔铁自行释放,电动机停止运转。而当电源电压恢复正常时,接触器线圈也不能自动通电,只有在操作人员再次按下启动按钮后电动机才会启动。

2.2.2　连续工作与点动控制

实际生产中,生产机械常需点动控制,如机床调整对刀以及刀架、立柱的快速移动等。所谓点动,指按下启动按钮,电动机转动;松开按钮,电动机停止运动。与之对应的,若松开按钮后能使电动机连续工作,则称为长动。区分点动与长动的关键是控制回路中控制电器通电后能否自锁,即是否具有自锁触点。点动控制回路如图 2-6 所示,图 2-6(a)为用按钮实现的点动控制回路。

生产实际中,有的生产机械既需要连续运转进行加工生产,又需要在进行调整时采用点动控制,这就产生了点动、长动混合控制回路。图 2-6(b)是用转换开关实现点动控制或者长动控制;图 2-6(c)是用复合按钮 SB₂ 实现的点动控制,用 SB₁ 实现长动控制。需要点动控制时,按下点动按钮 SB₂,其常闭触点先断开自锁回路,常开触点后闭合,接通启动控制回路,KM 线圈通电,电动机启动运转;当松开点动按钮 SB₂ 时,其常开触点先断开,常闭触点后闭合,线圈断电释放,电动机停止运转。图 2-6(d)是采用中间继电器实现长动的控制回路。正常工作时,按下长动按钮 SB₁,中间继电器 KA 通电并自锁,同时接通接触器 KM 线圈,电动机连续转动;调整工作时,按下点动按钮 SB₂,此时 KA 不工作,其使 KM 连续通电的常开触点断开,SB₂接通 KM 的线圈回路,电动机转动,SB₂ 一松开,KM 的线圈断电,电动机停止转动,实现点动控制。

2.2.3　多地点与多条件控制回路

多地点控制是指在两地或两个以上地点进行的控制操作,多用于规模较大的设备。在某些机械设备上,为保证操作安全,需要满足多个条件,设备才能工作。这样的控制要求可通过在回路中串联或并联电器的常闭触点和常开触点实现。多地点控制按钮的连接原则为常开按钮均相互并联,组成"或"逻辑关系,常闭按钮均相互串联,组成"与"逻辑关系,任一条件满足,

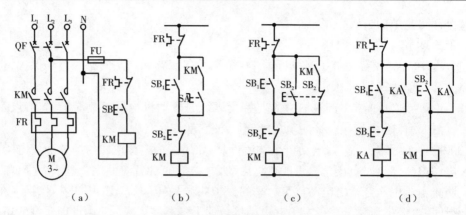

图 2-6　点动控制回路

(a)按钮实现点动控制；(b)转换开关实现点动控制或者长动控制

(c)复合按钮实现点动控制；(d)中间继电器实现长动控制

结果即可成立。图 2-7 为两地控制回路，遵循以上原则还可实现三地及更多地点的控制。多条件控制按钮的连接原则为常开按钮均相互串联，常闭按钮均相互并联，所有条件满足，结果才能成立。图 2-8 为两个条件控制回路，遵循以上原则还可实现更多条件的控制。

图 2-7　两地控制回路　　　　　　　　　**图 2-8　两个条件控制回路**

图 2-9 所示为三地互锁控制回路。把一个启动按钮和一个停止按钮组成一组，并把 3 组启动、停止按钮分别放置三地，即能实现三地点控制。图 2-9 中 SB_{11}、SB_{12}，SB_{21}、SB_{22}，SB_{31}、SB_{32} 构成 3 组，分别放在控制室、操作间及现场。

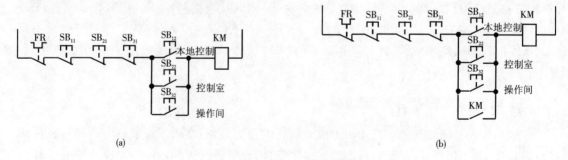

图 2-9　多地互锁控制回路

(a)三地点动控制；(b)三地连续运转控制

多地互锁控制的接线原则是启动按钮应并联连接,停止按钮应串联。

2.2.4　三相异步电动机的正反转电气控制回路

生产实践中,许多设备需在正反两个方向进行控制,如机床工作台的进退、升降以及主轴的正反向运转等。此类控制均可通过电动机的正转与反转实现。由电动机原理司知,电动机三相电源进线中任意两相对调,即可实现反向运转。通常情况下,电动机正反转可逆运行操作的控制回路如图 2-10 所示。

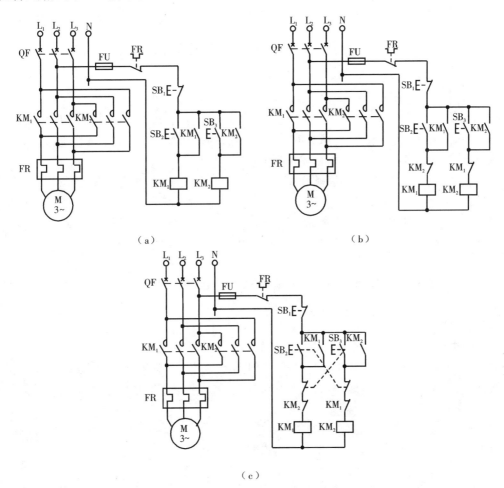

图 2-10　电动机正反转电气控制回路
(a)无互锁的正反转控制回路;(b)"正—停—反"控制回路;(c)"正—反—停"控制回路

1. 正反转控制

如图 2-10(a)所示,接触器 KM_1、KM_2 主触点在主回路中构成正、反转相序接线,从而改变电动机转向。按下正向启动按钮 SB_2,KM_1 线圈得电并自锁,电动机正转。按下停止按钮 SB_1,电动机正转停止。按下反向启动按钮 SB_3,KM_2 线圈得电并自锁,电动机反转。按下停止按钮 SB_1,电动机反转停止。

从主回路看,如果 KM_1、KM_2 同时通电动作,就会造成主回路短路。在图 2-10(a)中,如果

按下 SB_2 又按下 SB3,就会造成上述事故,因此这种回路是不能采用的。

2.“正—停—反”控制

接触器 KM_1 和 KM_2 触点不能同时闭合,因此需要在各自的控制回路中串接对方的常闭触点,构成互锁。如图 2-10(b)所示,电动机正转时,按下正向启动按钮 SB_2, KM_1 线圈得电并自锁, KM_1 常闭触点断开,这时按下反向按钮 SB_3, KM_2 也无法通电。当需要反转时,先按下停止按钮 SB_1,令 KM_1 断电释放, KM_1 常开触点复位断开,电动机停转。再按下 SB_3, KM_2 线圈才能得电,电动机反转。由于电动机由正转切换成反转时,需先停下来,再反向启动,故称该回路为正—停—反控制回路。利用接触器常闭触点互相制约的关系称为互锁。这两个常闭触点称为互锁触点。

在机床控制回路中,这种互锁关系应用极为广泛。凡是有相反动作,如工作台上下、左右移动都需要有类似的互锁控制。

3.“正—反—停”控制

图 2-10(b)中,电动机由正转到反转,需先按停止按钮 SB_1,操作不方便。为了解决这个问题,可利用复合按钮进行控制。将图 2-10(b)中的启动按钮均换为复合按钮,则该回路为按钮、接触器双重互锁的控制回路,如图 2-10(c)所示。

假定电动机正在正转,此时,接触器 KM_1 线圈吸合,主触点 KM_1 闭合。欲切换电动机的转向,只需按下复合按钮 SB_3 即可。按下 SB_3 后,其常闭触点先断开 KM_1 线圈回路, KM_1 释放,主触点断开正序电源。复合按钮 SB_3 的常开触点后闭合,接通 KM_2 的线圈回路, KM_2 通电吸合且自锁, KM_2 的主触点闭合,负序电源送入电动机绕组,电动机反向启动并运转,从而直接实现正、反向切换。

若欲使电动机由反向运转直接切换成正向运转,操作过程与上述类似。

采用复合按钮,还可以起到互锁作用,这是由于按下 SB_2 时,只有 KM_1 可得电动作,同时 KM_2 回路被切断。同理按下 SB_3 时,只有 KM_2 可得电动作,同时 KM_1 回路被切断。

但只用按钮进行互锁,而不用接触器常闭触点互锁,是不可靠的。在实际中可能出现这样的情况,由于负载短路或大电流的长期作用,接触器的主触点被强烈的电弧“烧焊”在一起,或者接触器的机构失灵,使衔铁卡在吸合状态,都使主触点不能断开,这时,如果另一接触器动作,就会造成短路事故。

如果用的是接触器常闭触点进行互锁,不论什么原因,只要一个接触器是吸合状态,它的互锁常闭触点就必然将另一接触器线圈回路切断,这就能避免事故的发生。

2.2.5　顺序控制回路

为了保证具有多台电动机拖动的机械设备的运行和工艺过程的顺利进行,必须按一定顺序控制电动机的启动、停止,这称为电动机的顺序控制。这种情况在机械设备中是常见的。例如,有的机床的油泵电动机要先于主轴电动机启动,主轴电动机又先于切削液电动机启动等。图 2-11 为顺序启动控制回路。电动机 M2 必须在 M1 启动后才能启动,这就构成了两台电动机的顺序控制。

工作原理为合上断路器 QF_1,按下启动按钮 SB_2,接触器 KM_1 线圈通电吸合并自锁, M_1 启动运转。 KM_1 的常开触点闭合,为 KM_2 线圈通电做好准备。这时按下启动按钮 SB_4, KM_2 线圈通电吸合并自锁, M_2 启动运转,从而实现了 M1 先启动、 M_2 后启动的顺序控制。

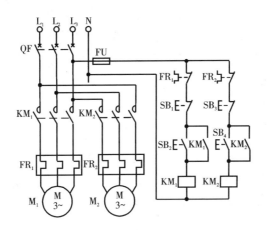

图 2-11　顺序启动电气控制回路

例题 2-1　如图 2-12 所示是三条皮带运输机的示意图。对于这三条皮带运输机的电气要求是：

①启动顺序为 1 号、2 号、3 号，即顺序启动，以防止货物在皮带上堆积；

②停车顺序为 3 号、2 号、1 号，即逆序停止，以保证停车后皮带上不残存货物；

③当 1 号或 2 号出故障停车时，3 号能随即停车，以免继续进料。

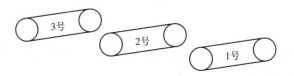

图 2-12　三条皮带运输机工作示意图

试画出三条皮带运输机的电气控制回路图，并叙述其工作原理。

解　图 2-13 控制回路可满足三条皮带运输机的电气控制要求。启动步骤如下：

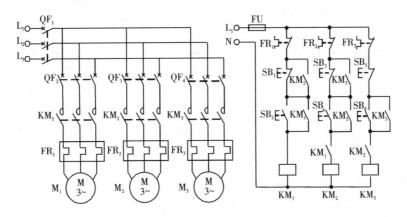

图 2-13　3 条皮带运输机顺序启动、逆序停止电气控制回路

①先合上断路器 $QF_1 \sim QF_4$；

②按下 SB_2，KM_1 线圈得电并自锁，KM_1 主触点闭合，M_1 启动 1 号皮带；KM_1 常开触点闭合，

按下 SB_4，KM_2 线圈得电并自锁，KM_2 主触点闭合，M_2 启动 2 号皮带；KM_2 常开触点闭合，按下 SB_6，KM_3 线圈得电并自锁，KM_3 主触点闭合，M_2 启动 3 号皮带；

③按下 SB_5，KM_3 线圈失电，KM_3 主触点断开，M_3 停止 3 号皮带；KM_3 常开触点断开，按下 SB_3，KM_2 线圈失电，KM_2 主触点断开，M_2 停止 2 号皮带；KM_2 常开触点断开，按下 SB_1，KM_1 线圈失电，KM_1 主触点断开，M_1 停止 1 号皮带。

2.2.6　位置控制回路

自动往复循环控制是利用行程开关按机床运动部件的位置或部件位置的变化进行控制，通常称为行程控制。行程控制是机械设备应用较广泛的控制方式之一。生产中常见的自动循环控制有龙门刨床、磨床等。工作台行程示意及控制回路如图 2-14 所示。

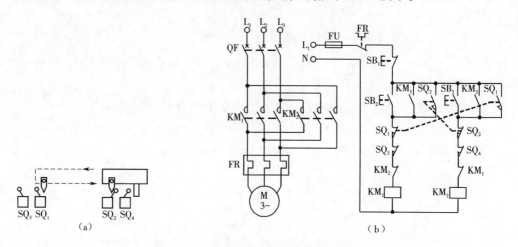

图 2-14　工作台行程示意及电气控制回路

(a)工作台行程示意图；(b)自动循环控制回路

1—衔铁；2—铁芯；3—吸引线圈

控制回路的工作过程如下。如图 2-14(b)所示，按下启动按钮 SB_2，接触器 KM_1 通电并自锁，其主触点闭合，电动机正转，带动工作台向左运行，当工作台到达行程开关 SQ_1 的位置时，SQ_1 被压下，常闭触点断开，切断电动机的正转回路，同时常开触点闭合，接通接触器 KM_2 的线圈回路，KM_2 通电并自锁，主触点闭合，电动机反转，带动工作台向右运行。当工作台到达行程开关 SQ_2 的位置时，SQ_2 被压下，切断电动机的反转回路，同时又接通电动机的正转回路，工作台又向左运行，实现工作台自动往返。

图 2-14(a)中 SQ_3 和 SQ_4 为限位开关，安装在工作台运动的极限位置，起限位保护作用。当由于某种故障，工作台到达 SQ_1 和 SQ_2 给定的位置时，未能切断 KM_1（或 KM_2）线圈回路，继续运行达到 SQ_3（或 SQ_4）所处的极限位置时，将会压下限位保护开关，切断接触器线圈回路，使电动机停止转动，避免工作台发生超越允许位置的事故。

2.3 三相异步电动机的基本电气控制回路

2.3.1 启动控制回路

三相鼠笼式异步电动机坚固耐用、结构简单,且价格便宜,在生产机械中应用十分广泛。电动机的启动是指其转子由静止状态转为正常运转状态的过程。鼠笼式异步电动机有两种启动方式,即直接启动和降压启动。直接启动又称为全压启动,即启动时电源电压全部施加在电动机定子绕组上。降压启动即启动时将电源电压降低一定的数值后再施加到电动机定子绕组上,待电动机的转速接近同步转速后,再使电动机在电源电压下运行。

2.3.1.1 鼠笼式异步电动机直接启动控制回路

对容量较小并且工作要求简单的电动机,如小型台钻、砂轮机、冷却泵的电动机,可用手动开关在动力回路中接通电源直接启动,如图 2-15 控制回路。

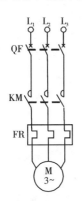

图 2-15 用开关直接启动主回路

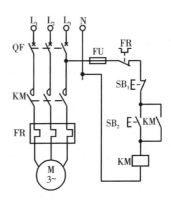

图 2-16 用接触器直接启动电气控制回路

一般中小型机床的主电动机采用接触器直接启动,如图 2-16 所示控制回路。接触器直接启动回路分为两部分,主回路由接触器的主触点接通与断开,控制回路由按钮和辅助常开触点控制接触器线圈的通电和断电,实现对主回路的通、断控制。

2.3.1.2 鼠笼式异步电动机降压启动控制回路

容量大于 10 kW 的鼠笼式异步电动机直接启动时,冲击电流为额定值的 4~8 倍,故一般需降压启动,从而在回路中不至于产生过大的电压降。常用的降压启动方式有定子电路串电阻、星形—三角形($\curlyvee$—$\triangle$)变换和使用自耦变压器降压。

1. 星形—三角形降压启动控制回路

正常运行时,定子绕组为三角形连接的鼠笼式异步电动机可采用星形—三角形的降压启动方式。

启动时,定子绕组首先连接成星形,待转速上升到接近额定转速时,将定子绕组的连接由星形连接成三角形,电动机便进入全压正常运行状态。

主回路由三个接触器进行控制,KM_1、KM_3 主触点闭合,将电动机绕组连接成星形;KM_1、KM_2 主触点闭合,将电动机绕组连接成三角形。控制回路中,用时间继电器实现电动机绕组由星形向三角形连接的自动转换。图 2-17 给出了星形—三角形降压启动电气控制回路。

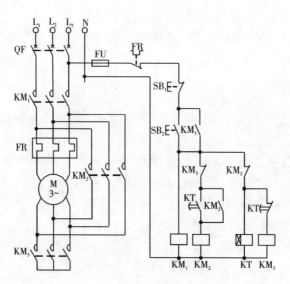

图 2-17 Y—△降压启动电气控制回路

控制回路的工作原理如下。按下启动按钮 SB_2，KM_1 通电并自锁，接着时间继电器 KT、KM_3 的线圈通电，KM_1 与 KM_3 的主触点闭合，将电动机绕组连接成星形，电动机降压启动。待电动机转速接近额定转速时，KT 延时完毕，常闭触点动作断开，常开触点动作闭合，KM_3 失电，KM_3 的常闭触点复位，KM_2 通电吸合，将电动机绕组连接成三角形，电动机进入全压运行状态。

该回路结构简单，缺点是启动转矩也相应下降为三角形连接的 1/3，转矩特性差。因此本回路适用于电网电压 380 V、额定电压 660 V/380 V、星—三角连接的电动机轻载启动的场合。

2. 定子串电阻降压启动电气控制回路

串电阻降压启动是在三相定子绕组中串接电阻分压，使定子绕组上的压降降低，启动后再将电阻短接，电动机即可在全压下运行。这种启动方式不受接线方式的限制，设备简单，常用于中小型设备和限制机床点动调整时的启动电流。

图 2-18 给出了串电阻降压启动的控制回路。图中主回路由 KM_1、KM_2 两组接触器主触点构成串电阻接线和短接电阻接线，并由控制回路按时间原则实现从启动状态到正常工作状态的自动切换。

控制回路的工作原理如下。按下启动按钮 SB_2，接触器 KM_1 通电吸合并自锁，时间继电器 KT 通电吸合，KM_1 主触点闭合，电动机串电阻降压启动。经过 KT 延时，延时常开触点闭合，接通 KM_2 的线圈回路，KM_2 的主触点闭合，电动机电阻短接并进入正常工作状态。电动机正常运行时，只要 KM_2 得电即可，但图 2-18(a) 在电动机启动后 KM_1 和 KT 一直得电动作，这是不必要的。图 2-18(b) 就解决了这个问题，KM_2 得电后，其常闭触点将 KM_1 及 KT 断电，KM_2 自锁。这样，在电动机启动后，只要 KM_2 得电，电动机便能正常运行。

3. 自耦变压器降压启动电气控制回路

在自耦变压器降压启动的控制回路中，靠自耦变压器的降压限制启动电流的。电动机启动的时候，定子绕组得到的电压是自耦变压器的二次电压。一旦启动结束，自耦变压器便被切除，额定电压通过接触器直接加于定子绕组，电动机进入全压运行。

图 2-19 为自耦变压器降压启动的控制回路。KM_1 为降压接触器，KM_2 为正常运行接触器，

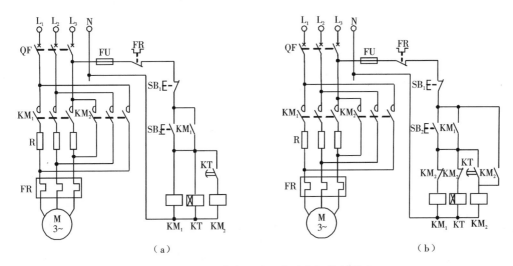

图2-18　定子串电阻降压启动电气控制回路

(a)不合理;(b)合理

KT 为启动时间继电器。

回路的工作原理如下。启动时,合上断路器 QF,按下启动按钮 SB₂,接触器 KM₁ 的线圈和时间继电器 KT 的线圈通电,KT 瞬时动作的常开触点闭合,形成自锁,KM₁ 主触点闭合,将电动机定子绕组经自耦变压器接至电源,这时自耦变压器连接成星形,电动机降压启动。KT 延时后,其延时常闭触点断开,使 KM₁ 线圈失电,KM₁ 主触点断开,从而将自耦变压器从电网上切除。而 KT 延时常开触点闭合,使 KM₂ 线圈通电,电动机直接接到电网上运行,从而完成了整个启动过程。

该回路的缺点是时间继电器一直通电,耗能多,且缩短了器件寿命,请读者自行分析并设计一断电延时的控制回路。

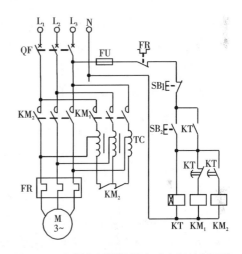

图2-19　自耦变压器降压启动电气控制回路

自耦变压器降压启动方法适用于容量较大的、正常工作时连接成星形或三角形的电动机,其启动转矩可以通过改变自耦变压器抽头改变。它的缺点是自耦变压器价格较贵,而且不允许频繁启动。

4. 延边三角形降压启动电气控制

上面介绍的星—三角形启动控制有很多优点,但不足之处是启动转矩太小,如要求兼取星形连接启动电流小,三角形连接启动转矩大的优点,则可采用延边三角形降压启动控制方式。

(1)电路构思

延边三角形—三角形降压启动的方法是:要求电动机定子有 9 个出线端子,即三相绕组的首端 U₁、V₁、W₁,三相绕组的末端 U₂、V₂、W₂ 及各相绕组的抽头 U₃、V₃、W₃。绕组的结构如图 2-20 所示。

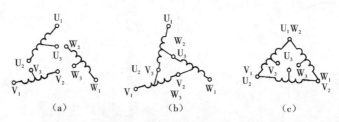

图 2-20　延边三角形接法时电动机绕组的连接方法

(a)原始状态;(b)启动时;(c)正常运转

电动机启动时,定子绕组的三个首端 U_1、V_1、W_1 接电源,而三个末端分别与次一相绕组的抽头端相接,如图 2-20(b)中的 U_2—V_3、V_2—W_3、W_2—U_3 相接,这样使定子绕组一部分接成丫,另一部分则接成△。从图形符号上看,好像是将一个三角形的三个边延长,改称为"延边三角形",以符号"△"表示。

在电动机启动结束后,将电动机接成三角形,即定子绕组的首末端相接,即 U_1—W_2、V_1—U_2、W_1—V_2 相接,而抽头 U_3、V_3、W_3 空着,如图 2-20(c)所示。

(2)数量关系

延边三角形—三角形降压启动控制的电压降低多少呢?如前所述,一台正常运转为三角形接法的电动机,若启动时接成星形(即丫—△启动),电动机每相绕组所承受的电压只是三角形接法时的 $1/\sqrt{3}$。这是因为三角形接法时,各相绕组所承受的是电源的线电压,而星形接法时,各相绕组所承受的是电源的相电压。如果三角形接法时,各相绕组所承受的电压(线电压)为 380 V,则星形接法时,各相绕组所承受的电压(相电压)就只有 220 V。在丫—△启动时,正因为各相绕组所承受的电压降低了,才使电流下降。同理,延边三角形启动时,也是因为三相绕组接成延边三角形时,绕组所承受的相电压有所降低,所以电流峰值降低。而降低程度,随电动机绕组的抽头比例的不同而异。如果将延边三角形看成一部分绕组是△接法,另一部分绕组是丫接法,则接成丫部分的绕组圈越多,电动机的相电压也就越低。

实验证明,在电动机制动状态下,当抽头比为 1:1 时(即△接法时,丫接法部分的绕组的线圈数 $Z_{\varphi 1}$ 比△接法部分绕组的圈数 $Z_{\varphi 2}$ 为 1:1),电动机的线电压约为 264 V,启动电流及启动转矩降低约一半;当抽头比例为 1:2 时,线电压约为 290 V。由此可见,恰当地选择不同的比例,便可以达到适当降低启动电流而又不至于损失较大启动转矩的目的。

显然,如果能使电动机启动时为延边三角形接法,而稳定运行时又自动换为三角形接法,就构成了延边三角形—三角形降压启动,回路如图 2-21 所示。

(3)回路的工作原理分析

启动时,合上断路器 QF_1 和 QF_2,按下启动按钮 SB_2,接触器 KM_1 和 KM_3 及时间继电器 KT 线圈同时通电,KM_3 的主触点闭合,使电动机 U_2—V_3、V_2—W_3、W_2—U_3 相接,KM_1 的主触点闭合,使电动机 U_1、V_1、W_1 端与电源相通,电动机在延边三角形接法下降压启动。当启动结束时,时间继电器 KT 的触点延时动作,使 KM_3 线圈失电释放,接触器 KM_2 线圈通电,电动机 U_1—W_2、V_1—U_2、W_1—V_2 接在一起后与电源相接,于是电动机在三角形接法下全电压稳定运行。同时 KM_2 常闭触点断开,使 KT 线圈失电释放,保证时间继电器 KT 不长期通电。需要电动机停止时,按下停止按钮 SB_1 即可。

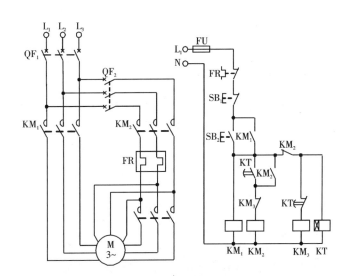

图 2-21 延边三角形降压启动电气控制回路

采用延边三角形降压启动,比采用自耦变压器降压启动结构简单、维护方便,并可以频繁启动,改善了启动性能。但因为电动机需有 9 个出线端,故仍使应用范围受限。

上述四种降压启动方式均能自动地转换为全电压运行,这是借助于时间继电器控制的,即依靠时间继电器的延时作用来控制各种电器的动作顺序,以完成操作任务。这种控制回路称为时间原则控制回路。这种按时间进行的控制称为时间原则自动控制,简称时间控制。

5. 三相绕线转子异步电动机启动控制回路

三相绕线转子异步电动机比直流电动机结构简单,维护方便。其转子中绕有三相绕组,通过集电环可以串接电阻或频敏变阻器,从而减小启动电流和提高启动转矩,适用于要求启动转矩高及需要调速的场合。

三相绕线转子异步电动机常用的启动方法有转子绕组串电阻启动与转子绕组串频敏变阻器启动。

(1)转子绕组串电阻启动控制回路

图 2-22 所示为转子绕组串电阻启动控制回路。图中控制回路采用直流操作,QF_2 为控制回路电源用断路器,启动、停止和调速采用主令控制器 SA 控制,KA_1、KA_2、KA_3 为过电流继电器,KT_1、KT_2 为断电延时型时间继电器。

启动前,首先将主令控制器 SA 手柄置到"0"位,则触点 SA_0 接通,然后合上断路器 QF_1、QF_2,于是时间继电器 KT_1、KT_2 线圈通电,它们的动断延时闭合触点瞬时打开;零位继电器 KV 线圈通电自锁,为 KM_1、KM_2、KM_3 线圈的通电做好准备。

启动时,将 SA 由"0"位推向"3"位,SA 的触点 SA_1、SA_2、SA_3 闭合,KM_1 线圈通电,主触点闭合,电动机在转子每相串两段电阻情况下启动,KM_1 的动断辅助触点断开,KT_1 线圈断电开始延时。当 KT_1 延时结束时,其动断延时闭合的触点闭合,KM_2 线圈通电。一方面 KM_2 的动合主触点闭合,切除电阻 R_1;另一方面 KM_2 的动断辅助触点断开,KT_2 线圈断电开始延时。当 KT_2 延时结束时,其动断延时闭合的触点闭合,KM_3 线圈通电,主触点闭合,切除电阻 R_2,电动机进入全速运转状态。在启动过程中,本回路通过时间继电器的控制,将转子回路中的电阻分段切

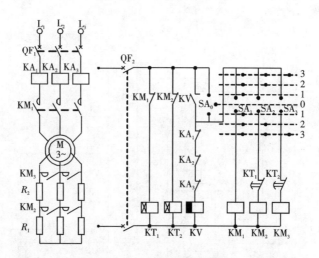

图 2-22　绕线型异步电动机转子串电阻启动电气控制回路

除，达到限制启动电流的目的。

当要求调速时，可将主令控制器手柄推向"1"位或"2"位。当主令控制器的手柄推向"1"位时，由图可以看出，主令控制器的触点只有 SA_1 接通，接触器 KM_2、KM_3 均不能得电，电阻 R_1、R_2 将接入转子回路中，电动机便在低速下运行；当主令控制器的手柄推向"2"位时，电动机将在转子接入一段电阻的情况下运行，这样就实现了调速控制。

当要求电动机停车时，将主令控制器手柄拨回到"0"位，接触器 KM_1、KM_2、KM_3 均断电，电动机断电停车。

回路中的零位继电器 KV 起失电压保护的作用。电动机每次启动前必须将主令控制器的手柄扳回到"0"位，否则电动机无法启动。KA_1、KA_2、KA_3 作过电流保护，正常时继电器不动作，动断触点闭合；若出现过电流时，动断触点断开，KV 线圈断电，使 KM_1、KM_2、KM_3 线圈断电，起到保护作用。

（2）转子绕组串频敏变阻器的启动控制回路

绕线转子异步电动机转子串电阻启动时，在启动过程中转子电阻逐级切除，在切除的瞬间电流及转矩会突然增大，会产生一定的机械冲击力。采用转子绕组串频敏变阻器启动的方法可减小启动时的冲击。

频敏变阻器实质上是一个铁芯损耗非常大的三相电抗器。频敏变阻器的阻抗能够随着电动机转速的上升、转子电流频率的下降而自动减小，所以它是绕线转子异步电动机较为理想的一种启动装置，常用于较大容量的绕线转子异步电动机的启动控制。

图 2-23 为频敏变阻器一相的等效电路。图中，R_b 为绕线电阻，R 为频敏变阻器铁损的等值电阻，X 为交流电抗。由于电抗 X 和电阻 R 都是由交变磁通产生的，所以其大小都随转子电流频率

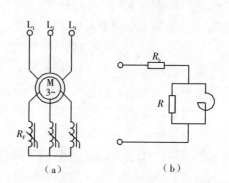

图 2-23　频敏变阻器等效电路及电动机的连接

（a）频敏变阻器与电动机的连接；（b）等效电路图

的变化而变化。在电动机启动过程中,转子电流频率 f_2 与电源频率 f_1 的关系为 $f_2 = s f_1$,其中 s 为转差率。当电动机转速为零时,转差率 $s = 1$,即 $f_2 = f_1$;当 s 随着转速上升而减小时 f_2 便下降。频敏变阻器的 X、R 是与 f_2 的平方成正比的。由此可见,启动开始,频敏变阻器的等效阻抗很大,限制了电动机的启动电流,随着电动机转速的升高,转子电流频率降低,等效阻抗自动减小,从而达到了自动改变电动机转子阻抗的目的,实现了平滑无级启动。另外,在启动过程中,转子等效阻抗及转子回路感应电动势都是由大到小,所以实现了近似恒转矩的启动特性。

图 2-24 为绕线转子异步电动机转子串频敏变阻器启动控制回路。图中 KM_1 为电源接触器,KM_2 为短接频敏变阻器接触器,KT 为控制启动时间的通电延时型时间继电器,KA 为中间继电器。由于是大电流系统,所以,热继电器 FR 接在电流互感器的二次侧。

启动时,合上断路器 QF,按下启动按钮 SB_2,接触器 KM_1 线圈得电自锁,电动机接通三相交流电源,电动机转子串频敏变阻器启动。同时,时间继电器 KT 线圈通电开始延时。当延时结束,KT 的动合延时闭合触点闭合,KA 线圈通电并自锁,KA 的动断触点断开,热继电器 FR 投入回路作过载保护;KA 的两个动合触点闭合,一个用于自锁,另一个接通 KM_2 线圈回路,KM_2 动合触点闭合将频敏变阻器切除,电动机进入正常运转状态。

在启动过程中,为了避免启动时间过长而使热继电器误动作,用中间继电器 KA 的动断触点将热继电器 FR 的发热元件短接。

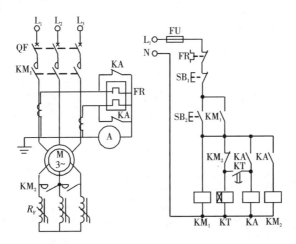

图 2-24　绕线型异步电动机转子串频敏变阻器启动电气控制回路

6. 利用软启动器的启动控制方式

(1) 软启动器的基本原理

软启动器的作用同自耦降压启动差不多,也是为了减少电动机启动对机械及电网的冲击,用它可以将电动机从零转速慢慢启动起来,所以称其为软启动器。它采用电子启动方法。其主要特点是具有软启动和软停车功能,启动电流、启动转矩可调节,另外还具有电动机过载保护等功能。

如图 2-25 所示为软启动器内部原理示意图。它主要由三相交流调压回路和控制回路构成。其基本原理类似于电动机双向晶闸管调压调速方法,通过改变晶闸管的导通角,改变输出电压,达到通过调压方式来控制启动电流和启动转矩的目的。控制电路按预定的不同启动方式,通过检测主回路的反馈电流,控制其输出电压,可以实现不同的启动特性。最终软启动器输出全压,电动机全压运行。由于软启动器为电子调压并对电流实时检测,因此还具有对电动机和软启动器本身的热保护、限制转矩和电流冲击、三相电源不平衡、缺相、断相等保护功能,并可实时检测并显示如电流、电压、功率因数等参数。

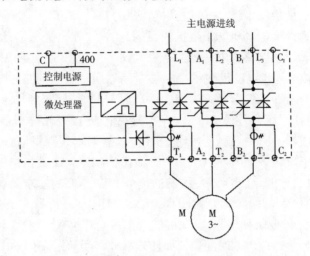

图 2-25　软启动器原理示意图

(2)软启动器的基本参数

软启动器的参数主要有启动时间、停止时间、启动最大电流、启动初始电压。

①启动时间(一般为 0.5 ~ 60 s)是指软启动器将电动机从停止启动到全压全速所需的时间。

②启动电流是指电动机在启动过程中以不超过这个电流逐步升压的启动限制电流。

③停止时间是指电动机从运行到停止所需要的时间

④启动初始电压为启动开始时的输出电压。

软启动器的参数设定有的厂家是通过面板的显示屏和按键,有的厂家是通过电位器来设定。

2.3.2　三相异步电动机制动控制回路

由于惯性,三相异步电动机从断电到完全停止运转,总要经过一段时间,这往往不能适应某些生产工艺的要求。许多由电动机驱动的机械设备无论是从提高生产效率,还是从安全及准确停位等方面考虑,都要求能迅速停车,因此要对电动机进行制动控制。制动停车的方式有两大类:机械制动和电气制动,如表 2-1 所示。机械制动是采用机械抱闸的方式,由手动或电磁铁驱动机械抱闸机构来实现制动;电气制动是在电动机上产生一个与原转动方向相反的制动转矩,迫使电动机迅速停车。常用的电气制动方式是能耗制动和再生制动。

表 2-1　电动机制动的分类

制动方法		制 动 原 理	制 动 设 备	用 　 途
机械制动		抱闸摩擦制动	电磁抱闸装置	制动时冲击较大,制动可靠,一般用于起重、卷扬设备
电气制动	能耗制动	电源断开后,立即使定子绕组接上直流电源,于是在定子绕组中产生一个磁场,转子切割这个磁场,产生于原转向相反的转矩,产生制动作用	直流电源装置	制动准确可靠,电能消耗在转子回路中,对电网无冲击作用,应用较为广泛
	反接制动	改变电源相序,电动机产生方向的电磁转矩,产生制动作用	手动倒顺开关及接触器、继电器等	方法简单可靠。振动冲击力较大,用于小于 4 kW 以下、启动不太频繁的场合
	再生制动	转子转速大于异步电动机同步转速时,产生反向的电磁转矩进行制动	—	必须使转子转速大于同步转速才能使用,一般用于起重机械重物下降和变级调速电动机上
	电容制动	断电时,定子绕组接入三相电容器,电容器产生的自励电流建立磁场,与转子感应电流作用,产生一个旋转方向相反的制动转矩	三相电阻及电容器	必须使用电容器,增加设备费用,易受电压波动影响,一般用于 10 kW 以下的小容量电动机

2.3.2.1　反接制动控制回路

图 2-26 为反接制动控制回路。电动机正在正方向运行时,如果把电源反接,电动机转速将急速下降到零。如果反接电源不及时切除,则电动机又要从零速反向启动运行。所以必须在电动机制动到零速时,将反接电源切断。控制回路是用速度继电器来"判断"电动机的停与转的。电动机与速度继电器的转子同轴连接。电动机转动时,在 120 ~ 3 000 r/min 范围内速度继电器的常开触点闭合;当电动机转速低于 100 r/min 时,触点复位。

主回路中,接触器 KM_1 的主触点用来提供电动机的工作电源,KM_2 的主触点用来提供电动机停车时的制动电源。

图 2-26(a)控制回路的工作原理如下。启动时,合上断路器 QF,按下启动按钮 SB_2,接触器 KM_1 线圈通电吸合且自锁,KM_1 主触点闭合,电动机启动运转。当电动机转速升高到一定数值时,速度继电器 KS 的常开触点闭合,为反接制动做准备。

停车时,按下停止按钮 SB_1,KM_1 线圈断电释放,KM_1 主触点断开电动机的工作电源;而接触器 KM_2 线圈通电吸合 KM_2 主触点闭合,串入电阻 R 进行反接制动,迫使电动机转速下降,当转速降至 100 r/min 以下时,KS 的常开触点断开,使 KM_2 线圈断电释放,及时切断电动机的电源。

在图 2-26(a)中,若停车期间,为了调整工件,用手转动机床主轴时,速度继电器的也随着转动,其常开触点闭合,KM_2 通电动作,电动机接通电源发生制动作用,不利于调整工作。图 2-26(b)的反接制动回路解决了这个问题。控制回路中停止按钮使用了复合按钮 SB_1,并在其常开触点上并联 KM_2 的常开触点,使 KM_2 能自锁。这样在用手转动电动机时,虽然 KS 的常开触点闭合,但只要不按复合按钮 SB_1,KM_2 就不会通电,电动机也就不会反接于电源,只有按下

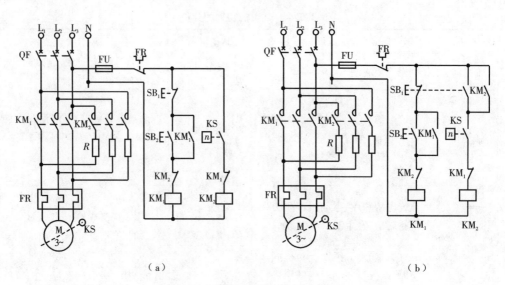

图 2-26 反接制动电气控制回路

（a）不合理;（b）合理

SB₁，KM₂才能通电,制动回路才能接通。

因电动机反接制动电流很大,故在主回路中串入电阻 *R*,可防止制动时电动机绕组过热。

2.3.2 能耗制动控制回路

能耗制动控制的工作原理是在三相电动机停车切断三相交流电源的同时,将一直流电源引入定子绕组,产生静止磁场。电动机转子由于惯性仍沿原方向转动,则转子在静止磁场中切割磁力线,产生一个与惯性转动方向相反的电磁转矩,实现对转子的制动。

1. 单向运行能耗制动控制回路

（1）按时间原则控制回路

图 2-27 为按时间原则的单向能耗制动控制回路。图中变压器 TC、整流装置 VC 提供直流电源。接触器 KM₁ 的主触点闭合接通三相电源,KM₂ 将直流电源接入电动机定子绕组。

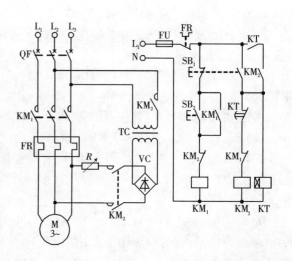

控制回路的工作原理是按下启动按钮 SB₂,接触器 KM₁ 通电吸合并自锁,其主触点闭合,电动机启动运行。停车时,采用时间继电器 KT 实现自动控制,按下复合按钮 SB₁,KM₁ 线圈失电,切断三相交流电源。同时,接触器 KM₂ 和 KT 的线圈通电并自锁,KM₂ 在主回路中的常开触点闭合,直流电源被引入定子绕组,电动机能耗制动,SB₁ 松 **图 2-27 按时间原则控制的单向能耗制动电气控制回路**

开复位。制动结束后,由 KT 的延时常闭触

点断开 KM_2 的线圈回路。图 2-27 中 KT 的瞬时常开触点的作用是当出现 KT 线圈断线或机械卡阻故障时,在按下 SB_1 后能迅速制动,不致使两相定子绕组长期接入能耗制动的直流电流。此时,该回路具有手动控制能耗制动的能力,只要使 SB_1 处于按下的状态,电动机就能实现能耗制动。

能耗制动的制动转矩大小与通入直流电流的大小和电动机的转速 n 有关。同样转速,电流大,制动作用强。一般接入的直流电流为电动机空载电流的 3 ~ 5 倍,过大会烧坏电动机的定子绕组。可采用在直流电源回路中串接可调电阻,调节制动电流。

能耗制动时制动转矩随电动机的惯性转速下降而减小,因而制动平稳。这种制动方法将转子惯性转动的机械能转换成电能,又消耗在转子的制动上,所以称为能耗制动。

（2）按速度原则控制回路

图 2-28 为按速度原则控制的单向能耗制动控制回路。该回路与图 2-27 控制回路基本相同,仅是在控制回路中取消了时间继电器 KT 的线圈及其触点回路,而在电动机转轴伸出端安装了速度继电器 KS,并且用 KS 的常开触点取代了 KT 延时常闭触点。这样,该回路中的电动机在刚刚脱离三相交流电源时,由于电动机转子的惯性速度仍很高,KS 的常开触点仍然处于闭合状态,所以接触器 KM_2 线圈在按下按钮 SB_1 后通电自锁。于是两相定子绕组获得直流电源,电动机进入能耗制动状态。当电动机转子的惯性速度接近零时,KS 常开触点复位, KM_2 线圈断电而释放,能耗制动结束。

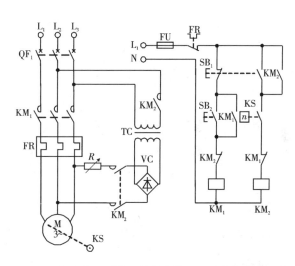

图 2-28　按速度原则控制的单向能耗制动电气控制回路

2. 可逆运行能耗制动控制回路

图 2-29 为电动机按时间原则控制可逆运行的能耗制动控制回路。图中 KM_1 为正转用接触器, KM_2 为反转用接触器, KM_3 为制动用接触器, SB_2 为正向启动按钮, SB_3 为反向启动按钮, SB_1 为总停止按钮。

在正向运转过程中,需要停止时,可按下 SB_1, KM_1 断电, KM_3 和 KT 线圈通电并自锁, KM_3 常闭触点断开并锁住电动机启动回路; KM_3 常开主触点闭合,使直流电压加至定子绕组,电动机进行正向能耗制动,转速迅速下降,当转速接近零时,KT 延时常闭触点断开 KM_3 线圈电源,电动机正向能耗制动结束。由于 KM_3 常开触点的复位,KT 线圈也随之失电。反向启动与反向能耗制动的过程与上述正向情况相同。

电动机可逆运行能耗制动也可以按速度原则进行,用速度继电器取代时间继电器同样能达到制动目的。

3. 单管能耗制动控制回路

上述能耗制动控制回路均带有变压器的桥式整流电路,设备多,成本高。为此,在制动要

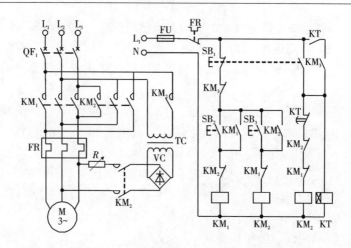

图 2-29 可逆运行的能耗制动电气控制回路

求不高的场合,可采用单管能耗制动回路,该回路设备简单、体积小、成本低。

单管能耗制动回路取消了整流变压器,以单管半波整流器作为直流电源,使控制设备大大简化,降低了成本。它常在 10 kW 以下的电动机中使用,回路如图 2-30 所示。

反接制动时,制动电流很大,因此制动力矩大,制动效果显著,但在制动时有冲击,制动不平稳且能量消耗大。

能耗制动与反接制动相比,制动平稳,准确,能量消耗少,但制动力矩较弱,特别在低速时制动效果差,并且还需提供直流电源。在实际使用时,应根据设备的工作要求选用合适的制动方法。

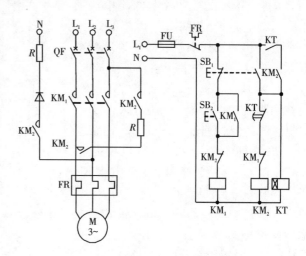

图 2-30 单管能耗制动电气控制回路

2.3.3 双速异步电动机调速控制回路

实际生产中,对机械设备常有多种速度要求。当采用单速电动机时,需配有机械变速系统以满足变速要求。当设备的结构尺寸受到限制或要求速度连续可调时,常采用多速电动机或电动机调速。由于晶闸管技术的发展,交流电动机调速已得到广泛的应用,但由于控制回路复杂、造价高,普通中小型设备使用较少。应用较多的是多速交流电动机。电动机的转速与电动机的磁极对数有关,改变电动机的磁极对数即可改变转速。采用改变极对数的变速方法一般只适合鼠笼式异步电动机。本节以双速电动机为例分析这类电动机的控制回路。

图 2-31 为双速异步电动机调速控制回路。图中主回路接触器 KM_1 的主触点闭合,构成三角形连接;KM_2 和 KM_3 的主触点闭合构成双星形连接。图 2-31(b)控制回路由复合按钮 SB_2 接通 KM_1 的线圈回路,KM_1 主触点闭合,电动机低速运行。SB_3 接通 KM_2 和 KM_3 的线圈回路,主触

点闭合,电动机高速运行。为防止两种接线方式同时存在,KM_1 和 KM_2 的常闭触点在控制回路中构成互锁。图 2-31(c)控制回路采用转换开关 SA,选择接通 KM_1 线圈回路或 KM_2、KM_3 的线圈回路,即选择低速或者高速运行。图 2-31(b)、(c)的控制回路用于小功率电动机,图 2-31(d)控制回路用于大功率的电动机;转换开关选择低速运行或高速运行。选择低速运行时,接通选择接通 KM_1 线圈回路,直接启动低速运行;选择高速运行时,首先接通 KM_1 线圈回路低速启动,然后由时间继电器 KT 切断 KM_1 的线圈回路,同时接通 KM_2 和 KM_3 的线圈回路,电动机的转速自动由低速切换到高速。

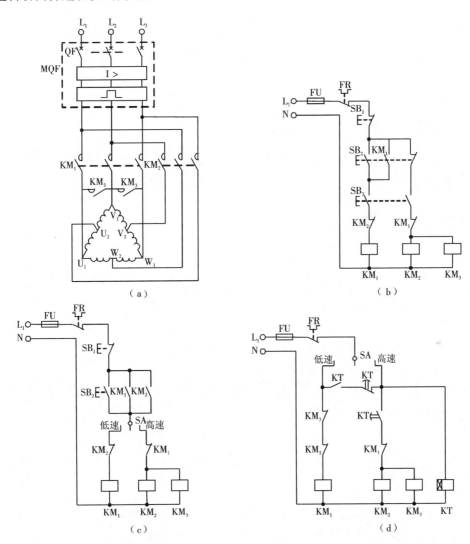

图 2-31　双速异步电动机调速电气控制回路

(a)主回路;(b)复合按钮控制;(c)转换开关控制;(d)大功率电动机控制

2.4　变频器与变频调速控制

2.4.1　变频调速概述

变频调速是利用电动机的同步转速随频率变化的特性,通过改变电动机的供电频率进行调速的一种方法。

变频调速的功能是将电网电压提供的恒压恒频交流电变换为变压变频的交流电,它通过平滑改变异步电动机的供电频率来调节异步电动机的同步转速,从而实现异步电动机的无级调速。这种调速方法犹豫调节同步转速,故可以由高速到低速保持有限的转差率。在异步电动机诸多调速方法中,变频调速的性能最好、调速范围广、效率高、稳定性好,是交流电动机一种比较理想的调速方法。

2.4.2　变频器的类型

变频器是近20年来发展起来且日趋成熟的一门新技术。由于它完善的功能,实际应用也日趋广泛,对提产增效、节约能源、提高经济效益发挥了重要作用。变频器的类型有很多种,其分类方法也有很多种。

1. 根据变流环节分类

（1）交 – 直 – 交变频器

该变频器也称为间接变频器。它先将频率固定的交流电"整流"成直流电,经过滤波环节之后,再把直流电"逆变"成频率可调的三相交流电。图2-32为交 – 直 – 交变频器的基本结构。由于把直流电逆变成交流电的环节较易控制,因此该方法在频率的调

图2-32　交 – 直 – 交变频器的基本结构

节范围及改善变频后电动机的特性等方面都具有明显的优势。大多数变频器都属于交 – 直 – 交变频器。

（2）交 – 交变频器

该变频器也称为直接变频器。它没有明显的中间滤波环节,电网固定频率的交流电被直接变成可调频调压的交流电（转换前后的相数相同）。图2-33为交 – 交变频器的基本结构。通常由 三相反并联晶闸管可逆桥式变流器组成,具有过载能力强、效率高、输出波形较好等优点,但同时存在着输

图2-33　交 – 交变频器的基本结构

出频率低(最高频率小于电网频率的1/2)、使用功率器件比较多、功率因数低和高次谐波对电网影响大等缺点。交 – 交变频器可驱动同步电动机和异步电动机,目前在轧钢厂、船舶主传动和矿石粉碎机等低速传动设备上使用较多。

2. 根据直流电路的储能环节分类

(1)电压型变频器

图2-34(a)为电压型变频器的基本结构。它的特点是中间滤波环节采用大电容,负载的无功功率将由它来缓冲,直流电压比较平稳。直流电源的内阻较小,相当于电压源,故称为电压型变频器。常用于负载电压变化较大的场合。

(2)电流型变频器

图2-34(b)为电流型变频器的基本结构。它的特点是中间滤波环节采用大电感作为储能环节,缓冲无功功率,即扼制电流的变化,使电压接近正弦波。由于直流电源的内阻较大,近似于电流源,故称为电流型变频器。电流型变频器的优点是能扼制负载电流频繁而急剧的变化,常用于负载电流变化较大的场合。在大容量的风机、泵类节能调速中也有应用。

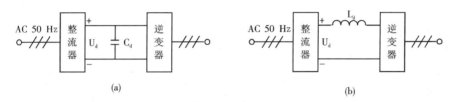

图2-34 电压型与电流型变频器基本结构

(a)电压型变频器;(b)电流型变频器

3. 根据控制方式分类

(1)V/F控制

V/F控制是为了得到理想的转矩-速度特性,基于在改变电源频率进行调速的同时,又要保证电动机的磁通不变的思想而提出的(因为仅改变频率,将会产生由弱励磁引起的转矩不足或由过励磁引起的磁饱和现象,使电动机功率因数显著下降)。通用型变频器基本上都采用这种控制方式。

V/F控制机理为改变频率的同时控制变频器的输出电压,使电动机多次同保持一定,在较大范围内调速转动时,电动机的功率因数和效率不下降。这就是控制电压与频率之比,所以称为V/F控制。V/F控制变频器结构非常简单,无需速度传感器,为速度开环控制,负载可以是通用标准异步电动机,所以通用性强、经济性好。但开环控制方式不能达到较高的控制性能,而且,在低频时必须进行转矩不长,以改变低频转矩特性,故V/F控制变频器常用于速度精度要求不十分严格或负载变动较小的场合。

V/F控制方式的特点如下:

①它是最简单的一种控制方式,不要选择电动机,通用性能优良。

②与其他控制方式相比,它在低速区内电压调整困难,故调速范围窄,通常在1:10左右的调速范围内使用。

③急加速、减速或附在过大时,抑制过电流能力有限。

④不能精密控制电动机的实际速度,不适合用于同步运转场合。

(2)矢量控制

矢量控制是一种高性能的控制方式。采用矢量控制的交流调速系统在调速性能上可以和直流电动机相媲美。矢量控制的基本思想认为异步电动机和直流电动机具有相同的转矩产生机理。

矢量控制的基本原理是通过测量和控制异步电动机的定子电流矢量,根据磁场定向原理,分别对异步电动机的励磁电流和转矩电流进行控制,从而达到控制异步电动机转矩的目的。具体是将异步电动机的定子电流矢量分解为产生磁场对电流分量(励磁电流)和产生转矩的电流分量(转矩电流)分别加以控制,并同时控制两分量间的幅值和相位,即控制定子电流矢量,所以称这种控制方式为矢量控制方式。

由于矢量控制可以使得变频器根据频率和负载情况实时地改变输出频率和电压,因此其动态性能相对完善。矢量控制具有可以对转矩进行精确控制、系统响应快、调速范围广、加减速性能好等特点。在对转矩控制要求高的场合,以其优越的控制性能受到用户的赞赏。目前在变频器中,实际应用的矢量控制方式主要有基于转差频率控制的矢量控制方式和无速度传感器的矢量控制方式。

矢量控制变频器的特点如下:

①需要使用电动机的参数,一般用做专用变频器。

②调速范围1:100以上。

③速度相应性能高,适合于急加、减速运转和连续4象限运转,能适用任何场合。

4. 根据输入电源的相数分类

(1)单相变频器

单相变频器又称为单进三出变频器。变频器的输入侧位单相交流电,输出侧为三相交流电。家用电器里的变频器均属于此类,通常容量较小。

(2)三相变频器

三相变频器又称为三进三出变频器。变频器的输入侧和输出侧都是三相交流电。绝大多数变频器都属于此类。

5. 根据输出电压调制方式分类

变频调速时,需要同时调节变频器的输出电压和频率,以保证电动机主磁通的恒定。对输出电压的调节主要有两种方式:PAM方式和PWM方式。

(1)PAM方式

脉冲幅值调制(PAM,Pulse Amplitude Modulation)方式的特点是,变频器在改变输出频率的同时也改变了电压的振幅值。在变频器中,逆变器负责调解输出频率,而输出电压的调节则由相控整流器或直流斩波器通过调节直流电压去实现。采用相控整流器调压时,供电电源的功率因数随调节深度的增加而变小;采用直流斩波调压时,供电电源的功率因数在不考虑谐波影响时,可以达到 $\cos \varphi \approx 1$。

(2)PWM方式

脉冲宽度调制(PWM,Pulse Width Modulation)方式的特点是,变频器在改变输出频率的同时也改变了电压的脉冲占空比。PWM方式只需要控制逆变电路即可实现,通过改变脉冲宽度可以改变输出电压幅值;通过改变调制周期可以控制其输出频率。

6. 根据功能用途分类

(1)通用变频器

通用变频器主电路采用电压型逆变器,具有不选择负载的通用性,应用范围很广,适用于多种机械及控制场合。一般情况下与标准电动机组合使用,可获得良好的传动特性。市场上的变频器大部分都是通用变频器。

（2）专用变频器

专用变频器是为专门用途设计制造的，设计上与现场机械或控制对象特性紧密结合。与通用变频器相比较，专用变频器能达到更好地传动效果。如西门子公司推出的 Siemens MICO0304 系列电梯专用变频器可更简单、更准确地控制电梯运行，达到良好的控制效果。

2.4.3　变频器的组成

各生产厂家生产的变频器，其主电路结构和控制电路并不完全相同，但其基本的构造原理和主电路连接方式以及控制电路的基本功能都大同小异。虽然变频器种类很多，但是大多数变频器都具有如图 2-35 所示的基本内部结构。

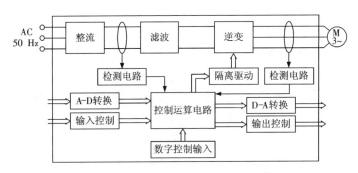

图 2-35　通用变频器内部结构框图

变频器一般由主电路和控制电路两大部分组成。下面结合图 2-35 简单地介绍变频器各个主要部分的基本作用。

1. 主电路

主电路是给异步电动机提供调压调频电源的电力变换部分。

主电路由 3 部分构成：将交流工频电源变换为直流电的"整流器"、吸收在整流器和逆变器产生电压脉动的"滤波回路"，以及将直流功率变换为交流功率的"逆变器"。另外，异步电动机需要制动时，有时要附加"制动回路"。

（1）整流器　它又称为电网侧变流器，是把交流电整流成直流电。常见的整流器有用二极管构成的不可控三相桥式电路和用晶闸管构成的可控三相桥式电路。

（2）逆变器　它又称为负载侧变流器。与整流器相反，逆变器是将直流电重新变换为交流电，最常见的结构形式是利用 6 个半导体主开关电器组成三相桥式逆变电路，有规律地控制逆变器中主开关器件的通与断，可以得到任意频率的三相交流电输出。

（3）滤波回路　在整流器整流后的直流电压中，含有电源 6 倍频率的脉动电压，此外逆变器产生的脉动电流也使直流电压变动。为了抑制电压波动，采用电感和电容吸收脉动电压（电流）。装置容量小时，如果电源和主电路构成器件有余量，可以省去电感采用简单的滤波回路。

2. 控制电路

给异步电动机供电（电压、频率可调）的主电路提供控制信号的电路，称为控制电路。控制电路的主要作用是将监测到的各种信号送至运算电路，使运算电路能够根据要求为主电路提供必要的驱动信号,同时对异步电动机提供必要的保护。此外,控制电路还提供 A-D、D-A 转换等外部接口,接收/发送多种形式的外部信号,并给出系统内部工作状态,以使调速系统能够和外部设备配合进行各种高性能的控制。

控制电路由以下电路组成:频率、电压的运算电路,主电路的电压、电流检测电路、电动机的速度检测电路,将运算电路的控制信号进行放大的驱动电路以及输入/输出接口控制电路。

(1)运算电路　将外部的速度、转矩等指令和检测电路的电流、电压信号进行比较运算,决定逆变器的输出电压、频率。

(2)驱动电路　为驱动主电路器件的电路。它与控制电路隔离使主电路器件导通、关断。

(3)检测电路　包括电压、电流检测电路和速度检测电路。电压、电流检测电路与主电路电位隔离检测电压、电流等;速度检测电路是以装在异步电动机轴上的速度检测器(TG、PLG等)的信号为速度信号,送入运算回路,根据指令和运算可使电动机按指令速度运转。

(4)输入/输出接口控制电路　是变频器的主要外部联系通道。输入信号接口主要有频率信号设定端和输入控制信号端;输出信号接口主要有状态信号输出端、报警信号输出端和测量仪表输出端。

(5)数字控制输入　可设定电动机的旋转方向,完成频率的分段选择及数据通信等。

2.4.4　变频器的额定值和技术指标

1. 输入侧的额定值

中小容量通用变频器输入侧的额定值主要指电压和相数。在我国,输入电压的额定值(指线电压)有三相 380 V、三相 220 V(主要是进口变频器)和单相 220 V 这三种。此外,输入侧电源电压的频率一般规定为工频 50 Hz 或 60 Hz。

2. 输出侧的额定值

(1)额定电压　由于变频器在变频的同时也要变压,所以输出电压的额定值是指输出电压中的最大值。

(2)额定电流　指允许长时间输出的最大电流,是用户在选择变频器时的主要依据。

(3)额定容量　有额定输出电压和额定输出电流的乘积决定。

(4)配用电动机容量　在带动连续不便负载的情况下,能够配用的最大电动机容量。

(5)输出频率范围　指输出频率的最大调节范围,通常以最大输出频率和最小输出频率来表示。

3. 变频器的性能指标

变频器的性能指标可以通过各种测量仪器工具在较短时间内测量出来,这类指标是按此标准和国家标准所规定的出厂所需检验的质量指标。用户选择几项关键指标就可知道变频器的质量高低,而不是单纯看是进口还是国产,使昂贵还是便宜。

(1)在 0.5 Hz 时能输出的启动转矩　比较优良的变频器在 0.5 Hz 时能输出 200% 的高启动转矩。具有这一性能的变频器,可根据负载要求实现短时间平稳加减速。快速响应急变负载,及时检测出再生功率。

(2)频率指标　变频器的频率指标包括频率范围、频率稳定精度和频率分辨率。

频率范围:以变频器输出的最高频率 f_{max} 和最低频率 f_{min} 表示,各种变频器的频率范围不尽相同。通常,最低工作频率约为 0.1 ~ 1 Hz,最高工作频率约为 200 ~ 500 Hz。

频率稳定精度:也称频率精度,是指在频率给定值不变的情况下,当温度、负载变化,电压波动或长时间工作后,变频器的实际输出频率与给定频率之间的最大误差与最高工作频率之比(用百分数表示)。

频率分辨率:指输出频率的最小改变量,即每相邻两档频率之间的最小差值。

(3)速度调节范围控制精度和转矩控制精度　现有变频器速度控制精度能达到±0.005%;转矩控制精度能达到±3%。

(4)低转速时的脉动情况　低转速时的脉动情况是检验变频器好坏的一个重要指标。

此外,变频器的噪声及谐波干扰、发热量等都是重要的性能指标,这些指标与变频器所运用到开关器件及调制频率和控制方式有关。

2.4.5　变频器的选择

异步电动机利用变频器进行调速控制时,应合理选择变频器。通常变频器的选择包括变频器类型选择和容量选择两个方面。

1.类型选择

变频器的拖动对象是电动机,变频器类型的选择要根据负载的要求来进行。

(1)鼓风机泵类负载在过载能力方面的要求较低。低速运行时,负载较轻。对转速精度没有什么要求,通常可以选择低廉的普通功能型。

(2)恒转矩类负载。例如挤压机、搅拌机、传送带等需要具有恒转矩特性的设备,但在转速精度以及动态性能方面要求不高,选型时可选无矢量控制的变频器。

(3)有些负载低速时要求有较硬的机械特性和一定的调制精度,但在动态性能方面无较高要求的,可选用无反馈矢量控制功能的变频器。

(4)有些负载对调速精度和动态性能都有较高要求,并要求高精度同步运行的,可采用带速度反馈到矢量控制功能的变频器。

2.容量选择

采用变频器驱动异步电动机调速,在异步电动机确定后,通常应根据异步电动机的额定电流来选择变频器,或者根据异步电动机实际运行中的电流值(最大值)来选择变频器,当运行方式不同时,变频器容量的计算方式和选择方法不同,变频器应满足的条件不一样。

选择变频器容量时,变频器的额定电流是一个关键量,变频器的容量应按运行过程中可能出现的最大工作电流来选择。

2.4.6　变频器的主要功能

变频器的主要功能有保护功能、控制功能、升速和降速功能、控制模式的选择功能、频率给定功能等。

1.频率给定功能

(1)面板给定方式　通过面板上的键盘进行给定。

(2)外接给定方式　通过外部的给定信号进行给定。对于外接数字量信号接口可用来设定电动机的旋转方向,以及完成分段频率的控制;外接模拟量控制信号时,电压信号通常有 0～5 V、0～10 V 等,电流信号通常有 0～20 mA、4～20 mA 两种。

(3)通信接口给定方式　由计算机或其他控制器通过通信接口进行给定,如 RS－485、

PROFIBUS 等。

2. 控制模式的选择功能

(1)V/F 控制模式的选择功能。为以往各通用变频器中所使用的控制模式,不会识别电动机参数等。另外,在无法进行矢量控制的自动调整时、使用高速电动机等特殊电动机时,多台电动机驱动时选择此模式;预置 V/F 控制模式:①设定变频器的输出频率和电压的基本关系;②应输入电动机的容量、级数等基本数据。

(2)矢量控制模式的选择功能 通过矢量演算电动机内部的状态,可在输出频率为 0.5 Hz时,取得电动机额定转矩 180% 的输出转矩,是比 V/F 控制更为强力的电动机控制,可以抑制由负载变动而引起的速度变动。它主要包括的控制模式有带速度反馈的矢量控制、无反馈矢量控制和预置矢量控制模式。

3. 升、降速功能

可以通过预置升/降速时间和升/降速方式等参数来控制电动机的升/降速。

(1)升速功能

变频调速系统中,启动和升速过成是通过逐渐升高频率来实现的。

升速时间是指给定频率从 0 上升到基底频率(又称基准频率,一般为额定频率)所需要的时间。升速时间越短,频率上升越快,越容易"过电流"。

升速方式主要有以下 3 种。

①线性方式 频率与时间成线性关系,如图 2-36(a)中曲线 1 所示。

②S 形方式 开始和结束阶段,升速的过程比较缓慢,中间阶段按线性方式,如图 2-36(a)中曲线 2 所示。

③半 S 形方式 在开始阶段,升速过程较缓慢,在中间和结束阶段按线性方式升速,如图 2-36(a)中曲线 3 所示。

(2)降速功能

在变频调速系统中,停止和降速过程是通过逐渐降低频率来实现的。

降速时间是指给定频率从基底频率下降至 0 所需的时间。降速时间越短,频率下降越快,越容易"过电流"和"过电流"。

降速方式主要有 3 种,与升速方式相同。如图 2-36(b)所示,曲线 1、2、3 分别为线性方式、S 形方式和半 S 形方式。

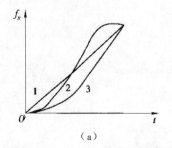 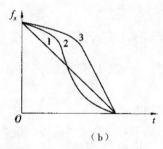

(a) (b)

图 2-36 升/降速方式

(a)升速;(b)降速

4. 保护功能

（1）检知异常状态后自动地进行修正动作，如过电流失速防止、再生过电压失速防止等。

（2）检知异常状态后封闭电力半导体器件 PWM 控制信号，使电动机自动停车，如过电流切断、再生过电压切断、半导体冷却风扇过热和瞬时停电保护等。

2.4.7　变频器应用举例

目前实用化的变频器种类很多，下面简要介绍西门子 MICROMASTER 440（以下简称为 MM440）系列通用变频器的使用。

1. M440 变频器内部功能框图

MM440 是一种集多种功能于一体的变频器，它适用于各种需要电动机调速的场合。它可通过操作面板或现场总线通信方式操作，通过修改其内置参数，即可工作于各种场合。图 2-37 所示为 MM440 变频器内部功能框图。

DIN1 ~ DIN6 为数字新号输入端子， 一般用于变频器外部控制，其具体功能由相应设置决定，例如出厂时设置 DIN1 为正向运行，DIN2 为反向运行等，根据需要通过修改参数可改变其功能。AIN1、AIN2 为模拟新号输入端子，可作为频率给定信号和闭环时反馈新号输入。KA1、KA2、KA3 为继电器输出，其功能也是可编程的。AOUT1、AOUT2 端子为模拟量输出，可输出 0 ~ 20 mA 信号。PTC 端子用于电动机内置 PTC 测温保护，为 PTC 传感器的输入端。P + 、P – 为 RS – 485 通信接口。

2. MM440 变频器在电动机调速控制系统中的应用

图 2-38 所示为西门子 MM440 变频器在异步电动机可逆调速控制回路中的应用实例。此图可实现电机正反向运行并具有调速和点动功能。根据功能要求，首先要对变频器编程并修改参数来选择控制端子的功能，将变频器 DIN1、DIN2、DIN3 和 DIN4 端子分别设置成正转运行、反转运行、正向点动和反向点动功能。图中 KA1 为变频器的输出继电器，定义为保护继电器，正常工作时，KA1 触点闭合；当变频器出现故障时或电动机过载时，触电断开。

电路的工作过程为按下 SB2，交流接触器 KM 线圈通电，其触点闭合并自锁运行，MM440 变频器接通电源。按下 SB3，中间继电器 KA4 线圈通电，其触点闭合并自锁运行，此时 DIN1 通电，电动机 M 正转运行。按下 SB4，中间继电器 KA5 线圈通电，其触点闭合并自锁运行，此时 DIN2 通电，电动机 M 反转运行。按下 SB5，中间继电器 KA6 线圈通电，其触点闭合并自锁运行，此时 DIN3 通电，电动机 M 正向点动运行。按下 SB6，中间继电器 KA7 线圈通电，其触点闭合并自锁运行，此时 DIN4 通电，电动机 M 反向点动运行。按下 SB1，交流接触器 KM 线圈断电，主触点断开，变频器 MM440 断开电源，电动机 M 停止运行。按钮 SB3、SB4 均为复合按钮，实现电动机 M 正转和反转的连锁。

另外，正反向运行频率由电位器 RP 给定。正、反向点动运行频率可由变频器内部设置。

2.5　保护环节

电气控制系统除了应满足生产机械的加工工艺要求外，还必须满足无故障运行要求，因此保护环节是所有机床电气控制系统不可缺少的部分，利用它来保护电动机、电气控制设备以及人身安全等。

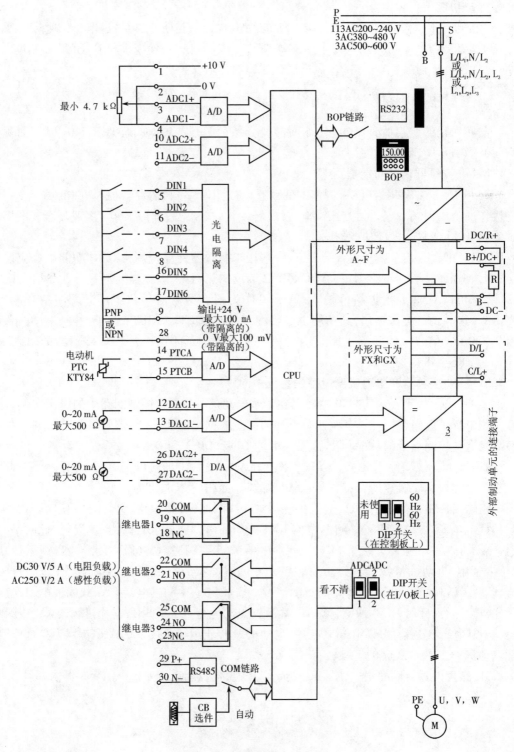

图 2-37　变频器内部功能框图

电气控制系统中常用的保护环节有过载保护、短路保护、零电压和欠电压保护等。

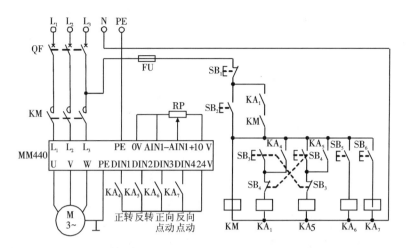

图 2-38　西门子 MM440 变频器在异步电动机可逆调速控制电路中的应用

2.5.1　短路保护

当回路发生短路时,短路电流会引起电器设备绝缘损坏和强大的电动力,使电机和回路中的各种电器设备产生机械性损坏,必须迅速而可靠的断开电源。常用的短路保护元器件有熔断器和自动空气开关。

熔断器的熔体串联在被保护回路中当回路发生短路或严重过载时,熔断器的熔丝自动熔断或自动空气开关脱扣器感应脱扣,从而切断回路,达到保护的目的。图 2-39(a)为采用熔断器作短路保护的回路,当主电机容量较小时,控制回路不需另设熔断器,主回路中熔断器也作为控制回路的短路保护。当主电机容量较大,控制回路一定要单独设置短路保护熔断器。图2-39(b)为采用自动开关作短路保护的回路,它既可作为短路保护,又可作为过载保护。回路故障时,自动开关动作,事故处理完重新合上自动开关,回路则重新运行工作。

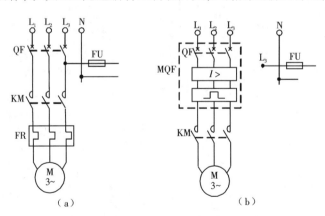

图 2-39　短路保护

(a)熔断器保护;(b)电动机保护断路器保护方式

自动空气开关又称自动空气断路器,有断路、过载和欠压保护作用。这种开关能在回路发生故障时快速地自动切断电源。它是低压配电重要的保护元件之一,常作低压配电盘的总电源开关及电动机变压器的关。

2.5.2　过载保护

常用的过载保护器件是热继电器。

电动机的负载突然增加,断相运行或电网电压降低都会引起电动机过载。电动机长期过载运行,绕组温升超过允许值,电动机的绝缘材料就要变脆,寿命就会减少,严重时烧毁电动机。过载电流越大,达到允许温升的时间就越短。当电动机为额定电流时,电动机为额定温升,热继电器不动作;在过载电流较小时,热继电器要经过较长时间才动作;过载电流较大时,热继电器则经过较短时间就会动作。

由于热惯性的原因,热继电器不会受电动机短时冲击电流或短路电流的影响而瞬时动作,当有8~10倍额定电流通过热继电器时,需经1~3 s动作。这样,在热继电器动作前,热继电器的发热元件可能已烧坏。所以,在使用热继电器作过载保护的同时,还必须装有熔断器或过流继电器配合使用。

图2-40(a)所示为两相保护,适用于保护电动机任一相断线或三相均衡过载时。但当三相电源发生严重不平衡或电动机内部短路、绝缘不良时等,有可能使某一相电流比其他两相高,上述两回路就不能可靠保护。图2-40(b)为三相保护,可以可靠的保护电动机的各种过载情况。

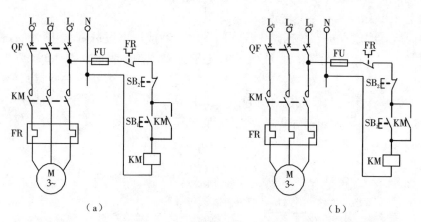

图2-40　过载保护电气控制回路

(a)两相保护;(b)三相保护

2.5.3　过流保护

如果在直流电动机和交流绕线转子异步电动机启动或制动时,限流电阻被短接,会造成很大的启动或制动电流。另外,负载加大也会导致电流增加。过大的电流将会使电动机或机械设备损坏,因此对直流电动机或绕线异步电动机常采用过流保护。

过流保护常用电磁式过电流继电器实现。当电动机电流达到过电流继电器的动作值时,继电器动作,使串接在控制回路中的常闭触点断开,切断控制回路,电动机随之脱离电源并停转。一般过电流的动作值为启动电流的1.2倍。

短路、过流、过载保护虽然都是电流保护,但由于故障电流、动作值及保护特性、保护要求和使用元器件不同,它们不能相互代替。

2.5.4　零电压与欠电压保护

当电动机正在运行时;如果电源电压因某种原因消失,那么在电源电压恢复时,电动机就将自行启动,这就可能造成生产设备的损坏,甚至造成人身事故。为了防止电压恢复时电动机自行启动的保护称为零压保护。

当电动机正常运转时,电源电压过分地降低将引起一些电器释放,造成控制回路不正常工作,可能发生事故;电源电压过分降低也会引起电动机转速下降甚至停转。因此需要在电源电压降到一定值以下时就将电源切断,这就是欠压保护。

一般常用零压保护继电器和欠电压继电器实现零压保护和欠压保护。在许多机床中不用控制开关操作,而是用按钮操作,利用按钮的自动恢复作用和接触器的自锁作用,可不必另加零压保护继电器了。当电源电压过低或断电时,接触器释放,此时接触器的主触点和辅助触点同时打开,使电动机电源切断并失去自锁。当电源电压恢复正常时,操作人员必须重新按下启动按钮,才能使电动机启动。所以,带有自锁环节的回路本身已具备了零压保护环节。

图 2-41 的控制回路中设有过流保护及欠压保护环节。为避免电机启动时过流保护误动作,回路中接入时间继电器 KT,并使 KT 延时时间稍长于电机 M 的启动时间。这样,电机启动结束后,过流继电器 KI 才接入电流检测回路起保护作用。当回路电压过低时,KV 失电,KV 的常开点断开主电机 M 的控制回路。

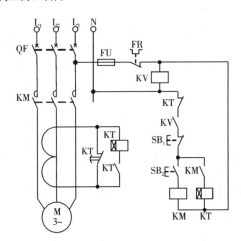

图 2-41　直动式电磁机构

2.5.5　其他保护措施

1. 弱磁保护

直流并励电动机、复励电动机在磁场减弱或磁场消失时,会引起电动机"飞车",因此要加强弱磁保护环节。弱磁继电器的吸合值一般整定为额定励磁电流的 0.8 倍。对于调磁调速的电机,弱磁继电器的释放值为最小励磁电流的 0.8 倍。

2. 极限保护

某些直线运动的生产机械常设极限保护,该保护是由行程开关的常闭触头实现的。如龙门刨床的刨台,设有前后极限保护;矿井提升机,设上、下极限保护;温度、压力、液位等在生产过程中可根据生产机械和控制系统的不同要求,设置相应的极限保护环节。

对电动机的基本保护,例如过载保护、断相保护、短路保护等,最好能在一个保护装置内同时实现。

2.6   实例分析

2.6.1   双电源自动切换回路

图2-42为双电源自动切换回路,一路电源来自变压器,通过 QF$_1$ 断路器、KM$_1$ 接触器,QF$_3$ 断路器向负载供电,当变压器供电发生故障时,通过自动切换控制回路使 KM$_1$ 主触点断开,KM$_2$ 主触点闭合,将备用的发电机接入,保持供电。

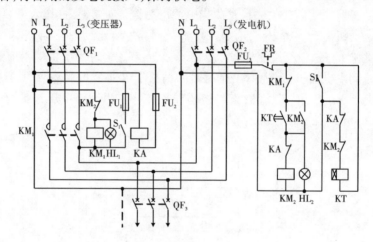

图 2-42   双电源自动切换电气控制回路

供电时,合上 OF$_1$、QF$_2$,然后合上 S$_1$、S$_2$,因变压器供电回路接有 KA 继电器,保证了首先接通变压器供电回路,KM$_1$ 线圈通电,铁芯吸合,KM$_1$ 主触点闭合,KM、KM$_1$ 互锁触点断开,使 KM$_2$、KT 不能通电。

当变压器供电发生故障时,KA、KM$_1$ 线圈失电,触点还原。使 KT 时间继电器线圈通电,经延时后 KT 常开触点延时闭合,KM$_2$ 线圈通电自锁,KM$_2$ 主触点闭合,备用发电机供电。

2.6.2   混凝土搅拌机的电气控制

混凝土搅拌包括以下几道工序:搅拌机滚筒正转搅拌混凝土,反转使搅拌好的混凝土出料;料斗电动机正转,牵引料斗起仰、上升,将骨料和水泥倾入搅拌机滚筒,反转使料斗下降放平(以接受再一次的下料)。在混凝土搅拌过程中,需要操作人员按动按钮,以控制给水电磁阀的启动,使水流入搅拌机的滚筒中,当加足水时,松开按钮,电磁阀断电,切断水源。

1. 混凝土骨料上料和称量设备的控制回路

混凝土搅拌之前需要将水泥、黄砂和石子按比例称好上料,需要用拉铲将它们先后铲入料斗,而料斗和磅秤之间用电磁铁 YA 控制料斗斗门的开起和关闭,其原理如图 2-43 所示。

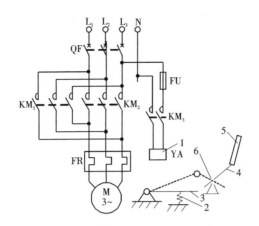

图 2-43　电磁铁控制料斗斗门主回路

1—电磁铁;2—弹簧;3—杠杆;4—活动门;5—料斗;6—骨料

当电动机 M 通电时,电磁铁 YA 线圈得电产生电磁吸力,吸动(打开)下料斗的活动门,骨料落下;当回路断开时,电磁铁断电,在弹簧的作用下,通过杠杆关闭下料料斗的活动门。

图 2-44 为上料和称量设备的电气控制原理图。回路中 $KM_1 \sim KM_4$ 接触器分别控制黄砂和石子拉铲电动机的正、反转,正转使拉铲拉着骨料上升,反转使拉铲回到原处,以备下一次拉料;KM_5 和 KM_6 两只接触器分别控制黄砂和石子料斗斗门电磁铁 YA1 和 YA2 的通断。

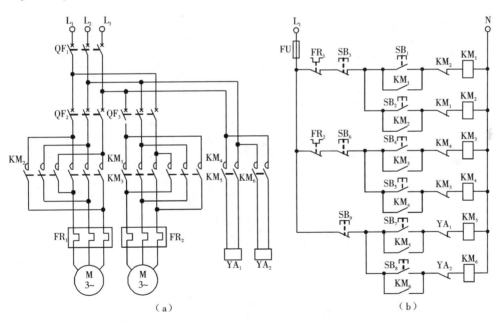

（a）　　　　　　　　　　　　　　　　　　　　（b）

图 2-44　上料和称量设备的电气控制回路

（a）主回路;（b）控制回路

2. 混凝土搅拌机的电气控制

混凝土搅拌机的电气控制回路如图 2-45 所示。搅拌机滚筒电动机 M_1,可以进行正、反转控制;料斗电动机 M_2,并联一个电磁铁称制动电磁铁。

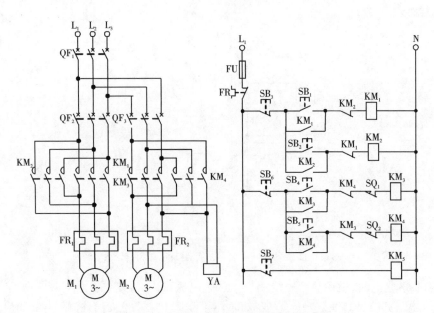

图 2-45　混凝土搅拌机的电气控制回路

　　合上断路器 QF$_1$ ~ QF$_3$,按下正向启动按钮 SB$_1$,正向接触器 KM$_1$ 线圈通电,搅拌机滚筒电动机 M$_1$ 正转搅拌混凝土,混凝土搅拌好后按下停止按钮 SB$_3$,KM$_1$ 失电释放,M$_1$ 停止。按下反向启动按钮 SB$_2$,反向接触器 KM$_2$ 线圈通电,M$_1$ 反转使搅拌好的混凝土出料。当按下料斗正向启动按钮 SB$_4$ 时,正向接触器 KM$_3$ 线圈通电,料斗电动机 M$_2$ 通电,同时 YA 线圈通电,制动器松开 M$_2$ 正转,牵引料斗起仰上升,将骨料和水泥倾入搅拌机滚筒。按下 SB$_6$,KM$_3$ 失电释放,同时 YA 失电,制动器抱闸制动停止。按下反向启动按钮 SB$_5$,反向接触器 KM$_4$ 线圈得电,同时 YA 得电松开,M$_2$ 反转使料斗下降放平,以接受再一次的下料。在此回路图中位置开关 SQ$_1$ 和 SQ$_2$ 为料斗上、下极限保护。在混凝土搅拌过程中,需由操作人员按动按钮 SB$_7$,给水电磁阀启动,使水流入搅拌机的滚筒中,加足水后,松开按钮 SB$_7$,电磁阀断电,停止进水。

思考题与习题

　　2-1　绘制电气图时,图中的图形符号与文字符号应采用什么标准绘制?

　　2-2　"点动"与"自锁"在回路结构上有何区别,它们各适用于什么场合?

　　2-3　"自锁"与"互锁"有什么区别? 分别画出具有自锁的控制回路和具有"互锁"的控制回路。

　　2-4　试用一只接触器设计一台电动机的正、反转控制回路。用操作开关选择电动机旋转方向(应有短路保护和过载保护)。

　　2-5　什么叫反接制动,什么叫能耗制动? 各有什么特点,适用于哪些场合?

　　2-6　某三相鼠笼式异步电动机可正反转,要求降压启动,快速停车。试设计主回路和控制回路,并要求有必要的保护。

　　2-7　星形—三角形降压启动方法有什么特点,并说明使用场合。

　　2-8　试设计一个采取两地操作的点动与连续运转的回路图。

2-9　试设计一控制回路,要求:按下按钮 SB,电动机 M 正转;松开 SB,M 反转,1 分钟后 M 自动停止,画出其控制回路。

2-10　设计一个控制回路,要求第一台电动机启动 10 s 以后,第二台电动机自动启动。运行 5 s 后,第一台电动机停止,同时第三台电动机自动启动;运行 15 s 后,全部电动机停止。

2-11　设计一控制回路,控制一台电动机,要求:

(1)可正反转;

(2)两处启停控制;

(3)可反接制动;

(4)有短路保护和过载保护。

2-12　某机床主轴由一台三相鼠笼式异步电动机拖动,润滑油泵由另一台三相鼠笼式异步电动机拖动,均采用直接启动,要求:

(1)主轴必须在润滑油泵启动后,才能启动;

(2)主轴为正、反向运转,为调试方便,要求能正、反向点动;

(3)主轴停止后,才允许润滑油泵停止;

(4)具有必要的电气保护。

设计主回路和控制回路。

2-13　M_1 和 M_2 均为三相鼠笼式异步电动机,可直接启动,按下列要求设计主回路和控制回路:

(1)M_1 先启动,经过一段时间后,M_2 自行启动;

(2)M_2 启动后,M_1 立即停车;

(3)M_2 可单独停车;

(4)M_1 和 M_2 均能点动。

2-14　现有一双速电动机,试按照下述要求设计控制回路:

(1)分别用两个按钮操作电动机的高速启动和低速启动,用一个总停按钮操作电动机的停止;

(2)启动高速时,应先接成低速然后经延时后再换接到高速;

(3)应有短路保护和过载保护。

2-15　电气控制回路常用的保护环节有哪些,各采用什么电气元器件?

第3章 电气控制系统设计基础

任何生产机械的电气控制系统设计都包括两个基本方面,一是满足生产机械和工艺的各种控制要求,另一是满足电气控制系统本身的制造、使用及维修的需要,因此电气控制系统设计包括原理设计和工艺设计两个方面。前者决定一台设备的使用效能和自动化程度,即决定生产机械设备的先进性、合理性,而后者决定电气控制设备生产可行性、经济性、外观和维修等方面的性能。

3.1 电气控制系统设计的基本原则

在现代生产的控制设备中,对机-电、液-电气-电等设备的配合要求越来越高。虽然生产机械的种类繁多,电气控制设备也各不相同,但电气控制系统的设计原则和设计方法基本是相同的。

电气控制系统设计的基本原则就是在最大程度地满足生产设备和生产工艺对电气控制系统要求的前提下,力求运行安全、可靠,动作准确,结构简单、经济,电动机及电气元件选用合理,操作、安装、调试和维修方便。

3.2 电气控制系统设计的基本要求

电气控制系统的设计是在传动形式及控制方案选择的基础上进行的,是传动形式与控制方案的具体化。设计时没有固定的方法和模式,即使是同一功能的回路的功能结构,不同人员设计出来的回路也可能完全不同,因此作为设计人员,应该随时发现和总结经验,不断丰富和拓宽思路,才能做出最为合理的设计。

1. 最大限度地实现生产机械和工艺对电气控制回路的要求

首先要对生产要求以及机械设备的工作性能、结构特点和实际加工情况有充分了解。生产工艺要求一般是由机械设计人员提供的,实际执行时可能会有差异,这就需要电气设计人员深入现场对同类或接近的产品进行调查、分析和综合,作为设计电气控制回路的依据,并在此基础上考虑控制方式。

2. 力求使控制回路简单、经济

(1)环节、回路合理

尽量选用标准的、成熟的环节和回路。

(2)尽量减少连接导线的数量和长度

设计控制回路时,应合理安排各电器的位置、考虑各个元件之间的实际接线。要注意电气柜、操作台和限位开关之间的连接线,例如在图3-1(a)和图3-1(b)中,仅从控制回路上看,没有什么不同,但若考虑实际接线,图3-1(a)就明显不合理,因为按钮在操作台上,而接触器在电气柜内,这样就需要由电气柜二次引出较长的连接线到操作台的按钮上。而图3-1(b)的连接是将启动按钮和停止按钮直接连接,这样就可以减少一次引出线,减少布线的麻烦和导线的使用数量。特别要注意,同一电器的不同触点在回路中应尽可能具有更多的公共接线,这样可以减少导线数和缩短导线的长度。

图 3-1　电气连接图
(a)不合理;(b)合理

(3)尽量减少元件数量

尽量减少电器数量,采用标准件,尽可能选用相同型号的电器元件,以减少备用量。

(4)减少触点

尽量减少不必要的触点,简化控制回路以减小控制回路的故障率,提高系统工作的可靠性。为减少触点可采用以下四种方法。

①充分合并同类触点,如图 3-2 所示,在获得同样功能的情况下,图 3-2(b)比图 3-2(a)减少了一对触点,但是在合并触点时应注意触点对额定电流值的限制。

图 3-2　同类触点的合并
(a)不合理;(b)合理、节约

②充分利用转换触点,例如利用具有转换触点的中间断电器,将两触点合并成一对转换触点,如图 3-3 所示。

图 3-3　转换触点的应用
(a)转换触点应用前;(b)转换触点应用后

③利用半导体二极管的单向导电性来有效减少触点数(图 3-4),对于弱电控制回路,这样做既经济又可靠。

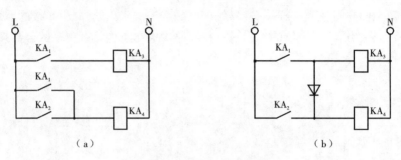

图3-4 利用二极管等效

(a)等效前;(b)等效后

④利用逻辑代数进行化简,以便得到最简化的回路。

（5）节约电能

进行控制时,除必要的回路必须通电外,其余的尽量不通电,以节约电能并延长回路的使用寿命。由图3-5(a)可知,接触器 KM_2 得电后,接触器 KM_1 和时间继电器 KT 就失去了作用,不必继续通电,但它们仍处于带电状态。图3-5(b)回路比较合理。在 KM_2 得电后,就切断了 KM_1 和 KT 的电源,节约了电能,并延长了该电器的寿命。

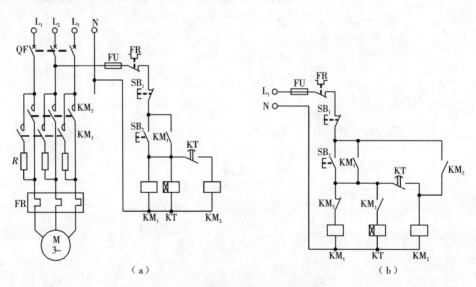

图3-5 减少电器通电时间回路

(a)不合理;(b)合理

3. 保证控制回路工作的可靠性

（1）元件可靠

选用的电器元件要可靠、抗干扰性能好。

（2）正确连接电器

在交流控制回路中不能串联接入两个电器的线圈,即使外加电压是两个线圈额定电压之和,也是不允许的,如图3-6(a)所示。因为每个线圈上所分配到的电压与线圈阻抗成正比,两个电器动作总是有先有后,不能同时吸合。若接触器 KM_1 先吸合,线圈电感显著增加,其阻抗

比未吸合的接触器 KM_2 的阻抗大,因而在该线圈上的电压降增大,使 KM_2 的电压达不到动作电压。因此,若需两个电器同时动作时,线圈应该并联连接,如图 3-6(b)所示。

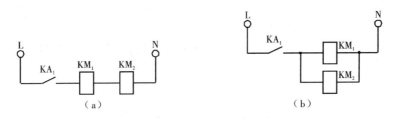

图 3-6　线圈在交流控制回路中的连接
(a)线圈不能串联连接;(b)线圈可以采用并联连接

在直流控制回路中,对于电感较大的电磁线圈,如电磁阀、电磁铁或直流电动机励磁线圈等,不宜与相同电压等级的继电器直接并联工作,如图 3-7(a)所示。若并联,当触点 KM 断开时,电磁铁 YA 线圈两端产生大的感应电动势,加在中间继电器 KA 的线圈上,造成 KA 的误动作。为此在 YA 线圈两端并联放电电阻 R,并在 KA 支路中串入 KM 常开触点,如图 3-7(b)所示。这样,就能获得可靠工作了。

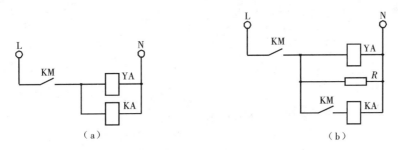

图 3-7　大电感线圈与直流继电器线圈的连接
(a)错误接法;(b)正确接法

(3)正确连接统一电器的触点

正确连接电器的触点设计时,应使分布在回路不同位置的同一电器触点尽量接在电源的同一相上,以避免在电器触点上引起短路。如图 3-8(a)中,限位开关 SQ 的常开触点与常闭触点靠得很近,而分别接在不同相上。当触点断开产生电弧时,可能形成两触点间电弧而造成的短路。若改接成如图 3-8(b)所示的形式,因两触点电位相同,就不会造成电源短路。

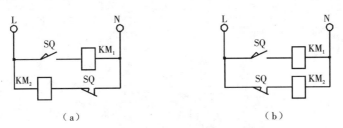

图 3-8　正确连接电器的触点
(a)不正确;(b)正确

在控制回路中,应尽量将所有电器的连锁触点接在线圈的左端,线圈的右端直接接电源,这样可以减少回路内产生虚假回路的可能性,还可以简化电气柜的出线。

(4)应使触点容量足够

在控制回路中,采用小容量继电器的触点断开或接通大容量接触器的回路时,要计算继电器触点断开或接通容量是否足够,不够时必须加小容量的接触器或中间继电器,否则工作不可靠。

(5)正确选择正反向接触器

在频繁操作的可逆回路中,正反向接触器应选加重型的接触器,同时应有电气连锁和机械连锁。

(6)尽量避免许多电器依次动作的现象

在回路中应尽量避免许多电器依次动作才能接通另一个电器的控制回路。如图 3-9(a)中的继电器 K_4 需要在 K_1、K_2、K_3 相继动作后才接通。若改为如图 3-9(b)所示的接线形式,每一继电器的接通只需经过一对触点,工作可靠性大大提高了。

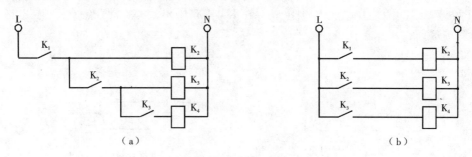

图 3-9　触点的连接
(a)可靠性低的回路;(b)可靠性高的回路

(7)防止触点竞争

图 3-10(a)为用时间继电器的反身关闭回路。当时间继电器 KT 的常闭触点延时断开后,时间继电器 KT 线圈失电,又使经 t_s 秒延时断开的常闭触点闭合,以及经 t_1 秒瞬时动作的常开触点断开。若 $t_s > t_1$,则回路能反身关闭;若 $t_s < t_1$,则继电器 KT 再次吸合。这种现象就是触点竞争。在此回路中,增加中间继电器 KA 便可以解决,如图 3-10(b)所示。

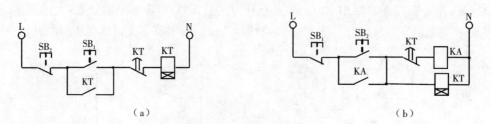

图 3-10　反身自停回路
(a)不能正常工作;(b)可以正常工作

(8)注意电网情况

设计的回路应能适应所在电网情况,如电网容量的大小、电压频率的波动范围,以及允许的冲击电流数值等,据此决定电动机的启动方式是直接启动还是间接(降压)启动。

（9）防止产生寄生回路

控制回路在正常工作或事故情况下,发生意外接通的回路叫寄生回路。若控制回路中存在寄生回路,将破坏电器和回路的工作顺序,造成误动作。图 3-11 所示回路在正常工作时能完成正、反向启动,停止时信号指示。但当热继电器 FR 动作时,回路出现了寄生回路,如图 3-11 中虚线所示。这使正向接触器 KM₁ 不能释放,起不了保护作用。

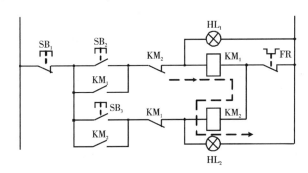

图 3-11　寄生回路

4. 控制回路工作的安全性

电气控制回路应具有完善的保护环节,用以保护电动机、控制电器以及其他电器元件,消除不正常工作时的有害影响,避免因误操作而发生事故。在自动控制系统中,常用的有短路、过流、过载、过压、失压、弱磁、超限、极限保护等。这些内容已在第 2 章中作了介绍。

5. 保证操作、安装、调整、维修方便和安全

为了使电器设备维修方便,使用安全,电器元件应留有备用触点,必要时应留有备用电器元件,以便检修调整改接回路;应设置隔离电器,以免带电检修。控制机构应操作简单,能迅速而方便地由一种控制形式转换到另一种控制形式,例如由手动控制转换到自动控制。

为避免带电维修,每台设备均应装有隔离开关。根据需要可设置手动控制及点动控制,以便于调整设备。必要时可设多点控制开关,使操作者可在几个位置均能控制设备。需要注意的是,装有手动电器的控制回路和带行程开关的控制回路一定要有零压保护环节,以避免由于断电时手动开关没扳到分断位置或行程开关恰好被压动,在恢复供电时造成意外事故。还要注意实际上总有误操作的可能性,在控制回路中应该有必要的连锁保护。

3.3　电气控制系统设计的基本内容

电气控制系统设计的基本任务是根据控制要求,设计和编制出设备制造和使用维修过程中必需的各种图纸、资料,其中包括电气系统的组件划分与元器件布置图、安装接线图、电气原理图、控制面板布置图等,编制设备清单、电气控制系统操作使用及维护说明书等资料。因此电气控制系统设计包含原理设计与工艺设计两部分。

1. 原理设计

电气原理设计是整个系统设计的核心,是工艺设计和制定其他技术资料的依据,电气控制系统原理设计内容主要包括以下部分:

①拟定电气设计任务书;

②确定拖动方案,选择所用电动机的型号;

③确定系统的整体控制方案;

④设计并绘制电气原理图;

⑤计算主要技术参数并选择电气元件;

⑥编写元件目录清单及设计说明书,为工程技术人员提供方便。

2. 工艺设计内容

工艺设计的主要目的是为便于组织电气控制系统的制造过程,实现原理设计要求的各项技术指标,为设备的调试、维护、使用提供必要的图样资料。工艺设计的主要内容如下。

①根据设计原理图及所选用的电器元件,设计绘制电气控制系统的总装配图及总接线图。总装配图应能反映各电动机、执行电器、各种电器元件、操作台布置、电源及检测元件的分布状况;总接线图应能反映系统中的电器元件各部分之间的接线关系与连接方式。

②根据原理框图和划分的组件,对总原理图进行编号,绘制各组件原理回路图,列出各部分的元件目录表,并根据总图编号统计出各组件的进出线号。

③根据组件原理回路及选定的元件目录表,设计组件装配图(电器元件布置与安装图)、接线图,图中应反映各电器元件的安装方式与接线方式。这些资料是组件装配和生产管理的依据。

④根据组件装配要求,绘制电器安装板和非标准的电器安装零件图,标明技术要求。这些图样是机械加工和外协作加工必需的技术资料。

⑤根据组件尺寸及安装要求确定电气柜结构与外形尺寸,设置安装支架,标明安装尺寸、面板安装方式、各组件的连接方式、通风散热以及开门方式。在电气原理图设计中,应注意操作维护方便与造型美观。

⑥根据总原理图、总装配图及各组件原理图资料进行汇总,分别列出外购件清单、标准件清单以及主要材料消耗定额。这些是生产管理(如采购、调度、配料等)和成本核算必须具备的技术资料。

⑦编写使用维护说明书。

3.4　电气控制系统的设计步骤

1. 拟定电气控制系统设计任务书

电气控制系统设计任务书是整个电气设计的依据,任务书中除扼要说明所设计设备的型号、用途、加工工艺、动作要求、传动参数及工作条件外,还要说明以下主要技术指标及要求。

①控制精度和生产效率的要求;

②电气传动基本特性,如运动部件数量、用途、动作顺序、负载特性、调速指标、启动、制动方面的要求;

③稳定性及抗干扰要求;

④连锁条件及保护要求;

⑤电源种类、电压等级;

⑥目标成本及经费限额;

⑦验收标准及验收方式;

⑧其他要求,如设备布局、安装要求、操作台布置、照明、信号指示、报警方式等。

2. 确定拖动(传动)方案、选择电动机型号

根据零件加工精度、加工效率、生产机械的结构、运动部件的数量、运动方式、负载性质和调速等方面的要求以及投资额的大小,确定电动机的类型、数量、拖动方式,并拟定电动机的启动、运行、调速、转向、制动等控制方案。在这里,选择电动机非常重要。选择电动机的基本原则如下。

①电动机的机械特性应满足生产机械提出的要求,要与负载特性相适应,以保证加工过程中运行稳定并具有一定的调速范围与良好的启动、制动性能。

②工作过程中电动机容量能得到充分利用。

③电动机的结构形式应满足机械设计提出的安装要求,并能适应周围环境工作条件。

④在满足设计要求的情况下,应优先考虑采用结构简单、价格便宜、使用和维护方便的三相交流异步电动机。如果生产设备的各部分之间不需要保证一定的内在联系,则可采用多台电动机分别拖动的方式,以缩短设备的传动链,提高传动效率,简化设备结构。

根据设备中主要电动机的负载情况、调速范围及对启动、反向、制动的要求确定拖动形式。一般设备采用交流拖动系统,利用齿轮箱变速。为了扩大调速范围、简化设备结构,也可采用双速或多速笼型异步电动机及绕线型异步电动机。如果设备对启动、制动要求很高,需要无级调速,应该采用直流电动机调速系统或交流变频调速系统。与此同时需要注意电动机调速的性质,应当与负载特性相适应。例如负载需要恒功率调速时,可采用定子绕组由三角形改为双星形连接的双速电动机或直流它励电动机的调磁调速。负载需要恒转矩调速时,可选用定子绕组由星形连接改成双星形的交流双速电机或直流它励电动机调压调速。

3. 确定控制方案

为了保证设备协调准确动作,充分发挥其效能,在确定控制方案时,应考虑以下几点:

①根据控制设备复杂程度及生产工艺精度要求不同,可以选择几种不同的控制方式,如继电接触控制、顺序控制、PLC控制、计算机联网控制等;

②满足控制回路对电源种类、工作电压、频率等方面的要求;

③构成自动循环,画出设备工作循环简图,确定行程开关的位置,如在电液控制时要确定电磁铁和电磁阀的通断状态,列出上述电器元件与执行动作的关系表;

④确定控制系统的工作方法,因为一台设备可能有不同的工作方式,例如自动循环、手动调整、动作程序转换及控制系统中的检测等,需逐个予以实现;

⑤连锁关系及电气保护是保证设备运行、操作相互协调及正常执行的条件,所以在制定控制方案时,必须全面考虑设备运动规律和各动作的制约关系,完善保护措施。

此外,还应画出电气控制回路原理图;选择电器元件,制定电机和电器元件明细表;设计电气柜、操作台、电气安装板,画出电机和电器元件的总体布置图;绘制电气控制回路装配图及接线图;编写设计计算说明书和使用说明书。

3.5　电气控制系统的设计方法

在总体方案确定之后,具体设计是从电气原理图开始的,如上所述,各项设计指标是通过控制原理图来实现的,同时原理图又是工艺设计和编制各种技术资料的依据。电气原理图设计的基本步骤如下。

①根据选定的拖动方案及控制方式设计系统的原理框图,拟订出各部分的主要技术要求和主要技术参数。

②根据各部分要求设计出原理框图中各个部分的具体回路。设计的步骤为主回路→控制回路→辅助回路→连锁与保护→检查、修改与完善。

③绘制总原理图。按系统框图结构将各部分联成一个整体。

④正确选用原理回路中每一个电器元件,并制订元器件目录清单。

对于比较简单的控制回路,例如普通机械或非标设备的电气配套设计,可以省略前两步直接进行原理图设计和选用电器元件。

电气原理设计的方法主要有分析设计法(又称经验设计法)和逻辑设计法两种。

3.5.1 分析设计法

所谓分析设计法指根据生产工艺要求选择适当的基本控制环节(单元回路)或将经过考验的成熟回路按各部分的连锁条件组合起来并加以补充和修改,以综合成满足控制要求的完整回路。当找不到现成的典型环节时,可根据控制要求边分析边设计,将主令信号经过适当的组合与变换,在一定条件下得到执行元件所需要的工作信号。设计过程中,要随时增减元器件和改变触点的组合方式,以满足拖动系统的工作条件和控制要求,经过反复修改得到理想的控制回路。

分析设计法的特点是无固定的设计程序,设计方法简单,容易为初学者所掌握,对于具有一定工作经验的电气人员来说,也能较快地完成设计任务,因此在电气设计中被普遍采用;缺点是设计方案不一定是最佳方案,当经验不足或考虑不周时会影响工作的可靠性。由于这种设计方法以熟练掌握各种电气控制回路的基本环节和具备一定的阅读分析电气控制回路的经验为基础,所以又称为经验设计法。

经验设计法指根据控制任务经控制系统划分为若干控制环节,参考典型控制回路设计,然后考虑各环节之间的连锁关系,经过补充、修改、综合成完整的控制回路。以下主要介绍经验设计法的基本步骤及特点。

3.5.1.1 经验设计法的基本步骤

一般的生产机械电气控制回路设计步骤包括主回路、控制回路和辅助回路等的设计,然后再根据经验进行反复调整,直到满足工艺要求为止。

(1)主回路的设计

主要考虑电动机的启动、点动、正反转、制动及多速电动机的调速。

(2)控制回路的设计

主要考虑如何满足电动机的各种运转功能及生产工艺要求,包括实现加工过程自动或半自动的控制等。

(3)辅助回路的设计

主要考虑如何完善整个控制回路的设计,包括短路、过载、零压、连锁、照明、信号、充电测试等各种保护环节。

(4)反复审核回路是否满足设计原则

在条件允许的情况下,进行模拟试验,直至回路动作准确无误,并逐步完善整个电器控制回路的设计。在具体的设计过程中常有两种做法：

①根据生产机械的工艺要求,适当选用现有的典型环节,将它们有机地组合起来,并加以补充修改,综合成所需要的控制回路;

②在找不到现成的典型环节时,可根据工艺要求自行设计电器元件和触点,以满足给定的工作条件。

3.5.1.2　经验设计的基本特点

①方法易于掌握,使用很广,但一般不易获得最佳设计方案;

②要求设计者具有一定的实际经验.在设计过程中往往会因考虑不周发生差错,影响回路的可靠性;

③当回路达不到要求时,多用增加触点或电器数量的方法来加以解决,所以设计出的回路常常不是最简单经济的;

④需要反复修改设计草图,设计速度较慢;

⑤一般需要进行模拟试验;

⑥设计程序不固定。

3.5.1.3　分析设计法举例

第 2 章中已给出了基本电气控制回路,讨论了基本电气控制方法,展示了常用的典型控制回路。在此基础上,通过龙门刨床(或立车)横梁升降自动控制回路设计实例说明电气控制回路的经验设计方法。

1. 控制系统的工艺要求

现要设计龙门刨床横梁升降控制系统。在龙门刨床(或立车)上装有横梁机构,刀架装在横梁上,用来加工工件。由于加工工件位置高低不同,要求横梁能沿立柱上下移动,而在加工过程中,横梁又需要夹紧在立柱上,不允许松动,因此横梁机构对电气控制系统提出了如下要求:

①保证横梁能上下移动,夹紧机构能实现横梁的夹紧或放松;

②横梁夹紧与横梁移动之间必须有一定的操作程序,当横梁上下移动时,应能自动按照"放松横梁→横梁上下移动→夹紧横梁→夹紧电动机自动停止运动"的顺序动作;

③横梁在上升与下降时应有限位保护;

④横梁夹紧与横梁移动之间及正反向运动之间应有连锁。

2. 电气控制回路设计步骤

(1)设计主回路

根据工艺要求可知,横梁移动和横梁夹紧需用两台异步电动机(横梁升降电动机 M1 和夹紧放松电动机 M2)拖动。为了保证实现上下移动和夹紧放松的要求,电动机必须能实现正反转,因此需要四个接触器 KM_1、KM_2、KM_3、KM_4 分别控制两个电动机的正反转。那么主回路就是两台电动机的正反转回路。

(2)设计基本控制回路

4 个接触器具有 4 个控制线圈,由于只能用两个点动按钮去控制上下移动和放松夹紧两个运动,按钮的触点不够,因此需要通过两个中间继电器 KA_1 和 KA_2 进行控制。根据上述要求,可以设计出图 3-12 控制回路,但它还不能实现在横梁放松后自动向上或向下移动,也不能在横梁夹紧后使夹紧电动机自动停止。为了实现这两个自动控制要求,还需要做改进,这需要恰当地选择控制过程中的变化参量来实现。

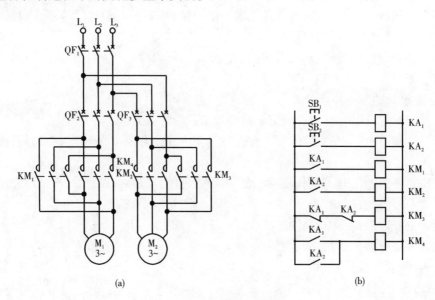

图 3-12 横梁电气控制回路

(a)主回路;(b)控制回路

(3)选择控制参量、确定控制方案

对于第一个自动控制要求,可选行程这个变化参量反映横梁的放松程度,并采用行程开关 SQ_1 来控制,如图 3-13 所示。当按下向上移动按钮 SB_1 时,中间继电器 KA_1 通电,其常开触点闭合,KM_4 通电,则夹紧电动机作放松运动,同时其常闭触点断开,实现与夹紧和下移的连锁。当放松完毕,压块就会压合 SQ_1,其常闭触点断开,接触器线圈 KM_4 失电,同时 SQ_1 常开触点闭合,接通向上移动接触器 KM_1。这样,横梁放松以后就会自动向上移动。向下的过程类似。

对于第二个自动控制要求,即在横梁夹紧后使夹紧电动机自动停止,也需要选择一个变化参量反映夹紧程度。可以用行程、时间和反映夹紧力的电流作为变化参量。如果采用行程参量,当夹紧机构磨损后,测量就不精确;如果采用时间参量,则更不易调整准确,因此这里选用电流参量进行控制。图 3-13 中,在夹紧电动机夹紧方向的主回路中串联接入一个电流继电器 KI,其动作电流可整定在额定电流两倍左右。KI 的常闭触点应该串接在 KM_3 接触器回路中。横梁移动停止后,如上升停止,行程开关 SQ_2 的压块会压合,其常闭触点断开,KM_3 通电,因此夹紧电动机立即自动启动。当较大的启动电流达到 KI 的整定值时,KI 将动作,其常闭触点一旦断开,KM_3 又断电,自动停止夹紧电动机的工作。

(4)设计连锁保护环节

设计连锁保护环节主要是将反映相互关联运动的电器触点串联或并联接入被连锁运动的相应电器回路中,这里采用 KA_1 和 KA_2 的常闭触点实现横梁移动电动机和夹紧电动机正反转工作的连锁保护。

横梁上下需要有限位保护,采用行程开关 SQ_2 和 SQ_3 分别实现向上和向下限位保护。例如,横梁上升到预定位置时,SQ_2 压块就会压合,其常闭触点断开,KA_1 断开,接触器 KM_1 线圈断电,则横梁停止上升。

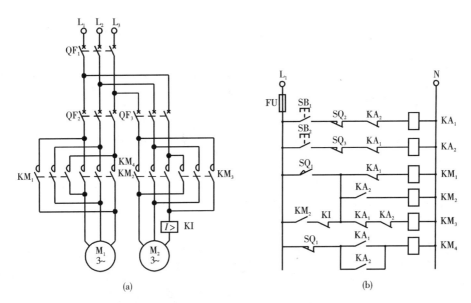

图 3-13　完整的电气控制回路

（a）主回路；（b）控制回路

SQ₁ 除了反映放松信号外，它还起到了横梁移动和横梁夹紧间的连锁控制。

（5）回路的完善和校核

控制回路初步设计完毕后，可能还有不合理的地方，应仔细校核。特别应该对照生产要求再次分析设计回路是否能实现各个功能以及在误操作时是否会产生事故。

3.5.2　逻辑设计法

用经验设计法设计继电接触式控制回路，对同一个工艺要求往往设计出各种不同结构的控制回路，并且较难获得最简单的。通过多年的实践和总结，工程技术人员发现，继电器控制回路中的各种输入信号和输出信号通常只有两种状态，即通电和断电。而早期的控制系统基本上是针对顺序动作而进行的设计，于是提出了逻辑设计的思想。

所谓逻辑设计法就是从系统的工艺过程出发，将控制回路中的接触器、继电器线圈的通电与断电、触点的闭合与断开以及主令元件的接通与断开等看成逻辑变量，并将这些逻辑变量关系表示为逻辑函数式，再运用逻辑函数基本公式和运算规律进行化简，使之成为"与"、"或"、"非"的最简单关系式。然后根据最简单关系式画出回路结构图，最后再做进一步的检查和完善，得到所需的控制回路。

3.5.2.1　继电接触式控制回路中逻辑变量的处理

一般在控制回路中，电器线圈或触点的工作存在着两个物理状态。对于接触器、继电器的线圈是通电与断电；对于触点是闭合与断开。在继电接触式控制回路中，每一个接触器或继电器的线圈、触点以及控制按钮的触点都相当于一个逻辑变量，它们都具有两个对立的物理状态，故可采用"逻辑 0"和"逻辑 1"来表示。任何一个逻辑问题中，"0"状态和"1"状态所代表的意义必须做出明确的规定，在继电接触式控制回路逻辑设计中规定如下。

① 对于继电器、接触器、电磁铁、电磁阀、电磁离合器等元件的线圈，通常规定通电为"1"

状态,失电则规定为"0"状态。

②对于按钮、行程开关元件,规定压下时为"1"状态,复位时为"0"状态。

③对于元件的触点,规定触点闭合状态为"1"状态,触点断开状态为"0"状态。

分析继电器、接触器控制回路时,元件状态常以线圈通电或断电来判定。该元件线圈通电时,其常开触点(动合触点)闭合,而其本身的常闭触点(动断触点)断开,因此为了清楚地反映元件状态,元件的线圈和其常开触点的状态用同一字符来表示,而其常闭触点的状态用该字符的"非"表示。例如对于接触器 KM_1 来说,常开触点的状态用 KM_1 表示,常闭触点的状态用则用 $\overline{KM_1}$ 表示。

3.5.2.2 继电接触式控制回路中的基本逻辑运算

继电接触式控制回路中的基本逻辑运算可以概括为三种:与、或、非。下面对这三种基本逻辑运算做详细分析。

1. 逻辑"与"

如图 3-14 所示,用逻辑"与"来解释,只有当 K_1 和 K_2 这两个触点全部闭合,即都为"1"态时,接触器线圈 KM 才能通电为"1"态。如果 K_1 和 K_2 这两个触点中有其中任一个触点断开,则线圈 KM 就断电,所以回路中触点串联形式是逻辑"与"的关系。逻辑"与"的逻辑函数式为

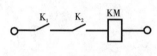

图 3-14 逻辑"与"回路

$$f(KM) = K_1 \cdot K_2 \qquad (3\text{-}1)$$

式中 K_1 和 K_2 均称为逻辑输入变量(自变量),而 KM 称为逻辑输出变量。

(2)逻辑"或"

如图 3-15 所示,用逻辑"或"来解释,当触点 K_1 和 K_2 任意一个闭合时,则线圈 KM 通电即为"1"态,只有当触点 K_1 和 K_2 都断开时,线圈 KM 断电即为"0"态。这就是逻辑"或"。逻辑"或"的逻辑函数式为

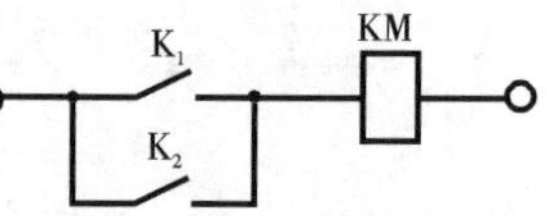

$$f(KM) = K_1 + K_2 \qquad (3\text{-}2)$$

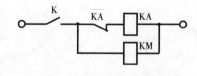

图 3-15 逻辑"或"回路

(3)逻辑"非"

逻辑"非"也称逻辑"求反"。图 3-16 表示元件状态 KA 的常闭触点 KA 与触发器 KM 线圈状态的控制是逻辑非关系。其逻辑函数式为

$$f(KM) = \overline{KA} \qquad (3\text{-}3)$$

当开关 K 合上,常闭触点 KA 的状态为"0",则 KM = 0,线圈不通电,KM 为"0"状态;当 K 打开,KA = 1,则 KM = 1,线圈通电,接触器闭合,KM 为"1"状态。

图 3-16 逻辑"非"回路

在任何控制回路中,控制对象与控制条件之间都可以用逻辑函数式来表达,所以逻辑法不仅用于回路设计,也可以用于回路简化和读图分析。

3.5.2.3 逻辑设计法的一般步骤

①按工艺要求画出工作循环图;

②按工作循环图画出主令元件、检测元件和执行元件等的状态波形图;

③根据状态波形图,列写执行元件(输出元件)的逻辑函数式;

④根据逻辑函数式画出电路结构图;

⑤进一步检查、化简和完善电路,增加必要的连锁、保护等辅助环节。

3.5.2.4 逻辑电路的设计方法

逻辑电路的设计有组合逻辑电路设计和时序逻辑电路设计两种方法。

1. 组合逻辑电路的设计

所谓组合逻辑电路是指执行元件的输出状态只与同一时刻控制元件的状态有关,输入、输出呈单方向关系,即只能由输入量影响输出量,而输出量对输入量无影响。以下以冲床的控制过程为例说明如何进行组合逻辑电路的设计。

(1)冲床的控制要求

为了保护冲床操作者的人身安全,采用在两地有两个人同时控制才能启动冲床的方案,如图3-17所示。回路中使用三个按钮,分别为SB_1、SB_2、SB_3,控制冲床电机的接触器线圈为KM,同时按下SB_1、SB_2或同时按下SB_2、SB_3时,KM接通,其余情况下KM均不通电。

(2)组合逻辑电路的设计步骤

①根据功能与要求列出元件状态表,见表3-1。

表3-1 冲床的元件状态表

SB_1	SB_2	SB_3	$f(KM)$
0	0	0	0
1	0	0	0
0	1	0	0
0	0	1	0
1	1	0	1
0	1	1	1
1	0	1	0
1	1	1	0

②列出逻辑变量和输出变量的逻辑代数式,并化简为

$$f(KM) = SB_1 SB_2 \overline{SB_3} + \overline{SB_1} SB_2 SB_3 = SB_2 (SB_1 \overline{SB_3} + \overline{SB_1} SB_3) \tag{3-4}$$

③根据逻辑代数式绘制控制回路,如图3-17所示。

④检查、完善所设计的回路。主要检查是否存在寄生回路及触点竞争,然后绘制主回路并加入必要的保护环节。

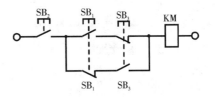

尽管逻辑设计法较复杂,但其化简电路的过程容易实现。例如要求化简图3-18(a)控制回路,先列出图3-18(a)电路的逻辑代数式为

图3-17 冲床的控制回路

$$f(\mathrm{KM}) = (\mathrm{AB} + \mathrm{BC})(\mathrm{A\overline{B}} + \mathrm{B\overline{C}} + \mathrm{\overline{A}C}) + \mathrm{AB\overline{C}} \qquad (3\text{-}5)$$

然后根据逻辑代数基本运算法则化简上面的代数式为

$$f(\mathrm{KM}) = \mathrm{AB\overline{C}} + \mathrm{\overline{A}BC} = \mathrm{B}(\mathrm{A\overline{C}} + \mathrm{\overline{A}C}) \qquad (3\text{-}6)$$

化简后的控制回路如图 3-18(b)所示。

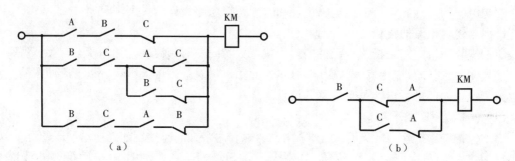

图 3-18　化简回路

(a)化简前；(b)化简后

组合逻辑设计方法简单,所以作为经验设计法的辅助和补充,用于简单控制回路的设计或对某些局部回路进行简化。

2. 时序逻辑电路的设计

时序逻辑电路的特点是输出状态不仅与同一时刻的输入状态有关,而且还与输出量的原有状态及其组合顺序有关,即输出量通过反馈作用,对输入状态产生影响。这种逻辑电路设计要设置中间记忆元件(如中间继电器等)记忆输入信号的变化,以达到各程序两两区分的目的。其设计过程比较复杂,基本步骤如下:

①根据拖动要求,先设计主回路,明确各电动机及执行元件的控制要求,并选择产生控制信号(包括主令信号与检测信号)的主令元件(如按钮、控制开关、主令控制器等)和检测元件(如行程开关、压力继电器、速度继电器、过电流继电器等);

②根据工艺要求画出工作循环图,并列出主令元件、检测元件及执行元件的状态表,写出各状态的特征码(一个以二进制数表示一组状态的代码);

③为区分所有状态(重复特征码)而增设必要的中间记忆元件(中间继电器);

④根据已区分的各种状态的特征码,写出各执行元件(输出)与中间继电器、主令元件及检测元件(逻辑变量)间的逻辑关系式;

⑤化简逻辑式,据此绘出相应控制回路;

⑥检查并完善设计回路。

由于这种设计方法难度较大,整个设计过程较复杂,还要涉及一些新概念,因此在一般常规设计中很少单独采用。

采用逻辑设计法能获得理想、经济的方案,所需元件数量少,各电器元件都能充分发挥作用,当给定条件变化时,能找出回路变化的内在规律,尤其在复杂回路的设计中更能显示优越性。

3.5.2.5　逻辑设计法举例

某电动机只有在继电器 KA$_1$、KA$_2$ 和 KA$_3$ 中任何一个或任何两个继电器动作时才能运转,而在其他任何情况下都不运转,试设计控制回路。

解 电动机的运转由接触器 KM 控制。根据题目的要求,列出接触器、继电器通电后动作状态表,如表 3-2 所示。

表 3-2 接触器、继电器通电后动作状态表

电器名称	继电器			接触器
电器代号	KA_1	KA_2	KA_3	KM
动作状态	0	0	0	0
	0	0	1	1
	0	1	0	1
	0	1	1	1
	1	0	0	1
	1	0	1	1
	1	1	0	1
	1	1	1	0

根据动作状态表,接触器 KM 通电的逻辑函数式为

$$KM = \overline{KA_1} \cdot \overline{KA_2} \cdot KA_3 + \overline{KA_1} \cdot KA_2 \cdot \overline{KA_3} + \cdot \overline{KA_1} \cdot KA_2 \cdot KA_3$$
$$+ KA_1 \cdot \overline{KA_2} \cdot \overline{KA_3} + KA_1 \cdot \overline{KA_2} \cdot KA_3 + KA_1 \cdot KA_2 \cdot \overline{KA_3}$$

利用逻辑代数基本公式进行化简得

$$KM = \overline{KA_1} \cdot KA_3 + KA_1 \cdot \overline{KA_2} + KA_2 \cdot \overline{KA_3}$$

根据简化了的逻辑函数关系式,可绘制图 3-19 电气控制回路。

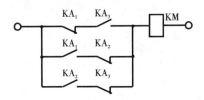

图 3-19 化简后的控制回路

思考题与习题

3-1 将图 3-20 中的回路进行简化。

3-2 回路如图 3-21 所示,回答下列问题:

(1)工作原理是什么?

(2)若要使时间继电器的线圈 KT 在 KM_2 得电后自动断电而又不影响正常工作,应怎样改动回路?

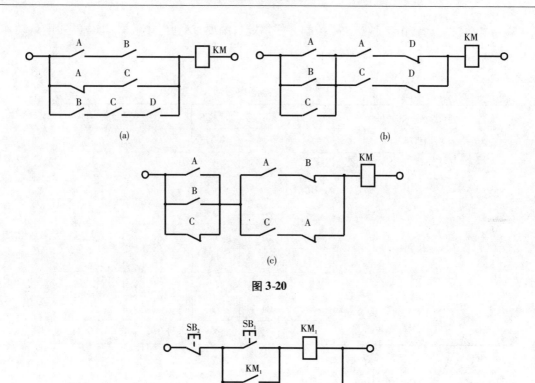

图 3-20

图 3-21

3-3　如图 3-22 所示的各控制回路有什么错误,应如何改正?

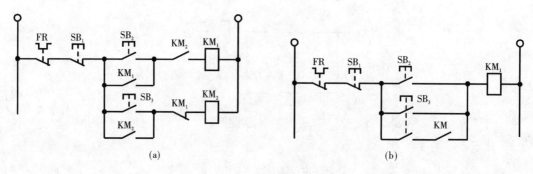

图 3-22

3-4　设计钻削加工时刀架的自动循环回路,如图 3-23 所示。具体要求如下:

(1)自动循环,即刀架能自动地由位置 1 移动到位置 2 进行钻削,并自动退回位置 1。

(2)无进给切削,即刀具到达位置 2 时不再进给,钻头继续进行无进给切削以提高精度。过段时间后,再自动回到位置 1。(提示:利用时间继电器)

(3)快速停车,即当刀架回到位置 1 时,自动快速停车。(提示:利用速度继电器)

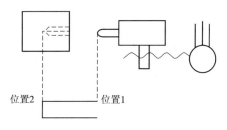

图 3-23　刀架自动循环

3-5　设计一工作台自动循环控制回路,工作台在原位(位置 1)启动,运行到位置 2 后立即返回,循环往复,直至按下停止按钮。

3-6　要求对一小型吊车设计主回路与控制回路。小型吊车的动作过程为小型吊车有 3 台电动机,横梁电动机 M_1 带动横梁在车间前后移动,小车电动机 M_2 带动提升机构在横梁上左右移动,提升电机 M_3 升降重物。3 台电动机都采用直接启动,自由停车。要求:

(1)3 台电动机都能正常启、保、停。

(2)在升降过程中,横梁与小车不能动。

(3)横梁具有前、后极限保护,提升有上、下极限保护。

3-7　某学校大门由电动机拖动,如图 3-24 所示,要求:

(1)长动时在开或关门到位后能自动停止。

(2)能点动开门或关门。

试设计其电气控制回路。

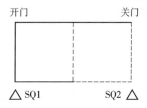

3-8　试设计两台笼型电动机 M_1、M_2 的顺序启动、停止的控制回路。

(1)M_1、M_2 能顺序启动,并能同时或分别停止。

图 3-24　学校大门示意图

(2)M_1 启动后 M_2 启动:M_1 可点动,M_2 可单独停止。

3-9　试设计一个工作台前进—退回控制回路:工作台由电动机 M 带动、行程开关 SQ_1 和 SQ_2 分别装在工作台的原位和终点。要求如下。

(1)前进—后退—停止到原位。

(2)工作台到达终点后停一下再后退。

(3)工作台在前进中能立即后退到原位。

(4)有终端保护。

第4章 建筑给水排水主要系统及电气控制

建筑室内给水系统可按水的用途进行分类,不同供水方式的给水系统的组成也不同,并有其各自的适用条件。

4.1 建筑给水系统

4.1.1 给水系统的分类、组成及给水方式

4.1.1.1 室内给水系统的分类

建筑室内给水可分为生活给水、生产给水和消防给水。

(1)生活给水系统 生活给水系统主要包括饮用水、盥洗、淋浴及卫生设备冲洗用水。除某些建筑设置中水系统外,一般建筑物饮用水与洗涤用水合用一个系统,这样对水质有特殊要求,水质必须符合国家卫生部颁布的《生活饮用水卫生标准》。

(2)生产给水系统 由于生产产品和生产工艺的不同,对水质、水量和水压的要求也不相同,如冷却用水、洗涤用水、锅炉用水等。

(3)消防给水系统 水具有灭火效率高、适用范围广、污染小、成本低等特点,因此被广泛应用于大中型建筑和高层建筑的灭火系统中,水是一种最重要的灭火介质。

以上三类给水系统可独立设置,也可根据需要将其中的两种或三种给水系统综合使用,构成生活和生产共用的给水系统、生产和消防共用的给水系统、生活和消防共用的给水系统、生活生产和消防共用的给水系统。

4.1.1.2 室内给水系统的组成

建筑内部给水与小区给水系统以建筑内的给水引入管上的阀门井或水表为界。典型的建筑内部给水系统如图 4-1 所示,主要由以下几部分构成。

(1)水源 水源一般是指市政给水接管或自备贮水池等。

(2)水表节点 将水表及其一起安装的阀门、管件、泄水装置等统称为水表节点。对于必须对用水量进行计量的建筑物,应在引入管上装设水表。水表宜设置在水表井内,并且水表前后应安装阀门,以便检修时关闭阀门。住宅建筑物应每户装一只水表,分户计量,水表在户外按单元集中设置,并在水表前安装阀门。

(3)给水管网 用于向各用水点输水和配水的管路系统称为管网,包括水平或垂直干管、支管、立管、横支管以及处在建筑小区给水管网和建筑内部给水管网之间的引入管组成。引水管也叫进户管,可随供暖地沟进入室内,或在建筑物的基础上预留孔洞单独引入。

(4)给水附件 给水管道上的各种阀门、水表、水龙头等为给水附件。

(5)加压和贮水设备 当室外水压不足或室内对稳定水压和供水安全性有要求时,需要用加压设备提高供水压力,如用水泵、水箱(池)及气压供水设备等。

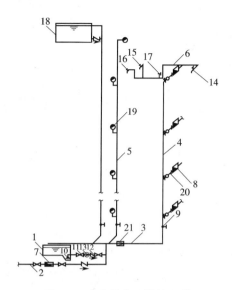

图 4-1　室内给水系统的组成

1—水池;2—引水管;3—水平干管;4—给水立管;5—消防给水竖管;6—给水横直管;7—水表节点;
8—分户水表;9—截止阀;10—喇叭口;11—闸阀;12—止回阀;13—水泵;14—水龙头;15—盥洗龙头;
16—冷水龙头;17—角形截止阀;18—高位水箱;19—消火栓;20—可曲挠橡胶龙头;21—降压阀

（6）室内消防设备　按照建筑物的防火要求及规定,需要设置消防给水系统时,一般应设置消火栓灭火设备。有特殊要求时,还需装设自动喷水灭火系统或气体灭火系统。

（7）给水局部处理设备　建筑物所在地点的水质若不符合实际要求,或高级宾馆、涉外建筑的给水水质要求超出我国现行标准的时,需要增设给水深处理构筑物和设备进行深处理。

4.1.1.3　室内给水系统的给水方式

给水系统的供水方式即供水方案,主要根据建筑物的供水要求、建筑物的性质、室内所需水压及室外给水管网水压等因素决定。常用的供水方式有以下几种。

1. 直接给水方式

直接给水方式适用于市政管网的水压在任何时候都可以满足室内压力要求的情况,此时可利用室外管网水压直接向室内给水系统供水,如图 4-2 所示。此系统因不需设水泵、水箱等设备,具有系统简单、投资少、维护方便、供水安全等特点。

2. 单设水箱的给水方式

当室外给水管网水压在大部分时间内满足要求,仅在用水高峰时间出现水压不足或是建筑物要求水压稳定,并且该建筑物具备设置水箱的条件时,可采用单设水箱给水方式,如图 4-3 所示。图 4-3(a)表示在用水低峰时由室外管网直接供水并使水箱供贮水;用水高峰时,外网水压短时间较低,则由水箱向室内供水。图 4-3(b)表示室外管网直

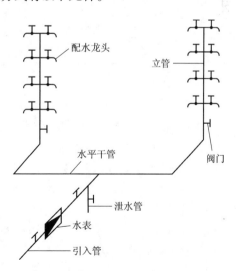

图 4-2　直接给水方式

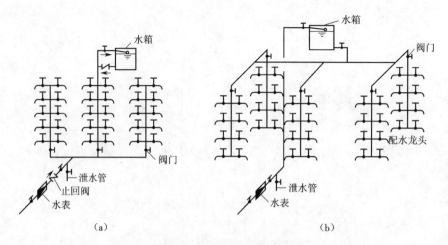

图4-3 单设水箱给水方式

(a)水箱贮水并向室内各供水点供水;(b)由水箱向室内供水系统连续供水

接将水注入水箱,由水箱向室内供水系统连续供水。

单设水箱的供水系统具有管网简单、投资省、运行费用低、维修方便、供水安全性高等优点,但因系统增设了水箱,会增大建筑物荷载,占用室内建筑空间。该系统适用于室外给水压力少部分时间不能满足室内水压要求的建筑物。

3. 设置贮水池、水泵和水箱的给水方式

当室外管网水压经常不足而室外管网又允许直接抽水且建筑物也允许设置高位水箱的条件下,可采用水箱及水泵的给水方式,如图4-4所示。该系统的加压水泵是靠装在水箱上的液位自动控制器控制开启或关闭的,水泵可不必出于经常运转状态。当水位低于自动控制器的低位继电器触点时,水泵电机接通电源开始运转;水位上升至高位继电器触点时,则自动切断水泵电机而停止运转。水泵开启一般以每小时6~8次为宜,不宜过于频繁。

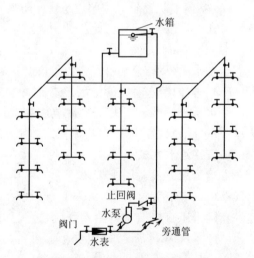

图4-4 水箱及水泵的给水方式

由于该系统中水泵直接从室外管网抽水,使外网压力降低,有可能影响外网的其他用户用水,严重时还可能形成外网负压,在管道接口不严密处,周围的渗水会吸入管内,造成水质污染。因此采用这种给水方式必须要征得供水部门的同意,并在管道的连接处采取防护措施,以防污染。

当室外管网水压经常性或周期性不足,而市政部门又不允许从室外给水管网直接抽水时,需增设地面水池,采用贮水池、水泵、水箱的联合供水方式,该供水方式如图4-5所示。这种供水系统供水安全性高,但因增加了加压和贮水设备,会使系统结构复杂、投资及运行费用增加。此种供水方式一般用于多层建筑。

4. 气压给水装置的给水方式

当室外给水管网压力经常不能满足室内所需水压的要求,室内用水不均匀且不宜设置高位水箱时可采用此种方式。该方式在给水系统中设置气压给水设备,利用该设备气压水罐内气体的可压缩性形成的气压变化来调节流量和控制水泵运行,如图4-6所示。气压水罐的作用相当于高位水箱,设置位置的高低可根据需要灵活考虑,目前该给水方式在中小型的给水系统上得到广泛应用。

5. 微机变频调速供水设备的给水方式

当室外给水管网水压经常不足、建筑物内用水量

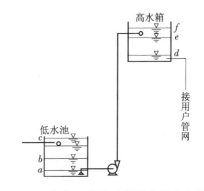

图 4-5　水池、水泵和水箱联合供水方式

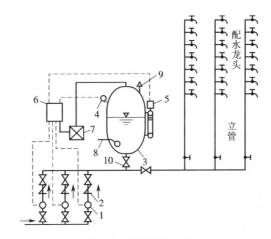

图 4-6　气压给水方式

1—水泵;2—止回阀;3—气压水罐;4—压力信号器;5—液位信号器;
6—控制器;7—补气装置;8—排气阀;9—安全阀;10—阀门

较大且不均匀、要求系统水压恒定并且有很高的供水可靠性,或者建筑物顶部不宜设置高位水箱时,可以采用变频调速水泵供水,如图4-7所示。这种供水方式可以省去屋顶水箱,避免了由于水箱而造成的水质二次污染,水泵效率较高,运行可靠、稳定,对管网系统中用水量变化适应能力强,但是该方式一次性投资较大,需要专人维护管理。

在工程设计中,为提高供水的可靠性,用于增压的水泵型号都是按最不利工况参数——流量和扬程选定的。这样虽然系统的可靠性有了保障,但是由于系统在实际运行过程中绝大部分时间的用水量都小于最不利工况的流量,随之水泵的出水流量下降,扬程升高,水泵经常在扬程过高的工况下运行。这使水泵能耗大、效率低。为了解决供需不相吻合的矛盾,随着电子技术、自动化技术的飞速发展,实现水泵的变频调速变得简单易行,因此变频调速技术在现代化建筑给水系统中得到了广泛的应用。

变频调速水泵的工作原理如下。当供水系统中压力发生变化时,压力传感器向微机控制器输入水泵出水管压力的信号,若出水管压力值大于系统中设计供水量所对应的压力时,控制器即向变频调速器发出降低电源频率的信号,水泵转速随即降低,使水泵出水量减少,水泵出水管的压力降低;反之,若出水管压力值小于系统中设计供水量所对应的压力时,控制器即向

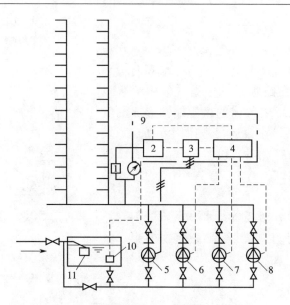

图 4-7　采用变频调速水泵的给水方式

1—压力传感器;2—微机控制器;3—变频调速器;4—恒速泵控制器;
5—变频调速泵;6、7、8—恒速泵;9—电控柜;10—水位传感器;11—液位自动控制阀

变频调速器发出提高电源频率的信号,水泵转速随即提高,使水泵出水量增加,水泵出水管的压力升高。

(1)恒压变流量供水系统

该系统设备可单泵运行,也可几台水泵组合运行,组合运行时其中一台为变频调速水泵,其他为恒速水泵(含一台备用泵)。系统中除水泵机组外,还有电气控制柜(箱)、测量和传感仪表、管路和管路附件、底盘等。控制柜(箱内)由电气接线、开关、保护系统、变频调速系统和信息处理自动闭合控制系统等组成,系统运行情况(三台泵)如图4-8所示。

恒压变流量供水系统将设备出口设为恒压。所以,恒压变流量供水系统的自动控制系统比较简单、容易实现,且运行调试工作量较少。当给水管网中动扬程比静扬程所占比例较小时,可以采用恒压变流量供水设备。

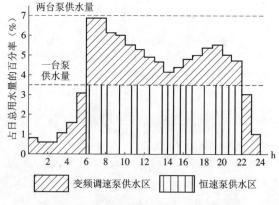

图 4-8　三台主泵(其中一台备用)运行图

(2)变压变流量供水系统

该系统设备的出口按给水管网运行要求变压变流量供水。变压、交流量系统的构造和恒压、变流量系统基本相同,只是控制信号及传感系统不同。

变压变流量供水系统是指系统将给水管网最不利点(控制点)设为恒压控制,也可以在设备出口按时段恒压控制,还可以在设备出口按设定的管网运行特性曲线变压控制,所以变压变流量供水系统的关键是要解决好控制参数的设定和传感问题。

变压变流量供水系统不仅节能效果好，同时还可以改善给水管网对流量变化的适应性，提高管网供水的安全可靠性，并且管道和设备的保养、维修工作量与费用大大减少。但这种系统控制信号的采集和传感系统比较复杂，调试工作量大。

（3）带有小流量水泵或小型气压水罐的变频调速给水系统

为了解决小流量或零流量供水时耗电量大的问题，在系统中加设了流量供水泵或小型气压罐（也可以不设气压水罐），由流量传感器或可编程控制器进行控制，可以进一步降低电耗。该装置结构如图4-9所示，系统运行如图4-10所示。

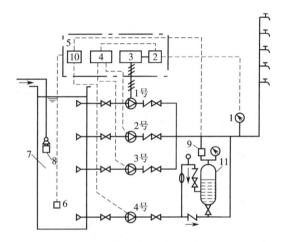

图4-9　恒压变流量系统（带有小流量水泵）结构示意图

1—压力传感器；2—可编程控制器；3—变频调节器；4—恒速泵控制器；5—电控柜；6—水位传感器；
7—水池；8—液位自动控制阀；9—压力开关；10—水流量水泵控制器；11—小型气压罐

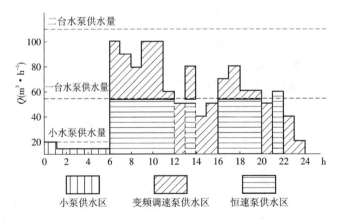

图4-10　三台主泵（其中一台备用）一台小泵运行图

6.分区给水方式

在多层和高层建筑中，室外给水管网的水压往往只能满足建筑物下部几层的需求，为了节约能源，有效地利用外网水压，常将建筑物的低区设置成由室外给水管网直接给水，高区由增压和其他设备联合组成的给水系统供水。

在高层建筑中,如果整个建筑用水全靠高位水箱供水会使底层的管道及用水设备承受很大的静水压力,管网容易产生水锤、水流噪声和振动,还可能造成管材破裂、附件机械磨损严重等不良后果,因此高层建筑应采取分区供水方式,如图 4-11 所示。

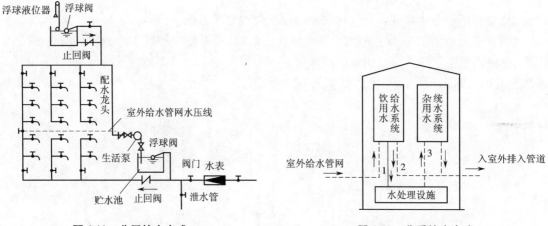

图 4-11 分区给水方式   **图 4-12 分质给水方式**

                                                  1—生活废水;2—生活污水;3—杂用水

7. 分质给水方式

分质给水方式即根据不同用途所需的不同水质,分别设置独立的给水系统,如图 4-12 所示。饮用水给水系统供饮用、烹饪、盥洗等生活用水,符合"生活饮用水卫生标准"。杂用水给水系统,水质较差,仅符合"生活杂用水水质标准",只能用于建筑内冲洗便器、绿化、洗车、扫除等用水。近年来为确保水质,有些国家还采用了饮用水与盥洗、沐浴等生活用水分设两个独立管网的分质水给水方式。生活用水均先进入屋顶水箱(空气隔断),再经管网供给各用水点,以防回流污染。饮用水经深度处理达到直接饮用要求后再进行输配。

4.1.1.4 室内给水管网所需的压力

室内给水管网中的压力,应保证将所需水量供应到各配水点,并保证最高最远的配水龙头(即最不利点)具有一定的流出水头。在初步设计阶段,可参照表 4-1 按建筑层数估算自地面算起的最小保证压力,即所谓自由水压。

表 4-1 按建筑物的层数确定所需最小保证压力值(自地面算起)

建筑物层数	1	2	3	4	5	6	7	8	9	10
最小压力值/mH$_2$O	10	12	16	20	24	28	32	36	40	44

注:1 mH$_2$O = 9.807 kPa

4.2   给水系统的电气控制

在智能建筑设备控制系统中,给排水控制系统是重要的组成部分。为防止城区供水管网在用水高峰时压力不足或发生爆管停水,应设有蓄水池或高位水箱。为保证高位水箱或供水管网有一定的水位或压力,常采用水泵加压。建筑给水排水控制方式一般要求能实现自动控制或远距离控制,根据控制要求不同可分为水位控制、压力控制等。

4.2.1　给水系统的水位控制

4.2.1.1　干簧管水位控制器

水位控制一般用于高位水箱给水和污水池排水。将水位信号转换为电信号的设备称为水(液)位控制器(传感器),常用的水位控制器有干簧管开关式、浮球(磁性开关、水银开关、微动开关)式、电极式和电接点压力表式等。

干簧管水位控制器适用于建筑物水箱、水塔及水池等开口容器的水位控制或水位报警。干簧管水位控制器的安装和接线如图 4-13 所示。其工作原理为在塑料管或尼龙管内固定有上、下水位干簧管开关 SL1 和 SL2,塑料管下端密封防水,连线在上端接出。塑料管外,套一个能随水位移动的浮标,浮标中固定一个永磁环。当浮标移到上水位或下水位时,对应的干簧管接受到磁信号而动作,发出相关信号。因为干簧管开关触点有常开和常闭两种形式,可有若干种组合方式用于水位控制及报警。

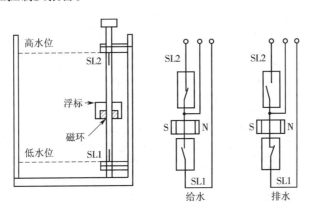

图 4-13　干簧管水位控制器的安装和接线图

4.2.1.2　水位控制回路分析

1. 水池水箱水泵联合供水位式控制系统

水池水箱水泵联合供水系统在给水排水工程中应用非常广泛,现以一建筑物采用的由高低水箱组成的给水系统为例说明。在屋顶设置高位水箱,保证水压要求。在低处(地下室)设低位水箱,室外管网来水进入低位水箱,然后由给水泵从低位水箱抽水向高位水箱补水。水泵的运行工况由高低两个水箱的水位决定。典型的水池水箱水泵联合供水系统如图 4-5 所示。

水池水箱水泵联合供水系统由水池、水箱、水泵、水泵管路系统与用户管路系统组成。一般情况下,控制系统分半自动控制和自动控制两种方式运行。所谓半自动控制就是由人工发出启动或停止的控制信号,此后机组及闸门的启动、停止和控制操作则按着预先规定的程序自动进行。自动控制主要是高水箱水位的位式控制,是指水泵机组通过控制仪表设备,根据水箱水位的变化及给定的水泵运行条件,自动启动或停止运行,无需人工进行操纵。

根据控制系统的要求及水泵运行条件,系统的控制应满足下列要求:

①水泵的启停运行既能手动控制,又能自动控制,处于手动控制状态时,水泵启停运行完

全不受其他任何因素的影响,是无条件按控制指令工作的;

②自动控制状态下,低水池中的水位低于最低水位 a 时,水泵不能启动;

③自动控制状态下,水泵启动运行时,低水池中低水位以上的水量至少应保证水泵能向高水箱供水一次,以避免水泵的频繁启动;

④水池中的水至溢流警戒水位 c 时,及时发出报警信号;

⑤当高水箱水位下降至低水位 d 时水泵启动供水;

⑥当高水箱水位上升至高水位 e 时水泵停止供水。

⑦高水箱中的水至溢流警戒水位 f 时,发出报警信号。

根据水池水箱水泵管路系统提出的控制要求,选择位式控制方式(即双位逻辑控制)即可完全满足系统的控制需要。选用 6 只浮子式水位开关分别安装于高低水箱相应控制水位,作为位式控制系统的传感器,水位信号为浮子式水位开关提供的开关信号。该水位开关无水时自然下垂,动合触点处于断开状态,动断触点处于闭合状态,如图 4-15 所示。当浮子被水淹没后,浮子浮起,水位开关动作,动合触点闭合,动断触点断开。

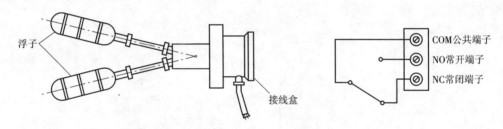

图 4-15　水位开关及动合、动断触点端子示意图

根据控制要求,在低水池和高水箱中设置水位开关(图 4-16)如下:

①在低水池 a 水位处设置低水位开关 K_a,在 COM、NO 端子上接出开关信号线,为动合连接,该水位开关被水淹没时接通,无水断开,发出缺水停泵信号;

②在低水池 b 水位处设置中水位开关 K_b,在 COM、NO 端子上接出开关信号线,为动合连接,该开关应高于低水位开关,其位置应满足 a、b 水位之间的储水量能保证水泵启动供水一次,水位开关无水时断开,淹没时接通,表示可以启动水泵;

③在低水池 c 水位处设置溢流警戒水位开关 K_c,在 COM、NO 端子上接出开关信号线,为动合连接,该水位开关无水时断开,被水淹没时接通,发出报警信号;

④在高水箱 d 水位处设置低水位开关 K_d,在 COM、NO 端子上接出开关信号线,为动断连接,该水位开关被水淹没时断开,无水时接通,发出开泵信号;

⑤在高水箱 e 水位处设置高水位开关 K_e,在 COM、NO 端子上接出开关信号线,为动断连接,该水位开关无水时接通,被水淹没时断开,发出停泵信号;

⑥在高水箱 f 水位处设置溢流警戒水位开关 K_f,在 COM、NO 端子上接出开关信号线,为动合连接,该水位开关无水时断开,有水时接通,发出溢水报警信号。

水池水箱水泵供水系统双位控制电原理图如图 4-16 所示。回路器件及各回路功能说明如下:

①设置手动启停、自动运行转换开关 SA,使系统能够在手动运行状态和自动运行状态之间转换;

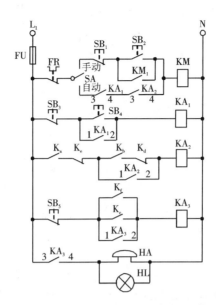

图 4-16　水池水箱水泵系统双位控制回路原理图

②在手动状态下,SB₂ 为手动启动按钮,SB₁ 为手动停止按钮,KM 为控制水泵运行的交流接触器;

③设置 KA₁、KA₂、KA₃ 中间继电器,分别在如下状态时动作:水泵是否处于自动运行状态;Kₐ、Kₑ、K_b、K_d 水位开关组合连接后,给出的信号是否允许水泵启停;水池水箱中时 K_c、K_f 水位开关是否给出了超过溢流警戒水位的信号;

④设置报警设备警铃 HA、警灯 HL,在水箱水位超过溢流水位时报警;

⑤在 KA₁、KA₂ 两继电器动合触点 KA1₃,₄、KA2₃,₄ 组成的自动控制记忆回路中,KA1₃,₄、KA2₃,₄ 串联连接。KA1₃,₄ 接通,表明人为因素允许水泵自动运行;KA2₃,₄ 接通表明水池、水箱水位条件因素允许水泵自动运行;

⑥在 SB₃、SB₄ 与 KA₁ 组成的自动控制指令回路中,按下 SB₄,表明人为因素允许水泵按水位条件自动启停,此时 KA₁ 接通,KA1₁,₂ 自锁,其状态为允许水泵自行启停;按下 SB₃,表明人为因素不允许水泵按水位条件启停,此时 KA₁ 断电,KA1₁,₂ 释放,其状态为不允许水泵自行启停,其结果保留于记忆回路中;

⑦由 Kₐ、Kₑ、K_b、K_d、KA₂ 组成的自动控制水位条件回路中,水位开关组合因素允许水泵启动,KA₂ 接通,否则 KA₂ 断开,其结果保留于记忆回路中;

⑧当水箱或水池的水位升至溢流警戒水位时,K_c 或 K_f 接通,KA3₁,₂ 自锁,KA3₃,₄ 接通报警设备警铃 HA、警灯 HL 电源,报警设备持续发出报警声光信号。该报警信号直至按下 SB₅ 警报解除按钮后,方可解除报警。

2. 两台水泵互为备用,备用泵手动投入控制

图 4-17 为两台互为备用水泵手动投入控制的回路图。图中的 SA₁ 和 SA₂ 是万能转换开关(LW5 系列),如果是单台泵控制,只用一个万能转换开关。转换开关的操作手柄一般是多挡位的,触点数量也较多,其触点的闭合或断开在回路图中是采用展开图表示的。图中的 SA₁ 和 SA₂ 操作手柄各有两个位置,触点数量各为 4 对,实际用了 3 对。手柄向左扳时,触点①和

②、③和④是闭合的,触点⑤和⑥断开为自动控制方式,即由水位控制器发出触点信号控制水泵电动机的启动和停止。手柄向右扳(或不动)时,为手动控制方式,即手动启动和停止按钮,控制水泵电动机的启动和停止。需要说明的是,为设备检修需要,控制系统应安装手动控制环节。

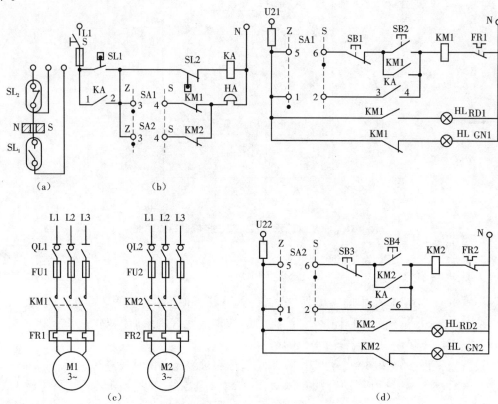

图 4-17 备用水泵手动投入控制的回路图
(a)接线图;(b)水位信号回路;(c)主回路;(d)控制回路

图 4-17 可以划分为水位控制开关接线图、水位信号回路图、两台水泵的主回路、两台水泵的控制回路。水泵需要运行时,合上电源开关 QF_1、QF_2。因为是互为备用,转换开关 SA_1 和 SA_2 总有一个放在自动位,另一个放在手动位。设 SA_1 放在自动位(左手位),触点 $SA1_{1,2}$、$SA1_{3,4}$ 是闭合的,触点 $SA1_{5,6}$ 是断开的,1 号泵($M1$)为常用机组;SA_2 放在手动位,2 号泵($M2$)为备用机组。

在低水位时,高位水箱(或水池)浮标磁铁下降。此时,对应于 $SL1$ 处,$SL1$ 常开触点闭合,水位信号回路的中间继电器 KA 线圈通电,其常开触点闭合,一对 $KA_{1,2}$ 用于自锁,一对 $KA_{3,4}$ 通过 $SA1_{1,2}$ 使接触器 KM_1 通电,1 号泵投入运行,加压送水。当浮标离开 SL_1 时,SL_1 断开。当水位到达高水位时,浮标磁铁使 SL_2 常闭触点断开,继电器 KA 失电,接触器 KM_1 失电,水泵电动机停止运行。

如果 1 号泵在投入运行时发生过载或者接触器 KM_1 接受信号不动作等故障,KM_1 的辅助常闭触点恢复,通过 $SA1_{3,4}$ 使警铃 HA 响。值班人员知道后,将 SA_1 放在手动位,准备检修;将 SA_2 放在自动位,接受水位信号控制,2 号泵投入使用,1 号转为备用。警铃 HA 因 $SA1_{3,4}$ 断开而不响。

3. 两台水泵互为备用,备用水泵自动投入控制

图 4-18 为两台水泵互为备用,备用水泵自动投入的控制回路图。

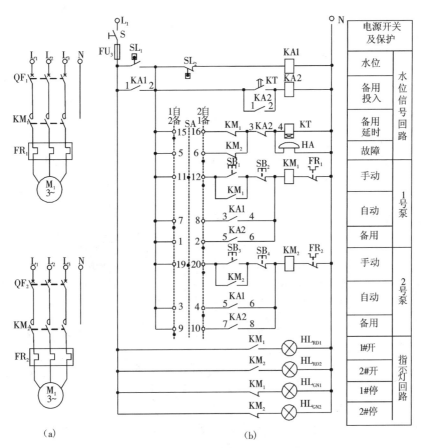

图 4-18　备用水泵自动投入控制的回路图

(a)主回路;(b)控制回路

　　正常工作时,电源开关 QF_1、QF_2、S 均合上,SA 为万能转换开关(LW5 系列),有 3 挡 10 对触头,实际用 8 对。手柄在中间挡时,$SA_{11,12}$、$SA_{19,20}$ 两对触点闭合,为手动操作启动按钮控制,水泵不受水位控制器控制。当 SA 手柄扳向左面 45°时,$SA_{15,16}$、$SA_{7,8}$、$SA_{9,10}$ 三对触点闭合,1 号泵为工作机组,2 号泵为备用机组。当水位在低水位(给水泵)时,浮标磁铁下降至 SL 处,SL 闭合,水位信号电回路的中间继电器 KA1 线圈通电,其常开触点闭合,一对 $KA1_{1,2}$ 用于自锁,一对 $KA1_{3,4}$ 通过 SA 触头使接触器 KM 通电,1 号泵投入运行,加压送水。当浮标离开 SL1 时,SL1 断开。当水位到达高水位时,浮标磁铁使 SL2 动作,KA1 失电,KM1 失电,水泵停止运行。

　　如果 1 号泵在投入运行时发生超载或者接触器 KM1 接受信号不动作,时间继电器 KT 和警铃 HA 通过 $SA_{15,16}$ 触点长时间通电,警铃响,时间继电器 KT 延时 5 ~ 10 s,中间继电器 KA2 通电,$KA2_{7,8}$ 经 $SA_{9,10}$ 触点使接触器 KM2 通电,2 号泵自动投入运行,同时 KT 和 HA 失电。

　　若 SA 手柄扳向右面 45°时,$SA_{5,6}$、$SA_{1,2}$、$SA_{3,4}$ 触点闭合,2 号泵为工作机组,1 号泵为备用机组。其工作原理是:当水位在低水位(给水泵)时,浮标磁铁下降至 SL1 处,SL1 闭合,水位信号回路的中间继电器 KA1 线圈通电,其常开触点闭合,一对 $KA1_{1,2}$ 用于自锁,一对 $KA1_{5,6}$ 通过

$SA_{3,4}$触点使接触器 KM2 通电,2 号泵投入运行,加压送水;当浮标离开 SL1 时,SL1 断开。当水位到达高水位时,浮标磁铁使 SL2 动作,KA1 失电,KM2 失电,水泵停止运行。

如果 2 号泵在投入运行时发生过载或者接触器 KM2 接受信号不动作,时间继电器 KT 和警铃 HA 通过 $SA_{5,6}$触头长时间通电,警铃响,KT 延时 5~10 s,使中间继电器 KA2 通电,$KA2_{5,6}$经 SA 触头使接触器 KM1 通电,1 号自动投入运行,同时 KT 和 HA 失电。

4. 降压启动的回路

当电动机容量较大时需要采取降压启动方式,笼型异步电动机的降压启动方式常用于水泵控制中,自耦变压器降压方式应用最多。这里仅以星形—三角形降压启动为例说明之。

(1)回路组成

两台泵降压启动的回路由主回路、水位信号回路和控制回路组成,如图 4-19(a)、(b)、(c)所示。图中采用了两个转换开关(SA1 和 SA2),两台泵可分别选择自己的工作状态,使控制更具灵活性。控制箱面板布置图如图 4-19(d)所示;控制箱内设备布置如图 4-19(e)所示。

(2)回路工作过程分析

①正常下的降压启动(令 2 号泵工作,1 号泵备用)　正常时,将 SA2 至"自动"位,其触点 9-10、11-12 闭合;将 SA1 至"备用"位,触点 1-2 闭合。当水箱水位降至低水位时,SL2 闭合,KA1 线圈通电,使接触器 KM6 线圈通电吸合,使时间继电器 KT2 和接触器 KM4 同时通电,2 号泵电动机 M2 以星形连接降压启动,延时后(启动需用时间)KT2 常闭触点断开,KM6 失电释放,KT2 常开触点闭合,使接触器 KM5 线圈通电,于是 M2 换成三角形连接在全电压下稳定运行。

②故障下工作状态　当 2 号泵出现故障时,接触器 KM4、KM5、KM6 不动作,时间继电器 KT3 线圈通电,延时后接通 KA2 的线圈,于是接触器 KM3 通电吸合,使时间继电器 KT1 和接触器 KM1 同时通电,1 号泵电动机 M1 星形连接降压启动,其过程同上。

③报警状态　工作泵因故停泵后,继电器 KA2(经时间继电器 KT3 触点)吸合后,电铃 HA 响,发出故障报警且同时启动备用泵。按下音响解除按钮 SBR,使中间继电器 KA4 线圈通电,HA 音响停止。

④试警情况　按下试警按钮 SBT,警铃 HA 响,说明报警部分好用。

⑤水源水池断水保护　当水源水池断水时,水位信号器 SL3 闭合,使继电器 KA3 通电吸合,于是 HA 也发出报警。

⑥解除音响　当接到报警后,工作人员可按下音响解除按钮 SBR,中间继电器 KA4 线圈通电并自锁,另外,切断 HA 回路,使之停响。此时可进行检修,修好后,待水位达高水位,SL1 断开,KA1 失电释放,KT3 和 KA2 相继断电,KA3 断电,KA4 失电释放,音响被彻底解除,防止噪声。

4.2.2　给水系统压力的控制

气压给水是近十多年来出现的,是利用气压给水设备按照设定的高低压力值自动运行并向用户供水的控制技术。所谓气压给水设备是一种局部升压设备,以密闭的气压水罐取代高位水箱,可以视具体情况将其置于任何方便的位置,从而在一定程度上降低了水塔(水箱)的架设高度,给安装施工及维修带来很大方便,目前在建筑供水系统中得到了广泛应用。

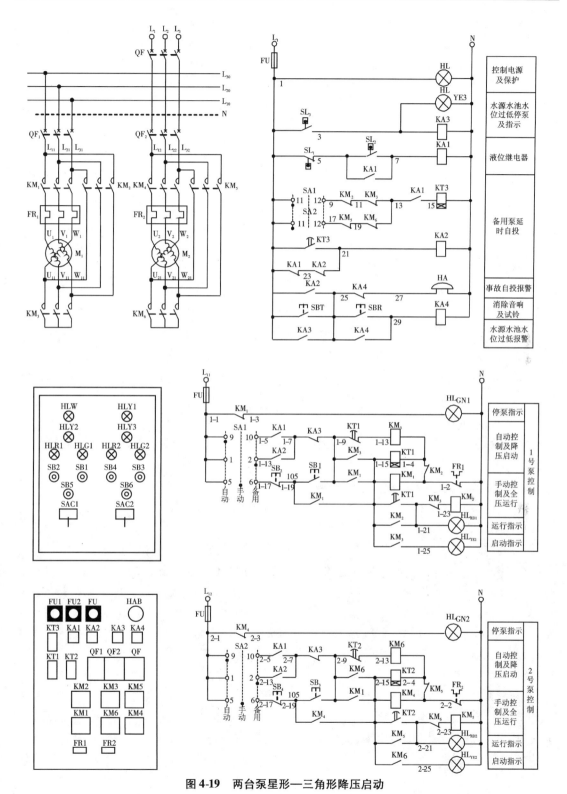

图 4-19 两台泵星形—三角形降压启动

（a）主回路；（b）水位信号回路；（c）控制回路；（d）控制箱面板布置；（e）控制箱内设备布置

4. 2. 2. 1　压力控制器件——电接点压力表

1. 电接点压力表结构

常用的是 YX－150 型电接点压力表既可以作为压力控制元件,也可作为就地检测之用。其结构由弹簧管、传动放大机构、刻度盘指针和电接点装置等组成示意图、接线图和结构如图 4-20 所示。

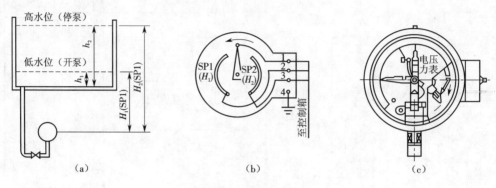

图 4-20　电接点压力表

(a)示意图;(b)接线图;(c)结构图

2. 工作原理

电接点压力表的工作原理如下。当被测介质的压力传导至弹簧管时,弹簧产生位移,经传动机构放大后,使指针绕固定轴转动,转动的角度与弹簧中气体的压力成正比,并在刻度盘上指示出来,同时带动电接点动作。在图 4-20 中,当水位为低水位 h_1 时,表的压力为设定的最低压力值,指针指向 SP1,下限电接点 SP1 闭合,当水位升高到 h_2 时,压力达最高压力值,指针指向 SP2,上限电接点 SP2 闭合。

3. 采用电接点压力表构成的控制回路分析

采用电接点压力表构成的备用泵手动投入的回路由主回路、水位信号回路和控制回路组成,如图 4-21 所示。

(1)正常状态(令 2 号泵为工作泵,1 号泵为备用泵)　将 SA_2 接至"Z"位,SA_1 接至"S"位,合总闸,HL_{GN1}、HL_{GN2} 均亮,表示两台电动机均处于停止状态且电源已接通。当水箱水位处于低水位时,表的压力为设定的最低压力值,下限电接点 SP_1 闭合,低水位继电器 KA_1 线圈通电并自锁,接触器 KM_2 线圈通电,电动机 M_2 启动运转,开始注水,水箱水位开始上升,压力随之增大。当水箱水位升至高水位时,压力达到设定的最高压力值,上限电接点 SP_2 闭合,高水位继电器 KA_2 通电动作,使 KA_1 失电释放,于是 KM_2、KA_2 线圈相继失电,电动机 M_2 停止,并由信号灯显示。

(2)故障下的状态　当 KM_2 出现故障时,HA 发出事故音响报警。按下 SB_1,KM_1 线圈通电并自锁,备用泵电动机 M_1 启动运转,当水位上升到高水位时,压力表指向 SP_2,操作者按下停止按钮 SB_3,KM_1 线圈失电释放,电动机 M_1 停止。必要时,也可构成备用泵自动投入回路。

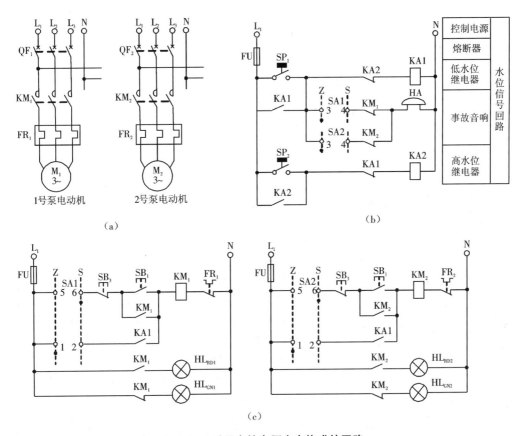

图 4-21　采用电接点压力表构成的回路

(a)水位信号回路;(b)主回路;(c)控制回路

4.2.2.2　气压给水系统控制

1. 气压给水设备的构成

气压给水系统如图 4-22(a)所示。气压给水设备主要由气压罐、补气系统、管路阀门系统、加压系统和电控系统组成。该系统选用 YX - 150 型电接点压力表作为水位传感器,并选用浮球式传感器作为高水位超限保护水位开关。

2. 系统工作原理

气压给水系统是利用密闭的钢罐,由水泵将水压入罐内,靠罐内被压缩的空气压力将储存的水送入给水管网。但随着水量的减少,水位下降,罐内的空气比容增大,压力逐渐减小。当压力下降到设定的最小工作压力时,水泵便在压力继电器作用下启动,将水压入罐内。当罐内压力上升到设定的最大工作压力时,水泵停止供水。

其实,气压给水设备的控制系统在原理上同水塔(水箱)供水系统是一致的,只是以气压罐中的两个气液界面代替了水塔(水箱)中的两个自由液位。当气压罐中的气液界面低于限定值时,水泵启动加压,使气压罐内压力升高;当压力升高使气液界面达到限定值时,水泵停止工作。此后随用户用水,气压罐内压力下降,当气液界面降至限定值时,水泵再次启动供水,增大罐内压力。如此循环工作下去,保证向用户供水的压力符合给定值。

气压给水罐内的空气与水直接接触。在运行过程中,空气由于损失和溶解于水而减少。

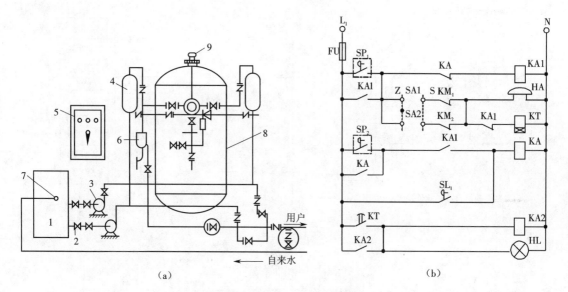

图 4-22　气压给水系统自动控制

（a）系统示意；（b）水位信号回路

1—水池；2—闸阀；3—水泵；4—补气罐；5—电控箱；

6—呼吸阀；7—液位报警器；8—气压罐；9—压力控制器

当罐内空气压力不足时,可由呼吸阀自动增压补气。

3. 电气控制回路的工作过程

该系统的电气控制回路如图 4-22（b）所示。令 1 号泵为工作泵,2 号泵为备用泵,将转换开关 SA 置于"Z"位置时,为自动控制,SA 置于"S"位置时为手动控制。

（1）自动控制　当水位低于低水位时,气压罐内压力低于设定的最低压力值,电接点压力表下限接点 SP_1 闭合,低水位继电器 KA_1 线圈得电并自锁,使接触器 KM_1 线圈得电,1 号泵电动机启动运转,向罐内压水；当罐内水位上升到高水位时,压力达到最大设定压力,电接点压力表上限接点 SP_2 闭合,高水位继电器 KA 线圈得电,其触点将 KA_1 断开,于是交流接触 KM_1 失电释放,1 号泵电动机停止。就这样保持罐内有足够的压力,以保证用户用水。SL_1 为浮球继电器触点。当水位高于高水位时,SL_1 闭合,也可将继电器 KA 接通,使 1 号水泵停机。

当 1 号泵出现故障时,报警电铃 HA 发出报警声,同时延时继电器 KT 线圈得电,延时后使继电器 KA_2 得电,交流接触器 KM_2 得电,使 2 号泵电动机的自动启动运行。过程如前所述,这里不再进行分析。

（2）手动控制　按下启动按钮 SB_2,使 1 号泵启动运行,按下停机按钮 SB_1,1 号泵停机（此部分回路图中未画出）。

4.2.3　变频调速恒压供水系统控制

变频调速恒压供水是近年兴起的建筑给水新技术,它取代了水塔（高位水箱）或气压罐,通过改变水泵电动机转速的方式对水量和压力进行调节,可以实现对供水工况的较精确控制。

变频调速恒压供水系统由单片机、变频调速器、压力传感器、电机泵组及自动切换装置等组成,构成闭环控制系统。根据供水管网用水量的变化,自动控制水泵转速及水泵工作台数,实现恒压变量供水。该方式具有如下技术特点。

（1）高效节能　设备自动检测系统瞬时用水量，据此调节供水量，不做无用功。设备电机在交流变频调速器的控制下软启动，无大启动电流（电动机的启动电流不超过额定电流的110%），机组运行经济合理。

（2）用水压力恒定　无论系统用水量有任何变化，均能使供水管网的服务压力恒定，大大提高了供水品质。

（3）延长设备使用寿命　设备采用微机控制技术，对多台泵组可实现循环启动工作，损耗均衡。特别是软启动，大大延长电气、机械设备的寿命。

（4）功能齐全　由于以微机做中央处理机，可不做电路的任何改动，极简便地随时追加各种附加功能，如小流量切换、水池无水停泵、市网压力升高停机、定时启/停、定时切换、自动投入变频消防、自动投入工频消防等功能及用户在供水自动化方面的其他功能要求。

变频调速恒压供水回路有单台泵、两台泵、三台泵和四台泵的不同组合形式，这里以两台泵为例介绍其工作过程。

4.2.3.1　回路组成

变频调速恒压供水回路由两台水泵（一台为由变频器 VVVF 供电的变速泵，另一台为全电压供电的定速泵）、控制器 KGS 及前述两台泵的相关器件组成，如图 4-23 所示。

4.2.3.2　回路的工作情况分析

1. 基本控制原理

水压信号经水压变送器送到控制器 KGS，由 KGS 控制变频器 VVVF 的输出频率，从而控制水泵的转速。当系统用水量增大时，水压欲下降，控制器 KGS 使变频器 VVVF 的输出频率提高，水泵加速运转，以实现需水量与供水量的匹配。当系统用水量减少时，水压欲上升，控制器 KGS 使变频器 VVVF 的输出频率降低，水泵减速运转。如此根据用水量的大小及水压的变化，通过控制器 KGS 改变 VVVF 的频率实现对水泵电动机转速的调整，以维持系统水压基本不变。

2. 用水量较小时的控制过程

（1）正常状态　将转换开关 SA 至"Z"位，触点 3 - 4、5 - 6 闭合，合上低压断路器 QF1、QF2，恒压供水控制器 KGS 和时间继电器 KT1 同时通电，经延时后 KT1，触点闭合，接触器 KM1 线圈通电，其触点动作，使变速泵 M1 启动运行，恒压供水。

（2）故障状态　工作过程中若变速泵 M1 出现故障，变频器中的电接点 ARM 闭合，使中间继电器 KA2 线圈通电其触点吸合并自锁，警铃 HA 发声报警，同时时间继电器 KT3 通电。经延时 KT3 触点闭合，使接触器 KM2 线圈通电，定速泵电动机 M2 启动运转代替故障泵 M1 投入工作。

3. 用水量大时的控制过程

（1）用水量大时的控制　当变速泵启动后，随着用水量增加，变速泵不断加速，但如果仍无法满足用水量要求时，控制器 KGS 使 2 号泵控制回路中的 2 - 11 与 2 - 17 号触点接通，使时间继电器 KT2 线圈通电，延时后其触点使时间继电器 KT4 线圈通电，于是接触器 KM2 线圈通电，使定速泵 M2 启动运转以提高总供水量。

（2）用水量减小时定速泵停止过程　当系统用水量减小到一定值时，KGS 的 2 - 11、2 - 17 触点断开，使 KT2、KT4 线圈失电释放，KT4 延时断开后，KM2 线圈失电，定速泵 M2 停止运转。

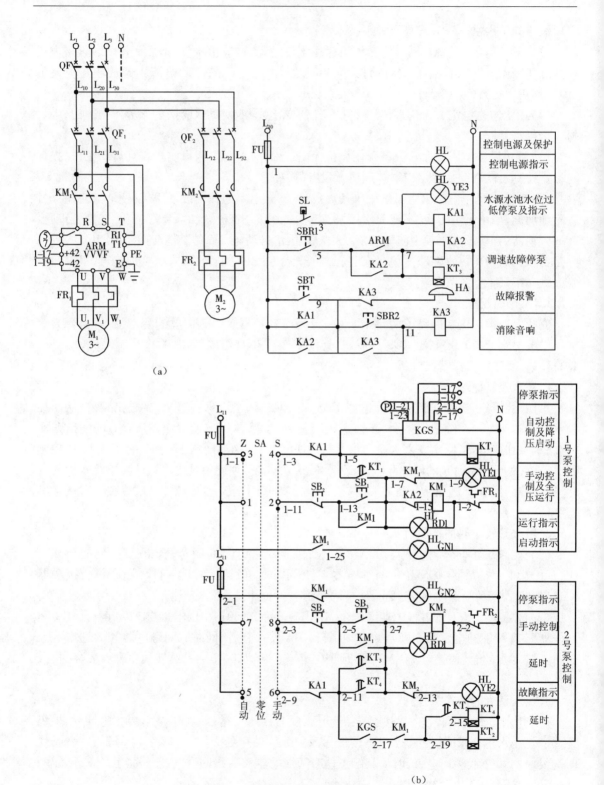

图 4-23 变频调速恒压供水控制系统

(a)主回路;(b)控制回路

4.3 建筑排水系统及其电气控制

4.3.1 建筑排水系统的分类、组成

室内排水系统的任务是将室内卫生设备产生的生活污水、工业区废水及屋面的雨、雪水收集起来,有组织地及时通畅地排至室外排水管网、处理构筑物或水体,并能保持系统气压稳定,同时将管道系统内有害有毒气体排到一定空间而保证室内环境卫生。

1. 室内排水系统的分类

按系统排除的污、废水种类的不同,可将室内排水系统分为以下几类。

(1)生活污(废)水排水系统　用来排除日常生活中冲洗便器、盥洗、洗涤和淋浴等产生的污(废)水。

(2)生产污水排水系统　用来排除生产过程中被污染较重的工业废水的排水系统。生产污水需经过处理后才允许回收或排放,如含酚污水,酸、碱污水等。

(3)生产废水排水系统　用来排除生产过程中只有轻度污染或水温较高只需经过简单处理即可循环或重复使用的较洁净的工业废水的排水系统。如冷却废水、洗涤废水等。

(4)屋面雨水排水系统　用来排除降落在屋面的雨、雪水的排水系统。

上述污、废水排除系统有合流制和分流制两种排水体制。合流制是所有污水都用一套排水系统排除的排水方式;分流制是用两套或两套以上的排水系统将污水分开排放的排水方式。排水体制的选择应根据地区情况,经技术经济比较确定。

2. 室内排水系统的组成

建筑室内排水系统一般由卫生器具、排水横支管、立管、排出管、通气管、清通设备及某些特殊设备等组成,如图 4-24 所示。

(1)卫生器具和生产设备受水器　卫生器具是建筑内部用以满足人们日常生活或生产过程的各种卫生要求,收集并排出污、废水的设备,如洗涤盆、浴盆、盥洗槽等。

(2)排水管道　排水管道包括器具排水管、横支管、立管、埋地干管和排出管。

(3)通气管道　排水系统内是水气两相流动,当卫生器具排水时,需向排水管道内补给空气,以使管道内部气压平衡,防止卫生器具水封破坏,使水流畅通,同时将管道内的有毒有害气体排入大气中去,减轻金属管道的腐蚀。

(4)清通设备　由于排水系统中杂质、杂物较多,为疏通排水管道,保证水流畅通,需在立管上设检查口、在横管上设清扫口、带清扫门的 90°弯头或三通、室内埋地横干管上的检查井等。

(5)局部提升设备　在民用与公共建筑的地下室、人防工程、地下铁道等地下建筑物的污废水不能自流排到室外时,常须设污水提升设备,如污水泵、空气扬水器等。

(6)污水局部处理构筑物　当建筑内污水未经处理不允许排入市政排水管网和水体时,须设污水局部处理构筑物,如化粪池、隔油池等。

3. 屋面雨水排除系统

屋面雨水排除系统的主要任务是收集屋面的雨水或融化的雪水,并将其有组织有系统地排至室外的雨水管道,避免雨(雪)水使屋面积水或四处溢流,造成屋面漏水、墙体受损等,影

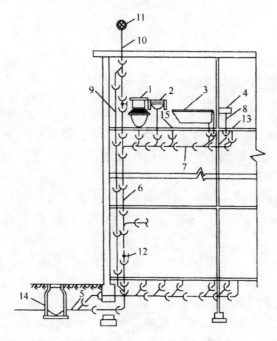

图4-24　室内排水系统的组成

1—卫生器;2—洗脸盆;3—浴盆;4—洗涤盆;5—排出管;6—立管;7—横支管;8—支管;9—专用通气立管;
10—伸顶通气立管;11—网罩型通气帽;12—检查口;13—清扫口;14—检查井;15—地漏

响人们的正常生活和生产活动。

屋面雨水系统按雨水管道布置位置可分为外排水系统、内排水系统和混合排水系统。

（1）外排水系统　外排水雨水排除系统是指屋面不设雨水斗,建筑内部没有雨水管道的雨水排放系统。按屋面有无沟又可分为檐沟外排水系统和天沟外排水系统。檐沟外排水系统又称普通外排水系统或水落管外排水系统。

（2）内排水系统　内排水系统是指屋面设有雨水斗,建筑物内部设有雨水管道的雨水排水系统。

（3）混合排水系统　当建筑物的雨雪水若只采用一种方式排除不能满足要求,可将几种不同方式组合来排除屋面雨雪水。这种形式称混合式排水系统。

4.3.2　排水系统的电气控制

生活污水的排水量一般可以大致预测,如果排水量不大,可以设置为一台排水泵控制;如果排水量比较大,可以设置为两台排水泵控制。采用两台排水泵控制时,其工作可靠性高,当排水量不是很大时,可一用一备,工作泵出现故障,备用泵自动接入,转为工作泵;也可以两台排水泵互为备用,轮流工作。当排水量过大时,两台泵能够同时运行,以加快排水。雨水的排水量变化较大,较难预测,所以雨水排水泵多数为两台泵。对于比较重要的建筑物内,排水可靠性要求较高,也可以设计成两台甚至三台泵。

对排水泵基本控制要求是:

①应具有手动和自动控制功能,高水位时自动启泵,低水位时自动停泵;

②能发出各种报警信息,如故障报警、溢流水位报警等;

③如果是两台排水泵,应能互为备用,工作泵故障时,备用泵要自动启动,同时发出报警信号;

④两台排水泵应能同时工作,以满足排水量过大的需要。

4.3.2.1　单台排水泵的控制

单台排水泵的控制回路如图 4-25 所示。由于它的控制回路简单、工作可靠,所以应用较多。单台排水泵控制主回路见图 4-25(a),其中 QF 为排水泵电动机电源开关,由接触器 KM 实现对动机的控制,热继电器实现电动机的过载保护,断路器作短路保护。

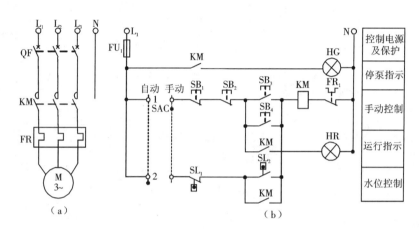

图 4-25　单台排水泵的控制回路
(a)主回路;(b)控制回路

控制回路如图 4-25(b)所示。该控制回路具有自动、手动、两地控制功能和运行指示及停泵指示功能。SL2 是高液位控制器,SL1 是低液位控制器。

选择开关 SAC 置于"自动"位置,回路 SAC2 接通,当集水池水位达到整定高水位时,需要排水,高液位控制器 SL2 接通,接触器 KM 通电吸合,排水泵的电动机 M 启动运转开始排水,停泵指示灯 HG 熄灭,运行指示灯 HR 点亮。当水位降低到整定低水位时低液位控制器 SL1 常闭触头断开,KM 断电释放,电动机停转,排水停止,停泵指示灯 HG 点亮,运行指示灯 HR 熄灭。

手动模式设有就地和远程控制,SB1、SB3 就地安装,SB2、SB4 安装在控制箱上。选择开关 SAC 被置于"手动"位置,回路 SAC1 接通。当需要排水时,可以按下 SB3(或 SB4),接触器 KM 通电吸合并自锁,排水泵电动机 M 启动运转开始排水;当需要停止排水时,按下 SB1(或 SB2),接触器 KM 断电释放,排水泵停转,停止排水。

4.3.2.2　两台排水泵自动切换,溢流水位双泵运行的控制

系统的主回路见图 4-26。其中,断路器 QF1、接触器 KM1 控制 1 号水泵电动机 M1,断路器 QF2、接触器 KM2 控制 2 号水泵电动机 M2。

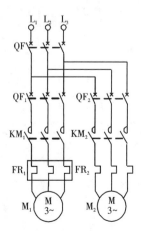

图 4-26　排水泵主回路

系统的控制回路如图4-27所示,两台排水泵的工作方式由转换开关SAC控制。SAC控制有手动和自动两种。其中自动控制主要是进行自动切换控制和溢流水位双泵同时工作控制环节。

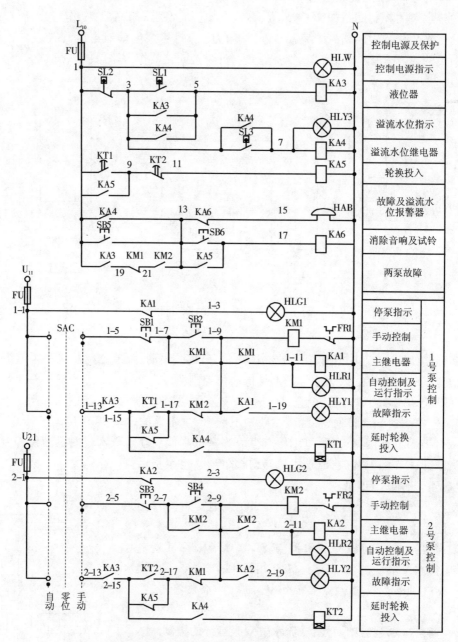

图4-27　两台排水泵自动轮换控制回路

1. 手动控制

可将SAC置于手动位置。该挡位主要是在水泵检修时使用。当SAC置于手动位置时,

$SAC_{1.5}$和$SAC_{2.5}$都接通各自回路,按钮 SB1 和 SB2 控制 KM1 的通电和断电,即控制 1 号泵的启停;2 号泵的启停由按钮 SB3 和 SB4 控制。当排水量过大时,也可以在此位置同时将两台水泵启动。

2. 自动轮换控制

该环节由中间继电器 KA5、时间继电器 KT1 和 KT2 组成。当转换开关 SAC 位于自动位置时,如果集水池水位达到高水位的启泵位置,一液位控制器 SL1 触头闭合,使 KA3、KM1 通电吸合,1 号排水泵启动进行排水,同时,时间继电器 KT1 也通电吸合并自锁。当 KT1 延时时间到,继电器 KA5 通电吸合并自锁,为下次运行时 2 号排水泵控制接触器 KM2 通电做好准备。当集水池水位达到低位停泵位置,液位控制器 SL2 触头断开,KA3、KM1 断电,1 号泵停转。

当集水池水位第二次达到高水位的启泵位置,液位控制器 SL1 使 KA3 通电,由于此时 KA5 已处在通电状态,所以接触器 KM2 通电吸合,2 号泵启动。同时,时间继电器 KT2 也通电并自锁。当 KT2 的延时时间到,其常闭延时断开触头断开,使 KA5 断电释放,恢复初始状态,为第三次起泵时 1 号泵控制接触器 KM1 通电做准备。当集水池水位达到低位停泵位置,SL2又使 KA3 断电,KM2 也断电,2 号泵停转。这样再次起泵时又重新使 l 号泵工作,使两台排水泵自动轮流工作。

3. 溢流水位双泵同时启动的控制

该环节由溢流水位液位控制器 SL3 及中间继电器 KA4 组成。当排水量非常大,一台排水泵不能及时排水,致使水位到达溢流水位时,使 SL3 触头闭合,KA4 通电吸合并自锁,KA4 的常开触头使回路(1−15∼1−9)及(2−15∼2−9)接通,因此 KM1、KM2 同时通电吸合,1 号泵和 2 号泵同时运行进行排水,直到集水池水位到达低水位为止。此控制回路特别适合雨水泵的控制。

4.4　室内消防给水系统及其控制

室内消防系统包括消火栓给水系统、闭式自动喷水灭火系统和开式自动喷水灭火系统。室内消防给水系统安装包括消火栓给水系统、自动喷水灭火系统的安装及系统的试压、冲洗和验收等内容,应符合《建筑设计防火规范》GBJ16 和《自动喷水灭火系统施工及验收规范》GB50261 的有关要求。

4.4.1　室内消火栓给水系统

建筑物一般应设置室内消防给水系统,并应立足于自救加外援并重,控制初期火灾。建筑物一旦发生火灾,虽然能利用消防车从室外消防给水系统取水加压,接出水带和水枪,能够有效地直接扑救建筑物室内任何角落的火灾,但是对于高层建筑物仍然需要设置消防给水系统,这样可以有效地控制室内的初期火灾,提高扑灭初期火灾的可靠性。

4.4.1.1　室内消火栓灭火系统给水管网

消火栓灭火系统按设置地点可分成室外消火栓灭火系统和室内消火栓灭火系统。

室外消火栓灭火系统按照消防水压要求可分成高压消防给水系统、临时高压消防给水系统和低压消防给水系统。

1. 低层建筑室内消火栓给水系统

9 层及 9 层以下的住宅建筑以及建筑高度不超过 24 m 的其他民用建筑、单层公共建筑、单层和多层厂房和库房(高架库房除外),室内设置的消火栓灭火系统均称为低层建筑室内消火栓给水系统。低层建筑物的火灾可以依靠消防队利用移动式灭火设备(消防车)进行扑救,因此,低层建筑物内设置的消火栓给水系统的类型取决于室外管网的水压、建筑物高度及其周围环境。根据系统中是否设置消防水泵和水箱的要求,可将低层建筑室内消火栓给水系统分为以下三种给水系统。

(1)无加压泵和水箱的室内消火栓给水系统

当室外给水管网为环状,且室外给水管道的压力和流量均能保证室内最不利点消火栓的设计水压和设计流量的要求时,可采用无水泵和水箱的室内消火栓给水系统,如图 4-28 所示。该给水方式通常用在不高的建筑中。

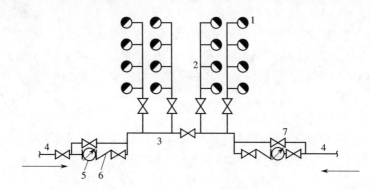

图 4-28　无加压泵和水箱的室内消火栓给水系统
1—室内消火栓;2—消防竖管;3—干管;4—进户管;5—水表;6—止回阀;7—闸门

(2)设水箱的室内消火栓给水系统

该系统常用在水压变化较大的城市和居住区,当室外给水管道只能在昼夜内间断性地满足室内消防、生产、生活的用水要求时,则应采用水箱存储生产和生活调节水量以及存储 10 min 的室内消火栓给水系统的用水量。10 min 后,由城市消防车加压通过水泵接合器进行灭火。该系统的生产、生活给水管网应与消火栓给水系统管网分开。生活、生产、消防合用的水箱,应有保证消防用水不作他用的技术措施。设有水箱的室内消火栓给水系统如图 4-29 所示。

(3)设置消防水泵和消防水箱的室内消火栓给水系统

当室外消防给水管道经常不能满足室内消防给水系统的水量和水压要求时,应设消防水泵加压,并设置消防水箱储存扑救初期火灾 10 min 消防用水量。设加压泵和水箱的室内消火栓给水系统如图 4-30 所示。

2. 高层建筑室内消火栓给水系统

建筑高度超过 9 层的住宅建筑、建筑高度超过 24 m 的公共建筑的室内的消火栓灭火系统均称为高层建筑室内消火栓给水系统。

高层建筑物的消防系统主要立足于通过在高层建筑物内设置灭火系统自救为主,而移动式消防设备(消防车)在扑救高层建筑物火灾中仅起辅助作用。高层建筑室内消火栓给水系统根据管材、移动式消防设备的功能、消防给水技术的不同可分成不分区室内消防给水系统和

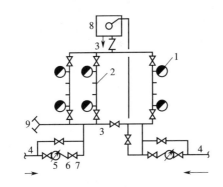

图 4-29　设水箱的室内消火栓给水系统

1—室内消火栓;2—消防水管;3—干管;4—进户管;5—水表;

6—止回阀;7—闸门;8—水箱;9—水泵接合器

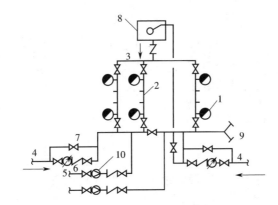

图 4-30　设置消防水泵和消防水箱的室内消火栓给水系统

1—室内消火栓;2—消防水管;3—干管;4—进户管;5—水表;6—止回阀;

7—闸门;8—水箱;9—水泵接合器;10—消防泵

分区室内消防给水系统。

(1)不分区室内消防给水系统

我国《高层建筑防火设计规范》规定,建筑高度在 50 m 以内或建筑内最低消火栓处静水压力不超过 0.8 MPa 时,整个建筑可以组成一个消防给水系统。火灾时,消防队使用消防车通过室外消火栓从消防水池取水,再经水泵接合器向室内管网供水,协助室内消防设备扑灭火灾。国产的解放牌消防车供水高度接近 50 m 水柱,黄河牌等大功率消防车配高强度水带,供水高度可达 70 ~ 80 m 水柱。设计时可根据建筑物具体条件确定分区强度,并配备一组高压消防水泵向管网系统供水灭火。不分区室内消防给水系统如图 4-31 所示。

(2)分区给水的室内消火栓给水系统

建筑高度超过 50 m 的高层建筑或建筑内最低消火栓处静水压力大于 0.8 MPa 时,室内消火栓给水系统难以得到一般消防车的供水支援,为加强供水安全性和保证火场灭火用水,宜采用分区给水系统,如图 4-32 所示。高层建筑室内消火栓给水系统可与生产、生活用水合用水箱,但应采用独立的消防给水管网。消防水泵应有备用泵,备用泵的供水能力不应小于主泵。消防泵站应有 2 条进水管直接与室内消防给水管网连接,每条进水管应与室内管网的不同管

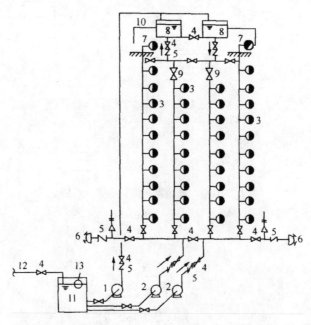

图4-31 建筑高度不超过50 m的高层建筑室内消火栓给水系统

1—生产、生活水泵;2—消防水泵;3—消火栓;4—阀门;5—单向阀;6—水泵接合器;7—屋顶消火栓;
8—水箱;9—阀门;10—生活出水管;11—消防水池;12—水池进水管;13—控制阀

段相连接。

高层建筑的每个室内消火栓处应设远距离启动消火栓水泵的按钮,按钮可设在消火栓箱内,也可设在消火栓箱附近墙壁的壁龛内。

高层建筑室内消防输水管上应设置消防水泵接合器,水泵接合器与室内输水管的连接点应远离消防水泵与室内管网输水管的连接点,以尽量减少在向火场供水时的压力干扰。

消防水箱的出水管上应设控制阀,并应设单向阀,防止水泵启动后消防用水进入水箱。

分区给水室内消防系统应采用单独的进水管,且每个分区均应设置消防水泵接合器。

高层建筑室内消防给水系统的管网应成环状,且竖管的管径不应小于100 mm。高层建筑消防给水管网应将消防阀门分成若干独立段,阀门的布置应保证管道检修时关闭竖管的数量不超过1条。并按$(n-1)$的原则在管道各节点布置消防阀门(n为节点管道数,例如三通节点$n=3$,四通节点$n=4$)。为防止误关闭,阀门应有明显的启闭标志。

4.4.2 自动喷水灭火系统

自动喷水灭火系统是一种在发生火灾时能自动打开喷头喷水灭火并同时给出火警信号的消防灭火系统。自动喷水灭火系统应在人员密集、不易疏散、外部增援灭火与救生较困难、性质重要或火灾危险性较大的场所中设置。自动喷水灭火系统是当今世界公认的最为有效的自救灭火系统,是应用最广泛、灭火效果最好的自动灭火系统。国内外应用实践证明,自动喷水灭火系统具有安全可靠、经济实用、灭火成功率高等优点。

1. 自动喷水灭火系统

自动喷水灭火系统按喷头的开启形式可分为闭式喷头系统和开式喷头系统;按报警阀的

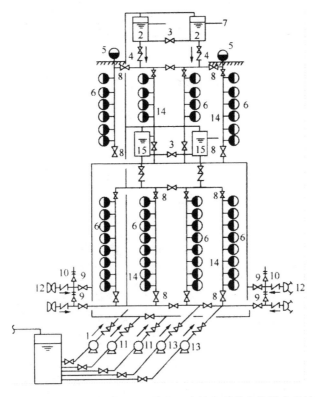

图 4-32　建筑高度超过 50 m 的高层建筑室内消火栓给水系统

1—生产、生活水泵;2—屋顶高位水箱;3—水箱连接管上阀门;4—水箱出水管上单向阀;5—屋顶消火栓;
6—消火栓和启动水泵按钮;7—生产、生活出水管;8—阀门;9—水泵接合器控制阀;10—水泵接合器单向阀;
11—上区进水泵;12—水泵接合器;13—下区进水泵;14—消防竖管;15—下区消防水箱

形式可分为湿式系统、干式系统、干湿两用系统、预作用系统和雨淋系统等;按对被保护对象的功能又可分为暴露防护型(水幕或冷却等)和控制灭火型;按喷头形式又可分为传统型(普通型)喷头和洒水型喷头、大水滴型喷头和快速响应早期抑制型喷头等。

自动喷水灭火系统的工作原理如图 4-33 所示,系统平时为敞开状态,报警阀处于关闭状态,管网中无水;当发生火灾时报警阀开启,管网充水,喷头开始喷水灭火。开式自动喷水灭火系统分为雨淋自动喷水灭火系统、水幕自动喷水灭火系统和水喷雾自动喷水灭火系统,后面将作详细介绍。

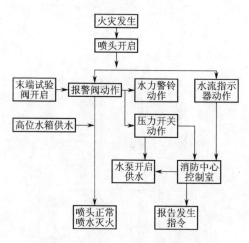

图 4-33　自动喷水灭火系统的工作原理

2. 湿式自动喷水灭火系统

湿式自动喷水灭火系统一般由水源、供水设施、报警阀、输水管、干管、支管、配水管、闭式喷头和报警装置等组成,如图 4-34 所示。系统中的各种设备部件构成及用途见表 4-2。

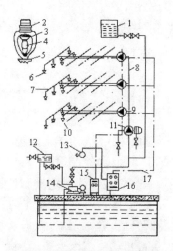

图 4-34　湿式喷水灭火系统

1—重力水箱;2—接头;3—密封垫;4—玻璃球;5—溅水盘;6—喷淋头;7—支管;8—干管;9—水流指示器;10—火灾探测器;11—水流报警阀;12—水箱;13—警铃;14—水泵;15—控制盘;16—信号盘;17—探测器线路

表 4-2　湿式喷水灭火系统的主要部件

编号	名称	用途	编号	名称	用途
1	高位水箱	储存初期火灾用水	5	火灾控制器	接收电信号并发出指令
2	水力警铃	发出音响报警信号	6	压力罐	自动启闭消防水泵
3	湿式报警阀	系统控制阀,输出报警水流	7	消防水泵	专用消防增压泵
4	消防水泵接合器	消防车供水口	8	进水管	水源管

表 4-2(续)

编号	名称	用途	编号	名称	用途
9	排水管	末端试水装置排水	17	消防安全指示阀	显示阀门启闭状态
10	末端试水装置	实验系统功能	18	放水阀	试警铃阀
11	闭式喷头	感知火灾,出水灭火	19	放空阀	检修系统时,放空用
12	水流指示器	输出电信号,指示火灾区域	20	排水漏斗(或管)	排走系统的出水
13	水池	储存 1 h 火灾用水	21	压力表	指示系统压力
14	压力开关	自动报警或自动控制	22	节流孔板	降压
15	火灾探测器	感知火灾,自动报警	23	水表	计量末端实验装置出水量
16	延迟器	克服水压液动引起的误报警	24	过滤器	过滤水中杂质

湿式自动喷水灭火系统的工作原理是火灾发生初期,建筑物内的温度不断上升,当温度上升到足以使闭式喷头的感温元件爆裂或熔化脱落时,喷头自动喷水灭火。此时,管网中的水由静止变为流动,水流指示器将水流信号转换为电信号并送出电信号,在报警控制器上指示某一区域已在喷水。持续喷水会造成湿式报警阀阀瓣上部的水压低于阀瓣下部的水压。当压力差达到一定值时,原来处于闭合状态的湿式报警阀就会自动开启,消防水通过湿式报警阀流向干管和配水管供水灭火。同时,一部分水流沿着报警阀的环形槽进入延迟器、压力开关及水力警铃等设施,并发出报警信号。此外,根据水流指示器和压力开关的信号或消防水箱的水位信号,控制箱将自动启动消防泵向管网加压供水,达到持续供水的目的。

湿式自动喷水灭火系统具有结构简单、使用方便、安全可靠、便于施工、容易管理、灭火速度快、控制效率高、比较经济、使用范围广等特点,该系统占整个自动喷水灭火系统的 75% 以上。湿式自动喷水灭火系统适合安装在常年室温不低于 4 ℃ 且不高于 70 ℃,能用水灭火的建筑物、构筑物内。鉴于上述特点,一般应优先考虑选用湿式喷水灭火系统。

3. 干式自动喷水灭火系统

干式自动喷水灭火系统是由闭式喷头、管道系统、干式报警阀、干式报警控制装置、充气设备、排气设备和供水设施等组成。该系统与湿式自动喷水灭火系统结构类似,只是控制信号阀的结构和作用原理不同,干式自动喷水灭火系统在配水管网中平时充的是有压气体,配水管网与供水管间设置干式控制信号阀将它们隔开。当发生火灾时,喷头首先喷出气体使管网中压力降低,供水管道中的压力水打开控制信号阀而进入配水管网,然后从喷头喷出灭火。

干式自动喷水灭火系统特点是报警阀后的管道中无水,因而不怕冻、不怕环境温度高,还可用在不允许水渍会造成严重损失的场所。与湿式系统相比,干式系统多增加了一套充气设备,一次性投资大,运行管理复杂,并且由于存在排气时间会直接影响干式自动喷水灭火系统的灭火效率。因此当管网容积超过 1 500 L 时,应安装快速排气机,且管网最大容积不超过 3 000 L。由于存在上述缺点,尽量不采用该系统灭火。

该系统适用于温度低于 4 ℃ 或温度高于 70 ℃ 以上的场所。

干式自动喷水灭火系统的喷头宜向上安装,以防冻结损坏喷头。

4. 干湿两用自动喷水灭火系统

该系统的主要特点是采用干湿两用阀。该阀门是一种既适合湿式自动喷水灭火系统也适合干式自动喷水灭火系统的阀门,在冰冻季节可作为干式阀门用,使整个系统成为干式自动喷水系统,其他季节则成为湿式自动喷水系统。除报警阀采用干湿两用阀外,系统其他部分与干式或湿式自动喷水灭火系统相同,如图4-35所示。

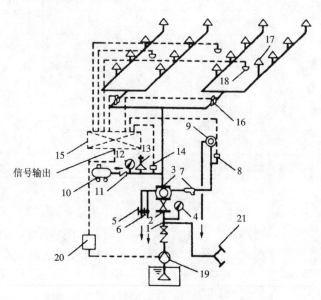

信号输出

图4-35　干式或湿式两用自动喷水灭火系统

1—供水管;2—闸阀;3—干湿两用阀;4—压力表;5—试警铃阀;
6—检修阀;7—过滤器;8—压力开关;9—水力警铃;10—空压机;
11—止回阀;12—压力表;13—安全阀;14—压力开关;15—火灾报警控制箱;
16—水流指示器;17—闭式喷头;18—火灾探测器;19—水泵;20—电动机;21—水泵接合器

5. 预作用自动喷水灭火系统

预作用自动喷水灭火系统由预作用阀门、闭式喷头、管网、报警装置、供水设施以及火灾探测设备和控制系统组成,如图4-36所示。

该系统综合运用了火灾自动探测技术和自动喷水灭火技术,与湿式系统和干式系统兼容。系统平时为干式,火灾发生时立刻变成湿式,同时进行火灾初期报警。系统由干式转为湿式的过程含有灭火预备动作的功能,故称为预作用喷水灭火系统。由于这种系统有独到的功能和特点,所以它有取代干式灭火系统的趋势。

该系统在预作用阀后的管道平时充填有压或无压气体(空气或氮气),当火灾发生时,与喷头一起安装在现场的火灾探测器探测出火灾,发出报警信号。控制器将报警信号作声光显示,同时开启雨淋阀,使消防水进入管网,并在很短时间(不宜大于3 min)内完成充水,即由原来的干式系统迅速转变为湿式系统,完成预作用程序。延迟后,闭式自动喷头才喷水灭火。因为平时是干式系统,因而当管道或喷头损坏时,不会造成水渍污染;同时由火灾探测系统控制充水,又能及时喷水灭火。

湿式自动喷水灭火系统、干式自动喷水灭火系统、干湿两用自动喷水灭火系统和预作用式自动喷水灭火系统统称为闭式自动喷水灭火系统。

6. 雨淋喷水灭火系统

雨淋喷水灭火系统是喷头常开的灭火系统。当建筑物发生火灾时,由自动控制装置打开

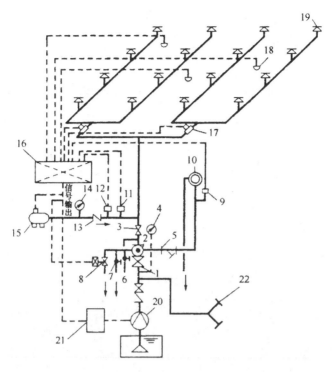

图 4-36　预作用自动喷水灭火系统

1—闸阀;2—预作用阀;3—检修阀门;4、14—压力表;5—过滤器;

6—试验阀;7—手动开启截止阀;8—电磁阀;9—压力开关;10—水力警铃;

11—压力开关;12—低气压报警开关;13—止回阀;15—空压机;16—火灾报警控制箱;

17—水流指示器;18—火灾探测器;19—闭式喷头;20—水泵;21—水泵启动箱;22—水泵接合器

集中控制阀门,使整个保护区域所有喷头喷水灭火。该系统具有出水量大、灭火及时的优点,适用于火灾蔓延快、危险性大的建筑部位。

该系统由开式喷头、管道系统、雨淋阀、火灾探测器、报警控制装置、控制组件和供水设备等组成,如图 4-37 及表 4-3 所示。

系统的工作原理为平时,雨淋阀后的管网无水,雨淋阀在传动系统中的水压作用下紧紧关闭。当火灾发生时,火灾探测器探测出火灾信号,便立即向控制器送出火灾报警信号,控制器将信号转换为声光显示并相应输出控制信号,打开传动管网上的传动阀门,自动释放掉传动管网中的有压水,使雨淋阀上部传动水压骤然降低。由于传动系统与进水管相连通的 $d = 3$ mm 的小孔阀来不及向传动系统中补水,于是雨淋阀在进水管水压推动下瞬间自动开启,水便立即充满管网并经开式喷头喷水,可以在瞬间像下暴雨般喷出大量的水覆盖灭火或控火。同时,压力开关和水力警铃以声光信号形式报警,消防人员在控制中心便可确定系统是否及时开启。

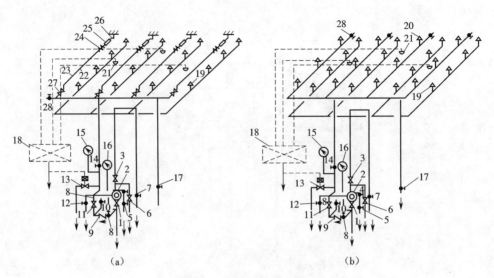

图 4-37 雨淋喷水灭火系统

（a）易熔合金锁封控制雨淋系统；（b）感温喷头控制雨淋系统

1、3、6—闸阀；2—雨淋阀；4、5、7、8、10、12、14、28—截止阀；9—止回阀；11—带 φ3 小孔闸阀；13—电磁阀；
15、16—压力表；17—手动旋塞；18—火灾报警控制箱；19—开式喷头；20—闭式喷头；21—火灾探测器；
22—钢丝绳；23—易熔锁封；24—拉紧弹簧；25—拉紧连接器；26—固定挂钩；27—传动阀门

表 4-3 雨淋喷水灭火系统组件

编号	名称	用途	工作状态	
			平时	失火时
1	闸阀	进入总阀	常开	开
2	雨淋阀	自动控制消防供水	常闭	自动开启
3	闸阀	系统检修用	常开	开
4	截止阀	雨淋管网充水	微开	微开
5	截止阀	系统放水	常闭	闭
6	闸阀	系统试水	常闭	闭
7	截止阀	系统溢水	微开	微开
8	截止阀	检修	常开	开
9	止回阀	传动系统稳定	开	开
10	截止阀	传动管注水	常闭	闭
11	带 φ3 小孔闸阀	传动管补水	阀闭孔开	阀闭孔开
12	截止阀	试水	常闭	常闭
13	电磁阀	电动控制系统动作	常闭	开
14	截止阀	传动管网检修	常开	开
15	压力表	测传动管水压	水压大	水压小

表 4-3(续)

编号	名称	用途	工作状态	
			平时	失火时
16	压力表	测供水管水压	两表相等	水压大
17	手动旋塞	人工控制泄压	常闭	人工开启
18	火灾报警控制箱	接收电信号发出指令		
19	开式喷头	雨淋灭火	不出水	喷水灭火
20	闭式喷头	探测火灾、控制传动管网动作	闭	开
21	火灾探测器	发出火灾信号		
22	钢丝绳			
23	易熔锁封	探测火灾	闭锁	熔断
24	拉紧弹簧	保持易熔锁封受拉力 25 N	拉力 25 N	拉力为 0
25	拉紧连接器			
26	固定挂钩			
27	传动阀门	传动管网泄压	常闭	开启
28	截止阀	放气	常闭	常闭

7. 水幕系统

水幕自动喷水灭火系统是由水幕喷头、控制阀(雨淋阀或干式报警阀等)、探测器、报警系统和管道等组成的具有阻火、冷却、隔离作用的自动喷水灭火系统,如图 4-38 所示。该系统适用于需要防火隔离的开口部位,如舞台与观众之间的隔离水帘、防火卷帘的冷却和重要设备保护等。

雨淋系统用开式喷头将水喷洒成锥形体扩散射流,而水幕系统中使用开式水幕喷头将水喷洒成水帘状。因此,水幕系统不能直接用来扑救火灾,而是与防火卷帘、防火幕配合使用,并对它们进行冷却,从而提高其耐火性能,阻止火势扩大和蔓延。该系统也可单独使用,用来保护建筑物的门、窗、洞口或在大空间造成防火水帘起防火分隔作用。

8. 水喷雾自动灭火系统

水喷雾自动喷水灭火系统由水源、供水设备、管道、雨淋阀、过滤器和水雾喷头等组成。

该系统用喷雾喷头把水粉碎成细小的水雾滴之后喷射到正在燃烧的物质表面,通过对可燃物表面冷却、窒息、靠乳化作用实现灭火。由于水喷雾具有多种灭火机理,具有使用范围广的优点,不仅可以提高扑灭固体火灾的灭火效率,同时由于火灾水雾具有不会造成液体火飞溅、电气绝缘性好的特点,

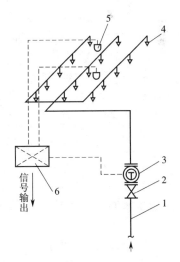

图 4-38　水幕系统
1—供水管;2—总闸阀;3—控制阀;
4—水幕喷头;5—火灾探测器;
6—火灾报警控制器

因此在扑救可燃液体火灾、电器火灾中也得到了广泛的应用,如飞机发动机实验台、各类电器、石油加工场所等。

4.4.3　消防给水系统的电气控制

在高层建筑的消防系统中,灭火设施是不可缺少的一部分,因此消防给水控制是建筑设备控制系统中不可缺少的重要组成部分。它主要有以水作为灭火介质的室内消火栓灭火系统、自动喷(洒)水灭火系统和水幕系统以及气体灭火系统等,其中消防泵和喷淋泵分别为消火栓系统和水喷淋系统的主要供水设备。

1. 室内消火栓给水泵电气控制

担负室内消火栓灭火设备供水任务的一系列设施称为室内消火栓给水系统,是建筑物内采用最广泛的人工灭火系统。当室外给水管网的水压不能满足室内消火栓给水系统最不利点的水量和水压时,应设置配有消防水泵和水箱的室内消火栓给水系统。每个消火栓处应设置直接启动消防水泵的按钮,以便及时启动消防水泵灭火。消防按钮应采取保护措施,应放在消火栓箱或放在有玻璃或塑料板保护的小壁龛内,以防止误操作。消防水泵一般都设置两台,互为备用。

图4-39为消防水泵电气控制的一种方案,两台泵互为备用,备用泵自动投入。正常运行时,电源开关 QF1、QF2、S1、S2 均合上,S3 为水泵检修双投开关,不检修时放在运行位置 SB10 ~SBn 为各消火栓箱消防启动按钮。无火灾时,按钮被玻璃面板压住,其常开触头已经闭合,中间继电器 KA1 通电,消火栓泵不会启动。SA 为万能转换开关,手柄放在中间时,由泵房和消防控制中心控制启动水泵,不接受消火栓内消防按钮的控制指令。当 SA 扳向左侧 45°时,SA1 和 SA6 闭合,1 号泵自动闭合,2 号泵备用。

当发生火灾时,打开消火栓箱门,用硬物击碎(或按下)消防按钮的面板玻璃,其按钮 SB10 ~SBn 中相应的一个按钮常开触点恢复。使 KA1 断电,时间继电器 KT3 通电,经数秒延时使中间继电器 KA2 通电并自锁,同时串接在接触器 KM1 线圈回路中的 KA2 常开辅助触头闭合,经 SA1 使 KM1 通电,1 号电动机启动运行,加压喷水。

如果 1 号泵发生故障或过载,热继电器 FR1 的常闭触点断开,接触器 KM1 断电释放,其常闭触点恢复,使时间继电器 KT1 通电,其常开触头延时闭合,经 SA6 使接触器 KM2 通电,2 号泵投入运行。

当消防给水管网的压力过高时,管网压力继电器触点 BP 闭合,使中间继电器 KA3 通电,发出停泵指令,通过中间继电器 KA2 断电而使工作泵停止运行并进行声、光报警。

当低位消防水池缺水时,低水位控制 SL 触点闭合,使中间继电器 KA4 通电,发出消防水池缺水的声、光报警信号。

当水泵需要检修时,将检修开关 S3 扳向检修位置,中间继电器 KA5 通电,发出声、光报警信号。S2 为消声开关。

2. 自动喷水灭火系统加压水泵的电气控制

自动喷水灭火系统是一种能自动动作(喷水灭火)并同时发出火警信号的灭火系统。其适用范围很广,凡可以用水灭火的建筑物、构筑物均可安装。

自动喷水灭火系统按喷头开闭形式可分为闭式和开式两种。闭式按工作原理又可分为湿式、干式和预作用式。其中湿式喷水灭火系统应用最为广泛。

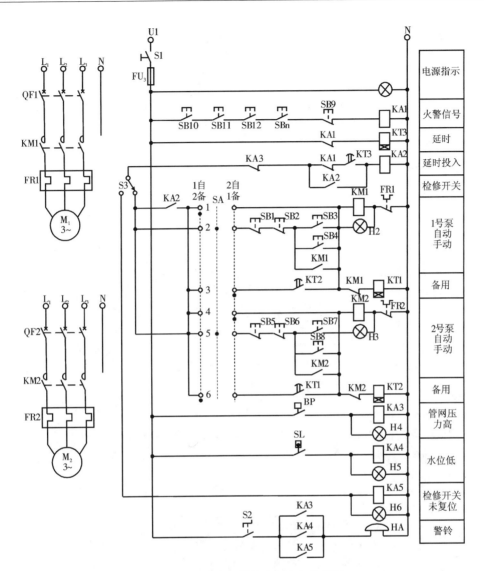

图 4-39　室内消火栓给水泵电气控制图

　　湿式喷水灭火系统由闭式喷头、管网系统、水流指示器(水流开关)、湿式报警阀、压力开关、报警装置和供水设施等组成。图 4-40 为湿式自动喷水灭火系统示意图。该系统管道内始终充满压力水。当火灾发生时,高温火焰或高温气流使闭式喷头的玻璃球炸裂或易熔元件熔化而自动喷水灭火。此时,管网中的水从静止的状态变为流动的状态,安装在主管道各分支处对应的水流指示器触点闭合,发出启动泵的电信号。根据水流开关和管网压力开关等信号,消防控制回路能自动启动消防水泵向管网加压供水,达到持续自动喷水灭火的目的。

　　图 4-41 为湿式自动喷水灭火系统加压水泵电气控制的一种方案,其中两台泵互为备用,备用泵自动投入。正常运行时,电源开关 QF1、QF2、S1 均合上。发生火灾时,当闭式喷头的玻璃球炸裂喷水时,水流开关 B1 ~ Bn 触头有一个闭合,对应的中间继电器通电,发出启动消防水泵的指令。假设 B2 动作,中间继电器 KA3 通电并自锁,时间继电器 KT2 通电,经延时使中间继电器 KA 通电,发出声、光报警。如果 SA 手柄扳向右侧 45°,对应的 SA3、SA5 和 SB8 触点

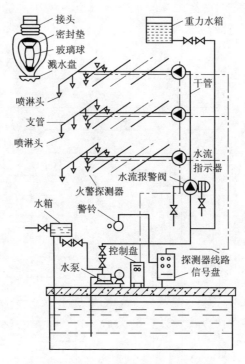

接头
密封垫
玻璃球
溅水盘
重力水箱
喷淋头
干管
支管
喷淋头
水流指示器
水流报警阀
火警探测器
警铃
水箱
控制盘
探测器线路信号盘
水泵

图 4-40　湿式自动喷水灭火系统示意图

闭合,接触器 KM2 经 SA5 触点通电吸合,使 2 号泵电动机 M2 投入运行。若 2 号泵发生故障或过载,FR2 的常闭触点断开,接触器 KM2 断电释放,其辅助触点恢复闭合,经 SA8 触点使时间继电器 KT1 通电,经延时使中间继电器 KA1 通电,KA1 触点经 SA3 触点使接触器 KM1 得电,备用 1 号自动投入运行。

思考题与习题

4-1　建筑给水系统按用途可以分为哪几种类型?

4-2　建筑给水系统一般由哪些部分组成?

4-3　试说明干簧水位控制器的工作原理。

4-4　建筑给水系统的给水方式有哪些,各种方式的特点是什么,每种方式的适用条件是什么?

4-5　室内消火栓给水系统由哪些部分组成?

4-6　常用的自动喷水灭火系统有哪些类型,每种类型的适用条件是什么?

4-7　如图 4-42 所示,当系统处于自控状态下,工作泵因故不能正常供水时(控制回路正常),试说明备用泵能否自动投入运行,为什么?

4-8　如图 4-23 所示的生活水泵变频调速恒压供水控制系统,试说明当用水量大(或小)时生活水泵电机的工作情况。

4-9　变频调速恒压供水技术有哪些特点?

4-10　变频调速恒压供水系统由哪些基本部分组成?

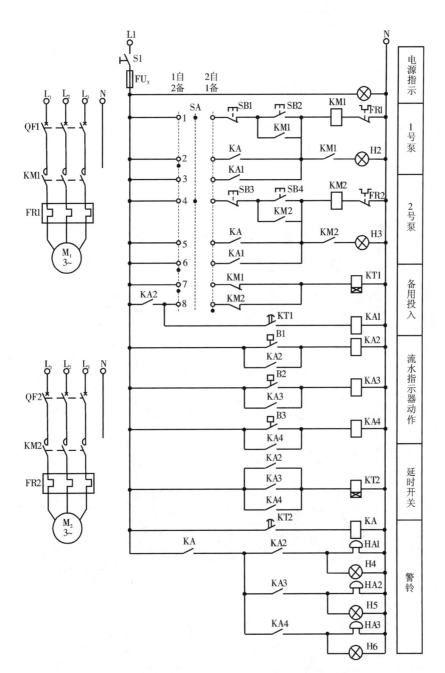

图 4-41 湿式自动喷水灭火系统电气控制图

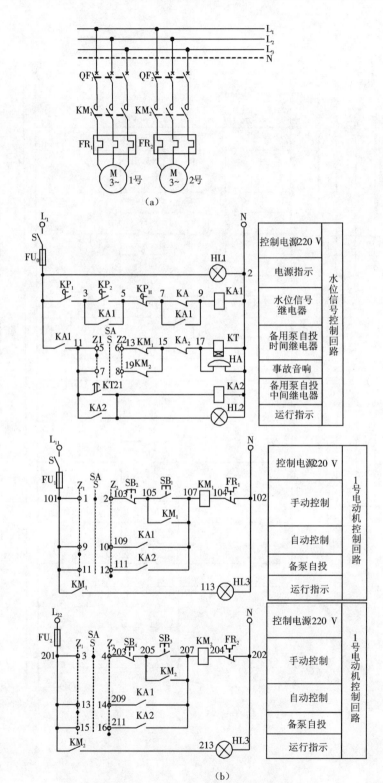

图4-42　生活水泵的电气控制回路图

(a)主回路;(b)控制回路

第5章　暖通空调主要系统及电气控制

本章介绍建筑供暖和通风空调系统的组成、分类,系统的工作原理,冷热源机组设备的结构与工作原理,空调风系统与空调水系统的分类与工作原理以及空调系统电气控制的基本原理。

5.1　供暖系统

在我国北方地区,由于冬季室外温度低于室内温度,热量就会不断地通过墙、屋顶、门窗和地面等向外散失。同时,冷空气会由门、窗缝隙进入室内,消耗室内热量,造成室内温度下降。为了维持室温,就必须通过散热设备向室内补充热量。

5.1.1　供暖系统的组成、分类及方式

1. 供暖系统的组成

供暖系统主要由热源、供热管道和散热设备三个部分组成。

(1)热源

热源是使燃料燃烧产生热能的部分,例如区域锅炉房或热电厂等。此外,还可以利用工业余热、太阳能、地热、核能等作为供暖系统的热源。

(2)输热管道

输热管道是将热源提供的热量通过热媒输送到热用户,散热冷却后又返回热源的闭式循环网络。热源到热用户散热设备之间的连接管道称为供热管,经散热设备散热后返回热源的管道称为回水管。

(3)散热设备

散热设备的作用是把热量散发到房间中,主要有各种散热器、辐射板和暖风机等。

2. 供暖系统的分类

(1)按热媒分类

①热水供暖系统　热水供暖系统是以热水为热媒的供暖系统。按热水温度的不同分为低温热水供暖系统和高温热水供暖系统,低温热水供暖系统的供、回水温度为95 ℃/70 ℃;高温热水供暖系统的供水温度高于100 ℃,常用的高温热水供暖系统的供、回水温度为110 ℃/70 ℃、130 ℃/70 ℃、150 ℃/70 ℃。按系统循环动力的不同,热水供暖系统又分为自然循环热水供暖系统和机械循环热水供暖系统。

②蒸汽供暖系统　蒸汽供暖系统是以蒸汽为热媒的供暖系统。按热媒蒸汽压力的不同又分为低压蒸汽供暖系统和高压蒸汽供暖系统。蒸汽压力高于70 kPa为高压蒸汽供暖系统,蒸汽压力低于70 kPa为低压蒸汽供暖系统,蒸汽压力小于大气压力的为真空蒸汽供暖系统。

③热风供暖系统　热风供暖系统是以空气为热媒的供暖系统,可分为集中送风系统和暖风机供暖系统。

（2）按供热范围分类

①局部供暖系统　热源、管道、散热设备连成一个整体，如火炉供暖、煤气供暖、电热供暖等。

②集中供暖系统　锅炉单独设在锅炉房内或城市热网的换热站，通过管道同时向一幢或多幢建筑供热的供暖系统。

③区域供暖系统　由一个区域锅炉房或换热站通过区域性供热管网向城镇的某个生活区、商业区或厂区集中供热的系统。

3. 供暖系统的形式

（1）热水供暖系统

热水供暖系统是目前使用最广泛的一种供暖系统，适用于民用建筑与工业建筑。这里主要介绍自然循环热水供暖系统和机械循环热水供暖系统。

1）自然循环热水供暖系统

图 5-1 所示为自然循环热水供暖系统工作原理图。在这种系统中不设水泵，仅依靠供、回水密度差产生循环压力作为动力的热水供暖系统。

自然循环热水供暖系统由加热中心（锅炉）、散热设备、供水管道、回水管道和膨胀水箱等组成。为了方便水的流动和气体的排出，供水管道应有一定坡度，通常干管的坡度为 0.005，支管的坡度也不小于 0.01。

在自然循环热水供暖系统运行前要将冷水注入到系统最高处。系统工作时，水在锅炉内被加热，水受热体积膨胀，密度减小，热水在供水管道中上升，流入散热器，在散热器内散热冷却后，密度增大，又返回锅炉重新加热。自然循环热水供暖系统的膨胀水箱位于系统的最高处，它的容量必须能够容纳系

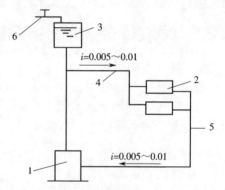

图 5-1　自然循环热水供暖系统的工作原理图
1—热水锅炉；2—散热器；3—膨胀水箱；
4—供水管；5—回水管；6—补水管

统中因受热膨胀而增加的水的体积。在自然循环热水供暖系统中，膨胀水箱还起着排除系统中空气的作用。

自然循环热水供暖系统有单管、双管、上供下回、下供下回等形式。这种系统的作用半径小、管径大，但由于不设水泵，因此工作时不消耗电能、无噪声而且维护管理也比较简单。自然循环热水供暖系统要求锅炉中心与最下层散热器中心的垂直距离不宜小于 2.5 m，另外系统的作用半径（总立管到最远立管沿供水干管走向的水平距离）不宜超过 50 m，否则系统的管径就会过大。

综上所述，只有当建筑物占地面积较小，且有可能在地下室、半地下室或较低处设置锅炉时，才可以使用自然循环热水供暖系统。

2）机械循环供暖系统

机械循环热水供暖系统是依靠水泵提供的动力，克服流动阻力使热水流动循环的系统，如图 5-2 所示。机械循环热水供暖系统是由热水锅炉、供水管道、散热器、回水管道、循环水泵、膨胀水箱、排气装置、控制附件等组成。

在机械循环热水供暖系统中,水在锅炉中被加热后,沿供水干管、供水立管进入散热器,放热后沿回水干管由水泵送回锅炉。循环水泵为系统中的热水循环提供动力。为了降低循环水泵的工作温度,通常将循环水设于回水管上。膨胀水箱仍设于系统的最高处。它的作用是容纳系统中的膨胀水。膨胀水箱的连接管连接在循环水泵的吸入口处,这样就可以使整个系统均处于正压工作状态,避免系统中热水因汽化不能正常循环。为了顺利地排除系统中的空气,供水干管应按水流方向设有向上的坡度,并在供水干管的最高处设排气装置,即集气罐。

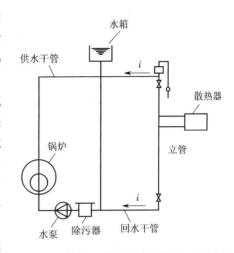

图 5-2　机械循环热水供暖系统的工作原理

机械循环热水供暖系统的作用压力远大于自然循环热水供暖系统,因此系统作用半径大,供热范围大。通常管道中热水的流速大、管径较小,启动容易,供暖方式较多,应用广泛。但系统运行耗电量大,系统管道设备的维修量也大。

3)机械循环热水供暖系统的常用形式

①双管系统　它的各层散热器并联在立管上,和散热器相连的立管为两根,热水平均的分配给所有散热器,从散热器流出的回水均直接回到锅炉,并且每组散热器可进行单独调节。图5-3为双管上供下回式和双管下供下回式供暖系统。水在双管系统内循环,作用压力使流过上层散热器的热水量多于实际需要量,并使流过下层散热器的热水量少于实际需要量,从而造成上层房间温度偏高,下层房间温度偏低。楼层愈高时,这种现象愈严重。由于上述原因,双管系统不宜在四层以上的建筑物中采用。

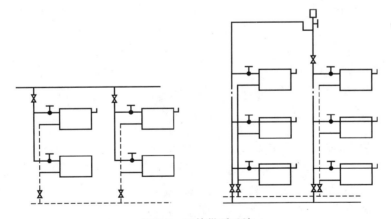

图 5-3　双管供暖系统
(a)双管上供下回式;(b)双管下供下回式

②垂直单管系统　有垂直单管顺流式和垂直单管可调节跨越式两种。图5-4(a)为垂直单管顺流式系统。各层散热器串联于立管上,和散热器相连的立管只有一根,而各立管并联于干管之间,热水按顺序逐次进入各层散热器,然后返回到锅炉中去。单管系统的优点是节省立管、安装方便,并且不会因为自然压头的存在而出现上层房间温度偏高、下层房间温度偏低的

现象;单管系统的缺点是下层散热器片数多(因进入散热器的水温低),占地面积大,并且垂直单管顺流式系统无法调节个别散热器的放热量。对于不需要单独调节散热器的公共建筑物,如学校、办公楼及集体宿舍等,宜采用这种系统。图5-4(b)为垂直单管可调节跨越式。该系统在散热器支管上安装三通温控阀,每组散热器可单独调节。

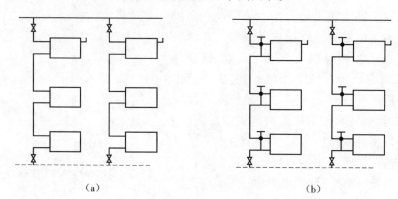

（a） （b）

图5-4 垂直单管系统

(a)垂直单管顺流式;(b)垂直单管可调节跨越式

③水平串联式系统 图5-5为水平串联式系统。该系统可分为顺流式和跨越式两种。该系统的优点是结构简单,省管材,造价低,穿越楼板的管道少和施工方便。系统的缺点是排气困难,必须在每组散热器上装排气阀;在间歇供暖时,管道与散热器接头处有时因热胀冷缩作用使丝扣接头损坏而漏水。另外,对于水平顺流式系统,还存在无法调节个别散热器放热量的缺点。水平串联式供暖系统适用于单层工业厂房、大厅、商店等建筑。

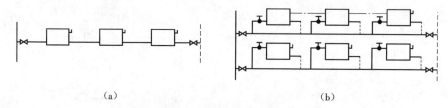

（a） （b）

图5-5 水平串联式系统

(a)顺流式;(b)跨越式

④同程式与异程式系统 在供暖系统中,通过每根立管所形成的循环环路的路程基本相等时,称为同程式系统,如图5-6所示。同程式系统的供热效果较好,可避免冷热不均现象,但工程的初投资较大。在供暖系统中,若通过每根立管所形成的循环环路的路程不相等,这种系统称为异程式系统,如图5-7所示。异程式系统造价低、投资少,但容易出现近热远冷的水平失调现象。

(2)蒸汽供暖系统

水在汽化时吸收汽化潜热,而水蒸气在凝结时要放出汽化潜热。蒸汽供暖系统就是以蒸汽为热媒,利用蒸汽在散热设备中凝结放出的汽化潜热向房间供暖的凝结水再返回锅炉。

蒸汽供暖系统根据所用蒸汽压力的不同可分为低压蒸汽供暖系统、高压蒸汽供暖系统和真空蒸汽供暖系统;按管路布置形式的不同可分为上供下回式和下供下回式。

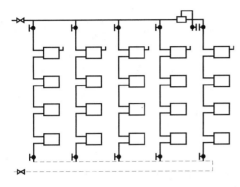

图 5-6　同程式系统

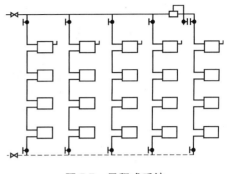

图 5-7　异程式系统

1）低压蒸汽供暖系统

低压蒸汽供暖系统热媒的压力小于等于 70 kPa，且常采用双管上分式系统。在低压蒸汽供暖系统中，锅炉产生的蒸汽经蒸汽管道送到散热器中，凝结放出热量供给房间，以保证室内温度达到供暖要求。凝结水沿凝水干管流入凝结水箱，由凝结水泵送回锅炉再加热成蒸汽。图 5-8 为双管上供下回式低压蒸汽供暖系统示意图。

为了保证散热器能正常工作，及时排除散热器中所存在的空气，蒸汽供暖系统的散热器上要安装自动排气阀，位置在距散热器底 1/3 的高度处，如图 5-9 所示。

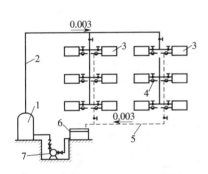

图 5-8　低压蒸汽供暖系统示意图

1—蒸汽锅炉；2—蒸汽管道；

3—散热器；4—疏水器；5—凝结水管；

6—凝结水箱；7—凝结水泵

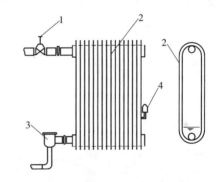

图 5-9　低压蒸汽供暖的散热器装置

1—阀门；2—散热器；3—疏水器；4—自动排气阀

蒸汽供暖系统中必须设有疏水装置，作用是阻止蒸汽通过，只允许凝水和不凝气体及时排往凝水管路。在低压蒸汽供暖系统中，最常用的是恒温式疏水器。

由于蒸汽沿管道流动时向管外散失热量，因此就会有一部分蒸汽凝结成水，称为沿途凝结水。为了排除这些沿途凝结水，在管道内最好使凝结水与蒸汽同向流动，亦即蒸汽干管应沿蒸汽流动方向有向下的坡度。一般情况下，沿途凝结水经由蒸汽立管进入散热器，然后排入凝结水管。必要时，在蒸汽干管上可设置专门的排除沿途凝结水的排水管。

顺利地排除系统中的空气是保证系统正常工作的重要条件。在系统开始运行时，蒸汽把积存于管道中和散热器中的空气赶至凝结水管，然后经凝结水箱排入大气。如果空气不能及时排入大气，便会堵在管道和散热器中，影响蒸汽供暖系统的放热量。当系统停止工作时，空气便通过凝结水箱、凝结水干管而充满管路系统。

为了使水泵停止工作时锅炉内的水不致流回凝结水箱,在水泵和锅炉相连接的管道上设有止回阀。

凝结水箱的有效容积应能容纳 0.5~1.5 h 的凝结水量,水泵应能在少于 30 min 时间内将这些凝结水送回锅炉。

在水泵工作时,为了避免水泵吸入口处压力过低使凝结水汽化,凝结水箱的位置应高于水泵。凝结水箱的底面高出水泵的高度取决于箱内凝结水的温度。当凝结水温度在 70° 以下时,水泵低于凝结水箱底面 0.5 m 即可。

在蒸汽供暖系统中,要尽量减少"水击"现象。产生"水击"现象的原因是蒸汽管道的沿途凝结水被高速运动的蒸汽推动而产生浪花或水塞,在弯头、阀门等处浪花或水塞与管件相撞,就会产生振动及噪声,也就是"水击"现象。减少"水击"现象的方法是及时排除沿途凝结水、适当降低管道中蒸汽的流速,以及尽量使蒸汽管中的凝结水与蒸汽同向流动。

在蒸汽供暖系统中,不论是什么形式的系统,都应保证系统中的空气能及时排除、凝结水能顺利地送回锅炉,防止蒸汽大量逸入凝结水管以及尽量避免水击现象。

2) 高压蒸汽供暖系统

高压蒸汽由室外管网引入,在建筑物入口处设有分汽缸和降压装置。降压阀前的分汽缸是供生产用的,降压阀后的分汽缸是供采暖用的,通过分汽缸的作用,可以调节和分配各建筑物所需的蒸汽量。而降压阀可以降低蒸汽的压力,并能稳定阀后的压力以保证供暖的要求。图 5-10 为高压蒸汽供暖系统示意图。

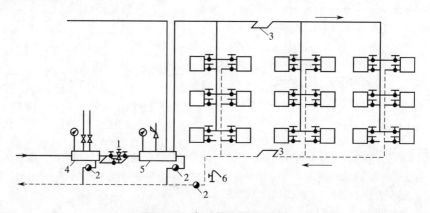

图 5-10　高压蒸汽供暖系统

1—降压装置;2—疏水器;3—方形补偿器;4—降压阀前分汽缸;5—降压阀后分汽缸;6—排气阀

高压蒸汽的压力及温度均较高,它和低压蒸汽供暖系统相比,它的供气压力高,流速大,系统作用半径大。对同样热负荷,高压蒸汽供暖系统所需的管径小,所需的散热器片数也少于低压蒸汽系统,因此高压蒸汽系统有较好的经济性。但由于温度高,使得房间的卫生条件差,且容易烫伤人,所以这种系统一般只在工业厂房中使用。

高压蒸汽供暖系统和低压蒸汽供暖系统同样也有上供下回、下供下回、单管、双管等形式。但是为了避免高压蒸汽和凝结水在立管中反向流动所发出的噪声,一般高压采用双管上供下回式系统。

　　在启动和停止运行时,高压蒸汽供暖系统管道温度的变化要比热水供暖系统和低压蒸汽供暖系统都大,应充分注意管道的热胀冷缩问题。另外,由于高压蒸汽供暖系统的凝结水温度很高,在凝结水通过疏水阀降压后,部分凝结水会重新汽化,产生二次蒸汽。也就是说在高压凝水管中输送的是凝结水和二次蒸汽的混合物。在有条件的地方,要尽可能将二次蒸汽送到附近低压蒸汽供暖系统或热水供应系统中综合利用。

　　蒸汽供暖系统和热水供暖系统相比有以下特点。

　　①蒸汽在散热设备中从蒸汽冷凝为凝结水,从气相变为液相,并放出汽化热,而热水在散热器中只是温度降低,没有释放汽化热。

　　②同样质量的蒸汽比热水携带的热量高出很多,对同样的热负荷,在蒸汽供暖系统所需的蒸汽流量比热水供暖系统的流量少,所需的散热设备的数量比热水供暖系统散热设备的数量要少。蒸汽供暖系统能节省散热器、管材、工程投资。由于蒸汽供暖系统所需的蒸汽流量少,蒸汽供暖系统锅炉给水泵流量小,节省电能。

　　③蒸汽供暖系统的散热器表面温度高。在低压蒸汽供暖系统中,散热器表面温度始终在100 ℃左右,使灰尘剧烈升起,卫生、安全条件都不好,因此蒸汽供暖系统不适用于医院、幼儿园、学校等建筑物。

　　④蒸汽供暖系统的热惰性很小,即系统的加热和冷却过程都很快。对于不经常有人停留而要求迅速加热的建筑物比较适用,如会议厅、影剧院等场所。

　　⑤由于蒸汽供暖系统间歇工作,管道内时而充满蒸汽,时而充满空气,管道内壁的氧化腐蚀要比热水供暖系统快,管道内壁氧化腐蚀严重,因此系统的使用寿命比热水系统要短,特别是凝结水管,更容易损坏。

　　⑥蒸汽供暖系统中易出现蒸汽的"跑、冒、滴、漏"等现象,凝结水的回收率也较低,因此系统的热损失大,锅炉燃料耗量大。

　　⑦在蒸汽供暖系统中,蒸汽的比重很小,所以当蒸汽充满系统时,由本身重力所产生的静压力也很小。热水的比重远大于蒸汽的比重,当热水供暖系统高度到30～40 m时,底层的铸铁散热器就有被压破的危险。因此在高层建筑中采用热水供暖系统时,就要将供暖系统在垂直方向分为几个互不相通的热水供暖系统。

　　⑧在真空蒸汽供暖中,蒸汽的饱和温度低于100 ℃。蒸汽的压力越低,则蒸汽的饱和温度也越低。在这种系统中,散热器表面温度能满足卫生要求,且能用调节蒸汽饱和压力的方法来调节散热器的散热量。但由于系统中的压力低于大气压,稍有缝隙,空气就会漏入,从而破坏系统的正常工作。因此要求系统的严密度很高,并需要抽气设备和保持真空的专门自控设备,这就造成真空蒸汽供暖系统的应用并不广泛。

　　(3)热风供暖系统

　　热风供暖系统以空气作为热媒。在热风供暖系统中,首先将空气加热,然后将高于室温的空气送入室内,热空气在室内放出热量,从而达到供暖目的。

　　热风供暖系统中也可以用蒸汽、热水或烟气来加热空气。利用蒸汽或热水通过金属壁传热将空气加热的设备叫做空气加热器;利用烟气来加热的设备叫做热风炉。

　　在既需要通风换气又需要供暖的建筑物内,常常用一个送出较高温度空气的通风系统完成上述两项任务。在产生有害物质很少的工业厂房中,广泛地应用暖风机供暖。暖风机直接安装在厂房内。

与蒸汽或热水供暖系统相比,热风供暖系统的优点是系统热惯性小,能迅速提高室温,对于人们短时间逗留的场所,如体育馆、剧院等最为适宜;热风供暖系统可同时兼有通风换气作用。缺点是对于大面积的工业厂房,冬季需要补充大量热量,因此往往采用暖风机或采用与送风系统相结合的热风供暖方式;热风供暖系统噪声比较大。

5.1.2 高层建筑供暖系统

1.高层建筑供暖的特点

由于高层建筑高度的增加,供暖系统出现了一些以下问题。

(1)随着建筑高度的增加,供暖系统内的静水压力也在增加,而散热设备、管材的承压能力是有限的。因此,当建筑物高度超过 50 m 时,应采用竖向分区供热,上下层系统采用隔绝式连接。

(2)建筑物高度的增加会使系统垂直失调的问题加剧。为减轻垂直失调,一个垂直单管供暖系统所供的层数不应大于 12 层,同时立管与散热器的连接可采用其他方式。

2.高层建筑热水供暖系统的形式

(1)分层式供暖系统

分层式供暖系统是在垂直方向上分成两个或两个以上相互独立的系统,如图 5-11 所示。系统高度的划分取决于散热器、管材的承压能力及室外供热管网的压力。下层系统通常直接与室外管网连接,上层系统通过加热器与外网隔绝式连接。在水加热器中,上层系统的热水与外网的热水隔着换热器表面流动,互不相通,使上层系统中的水压与外网的水压隔离开来。而换热器的传热表面,却能使外网的热量传给上层系统。这种系统是目前最常用的一种形式。

(2)双线式系统

垂直双线式单管热水供暖系统如图 5-12 所示。它

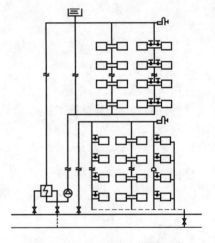

图 5-11　分层式热水供暖系统

由竖向的 Ⅱ 形单管式立管组成,散热器常用蛇形管或辐射板式结构。各层散热器的平均温度基本相同,有利于避免系统垂直失调。但由于立管的阻力小,易产生水平失调。

(3)单、双管混合式系统

单、双管混合式系统如图 5-13 所示,将散热器在垂直方向上分为几组,每组内采用双管形式,组与组之间用单管连接。该系统避免了垂直失调现象,而且某些散热器能进行局部调节。

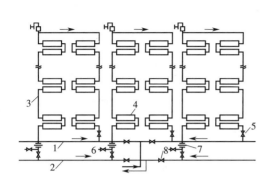

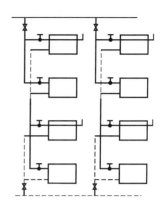

图 5-12　垂直双线式单管热水供暖系统
1—供水干管;2—回水干管;3—双线立管;4—散热器;
5—截止阀;6—排水阀;7—截流孔板;8—调节阀

图 5-13　单、双管混合式系统

5.1.3　常用供暖设备

1. 供热锅炉及锅炉房设备

供暖系统的主要采暖设备及辅助设备有锅炉、循环水泵、膨胀水箱、集气罐、疏水器以及各种阀门等。

锅炉是供热之源,它是将燃料的化学能转换为热能,产生高温烟气,高温烟气通过汽锅的受热面,将热量传递给水,从而产生热水或蒸汽的加热设备。锅炉的种类、型号很多,它的类型及台数的选择,取决于锅炉的供热负荷、产热量、供热介质和燃料供应情况等因素。根据用途不同,锅炉分为动力锅炉(用于动力、发电)和供热锅炉(用于工业、供暖);按所用燃料种类不同,锅炉分为燃油锅炉、燃气锅炉、燃煤锅炉;按产生的热媒不同,可分为热水锅炉、蒸汽锅炉;按出厂形式不同,可分为快装锅炉、散装锅炉;按工作压力的大小,锅炉分为低压锅炉、中压锅炉、高压锅炉。

锅炉本体和锅炉的辅助设备组成了锅炉房设备,它包括锅炉、水处理设备、给水设备、运煤除灰设备(燃油、燃气无此部分)、通风设备。图 5-14 为一燃煤锅炉的锅炉房设备简图。

（1）锅炉的基本构造

锅炉的最基本组成部分是汽锅和炉子,为保证锅炉的正常工作和安全,还必须装设安全阀、水位表、水位报警器、压力表、主阀、排污阀、止回阀等,为节省燃料,还设有省煤器和空气预热器。

（2）锅炉房设备

锅炉本体包括炉子、汽锅、蒸汽过热器、省煤器和空气预热器。

①炉子　设在汽锅的前下方,图 5-14 为一种应用较普遍的链条炉。

②汽锅　蒸汽或热水的生产在汽锅内进行。经过水处理的锅炉给水由水泵加压,经省煤器预热进入汽锅。汽锅是由上下锅筒、对流管束、水冷壁、联箱、下降管等组成的封闭空间。

锅炉工作时,由于汽锅中的工质,由于处的位置不同,所以受热情况也不相同。上锅筒位于烟温较低位置,因受热较弱,工质密度较大;下锅筒位于烟气高温区者,受热较强,工质密度较小。从而密度大的工质往下流入下锅筒,而密度小的向上流入上锅筒,形成自然循环。水通

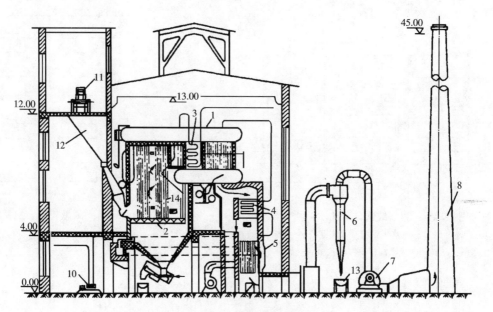

图 5-14　锅炉房设备图

1—锅筒;2—对流管束;3—蒸汽过热器;4—省煤器;5—空气预热器;6—除尘器;7—引风机;
8—烟囱;9—送风机;10—给水泵;11—皮带运输机;12—烟仓;13—灰车;14—对流管束

过汽锅受热面被加热、汽化、产生蒸汽。

③省煤器　设置在锅炉尾部的低温烟道处。锅炉给水先经省煤器然后进入汽锅。省煤器能有效吸收排烟中的余热以提高给水温度,所以省煤器实质上是水的预热器。省煤器提高了锅炉热效率,节省了燃料。

④空气预热器　设在锅炉尾部的低温排烟处,它的任务是把冷空气预热成一定温度的热空气,再送入炉内供燃料燃烧。它和省煤器一样,具有降低排烟温度和提高锅炉效率的功能。

(3)锅炉房的辅助设备

①运煤、除渣系统　它的作用是为锅炉运入燃料和送出灰渣。

②送、引风系统　它的作用是将空气送入炉内供燃烧之需,从锅炉引出燃烧产物(烟气),并使烟气以一定流速冲刷受热面。系统的主要设备有送风机、引风机和烟囱。为减少烟尘污染,在系统中还设有除尘器。

③水、汽系统　汽锅内具有一定压力,因此锅炉给水要经给水泵加压送入。为防止锅炉结垢,需设置软化水设备。锅炉产生的蒸汽经分汽缸再分别送至各用户的管道。锅炉需定期排污,因此还设有排污降温池。

④仪表控制系统　除锅炉本体上装有仪表外,还设有蒸汽流量计、水量计、烟温指示仪等。

2. 热力站

热力站是供热网络向热用户供热的连接场所,起着热能转换、调节向热用户供热的热媒参数以及供热计量的作用。

(1)热力站的分类

①热水热力站和蒸汽热力站　根据网络(一次热网)热媒的不同,可分为热水热力站和蒸汽热力站。

热水热力站主要用于建筑的供暖、通风及热水供应系统等。在热力站内设有水 – 水换热器,将高温水换成热用户所需一定温度的热水。

蒸汽热力站是将一定压力的蒸汽经汽 – 水换热器,换成一定温度的热水用于建筑供暖、通风及热水供应,并可以将蒸汽直接向厂区供应,以满足生产工艺用汽。

②工业和民用热力站　根据服务对象不同,可分为工业热力站和民用热力站。前者主要为工业生产服务,后者主要为民用建筑服务。

③用户、集中和区域热力站　根据热力站的位置及功能分为用户热力站、集中热力站和区域热力站。

用户热力站也称为用户热引入口,设置在单幢建筑的地沟入口或该建筑的地下室或底层处。

集中热力站是供热网络通过此站向一个街区或多幢建筑分配热能。一般集中热力站设在单独的建筑内,也可设在某一幢建筑内。从集中热力站向各用户输送热能的网络一般称为二级供热网络或二次供热网络。

区域热力站一般用在大型的供热网络上,设在供热干线与分支干线连接处。

(2)热力站的主要设备

①图 5-15 是供暖用户热力站示意图。系统需要设置必要的检测仪表,如压力表、温度计等;为防止杂物进入供暖系统,可在供水管上装设除污器;安装调压板或调节阀调节系统循环流量,以平衡各用户压力;在系统最低点设泄水阀,以泄空供暖系统;在供暖系统供回水管上设循环管亦称旁通管,其上设阀门。当用户维修或因故停止供暖而外网仍在运行时,可关闭引入口阀门,打开旁通管阀门,使网络水仍能循环流动,以免冻坏支管。用户供暖时旁通管阀门必须关严,以防循环短路。

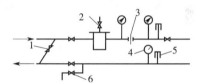

图 5-15　用户热力站示意图
1—旁通管;2—除污器;3—调压板;
4—压力表;5—温度计;6—泄水阀

②图 5-16 是集中热力站示意图。图中从集中热力站通往各建筑的二级网络有低温水供暖网络及热水供应网络,热力站内设混水泵抽吸供暖网络的回水与外网的高温水混合泵向用户供暖。上水通过过滤器、磁水器(防止水受热后结水垢),经水 – 水换热器加热后沿热水供应网络将热水送到各用户。热水供应系统中设置循环水泵及循环管道,使热水不断地循环流动,保证用户打开热水取水时能很快得到热水。

如图 5-16 所示,集中热力站应设置必要的检测、自控与计量装置。设置翼轮湿式水表用以计量热水供应耗水量,在供、回水管上设置涡轮流量计可以计量网路循环水量或漏水量,配合供、回水管的温差,可计量供热量。也可安装热量计直接记录热量。

集中热力站比分散式热力站运行管理人员少,便于实现遥控、监测和计量,可以提高管理水平。

一般来说,究竟选用用户热力站还是集中热力站,应根据一次投资费用和经常运行费用通过技术经济分析比较来确定。

③图 5-17 是区域性热力站的示意图。图中供热主干线由双热源从不同方向供热。在正常运行时,关闭分段阀门和分支干线同一侧的截断阀门供热。当正常供热一方的热源或主干

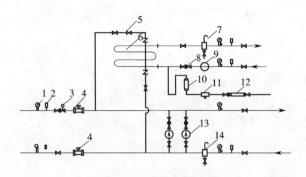

图 5-16　集中热力站示意图

1—压力计；2—温度计；3—手动调节阀；4—涡轮流量计；5—温度调节阀；
6—水－水式加热器；7—沉淀罐；8—止回阀；9—热水供应系统的循环水泵；10—磁水器；
11—过滤器；12—翼轮湿式水表；13—网路混合水泵；14—除污器

线出现事故时,可关闭分支干线另一个阀门,开启分段阀门,从另一个方向供热。通过设置在区域性热力站内的混合水泵抽分支干线的回水,可以较大幅度地调节分支干线的供水温度。通过水温调节器控制调整抽水量,分支干线的压力由压力调节器控制调节。当分支干线压力超压时,通过安全泄水阀排水泄压。利用设置在分支干线上的流量计通过继电遥控装置计量循环水量和漏水量。

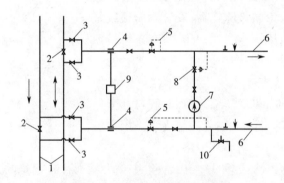

图 5-17　区域性热力站示意图

1—供热主干线；2—分段阀门；3—截断阀门；4—流量计；
5—压力调节器；6—分支干线；7—混合水泵；8—温度调节器；
9—继电遥控装置；10—安全排水阀

5.1.4　锅炉房动力设备电气控制

1. 锅炉的运行工况

锅炉的运行工况有燃料的燃烧过程、烟气向水的传热过程和水的受热汽化过程(蒸汽的生产过程)。

（1）燃料的燃烧过程

燃煤锅炉的燃烧过程为煤加到煤斗后,借助自重下落在炉排上,炉排借助电动机通过变速齿轮箱变速后由链轮来带动,将燃料煤带入炉内。燃料一面燃烧,一面向炉后移动。燃烧所需要的空气是由风机送入炉排腹中风仓室后,向上通过炉排到达燃烧燃料层,风量和燃料量要成比例,进行充分燃烧形成高温烟气。燃料燃烧剩下的灰渣,在炉排末端翻过除渣板后排入灰斗,这整个过程称为燃烧过程。燃烧过程进行得完善与否,是锅炉正常工作的根本条件。要使燃料量、空气量和负荷蒸汽量有一定的对应关系,就要根据所需要的负荷蒸汽量,来控制燃料量和送风量,同时还要通过引风设备控制炉膛负压。

(2)烟气向水(汽等物质)的传热过程

由于燃料的燃烧放热,炉内温度很高,在炉膛的四周墙面上,布置一排水管,俗称水冷壁。高温烟气与水冷壁进行强烈的辐射换热,将热量传递给管内工质。继而烟气受引风机、烟窗的引力而向炉膛上方流动。烟气由出烟窗口(炉膛出口)并掠过防渣管后,冲刷蒸汽过热器(一组垂直放置的蛇形管受热面),使汽锅中产生的饱和蒸汽在其中受烟气加热而得到过热。烟气流经过热器后又掠过胀接在上、下锅筒间的对流管簇,在管簇间设置了折烟墙使烟气呈"S"形曲折地横向冲刷,再次以对流换热方式将热量传递给管簇内的工质。沿途降低温度的烟气最后进入尾部烟道,与省煤器和空气预热器内的工质进行热交换后,以的较低烟温经引风机排入烟囱。

(3)水的受热汽化过程

水的汽化过程就是蒸汽的产生过程,主要包括水循环和汽水分离过程。经过处理的水由泵加压,先经省煤器而得到预热,然后进入汽锅。

①水循环锅炉工作时,汽锅中的工质是处于饱和状态下的汽水混合物。位于烟温较低区段的对流管束,因受热较弱,汽水工质的密度较大;而位于烟气高温区的水冷壁和对流管束,因受热较强,相应地工质的密度较小;从而密度大的工质往下流入下锅筒,而密度小的工质则向上流入上锅筒,形成了锅水的自然循环。此外,为了组织水循环和进行疏导分配的需要,一般还设有置于炉墙外的不受热的下降管,借以将工质引入水冷壁的下集箱,而通过上集箱上的汽水引出管将汽水混合物导入上锅筒。

②汽水分离过程,借助上锅筒内装设的汽水分离设备,以及在锅筒本身空间中的重力分离作用,使汽水混合物得到了分离,蒸汽在上锅筒顶部引出后进入蒸汽过热器,而分离下来的水仍回落到上锅筒下半部的水空间。

汽锅中的水循环保证了与高温烟气相接触的金属受热面得以冷却而不会烧坏,是锅炉能长期安全运行的必要条件。而汽水混合物的分离设备则是保证蒸汽品质和蒸汽过热器可靠工作的必要设备。

2. 锅炉的自动控制任务

(1)锅炉自动控制的内容和意义

①自动检测　为了满足负荷设备的要求,保证锅炉正常运行和给锅炉自动调节提供必要的数据,锅炉房内必须安装相关的热工检测仪表。它们可以显示、记录和变送锅炉运行的各种参数,如温度、压力、流量、水位、气体成分、汽水品质、转速、热膨胀等,并随时提供给人或自动化装置。

检测仪表相当于人或自动化装置的眼睛。如果没有来自检测仪表的信号,是无法进行操作和控制的,更谈不上自动化,因此要求检测仪表必须可靠、稳定和灵敏。大型锅炉机组常采用巡回检测的方式,对各运行参数和设备状态进行巡测,以便进行显示、报警、工况计算以及制表打印。

②自动调节　为确保锅炉安全、经济地运行,必须使一些能够决定锅炉工况的参数维持在

规定的数值范围内或按一定的规律变化。该规定的数值常称为给定值。

当需要控制的参数偏离给定值时,使它重新回到给定值的动作叫做调节。靠自动化装置实现调节的叫做自动调节。锅炉自动调节是锅炉自动化的主要组成部分。锅炉自动调节主要包括给水自动调节、燃烧自动调节和过热蒸汽温度自动调节等。在火力发电厂中按机组的调节方式可分分散调节、集中调节和综合调节。

③程序控制 程序控制是根据设备的具体情况和运行要求,按一定的条件和步骤,对一台或二组设备进行自动操作,以实现预定目的的手段。程序控制是靠程序控制装置来实现的,它必须具备必要的逻辑判断能力和连锁保护功能。即当设备完成每一步操作后,它必须能够判断此操作已经实现,并具备下一步操作条件时,才允许设备自动进入下一步操作,否则中断程序并进行报警。程序控制的优点是减轻劳动强度、避免误操作。

④自动保护 自动保护的任务是当锅炉运行发生异常现象或某些参数超过允许值时,进行报警或进行必要的动作,以避免设备发生事故,保证人身安全。锅炉运行中的主要保护项目有灭火自动保护,高、低水位自动保护,超温、超压自动保护等。

⑤计算机控制 计算机控制功能齐全,不仅具备自动检测、自动调节、程序控制及自动保护功能,而且还具有计算功能强、分析主要参数的变化趋势、分析故障原因、打印参数、监视操作程序等优点。

(2)锅炉的自动调节

1)锅炉给水系统的自动调节

锅炉汽包水位是一个十分重要的被调参数,锅炉汽包水位的高度关系着汽水分离的速度和生产蒸汽的质量,也是确保安全生产的重要参数。锅炉的自动控制都是从给水自动调节开始的。锅炉给水自动调节的任务和类型见表5-1。

表 5-1 锅炉给水自动调节的任务和类型

序号	给水自动调节的任务	给水自动调节的类型	作用及特点
1	维持锅筒水位在允许的范围内。一般要求水位保持在正常水位的 −50 ~ 100 mm 范围内。最有效的方法是用水位自动调节	位式调节	对锅筒水位的高水位和低水位两个位置进行控制,即低水位时,调节系统接通水泵电源,向锅炉上水,达到高水位时,调节系统切断水泵电源,停止上水。随着水的蒸发,锅炉水位逐渐下降,当水位降至低水位时重复上述工作。常用的位式调节有电极式和浮子式两种
2	给水实现自动调节,以保证给水量稳定,这有助于省煤器和给水管道的安全运行	连续调节	系统连续调节锅炉的上水量,以保持锅筒水位始终在正常水位的位置。调节装置动作的冲量可以是锅筒水位、蒸汽流量和给水流量,根据取用的冲量不同,可分为单冲量、双冲量和三冲量调节三种类型

①单冲量给水调节 由汽包水位变送器(水位检测信号)、调节器和电动给水调节阀组成,如图5-18(a)所示。

以汽包水位为唯一的调节信号。当汽包水位发生变化时,水位变送器发出信号并输送给调节器,调节器根据水位信号与给定值的偏差,经过放大后输出调节信号,去控制电动给水调节阀的开度,改变给水量来保持汽包水位在允许范围内。

单冲量给水调节的特点是:系统结构简单。常用在汽包容量相对较大,蒸汽负荷变化较小的锅炉中。

单冲量给水调节的不足是:存在"虚假水位"现象和对给水母管方面的扰动反应不及时。

②双冲量给水调节　双冲量给水调节的组成如图5-18(b)所示。双冲量给水调节以锅炉汽包水位信号作为主调节信号,以蒸汽流量信号作为前馈信号,组成锅炉汽包水位双冲量给水调节。

优点:引入蒸汽流量前馈信号,可以消除因"虚假水位"现象引起的水位波动。例如当蒸汽流量变化时,就有一个给水量与蒸汽量同方向变化的信号,可以减少或抵消由于"虚假水位"现象而使给水量向相反方向变化的错误动作,使调节阀一开始就向正确的方向动作,减小了水位的波动,缩短了过渡过程的时间。

缺点:不能及时反映给水母管方面的扰动,因此如果给水母管压力经常有波动,给水调节阀前后压差不能保持正常时,不宜采用双冲量调节系统。

③三冲量给水调节　三冲量给水自动调节原理如图5-18(c)所示。

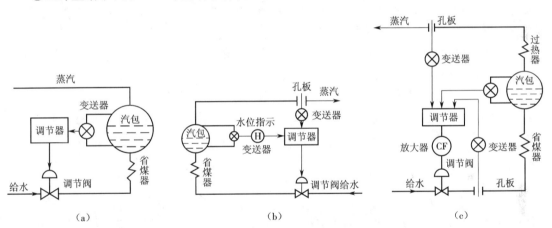

图 5-18　锅炉给水自动调节系统类型

(a)单冲量给水调节系统图;(b)双冲量给水调节系统图;(c)三冲量给水调节系统

以汽包水位为主调节信号,蒸汽流量为调节器的前馈信号,给水流量为调节器的反馈信号。

系统的特点:抗干扰能力强,改善了调节系统的调节品质,因此在要求较高的锅炉给水调节系统中得到广泛的应用。

以上分析的三种类型的给水调节系统可采用电动单元组合仪表组成,也可采用气动单元组合仪表组成,目前均有定型产品。

2)锅炉蒸汽过热系统的自动调节

蒸汽过热系统自动调节的任务是维持过热器出口蒸汽温度在允许范围之内,并保护过热器,使过热器管壁温度不超过允许的工作温度。

过热蒸汽温度调节类型主要有两种:改变烟气量(或烟气温度)的调节、改变减温水量的调节。

　　调节减温水流量控制过热器出口蒸汽温度的调节系统原理图如图 5-19 所示。减温器有表面式和喷水式两种,安装在过热器管道中。系统由温度变送器检测过热器出口蒸汽温度,将温度信号输入给温度调节器,调节器经与给定信号比较,去调节减温水调节阀的开度,使减温水量改变,也就改变了过热蒸汽温度。由于设备简单,其应用较广泛。

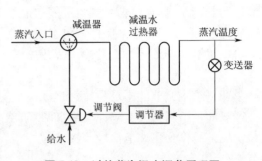

图 5-19　过热蒸汽温度调节原理图

　　3)锅炉燃烧过程的自动调节

　　①锅炉燃烧系统自动调节的基本任务是使燃料燃烧所产生的热量适应蒸汽负荷的需要,同时还要保证经济燃烧和锅炉的安全运行。

　　②燃煤锅炉燃烧过程的自动调节一般在大、中型锅炉中应用。

　　在小型锅炉中,常根据检测仪表的指示值,由司炉工通过操作器件分别调节燃料炉排的进给速度和送风风门挡板、引风风门挡板的开度等,通常称为遥控。

　　对于燃烧过程自动调节系统的要求是在负荷稳定时,应使燃烧量、送风量和引风量保持不变,及时地补偿系统的内部扰动。这些内部扰动包括燃烧质量的变化以及由于电网频率、电压变化引起燃料量、送风量和引风量的变化等。在负荷变化引起外扰作用时,则应使燃料量、送风量和引风量成比例地改变,既要适应负荷的要求,又要使被调量(蒸汽压力、炉膛负压和燃烧经济性指标)保持在允许范围内。

　　3. 锅炉动力设备电气控制实例

　　以某锅炉厂制造的型号为 SHL10—2.45/400 ℃—A Ⅲ锅炉为例分析对电气控制回路及仪表控制情况进行分析。图 5-20 是该锅炉的动力设备电气控制回路图,图 5-21 是该锅炉仪表控制方框图。

　　(1)SHL10 锅炉动力电气控制与自动调节特点

　　1)电气控制特点

　　①水泵电动机功率为 45 kW,引风机电动机功率为 45 kW,一次风机电动机功率为 30 kW,功率较大,根据锅炉房设计规范,需设置降压启动设备。因三台电动机不需要同时启动,所以可共用一台自耦变压器作为降压启动设备。为了避免三台或两台电动机同时启动,需设置启动互锁环节。在选择变压器时应考虑按最大一台电动机的容量选取。炉排电动机和除渣机功率均为 1.1 kW、二次风机电动机功率为 7.5 kW,可直接启动。

　　②锅炉点火时,为了防止倒烟,一次风机、炉排电动机、二次风机必须在引风机启动数秒后才能启动;停炉时,一次风机、炉排电动机、二次风机停止数秒后,引风机才能停止。系统应用了按顺序规律实现控制的环节,并在极限低水位以上才能实现顺序控制。

　　③在链条炉中,常布设二次风,其目的是二次风能将高温烟气引向炉前,帮助新燃料着火,加强对烟气的扰动混合,同时还可提高炉膛内火焰的充满度等优点。二次风量一般控制在总风量的 5% ~15%之间,二次风由王次风机供给。

　　④还需要一些必要的声、光报警及保护装置。

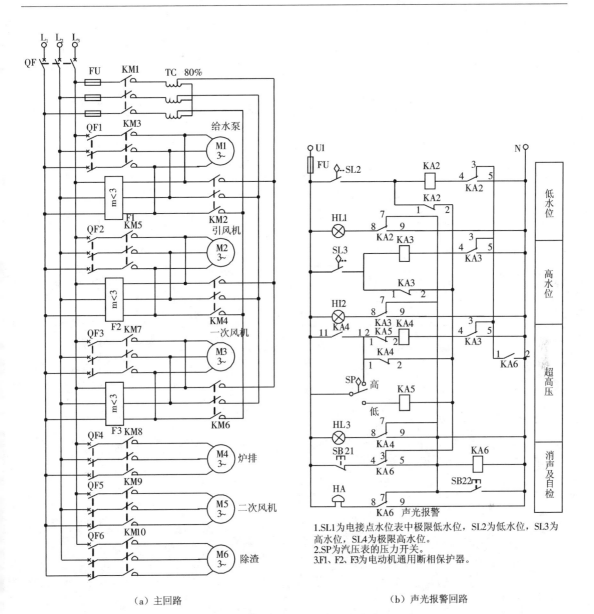

（a）主回路　　　　　　　　　　　　　　　（b）声光报警回路

1.SL1为电接点水位表中极限低水位，SL2为低水位，SL3为高水位，SL4为极限高水位。
2.SP为汽压表的压力开关。
3.F1、F2、F3为电动机通用断相保护器。

图 5-20　SHL10 锅炉电气控制回路图（一）

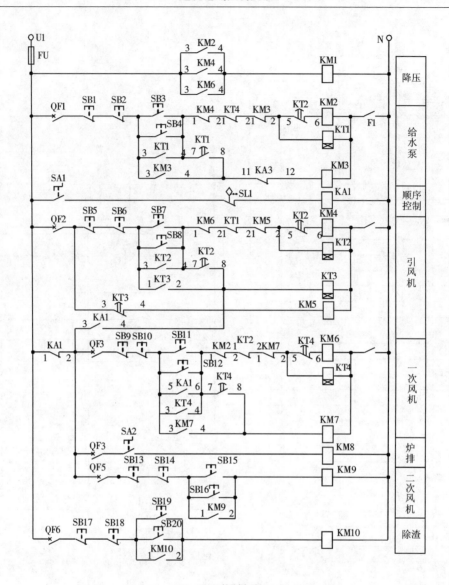

（c）控制电路

图 5-20 SHL10 锅炉电气控制回路图（二）

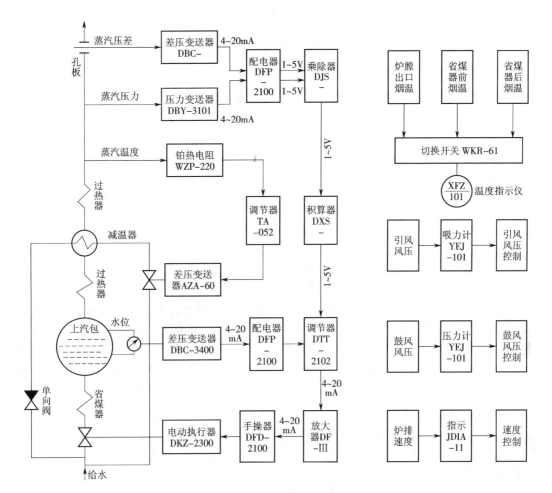

图 5-21　SHL10 锅炉仪表控制方框图

2）自动调节

①汽包水位调节为双冲量给水调节系统；通过调节仪表自动调节给水电动阀门的开度，实现汽包水位的调节。水位超过高水位时，应使给水泵停止运行。

②过热蒸汽温度调节是通过调节仪表自动调节减温水电动阀门的开度，调节减温水的流量，实现控制过热器出口蒸汽温度。

③燃烧过程的调节是通过司炉工观察显示仪表的指示值，操作调节装置，遥控引风风门挡板和一次风风门挡板，实现引风量和一次风量的调节。对炉排进给速度的调节，是通过操作能实现无级调速的滑差电动机调节装置，以改变链条炉排的进给速度。

④系统还装有一些必要的显示仪表和观察仪表。

（2）SHL10 锅炉电气控制回路工作过程分析

1）锅炉点火前的准备

当锅炉需要运行时，先要进行运行前先要进行检查，一切正常后，将各电源低压断路器 QF 及 QF1～QF6 合上，其主触点和辅助触点均闭合，为主电路和控制回路通电做准备。如果电源相序正常，电动机通用断相保护器 F1～F3 常开触点闭合，为控制回路操作做准备。

2）给水泵的控制

上水时，按下 SB3 或 SB4 按钮，接触器 KM2 线圈得电吸合，其主触点闭合，使给水泵电动机 M1 接通降压启动电路，为启动做准备；$KM2_{1,2}$ 断开，切断 KM6 通路，实现对一次风机不许同时启动的互锁；$KM2_{3,4}$ 闭合，使接触器 KM1 线圈得电吸合；其主触点闭合，给水泵电动机 M1 接通自耦变压器及电源，实现降压启动。同时，时间继电器 KT1 线圈也得电吸合，$KT1_{1,2}$ 瞬时断开，切断 KM4 通路，实现对引风电动机不许同时启动的互锁；$KT1_{3,4}$ 触点瞬时闭合，实现启动时自锁；$KT1_{5,6}$ 触点延时断开，使 KM2 线圈失电，KM1 线圈也失电，其触点复位，电动机 M1 及自耦变压器均切除电源；$KT1_{7,8}$ 触点延时闭合，接触器 KM3 线圈得电吸合其主触点闭合，使电动机 M1 接上全压电源稳定运行上水；$KM3_{1,2}$ 触点断开，KT1 线圈失电，触点复位；$KM3_{3,4}$ 触点闭合，实现运行时自锁。当汽包水位达到一定高度时，需将给水泵停止，做升火前的其他准备工作。

如果锅炉正常运行，水泵也需长期运行时，将重复上述启动过程。

3）引风机的控制

按下 SB7 或 SB8，接触器 KM4 线圈得电吸合，其主触点闭合，使引风机电动机 M2 接通降压启动电路，为启动做准备；$KM4_{1,2}$ 断开，切断 KM2，实现对水泵电动机不许同时启动的互锁；$KM4_{3,4}$ 触点闭合，使接触器 KM1 线圈得电吸合，其主触点闭合，M2 接通自耦变压器及电源，引风电动机实现降压启动。同时，时间继电器 KT2 线圈也得电吸合，$KT2_{1,2}$ 瞬时断开，切断 KM6 通路，实现对一次风机不许同时启动的互锁；$KT2_{3,4}$ 触点瞬时闭合，实现自锁；$KT2_{5,6}$ 触点延时断开，KM4 失电，KM1 也失电，其触点复位，电动机 M2 及自耦变压器均切除电源；$KT2_{7,8}$ 触点延时闭合，时间继电器 KT3 线圈得电吸合，$KT3_{1,2}$ 闭合自锁；$KT3_{3,4}$ 触点瞬时闭合，接触器 KM5 线圈得电吸合；其主触点闭合，使 M2 接上全压电源稳定运行；$KM5_{1,2}$ 触点断开，KT2 线圈失电释放，其触点复位。引风机启动结束后，就可启动炉排电动机和二次风机。

$KA4_{13,14}$ 为锅炉出现高压时，自动停止一次风机、炉排风机、二次风机的继电器 KA4 触点，正常时不动作，其原理在声光报警电路中分析。

4）一次风机、二次风机和炉排电动机的控制

①一次风机的控制　系统按顺序控制时，需合上转换开关 SA1，只要汽包水位高于极限低水位，水位表中极限低水位电接点 SL1 闭合，中间继电器 KA1 线圈得电吸合；$KA1_{1,2}$ 断开，使一次风机、炉排电动机、二次风机必须按引风电动机先启动的顺序实现控制；$KA1_{3,4}$ 闭合，为顺序启动作准备；$KA1_{5,6}$ 闭合，使一次风机在引风机启动结束后自行启动。

当引风机 M2 降压启动结束时，$KT3_{1,2}$ 闭合，只要 $KA4_{13,14}$ 闭合、$KA1_{3,4}$ 闭合、$KA1_{5,6}$ 闭合，接触器 KM6 线圈得电吸合，其主触点闭合，使一次风机电动机 M3 接通降压启动电路，为启动作准备；$KM6_{1,2}$ 断开，实现对引风电动机不许同时启动的互锁；$KM6_{3,4}$ 闭合，接触器 KM1 线圈得电吸合：其主触点闭合，M3 接通自耦变压器及电源，一次风机实现降压启动。同时，时间继电器 KT4 线圈也得电吸合，$KT4_{1,2}$ 瞬时断开，实现对水泵电动机不许同时启动的互锁；$KT4_{3,4}$ 瞬时闭合，实现自锁（按钮启动时用）；$KT4_{5,6}$ 延时断开，KM6 线圈失电，KM1 线圈也失电，其触点复位，电动机 M3 及自耦变压器切除电源；$KT4_{7,8}$ 延时闭合，接触器 KM7 线圈得电吸合，其主触点闭合，M3 接全压电源稳定运行；辅助触点 $KM7_{1,2}$ 断开，KT4 线圈失电触点复位；$KM7_{3,4}$ 闭合，实现自锁。

②炉排电动机的控制　用转换开关 SA2 直接控制接触器 KM8 线圈通电吸合，其主触点闭

合,使炉排电动机 M4 接通电源,直接启动。

③二次风机启动　按下 SB15 或 SB16 按钮,接触器 KM9 线圈得电吸合,其主触点闭合,二次风机电动机 M5 接通电源,直接启动;KM9$_{1,2}$闭合,实现自锁。停止时按下 SB13、SB14 即可。

5)锅炉停炉控制过程

锅炉停炉有三种情况:暂时停炉、正常停炉和紧急停炉(事故停炉)。

①暂时停炉　负荷短时间停止用汽时,炉排用压火的方式停止运行,同时停止送风机和引风机,重新运行时可免去生火的准备工作。

②正常停炉　负荷停止用汽及检修时有计划停炉,需熄火和放水。操作步骤与暂时停炉相同。

正常停炉和暂时停炉的控制:按下 SB5 或 SB6 按钮,时间继电器 KT3 线圈失电,KT3$_{1,2}$瞬时复位,使接触器 KM7、KM8、KM9 线圈都失电,其触点复位,一次风机 M3、炉排电动机 M4、二次风机 M5 都断电停止运行;KT3$_{3,4}$延时恢复,接触器 KM5 线圈失电,其主触点复位,引风机电动机 M2 断电停止。实现了停止时,一次风机、炉排电动机、二次风机先停数秒后,再停引风机电动机的顺序控制要求。

③紧急停炉　锅炉运行中发生事故,如不立即停炉,就有扩大事故的可能,需停止供煤、送风,减少引风,其具体工艺操作按规定执行。

6)声光报警及保护

系统装设有汽包水位的低水位报警和高水位报警及保护以及蒸汽压力超高压报警及保护等环节,如图 5-20(b)所示,图中采用 KA2 ~ KA6 均为灵敏继电器。

①水位报警　汽包水位的显示为电接点水位表,该水位表有极限低水位继电器接点 SL1、低水位电接点 SL2、高水位电接点 SL3、极限高水位电接点 SL4。当汽包水位正常时,SL1 闭合,SL2、SL3 为开,SL4 在系统中没有使用。

当汽包水位低于低水位时,低水位电接点 SL2 闭合,灵敏继电器 KA6 线圈得电吸合,KA6$_{4,5}$闭合并自锁;KA6$_{8,9}$闭合,蜂鸣器 HA 响,发声报警;KA6$_{1,2}$闭合,使 KA2 线圈得电吸合,KA2$_{4,5}$闭合并自锁;KA2$_{8,9}$闭合,指示灯 HL1 亮,光报警。KA2$_{1,2}$断开,为消声作准备。当值班人员听到声响后,观察指示灯,知道发生低水位时,可按 SB21 按钮,使 KA6 线圈失电,其触点复位,HA 失电不再响,实现消声,并去排除故障。水位上升后,SL2 复位,KA2 线圈失电,HL1 不亮。

如汽包水位下降低于极限低水位时,极限低水位继电器电接点 SL1 断开,KA1 线圈失电,一次风机、二次风机均失电停止。

当汽包水位超过高水位时,高水位电接点 SL3 闭合,KA6 线圈得电吸合,KA6$_{4,5}$闭合并自锁;KA6$_{8,9}$闭合,HA 响报警;KA6$_{1,2}$闭合,使 KA3 线圈得电吸合,KA3$_{4,5}$闭合自锁;KA3$_{8,9}$闭合,HL2 亮,发光报警;KA3$_{1,2}$断开,准备消声;KA3$_{11,12}$断开,使接触器 KM3 线圈失电,其触点恢复,给水泵电动机 M1 停止运行。消声与前同。

②超高压报警　当蒸汽压力超过设计整定值时,其蒸汽压力表中的压力开关 SP 高压端接通,使继电器 KA6 线圈得电吸合,KA6$_{4,5}$闭合自锁;KA6$_{8,9}$闭合,HA 响报警;KA6$_{1,2}$闭合,使 KA4 线圈得电吸合,KA4$_{11,12}$、KA4$_{4,5}$均闭合自锁;KA4$_{8,9}$闭合,HL3 亮报警;KA4$_{13,14}$断开,使一次风机、二次风机和炉排电动机均停止运行。

当值班人员知道并处理后,蒸汽压力下降,到蒸汽压力表中的压力开关 SP 低压端接通时,使继电器 KA5 线圈得电吸合,KA5$_{1,2}$断开,使继电器 KA4 线圈失电,KA4$_{13,14}$复位,一次风机和炉排电动机将自行启动,二次风机需用按钮操作。

按钮 SB22 为自检按钮,自检的目的是检查声、光器件是否能正常工作。自检时,HA 及各光器件均应能动作。

③断相保护 F1、F2、F3 为电动机通用断相保护器,各作用于 M1、M2 和 M3 电动机启动和正常运

行时的断相保护(缺相保护)。如相序不正确时也能保护。

④过载保护 各台电动机的电源开关都用低压断路器控制,低压断路器一般具有过载自动跳闸功能,也可有欠电压保护和过电流保护等功能。

综上分析可知,锅炉要想正常运行,还需有其他设备,如水处理设备、除渣设备、运煤设备、燃料粉碎设备等。各设备中均以电动机为动力,但是因为其控制回路比较简单,不作介绍。

(3)自动调节环节分析

自动调节环节是比较复杂的,图 5-21 为 SHL10 锅炉的自控方框图。此处只画出与自动调节有关的环节,其他各种检测及指示等环节没有画出。由于自动调节过程中采用的仪表种类较多,此处仅进行简单的定性分析。

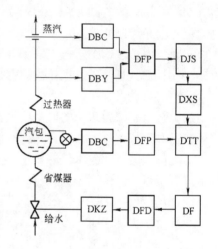

1)汽包水位的自动调节

①调节类型 锅炉汽包水位的自动调节为双冲量给水调节系统。系统以汽包水位信号作为主调节信号,以蒸汽流量信号作为前馈信号,可克服因负荷变化频繁而引起的"虚假水位"现象,减小水位波动的幅度。见框图 5-22。

②蒸汽流量信号的检测 系统是通过蒸汽差压信号与蒸汽压力信号的合成。气体的流量不仅与差压有关,还与温度和压力有关。

图 5-22 双冲量给水调节系统方框图

该系统的蒸汽温度由减温器自动调节,可视为不变。因此蒸汽流量是以差压为主信号,压力为补偿信号,经乘除器合成,作为蒸汽流量输出信号。

差压的检测:工程中常应用差压式流量计检测差压。差压式流量计主要由节流装置、引压管和差压计三部分组成,如图 5-23 所示。

流体通过节流装置(孔板)时,在节流装置的上、下游之间产生压差,从而由差压计测出差压。流量越大,差压也越大。流量和差压之间存在一定的关系,这就是差压流量计的工作原理。该系统用差压变送器代替差压计,将差压量转换为直流 4~20 mA 电流信号送出。

压力的检测:压力检测常用的压力传感器有电阻式压力变送器、霍尔压力变送器。弹簧管电

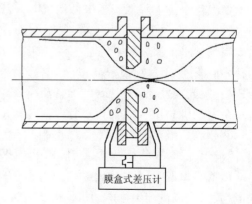

图 5-23 差压式流量计

阻压力变送器如图 5-24 所示,弹簧管压力表中装有滑线电阻,当被测压力变化时,压力表中指针轴的转动带动滑线电阻的可动触点移动,改变滑线电阻两端的电阻比。这样就把压力的变化转化为电阻的变化,再通过检测电阻的阻值转换为直流 4~20 mA 电流信号输出。

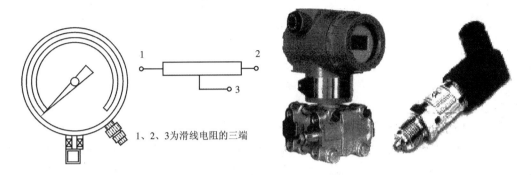

1、2、3为滑线电阻的三端

图 5-24　弹簧管电阻式压力变送器

③汽包水位信号的检测:水位信号的检测是用差压式水位变送器实现的,如图 5-24 所示。其作用原理是把液位高度的变化转换成差压信号,水位与差压之间的转换是通过平衡器(平衡缸)实现的。图示为双室平衡器,正压头从平衡器内室(汽包水侧连通管)中取得。平衡器外室中水面高度是一定的,当水面要增高时,水便通过汽侧连通管溢流入汽包;水要降低时,由蒸汽凝结水来补充。因此当平衡器中水的密度一定时,正压头为定值。负压管与汽包是相连的,因此负压管中输出压头的变化反映了汽包水位的变化。

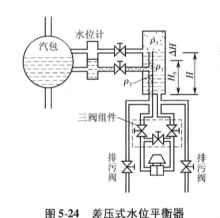

图 5-24　差压式水位平衡器

ρ_s—饱和蒸汽密度;ρ_1—水的密度;ρ_2—饱和水的密度;H_0—正常水位高度;H—外室水面高度

按流体静力学原理,当汽包水位在正常水位 H_0 时,平衡器的差压输出。Δp_0 为

$$\Delta p_0 = H\rho_1 g - H_0\rho_2 g - \Delta H\rho_s g \tag{5-1}$$

式中 g 为重力加速度。

当汽包水位偏离要常水位 H_0 而 ΔH 变化时,平衡器的差压输出 Δp 为

$$\Delta p = \Delta p_0 - \Delta H(\rho_2 g - \rho_s g) \tag{5-2}$$

H、H_0 为确定值,ρ_1、ρ_2 和 ρ_s 均为已知的确定值,故正常水位时的差压输出 Δp 就是常数,也就是说差压式水位计的基准水位差压是稳定的,而平衡器的输出差压 Δp 则是汽包水位变化 ΔH 的单值函数。水位增高,输出差压减小。图中的三阀组件是为了调校差压变送器配用的。

2)过热蒸汽温度的目动调节

过热蒸汽温度是通过控制减温器中的减温水流量调节的。过热蒸汽温度是用安装在过热器出口管路中的测温探头检测的,该探头是用铂热电阻制成的感温元件,外加保护套管和接线端子,通过导线接在电子调节器 TA 的输入端。

　　TA 系列基地式仪表是一种简易的电子式自动检测、调节仪表,适用于生产过程中单参数自动调节。其放大元件采用了集成电路与分立元件兼用的组合方式,主要由输入回路、放大回路和调节部件三部分组成。其输出为 0 ~ 10 mA 直流电流信号。根据型号不同,有不同的输入信号和输出规律,如 TA - 052 为偏差指示、三位 PID 输出,输入信号为热电阻阻值。

　　当过热蒸汽温度超过要求值时,测温探头中的铂热电阻阻值增大,给定电阻阻值比较后,转换为直流偏差信号,该偏差信号经放大器放大后送至调节部件中,调节部件输出相应的信号给电动执行器,电动执行器将减温水阀门打开,向减温器提供减温水,使过热蒸汽降温。

　　当过热蒸汽温度降到整定值时,铂热电阻阻值减小,经调节器比较放大后,发出关闭减温水调节阀的信号,电动执行器将调节阀关闭。

　　3)锅炉燃烧系统的自动调节

　　为了满足用户热负荷的变化,必须调整燃煤量,否则,锅炉锅筒压力就要波动。维持锅筒压力稳定,就能满足用户热量的需要。锅炉燃烧系统的自动调节是以维持锅筒压力稳定为依据,调节燃煤供给量,以适应热负荷的变化。为了保证锅炉的经济和安全运行,随着燃煤量的变化,必须调整锅炉的送风量,保持一定的风煤比例,即保持一定的过剩空气系数,同时还要保持一定的炉膛负压。因此,燃烧系统调节参数有锅筒压力、燃煤供给量、送风量、烟气含氧量和炉膛负压等。

　　装设完整的燃烧自动调节系统的锅炉,热效率约可提高 15% 左右,但需花费一定的投资,自动调节系统越完善,投资也越高。对于蒸发量为 16 ~ 10 t/h 的蒸汽锅炉,一般不设计燃烧自动调节系统,司炉工可根据热负荷的变化、炉膛负压指示、过剩空气系数等参数,人工调节给煤量和送、引风风量,以保持一定的风煤比和炉膛负压。

5.2　空调系统

　　现代城市空气的污染强度随着城市建设步伐的加快而增强,人们更加重视室内空气品质。集中式空调系统在采集、过滤新风方面比传统的房间空调器优越,比较容易实现对室内空气品质的整体优化控制,此外使用集中式空调系统的用户所需的运行费用是使用房间空调器运行费用的 2/3。因此,高层建筑中采用中央空调系统,以实施对室内空气品质的优化控制是当前的发展趋势。

　　空气调节技术简称空调,是一种采用人工方法创造和保持一定温度、相对湿度、洁净度、气流速度等参数要求的室内空气环境的科学技术。空调系统是指需要采用空调技术来实现的有一定温、湿度等参数要求的室内空间及所使用的各种设备的总称。

5.2.1　系统的组成和分类

1. 空调系统的组成

（1）空气处理部分

空气处理部分包括空气的新风、净化和热、湿处理等部分。

①空气的新风部分　空调系统在运行过程中须采用一部分室外的新鲜空气（即新风）,这部分新风必须满足建筑物内人员所需要的最小新鲜空气量,因此空调系统的新风取入量取决于空调系统的服务用途和卫生要求。新风的导入口和空调系统的新风管道以及新风的滤尘装

置(新风空气过滤器)、新风预热器(又称为空调系统的一次加热器)共同组成了空调系统的新风系统。

②空气的净化部分　空调系统根据其用途不同,对空气净化的处理方式也不同,因此,在空调净化系统中有设置一级初效空气过滤器的简单净化系统,也有设置一级初效空气过滤器和一级中效空气过滤器的一般净化系统,还有设置一级初效空气过滤器,一级中效空气过滤器和一级高效空气过滤器的三级过滤装置的高净化系统。

③空气的热、湿处理部分　对空气进行加热、加湿和降温、去湿处理过程组合在一起,称为空调系统的热、湿处理部分。在对空气进行热、湿处理过程中,可以采用前面章节所介绍的表面式空气换热器。设置在系统的新风入口,一次回风之前的空气加热器称为空气的一次加热器;设置在降温、去湿之后的空气加热器,称为空气的二次加热器;设置在空调房间送风口之前的空气加热器,称为空气的三次加热器。三次空气加热器主要起调节空调房间内温度的作用,常用的热媒为热水或电热,也可以采用喷水室或直接喷水蒸气的处理方法,来实现空气的热、湿处理过程。

(2)空气的输送和分配部分

空调系统中的风机和送、回风管道统称为空气的输送部分。风管中的调节风阀、蝶阀、防火阀、启动阀及风口等称为空气的分配部分。

(3)空调系统的冷、热源

集中式空调系统的空气处理设备以及风机盘管机组都是靠冷、热水源来完成空气处理过程的,没有冷源和热源就不能实现制冷或制热。一般不必单独设置空调热源,可以与生产用热、生活用热同时考虑,配置一定容量的热水锅炉或蒸汽锅炉。

空调系统中所使用的冷源一般分为天然冷源和人工冷源。天然冷源指地下深井水,人工冷源是利用人工制冷方式来获得的,它包括蒸汽压缩式制冷、吸收式制冷以及蒸汽喷射式制冷等多种形式。

(4)自动控制部分

为了提高空气调节质量及实现某些特殊控制要求,在空调系统中可采用各种检测仪表、调节仪表、控制装置及电子计算机等先进的自动化工具,对空调过程进行自动检测、监督、调节与控制,这就是空调系统的自动控制部分。

2.空调系统的分类

空调系统根据其用途、要求、特征及使用条件,可以从不同角度加以分类。

(1)按承担室内冷负荷和湿负荷介质分类

以建筑热湿环境为主要控制对象的系统,根据承担建筑环境中的冷负荷和湿负荷的介质不同分为以下几类。

①全水系统　是指全部用水承担室内的冷、湿负荷。采用冷水(常称冷冻水)向室内提供冷量,承担室内冷负荷和湿负荷,例如单一的风机盘管机组系统。由于水的比热大于空气的比热,在相同情况下空调系统所占用的建筑空间较少。这种系统不能解决空调房间的通风换气问题,通常情况下不单独使用。

②全空气系统　这是以空气为介质,向室内提供冷量。例如全空气空调系统向室内提供经处理的冷空气,在室内不需要附加冷却,如一次回风系统。由于空气的比热小,通常这类空调系统需要占用较大的建筑空间,但室内空气的品质有保障。

③空气 - 水系统　　是指以空气和水为介质,共同承担室内的负荷。例如以水为介质的风机盘管向室内提供冷量,承担室内部分冷负荷,同时新风系统向室内提供部分冷量来满足室内对室外新鲜空气的需要,如新风机组与风机盘管机组并用的系统。这种系统有效地解决了全空气系统占用建筑空间多和全水系统不能通风换气的问题。在对空调精度要求不高和舒适性空调的场合广泛地使用这种系统。

④冷剂系统　　是指以制冷剂为介质,直接用于对室内空气进行冷却、去湿或加热。实质上,这种系统是用带制冷机的空调器(空调机)来处理室内负荷的,因此又称为机组式系统。这是将制冷系统的蒸发器直接放在室内吸收余热、余湿的空调系统,例如单元式空调系统、窗式空调器、分体式空调器。目前小管道内制冷剂的输送距离可达 50 ~ 100 m,再配合良好的新风和排风系统,使得制冷剂系统在小型空调系统和旧房加装的空调系统中广泛地被采用。这种系统的优点在于能量利用率高、占用建筑空间少、布置灵活,可根据不同房间的空调要求自动选择制冷或供热。

(2)按空气处理设备的集中程度分类

以建筑热湿环境为主要控制对象的系统,又可以按对室内空气处理设备的集中程度分为以下三类。

①集中式空调系统　　特点是系统中的所有空气处理设备(包括风机、冷却器、加湿器、过滤器等)都设置在一个集中的空调机房里,空气经过集中处理后再送往各个房间。

②半集中式空调系统　　特点是除了设有集中的空调机房外,还设有分散在各个房间里的二次设备(又称为末端装置)来承担一部分冷热负荷。如冷冻水集中制备或新风进行集中处理的系统就属于半集中式系统。全水系统、空气 - 水系统、水源热泵系统、变制冷剂流量系统都属于这类系统。

半集中式空调系统在建筑中占用的机房少,可以很容易满足各个房间的温、湿度控制要求。但房间内设置空气处理设备后,管理维修不方便。如果设备中有风机,还会给室内带来噪声。

在半集中式空调系统中,空气处理所需的冷、热源也是由集中设置的冷冻站、锅炉房或热交换站供给。因此,集中式和半集中式空调系统又统称为中央空调系统。

③分散式空调系统　　又称为局部空调系统。它是把空气处理所需的冷热源、空气处理和输送设备、控制设备等集中设置在一个箱体内,组成一个紧凑的空调机组。这种系统在建筑内不需要机房,不需要分配空气的风道,但是维修管理不便。其中家庭常用的窗式空调和柜式空调属于这种系统。

(3)按空调的服务对象不同分类

以建筑热湿环境为主要控制对象的系统,按其用途或服务对象不同可将空调分为以下两类。

①舒适性空调系统　　是为室内人员创造一个舒适的室内空气环境,这样会令人精神愉快、精力充沛、有益于身心健康。在办公楼、旅馆、商店、影剧院、图书馆、餐厅、体育馆、娱乐场所、候机大厅等建筑中所使用的空调都属于舒适性空调。由于人的舒适感是在一定的空气参数范围内,所以这类空调对温度和湿度波动的控制要求不严格。根据国家标准,舒适性空调室内计算参数如下:

夏季:温度 24 ~ 28 ℃,湿度 40% ~ 65% ;

冬季:温度 18~22 ℃。

②工艺性空调系统 工艺性空调是为工业生产或科学研究服务的空调,室内空气设计参数主要按照生产工艺或科学研究对工作区温、湿度的特殊要求确定,同时兼顾人体舒适感的要求。由于工业生产类型不同,因此工艺性空调的功能、系统形式差别很大。如纺织车间对相对湿度要求很严格,一般控制在 70%~75%;计量室要求全年基准的温度为 20 ℃,波动 ±1 ℃;高等级的长度计量室要求 20±0.2 ℃;I 级坐标镗床要求环境温度为 20±1 ℃等等。

(4)按系统处理的空气来源分类

①封闭式系统 它所处理的空气全部来自空调房间的再循环空气而没有室外空气补充。该系统应用于密闭空间且无法或不需采用室外空气的场合。这种系统消耗冷、热量最省,但卫生条件差,仅应用于战时隔绝通风情况下的地下庇护所等战备工程,以及很少有人进出的仓库等。

②直流式系统 它所处理的空气全部来自室外,送风吸收余热余湿后全部排到室外,与封闭式系统相比具有完全不同的特点。这种系统应用于不允许采用回风的场合,如放射性实验室及散发大量有害物的车间等。为了回收排出空气的冷量或热量,可以在系统中设置热回收装置。

③混合式系统 它所处理的空气部分来自室外,部分来自空调房间。这种系统既能满足卫生要求,又经济合理,是应用最广泛的一种系统。

(5)按功能分类

1)单冷型(冷风型)空调

单冷型(冷风型)空调只能在环境温度为 18 ℃以上时使用,具有结构简单的特点。该系统主要由压缩机、冷凝器、干燥过滤器、毛细管及蒸发器组成,如图 5-25 所示。蒸发器安装在室内侧吸收热量,冷凝器安装在室外将室内的热量散发出去。

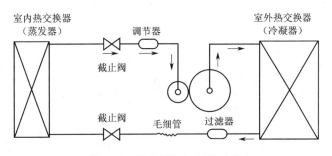

图 5-25 单冷型(冷风型)空调

2)冷热两用型空调

①电热型空调器 电热器安装在蒸发器与离心式风机之间,夏季将冷热转换开关拨向冷风位置,冬季开关置于热风位置。

②热泵型空调器 如图 5-26 所示,通过四通换向阀改变制冷剂的流向,将室内热量输送到室外(制冷)或把室外热量输送到室内(制热):热泵型空调器的特点是供热效率高,但当环境温度低于 5℃时不能使用。

③热泵辅助电热型空调器 它是在热泵型空调器的基础上增设了电加热器,是电热型与热泵型相结合的产物。

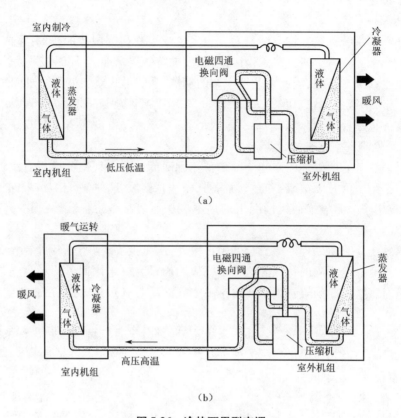

图 5-26　冷热两用型空调

(a)制冷过程;(b)制热过程

以上仅仅是为了方便学习人为地对空调系统进行的分类,随着科学技术的发展还会出现新的空调系统。在实际工程中应根据具体情况选择一种或几种合适的空调系统。

空调系统的分类与具体应用可见表 5-2。

表 5-2　空调系统的分类与具体应用

分　类	空调系统	系统特征	系统应用
按空气处理设备的设置分类	集中系统	集中进行空气的处理、输送和分配	单风管系统、双风管系统、变风量系统
	半集中系统	除了有集中的中央空调器外,在各自空调房间还分别有处理空气的"末端装置"	末端再热式系统、风机盘管机组系统、诱导器系统
	全分散系统	每个房间的空气处理分别由各自的整体式空调器承担	单元式空调器系统、窗式空调器系统、分体式空调器系统、半导体式空调器系统

表 5-2(续)

分 类	空调系统	系统特征	系统应用
按负担室内空调负荷所用的介质分类	全空气系统	全部由处理过的空气负担室内空调负荷	一次回风式系统 一、二次回风式系统
	空气-水系统	由处理过的空气和水共同负担室内空调负荷	再热系统和诱导器系统并用,全新风系统和风机盘管机组系统并用
	全水系统	全部由水负担室内空调负荷,一般不单独使用	风机盘管机组系统
	冷剂系统	制冷系统蒸发器直接放在室内吸收余热、余湿	单元式空调器系统、窗式空调器系统、分体式空调器系统
按集中系统处理的空气来源分类	封闭式系统	全部为再循环空气,无新风	再循环空气系统
	直流式系统	全部使用新风,不使用回风	全新风系统
	混合式系统	部分新风,部分回风	一次回风式系统 一、二次回风式系统
按风管中空气流速分类	低速系统	考虑节能与消声要求的矩形风管系统,风管截面较大	民用建筑主风管风速低于 10 m/s 工业建筑主风管风速低于 15 m/s
	高速系统	考虑缩小管径的圆形风管系统,耗能多、噪声大	民用建筑主风管风速高于 12 m/s 工业建筑主风管风速高于 15 m/s

5.2.2 集中式空调系统

1. 集中式空调系统的分类

集中式空调系统属于全空气系统,由水承担全部的制冷任务,见图5-27。集中式空调系统可以分为封闭式系统、直流式系统和混合式系统。

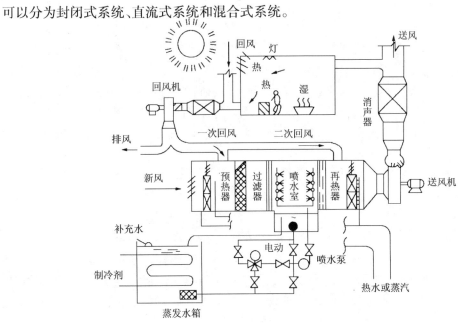

图 5-27 集中式空调系统

（1）封闭式系统　全回风系统的全部处理空气来自室内,没有室外的新鲜空气,耗能少,但是空气质量差,不推荐采用。

（2）直流式系统　全新风系统的全部处理空气来自室外,没有室内回风,空气质量良好,但是耗能大,一般很少采用。

（3）混合式系统　带回风系统处理时,空气一部分来自室内回风,一部分来自室外新风,这样既保证了空气质量,同时又减少了能源消耗。目前,绝大多数空调系统都采用这种形式。

2. 集中式空调系统的工作原理

集中式空调系统属于组合式空调系统,又称为露点送风单风道系统,工作原理如图 5-28 所示。

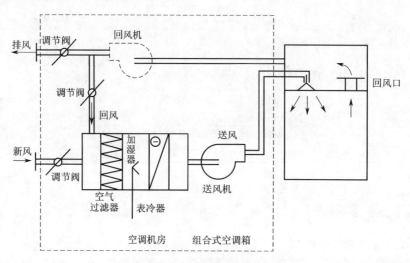

图 5-28　集中式空调系统的工作原理

集中式空调系统的工作原理是:通过新风机或风口将新风吸入室内,吸入的新风与室内的回风在混合段混合,通过空气过滤器处理空气中的杂质及有害物,然后经过加湿器对空气进行加湿(如果空气湿度已经满足,可以不加湿),再经过表冷器对空气进行冷却除湿处理。空气经过上述处理后送到室内,可以消除室内的冷负荷和湿负荷;图 5-28 中回风机的作用是从室内吸出空气(称回风),其中的一部分空气用于再循环(称再循环回风),与新风混合,经处理后再送入房间;另一部分直接排到室外,称为排风。实际工程中回风机可以设置,也可以不设置。不设置时,系统通过门窗缝隙排风。

3. 集中式空调系统的电气控制特点和要求

（1）电气控制特点

该系统能自动调节温、湿度和自动进行季节工况转换,做到全年自动化。开机时,只需按一下风机启动按钮,整个空调系统就自动投入正常运行(包括各设备间的程序控制、调节和季节的工况转换);停机时,只要按一下风机停止按钮,就可以按一定程序停机。

空调系统自控原理图见图 5-29。系统在室内放有两个敏感元件,其一是温度敏感元件 RT (室内型镍电阻),其二是由相对湿度敏感元件 RH 和 RT 组成的温差发送器。

（2）控制要求

温度自动控制温度时,RT 接在 P－4A 型调节器上,调节器根据室内实际温度与给定值的

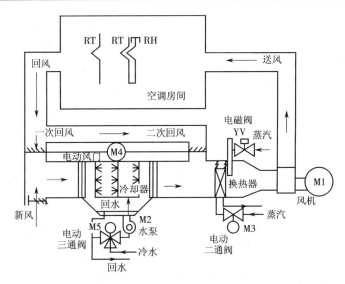

图 5-29　空调系统自控原理示意图

偏差使执行机构按比例规律进行控制。夏季时,控制一、二次回风风门维持恒温(当一次风门关小时,二次风门开大,既防止风门振动,又加快调节速度)。冬季时,控制二次加热器(表面式蒸汽加热器)的电动二通阀实现恒温。

1)温度控制的季节转换

①夏转冬　随着天气变冷,室温信号使二次风门开大升温,如果还达不到给定值,则将二次风门开到极限,碰撞风门执行机构的中断开关发出信号,使中间继电器动作,从而过渡到冬季运行工况。为防止因干扰信号而使转换频繁,转换时应通过延时。如果在延时整定时间内恢复了原状态,即中断开关复位,转换继电器还没动作,则不进行转换。

②冬转夏　利用加热器的电动二通阀关足时碰终断开关后送出信号,经延时后自动转换到夏季运行工况。

相对湿度控制:采用 RH 和 RT 组成的温差发送器反映房间内相对湿度的变化,将此信号送至冬、夏共用的 P-4B 型温差调节器:调节器按比例规律控制执行机构,实现对相对湿度的自动控制。

夏季时,控制喷淋水的温度实现降温,相对湿度较高时,通过调节电动三通阀改变冷冻水与循环水的比例,实现冷却减湿;冬季时,采用表面式蒸汽加热器升温,相对湿度较低时,采用喷蒸汽加湿。

2)湿度控制的季节转换

①夏转冬　当相对湿度较低时,采用电动三通阀的冷水端全关时送出电信号,经延时使转换继电器动作,转入冬季运行工况。

②冬转夏　当相对湿度较高时,采用 P-4B 型温差调节器的限电接点送出电信号,延时后动作,转入夏季运行工况。

4. 集中式空调系统电气控制回路工作过程分析

(1)风机、水泵电动机的控制

空调系统电气控制回路图如图 5-30 所示。运行前,要检查,合上断路器 QF,并将其他选择开关置于自动位置。

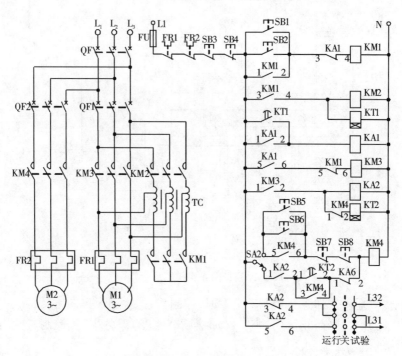

图 5-30　集中式空调系统的电气控制图

1）风机的启动

风机电动机 M1 是利用自耦变压器降压启动的。按下风机启动按钮 SB1 或 SB2，接触器 KM1 得电。其主触头闭合，将自耦变压器三相绕组的零点接到一起，辅助触头 $KM1_{1,2}$ 闭合自锁，$KM1_{5,6}$ 断开并互锁，$KM1_{3,4}$ 闭合，使接触器 KM2 得电，其主触头闭合，使自耦变压器接通电源，风机电动机 M1 接自变压器降压启动。同时，时间继电器 KMI 也得电，其触头 $KT_{1,2}$ 延时闭合，使中间继电器 KA1 得电吸合，其触头 $KA1_{1,2}$ 闭合，自锁；$KA1_{3,4}$ 断开，使 KM1 失电，KM2、KT1 也失电，风机电动机 M1 切除自耦变压器；$KA1_{5,6}$ 闭合，接触器 KM3 经 $KM1_{5,6}$ 得电；其主触头闭合，风机电动机 M1 全压运行；辅助触头 $KM3_{1,2}$ 闭合使中间继电器 KA2 得电，其触头 $KA2_{1,2}$ 闭合，为水泵电动机 M2 自动启动做准备；$KA2_{3,4}$ 断开；L32 无电，$KA2_{5,6}$ 闭合，SA1 在运行位置时，L31 有电，为自动调节电路送电。

2）水泵的启动

水泵电动机 M2 是直接启动的，当风机正常运行时，在夏季需要冷冻水的情况下，中间继电器 $KA6_{1,2}$ 处于闭合状态。当 KA2 得电时，KT2 也得电；其触头 $KT2_{1,2}$ 延时闭合，接触器 KM4 经 $KA2_{1,2}$、$KT2_{1,2}$、$KA6_{1,2}$ 触头得电吸合，其主触头闭合使水泵电动机 M2 直接启动，对冷冻水进行加压；辅助触头 $KM4_{1,2}$ 断开，使 K12 失电；$KM4_{3,4}$ 闭合，自锁；$KM4_{5,6}$ 为按钮启动用自锁触头。

转换开关 SA1 转到试验位置时，若不启动风机与水泵，也可通过中间继电器 $KA2_{3,4}$ 为自动调节电路送电，在既节省能量又减少噪声的情况下，对自动调节电路进行调试。在正常运行时，SA1 应转到运行位置。

空调系统需要停止运行时，可通过停止按钮 SB3 或 SB4 使风机及系统停止运行。并通过

KA2$_{3,4}$触头为 L32 送电,整个空调系统处于自动回零状态。

(2)温度自动调节及季节自动转换

温度自动调节及季节自动转换电路如图 5-31 所示。敏感元件 RT 接在 P－4A 调节器端子板 XT1、XT2、XT3 上,P－4A 调节器上另外三个端子 XT4、XT5、XT6 接二次风门电动执行机构电动机 M4 的位置反馈电位器 RM4 和电动二通阀 M3 的位置反馈电位器 RM3 上。KE1、KE2 触头为 P－4A 调节器中继电器的对应触头。

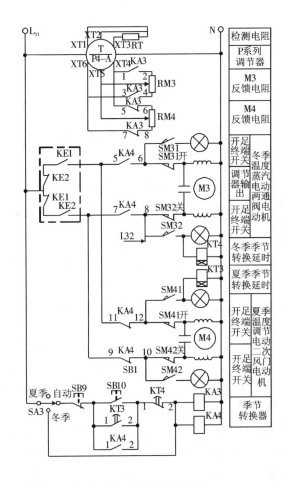

图 5-31　温度自动控制调节电路

1)夏季温度调节

选择转换开关 SA3 在自动位置。如正处于夏季,二次风门一般不处于开足状态。时间继电器 KT3 线圈不会得电,中间继电器 KA3、KA4 线圈也不会得电。这时,一、二次风门的执行机构电动机 M4 通过 KA4$_{9,10}$和 KA4$_{11,12}$ 常闭触头处于受控状态。通过敏感元件 RT 检测室温,传递给 P－4A 调节器进行自动调节一、二次风门的开度。

当实际温度低于给定值时,经 RT 检测并与给定电阻值比较,使调节器中的继电器 KA1 吸合,其常开触头闭合,发出一个用以开大二次风门和关小一次风门的信号。M4 经 KA1 常开触头和 KA4$_{11,12}$触头接通电源而转动,将二次风门开大,一次风门关小。利用二次回风量的增加来提高被冷却后的新风温度,使室温上升到接近于给定值。同时,利用电动执行机构的反馈电阻 RM4 与温度检测电阻的变化相比较,成比例的调节一、二次风门的开度。当反馈电阻 RM4、RT 与给定的电阻值平衡时,P－4A 中的继电器 KA1 失电,一、二次风门调节停止。如室温高于给定值,P－4A 中的继电器 KE2 将吸合,发出一个用于关小二次风门的信号,M4 经 KA2 常开触头和 KA4$_{9,10}$得到反相序电源,使二次风门成比例地关小。

2)夏季转冬季工况

随着室外气温的降低,空调系统的热负荷也相应地增加。当二次风门开足仍不能满足要求时,通过二次风门开足时压下电动机 M4 的终端开关,使时间继电器 KT3 线圈通电,其延时触头 KT3$_{1,2}$延时(4 分钟)闭合,使中间继电器 KA3、KA4 得电,其触头的动作情况为 KA4$_{9,10}$、KA4$_{11,12}$断开,使一、二次风门不受控;KA3$_{5,6}$、KA3$_{7,8}$断开,切除反馈电阻 RM4;KA4$_{1,2}$、KA4$_{3,4}$闭合,将反馈电阻 RM3 接入 P－4A 回路;KA4$_{5,6}$、KA4$_{7,8}$闭合,使蒸汽加热器电动两通阀电动机 M3 受控;KA4$_{1,2}$闭合,自锁。系统由夏季工况自动转入冬季工况。

也可选用手动与自动相结合的秋季运行工况。例如,将 SA3 扳到手动位置,按 SB9 按钮,使蒸汽两通阀电动执行机构 M3 得电,将蒸汽二通阀稍打开一定角度(一般开度小于 60° 为好)后,再将 SA3 扳到自动位置,又回到自动调节转换工况。此工况下,一、二次风门又处于受控状态,在蒸汽用量少的秋季是有利的,又因避免了二次风门在接近全开情况下进行调节,故增加了调节阀的线性度,改善了调节性能。

3)冬季温度控制

冬季温度控制仍通过敏感元件 RT 进行检测,P－4A 调节器中的 KE1 或 KE2 触头的通断,使电动两通阀电动机 M3 正转与反转,使电动两通阀开大与关小,并利用反馈电位 RM3 按比例规律调整蒸汽量的大小。

当实际温度低于给定值时,经 RT 检测并与给定电阻值比较,使调节器中的继电器 KA1 得电,其常开触头闭合,发出一个开大电动二通阀的信号。电动机 M3 经 KA1 常开触头和 KA4$_{5,6}$触头接通电源而转动。将电动二通阀开大,使表面式蒸汽加热器的蒸汽量加大,使室温上升到接近于给定值。同时,利用电动执行机构的反馈电阻 RM3 与温度检测电阻的变化相比较,成比例地调节二通阀的开度。当 RM3、RT 与给定值平衡时,P－4A 中的继电器 KE1 失电,电动二通阀的调节停止。如室温高于给定值,P－4A 中的继电器 KE2 将吸合,发出一个用于关小电动二通阀开度的信号。

4)冬季转夏季工况

随着室外气温的升高,蒸汽电动二通阀逐渐关小。当关足时,通过终端开关送出一个信号,使时间继电器 KT4 线圈通电,其触头 KT4$_{1,2}$延时(约 1～1.5 h)断开。此时,KA3、KA4 线圈失电,一、二次风门受控,蒸汽两通阀开关不受控,由冬季转到夏季工况。

从上述分析可知,工况的转换是通过时间继电器 KA3、KA4 实现的。当系统开机时,不管实际季节如何,系统总是处于夏季工况(KA3、KA4 经延时后才通电)。如当时正是冬季,可通过 SB14 按钮强迫转入冬季工况。

3. 湿度控制环节及季节的自动转换

相对湿度检测的敏感元件是由 RT 和 RH 组成的温差发送器,该温差发送器接在 P－4B 调节器 XT1、XT2、XT3 端子上,通过 P－4B 调节器中的继电器 KE3、KE4 触头(为了与 P－4A 调节器区别,将 P 系列调节器中的继电器 KE1、KE2 编为 KE3、KE4)的通断实现温度控制计自动转换。在夏季,通过控制冷冻水温度的电动三通阀电动机 M5,并引入位置反馈 RM5 电位器构成比例调节;在冬季则通过控制喷蒸汽用的电磁阀或电动二通阀实现。湿度自动调节及季节转换电路如图 5-32 所示。

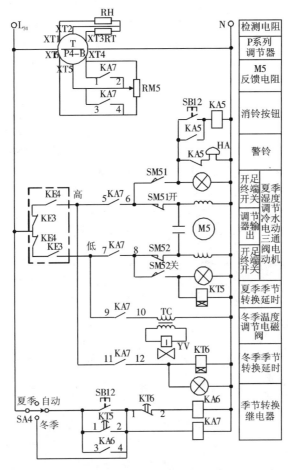

图 5-32　湿度自动调节回路

(1)夏季相对湿度的控制

夏季相对湿度控制是通过电动三通阀来改变冷水与循环水的比例,实现增冷减湿的。当室内湿度相对较高时,由敏感元件发出一个温差信号,通过 P－4B 调节器放大,使继电器 KA4 吸合,使控制三通阀的电动机 M5 得电,将电动三通阀的冷水端开大,循环水关小。表面式冷却器中的冷冻水温度降低,进行冷却减湿,接入反馈电阻 RM5,实现比例调节。当室内湿度相对较低时,通过敏感元件发送温差信号使 P－4B 中的继电器 KE3 吸合,将电动三通阀的冷水端关小,循环水开大,冷冻水温度相对较高,相对湿度也提高。

(2)夏季转冬季工况

当室外气温变冷,相对湿度也较低时,则自动调节系统就会使表面式冷却器的电动三通阀中的冷水端关足。利用电动三通阀关足时 M5 终端开关的动作,使时间继电器 KT5 得电吸合;其触头 KT5$_{1,2}$延时(4 分钟)闭合;中间继电器 KA6、KA7 线圈得电,其触头 KA6$_{1,2}$断开(图 5-30);接触器 KM4 失电,水泵电动机 M2 停止运行;KA6$_{3,4}$闭合,自锁;KA7$_{1,2}$、KA7$_{3,4}$闭合,切除 RM5;KA7$_{5,6}$、KA7$_{7,8}$断开,使电动三通阀电动机 M5 不受控;KA7$_{9,10}$闭合,喷蒸汽加湿用的电磁阀受控;KA7$_{11,12}$闭合,时间继电器 KT6 受控,进入冬季工况。

（3）冬季相对湿度控制

在冬季,加湿与不加湿的工作是由调节器 P-4B 中的继电器 KE3 触头实现的。当室内相对湿度较低时,调节器 KE3 线圈得电,其常开触头闭合,降压变压器 TC 通电（220 V/36 V）,使高温电磁阀 YV 通电,打开阀门喷射蒸汽进行加湿。此过程为双位调节,湿度上升后,调节器 KE3 失电,其触头恢复,停止加湿。

（4）冬季转夏季工况

随着室外空气温度升高,新风与一次回风混合后的空气的相对湿度也较高,不加湿也出现高湿信号。调节器中的继电器 KE4 线圈得电吸合,使时间继电器 KE6 线圈得电,触头 KT6$_{1,2}$经延时（1.5 h）断开,使中间继电器 KA6、KA7 失电,证明长期存在高湿信号,应使自动调节系统转到夏季工况。如果在延时时间内,KT6$_{1,2}$未断开,而 KE4 触头又恢复了,说明高湿信号消除,则不能转入夏季工况。

通过上述分析可知,相对湿度控制工况的转换是通过中间继电器 KA6、KA7 实现的。当系统开机时,不论是什么季节,系统将工作在夏季工况。按下 SB12 按钮,可强迫系统快速转入冬季工况。

系统除保证自动运行外,还备有手动控制,需要时还可通过手动开关或按钮实现控制。另外,系统还有若干指示、报警信号指示和温度遥测等控制功能。

5.2.3 分散式空调系统

在一个大型建筑物中,若只有少数房间或者较为分散的房间安装空调时,从经济和管理的角度考虑,往往是采用分散式空调系统更为方便。

1. 分散式空调系统的种类

按冷凝器的冷却方式分,有水冷式和风冷式;按外形结构分,有立柜式和窗式。立柜式还可分为整体式、分体式及专门用途等。按电源相数分,有单相电源和三相电源;按加热方式分,有电加热器式和热泵式。如按用途不同来分,大体有以下几种。

（1）冷风专用空调器

这种空调器作为一般空调房间夏季降温减湿用,其电气设备主要有风机和制冷压缩机电动机电源有单相和三相的。

（2）热泵冷风型空调器

1）系统组成及主要设备

空调机组控制系统如图 5-33 所示,由制冷、空气处理和电气控制三部分组成。

①制冷部分 制冷部分是机组的冷源,主要由压缩机、冷凝器、膨胀阀和蒸发器等组成。该系统的蒸发器是风冷式表面冷却器,为了调节系统所需的冷负荷,将蒸发器制冷剂管路分成两路,利用两个电磁阀分别控制两条管路的通和断,使蒸发器的蒸发面积全部或部分使用来调节系统所需的冷负荷。分油器、滤污器等为辅助设备。

②空气处理部分 空气处理部分主要由新风采集口、回风口、空气过滤器、电加热器、电加湿器和通风机等组成。其主要任务是将新风和回风经过空气过滤器过滤后,处理成所需要的温度和湿度,以满足房间的空调要求。

③电加热器 按电加热器构造不同可分为管式电加热器和裸线式电加热器。管式电加热

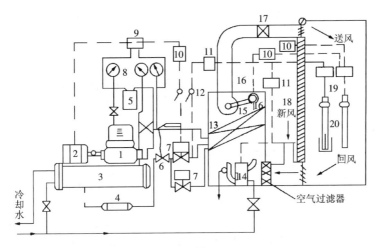

图 5-33　空调机组控制系统的组成

1—压缩机;2—电动机;3—冷凝器;4—滤污器;5—分油器;6—膨胀阀;7—电磁阀;8—压力表;
9—压力继电器触头;10—接触器触头;11—继电器触头;12—选择开关;13—蒸发器;14—电加湿器;
15—风机;16—风机电动机;17—电加热器;18—开关;19—调节器;20—电触点干湿球温度计

器具有加热均匀、热量稳定、耐用和安全等优点,但其加热惰性大、结构复杂。裸线式电加热器具有热惰性小、加热迅速、结构简单等优点,但安全性差。

④电加湿器　电加湿器是用电能直接加热水以产生水蒸气,用短管将蒸汽喷入空气中或将电加湿器装置直接装在风道内,使蒸汽直接混入流过的空气。产生蒸汽所用的加热设备有电极式或管状加湿器。

2)电气控制部分

其主要作用是实现恒温恒湿的自动调节,主要有电触点式干湿球水银温度计及 SY 调节器、接触器、继电器等。

2. 电气控制回路分析

空调机组电气控制回路如图 5-34 所示,可分为主回路、控制回路和信号灯与电磁阀控制回路三部分。当空调机组需要投入运行时,合上电源总开关 QF,所有接触器的上接线端子、控制回路 L1、L2 两相电源和控制变压器 TC 均有电。合上开关 S1,接触器 KM1 得电吸合;其主触头闭合使通风机电动机 M1 启动运行;辅助(连锁保护)触头 KM1 闭合,指示灯 HL1 亮;$KM1_{3,4}$ 闭合,为温度自动调节做好准备,即通风机未启动前,电加热器、电加湿器等都不能投入运行,起到安全保护作用,避免发生事故。

机组的冷源是由制冷压缩机供给的。压缩机电动机 M2 的启动由开关 S2 控制。制冷量是利用控制电磁阀 YV1、YV2 来调节蒸发器的蒸发面积实现的,并由转换开关 SA 控制是否全部投入。YV1 控制 2/3 的蒸发器蒸发面积,YV2 控制 1/3 的蒸发器面积。机组的热源由电加热器供给。电加热器分成三组,分别由开关 S3、S4、S5 控制。S3、S4、S5 都有"手动"、"停止"、"自动"三个位置。当扳到"自动"位置时,可以实现自动调节。

(1)夏季运行的温、湿度调节

夏季运行时需降温和减湿(增大制冷量去湿),压缩机需投入运行,设开关 SA 扳在 Ⅱ 挡,电磁阀 YV1、YV2 全部受控,电加热器可有一组投入运行,作为精加热用。设 S3、S4 扳至中间

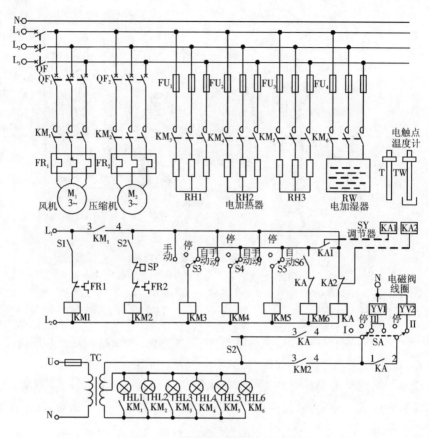

图 5-34 空调机组电气控制回路图

"停止"挡,S5 扳至"自动"挡。合上开关 S2,接触器 KM2 得电吸合,主触头闭合,制冷压缩机电动机 M2 启动运行,辅助触头 KM2 闭合,指示灯 HL2 亮;KM2$_{3,4}$ 闭合,电磁阀 YV1 通电打开,蒸发器有 2/3 面积投入运行(另 1/3 面积受电磁阀 YV2 和继电器 KA 的控制)。由于刚开机时室内的温度较高,敏感元件干球温度计 T 和湿球温度计 TW 触点都是接通的(T 的整定值比 TW 整定值稍高),与其相接的调节器 SY 中的继电器 KA1 和 KA2 均不吸合。KA2 的常闭触头使继电器 KA 得电吸合,触头 KA$_{1,2}$ 闭合,使电磁阀 YV2 得电打开,蒸发器全部面积投入运行。空气机组向室内送入冷风,实现对新空气进行降温和冷却减湿。

当室内温度或相对湿度下降且低到 T 和 TW 的整定值以下时,其电触点断开使调节器 KA1 或 KA2 得电吸合,利用其触头动作可进行自动调节。例如室温下降到 T 的整定值以下,T 触点断开,SY 调节器中的继电器 KA1 得电吸合,常闭触头闭合,使继电器 KA 失电,常开触头 KA$_{1,2}$ 恢复,电磁阀 YV2 失电而关闭,蒸发器只有 2/3 面积投入运行,制冷量减少而使相对湿度升高。

如室内温度一定,而相对湿度低于 T 和 TW 整定的温度差时,TW 上的水分蒸发快而带走热量,使 TW 触点断开,调节器 SY 中的继电器 KA2 得电吸合,常闭触点 KA2 断开,使继电器 KA 失电,常开触点 KA$_{1,2}$ 恢复,电磁阀 YV2 失电而关闭,蒸发器只有 2/3 面积投入运行,制冷量减少而使相对湿度升高。

从上述分析可知,当房间内干、湿球温度一定时,相对湿度也就确定了。这里,每一个干、湿球温度差就对应一个湿度差。若干球温度保持不变,则湿球温度的变化就表示了房间内相对湿度的变化,只要能控制住湿球温度不变就能维持房间内的相对湿度恒定。

如果选择开关 SA 扳到"I"位置时,只有电磁阀 YV1 受调节,而电磁阀 YV2 不投入运行。此种状态可在春、夏过渡季节和夏、秋过渡季节制冷量需要较少时的时候用,其原理与上同。

为了防止制冷系统压缩机吸气压力过高导致运行不安全或压力过低导致运行不经济,利用高低压力继电器触头 SP 来控制压缩机的运行和停止。当发生高压超压或低压过低时,高低压力继电器触头 SP 断开,接触器 KM2 失电释放,压缩机电动机停止运转。此时,通过继电器 KA 的 $KA_{3,4}$ 触头使电磁阀继续受控。当蒸发器吸气压力恢复正常时,高低压力继电器触头 SP 恢复,压缩机电动机自动启动运行。

(2)冬季运行的温、湿度调节

冬季运行主要是升温和加湿,制冷系统不工作,需将 S2 断开。加热器有三组,根据加热量的不同,可分别选择在手动、停止或自动位置。设 S3 和 S4 扳至手动位置,接触器 KM3、KM4 均得电,RH1、RH2 投入运行而不受控。将 S5 扳至自动位置,RH3 受温度调节环节控制。当室内温度低时,干球温度计 T 触点断开,SY 调节器中的继电器 KA1 吸合,其常开触头闭合使接触器 KM5 得电吸合,其主触头闭合使 RH3 投入运行,送风温度升高。如室温较高,T 触点闭合,SY 调节器中的继电器 KA1 释放而使 KM5 断电,RH3 不投入运行。

室内相对温度调节是将开关 S6 合上,利用湿球温度计 TW 触点的通断来进行控制。例如当室内相对湿度较低时,TW 的温包上水分蒸发快而带走热量(室温在整定值时),TW 触点断开,SY 调节器中的继电器 KA2 吸合,其常闭触头 KA2 断开,使继电器 KA 失电释放,使触头 $KA_{5,6}$ 恢复,使 KM6 得电吸合,其主触头闭合,电加湿器 RW 投入运行,产生蒸汽对送风进行加湿;当相对温度较高时,TW 和 T 的温差小,TW 触点闭合,KA2 释放,继电器 KA 得电,其触头 $KA_{5,6}$ 断开,使 KM6 失电而停止加湿。

该系统的恒温恒湿调节仅是位式调节,只能在制冷压缩机和电加热器的额定负荷以下才能保证温度的调节。另外,系统中还设有过载和短路等保护。

5.2.4　半集中式空调系统

由于集中式空调的局限性,所以出现了半集中式空调,其中最常用的是风机盘管系统。风机盘管系统是空气 – 水系统中的一种形式。房间室内的冷、热负荷和新风的冷、热负荷由机盘管与新风系统共同承担。

1. 风机盘管空调系统

风机盘管空调系统主要由集中处理设备(新风机组)和局部处理设备(风机盘管机组)以及送风机、送风通道和送风口组成,如图 5-35 所示。

新风机组是为风机盘管空调系统输送新风的一种集中式空气处理设备,机组内设有空气过滤器、空气加热器、表冷器、空气加湿器等各种空气热、湿处理设备以及送风机、消声器等,用于处理室外新风,然后通过送风通道将经过热、湿处理的新鲜空气送入各个空调房间,以满足空调房间的卫生要求。

风机盘管机组主要由风机、盘管(换热器)以及空气过滤器、电动机、室温控制装置等组成,如图 5-36 所示。

风机盘管机组借助风机不断地循环室内空气,使空气通过盘管而被冷却或加热,以保持房

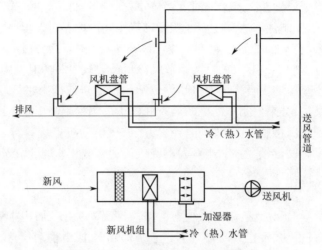

图 5-35　风机盘管空调系统的组成

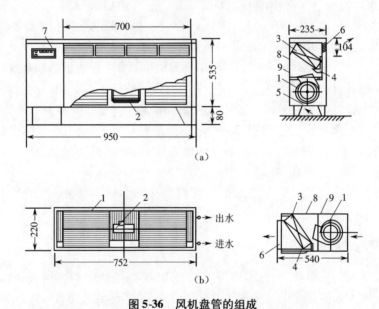

图 5-36　风机盘管的组成

1—风机;2—电机;3—盘管;4—凝结水盘;5—循环风进口及过滤器;
6—出风口格栅;7—控制器;8—吸声材料;9—箱体

间的温度和湿度。

　　风机盘管制冷时,由冷源为盘管提供 7 ℃左右的低温水,室内空气由低噪声风机吸入,通过滤尘网去掉灰尘,吹向盘管进行热量交换。空气通过换热器降温去湿后,冷空气从出风格栅吹向室内。空气中的水蒸气在盘管肋片上析出的凝结水汇集至凝水盘,然后通过泄水管排出。

　　风机盘管制热时,由热源为盘管提供 60 ℃左右的热水,室内空气由风机吸入,与盘管表面进行热量交换,再将热空气自出风格栅吹向室内。

　　风机盘管机组是靠冷、热源实现制冷或制热的,如果没有冷源或热源,就不能进行空气调节。

风机盘管机组一般有三挡(高、中、低)变速装置。它利用主控开关来改变风机电动机的三挡转速:风机高挡运行时,风量最大,制冷(热)量也最大;中挡运行时,风量、制冷(热)量居中;风机低挡运行时,风量最小,制冷(热)量也最小。

风机盘管机组一般分为立式和卧式两种类型,在安装方式上又有明装和暗装之分。立式风机盘管机组可以在窗下地面安装,因而维修比较方便。卧式机组的最大特点是不占用房间有效空间,噪声处理、经济性及美观等方面均比立式有利。

风机盘管水系统的功能是输送冷(热)流体,以满足末端设备或机组的负荷要求。风机盘管水系统按供、回水管管数分有双水管、三水管和四水管三种形式。

双水管系统采用两根水管,一根供水管,一根回水管,夏天送冷水制冷,冬季送热水制热,结构简单,投资少,是目前最常用的一种供水系统。春秋过渡季节,若有些空调房间根据工艺要求需要供冷,而有些房间却需要供热,双水管系统显然不能全部满足系统需要。

三水管系统采用三根水管,一根供冷水,一根供热水,一根用作回水管。这种系统中的每组风机盘管或空调机组在全年内都可以使用热水或冷水,但由于回水管中冷热水可能混合,造成冷热量的混合损失,故实际工程中很少采用。

四水管系统将供冷、供热水管完全分开。四水管系统有两种做法:一种是在三水管系统的基础上加一根回水管,即冷热水共用一个盘管;另一种是将盘管分成冷却和加热两组,使水系统完全独立。这种系统的最大优点是无论什么季节均可根据设计需要向建筑物内各个房间供冷或供热,且克服了三水管系统所造成的冷热量混合损失的缺点。四水管系统往往在舒适性要求很高的建筑物内采用。但因为四水管系统的投资较大,所以目前尚不能广泛使用。

2. 风机盘管空调系统工作原理

系统可以通过调节输入电压,改变风机转速调节冷热量。在盘管水路上安装电动二通阀(三通阀),通过改变盘管水量(或水温)调节房间温度。新风系统承担着为房间提供新风的任务。房间的冷负荷和湿负荷是由风机机盘与新风共同承担的,如图5-37所示。

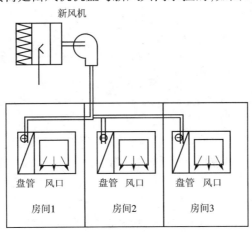

图5-37　风机盘管的工作原理

房间中新风的供应有以下两种方式:

①新风直接送到风机盘管吸入端与房间的回风混合后,再被风机盘管冷却(或加热)后送入室内。这种方法比较简单,但是风机盘管的出风能力容易降低,因此一般不推荐采用这种送风方式。

②新风与风机盘管的送风并联送出,既可以混合后再送出,也可以各自单独送入室内新风机组将新风集中处理到一定参数,根据所处理空气参数的状况,新风系统可承担新风负荷和部分空调房间的冷、热负荷。在过渡季节,可增大新风量,必要时可关掉风机盘管,单独使用新风系统。这种系统从安全方面稍微复杂一些,但是卫生条件好,应优先采用这种方式。

风机盘管系统的主要优点为布置灵活,容易与装潢工程配合;各房间能够独立调节温度、湿度,当房间无人时可方便地关机而不影响其他房间的使用,有利于节约能量;房间之间的空气互不串通;系统占用建筑空间少。

风机盘管系统的主要缺点为布置分散,维护管理不方便;当机组没有新风系统同时工作时,冬季室内相对湿度偏低,故不能用于全年室内湿度有要求的地方;空气的过滤效果差;必须采用高效低噪声风机;水系统复杂,容易漏水;盘管冷热兼用时容易结垢,不易清洗;需要设置独立的新风机处理新风。

5.3 空调水系统

空调水系统包括冷冻水(热水)系统和冷却水系统两部分。冷冻水(热水)系统是指将冷冻站或锅炉提供的冷水或热水送至空调机组或末端空气处理设备的水路系统。冷却水系统是指将冷冻机中冷凝器的散热带走的水系统。对于风冷式冷冻机组则不需要冷却水系统。

5.3.1 空调冷(热)水系统的组成与分类

1. 空调冷(热)水系统的组成

空调冷(热)水系统主要由冷(热)水水源、供回水管、阀门、仪表、集箱、水泵、空调机组或风机盘管、膨胀水箱等组成。空调冷(热)水系统的作用是将冷(热)源提供的冷(热)水送至空气处理设备的水路系统。

空调冷(热)水系统的供回水管一般采用镀锌无缝钢管。

空调冷(热)水系统的集箱分供水集箱和回水集箱,集箱主要起稳压和分配管理的作用。集箱上有若干阀门,用来控制空调的供、回水流量,集箱上还装有温度计和压力表,便于监视、控制。

空调冷(热)水系统的阀门有手动阀门和自动阀门两种。手动阀门有闸阀、截止阀和蝶阀。自动阀门有电磁阀和电动调节阀。

膨胀水箱一般设置在系统的最高点,在密闭循环的冷冻水系统中,当水温发生变化时,冷冻水的体积也会发生变化,此时膨胀水箱可以容纳或补充系统的水量。

2. 空调冷(热)水系统的分类

(1)按水压特性划分为开式系统和闭式系统。

(2)按冷、热水管道的设置方式划分为双管制系统、三管制系统和四管制系统。

(3)按水量特性划分为定水量系统和变水量系统。

(4)按末端设备的水流程的不同可分为同程式系统和异程式系统。

3. 开式系统和闭式系统

(1)开式系统

开式系统是指水流经末端空气处理设备后,依靠重力作用流入建筑物地下室的蓄水池,再

经冷却和加热后由水泵送至各个用户盘管系统,如图
5-38 所示。这种系统的优点是结构简单,当水池的容量
较大时,具有一定的蓄冷能力,这样可以部分降低用电
峰值和电气设备的安装容量。但是由于开式系统的管
道与大气直接接触,水质容易被污染,管道容易被堵塞、
腐蚀;另外,当末端设备与水泵的高差较大时,水泵不仅
要克服水系统的阻力,而且还要把水提升到末端设备的
高度,因此会造成系统的静压大、水泵扬程及电机功率
较大等缺点。由于存在上述缺点,该系统已经逐渐被
淘汰。

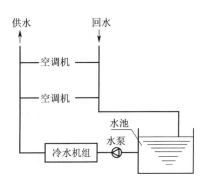

图 5-38　开式系统

（2）闭式系统

闭式系统的冷（热）水在密闭的系统中循环,不与外界大气相
接触,仅在系统的最高点设置膨胀水箱,如图 5-39 所示。

闭式系统水泵的扬程只用来克服管网的循环阻力,而不需要
克服系统水的静压力。在高层建筑中,闭式系统的水泵扬程与建
筑高度没有关系,因此闭式系统水泵的扬程比开式系统水泵的扬
程小得多,从而降低了系统电能的损耗。同时,由于系统不设蓄
水池,机房的占地面积也可以相应减小。

闭式系统内没有任何部分与大气相通,无论是水泵运行和停
止期间,管道内都一直充满水,所以避免了管道的腐蚀。在系统
中的最高点设置开式膨胀水箱作为系统的定压设备,水箱水位通
常应比系统最高的水管高出 1.5 m 以上。

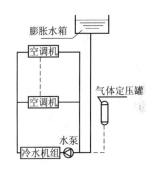

图 5-39　闭式系统

由于闭式系统克服了开式系统的缺点,所以得到了广泛的应用。它也是目前唯一适用于
高层民用建筑的空调冷冻水系统形式。

4. 同程式系统和异程式系统

（1）同程式系统

同程式系统是指系统中的每个循环环路的长度相同,如图 5-40 所示。该系统的特点是各
环路的水流阻力、冷（热）量损失相等或近似相等,这样会有利于水力平衡,从而大大减少系统
调试的工作量。

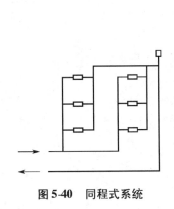

图 5-40　同程式系统

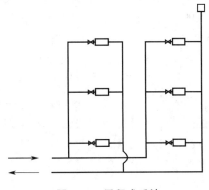

图 5-41　异程式系统

（2）异程式系统

异程式系统是指系统中水流经每个末端设备的流程都不相同，如图5-41所示。该系统的特点是各环路的水流阻力不相等，容易产生水力失调；但是该系统的管路系统简单，投资较省。当系统的规模较小时，可以采用异程式系统，但是必须在末端空调机组或风机盘管的连接管上设置流量调节阀，以平衡系统的阻力。

5. 双管制系统、三管制系统和四管制系统

（1）双管制系统

双管制系统是指冷、热源共同利用一组供回水管为末端装置的盘管提供冷水（热水）的系统，也就是连接空调机组或风机盘管的管路有两条，如图5-42所示。

双管制系统中的冷、热源是各自独立的。夏季，关闭热水总管阀门，打开冷冻水总管阀门，系统供应冷冻水；冬季，关闭冷冻水总管阀门，打开热水总管阀门，系统供应热水。因此，这种系统不能同时既供冷又供热，在春秋过渡季节，它不能满足空调房间的不同冷暖要求，舒适性不好。但是由于该系统简单实用，投资少，因此在高层民用建筑中得到广泛应用。

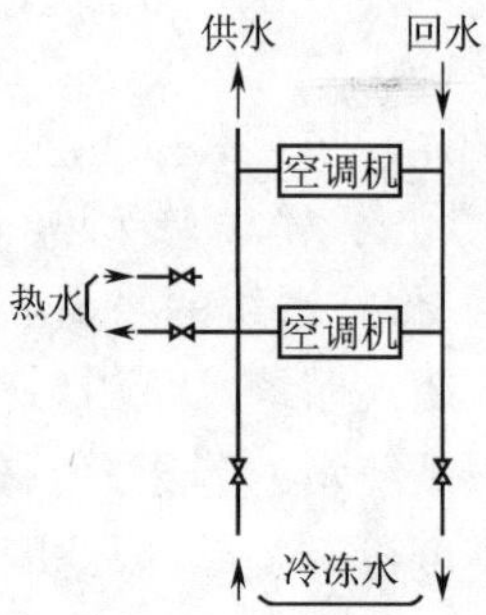

（2）三管制系统

三管制系统是指冷、热源分别通过各自的供、回水管路为末端装置的冷盘管与热盘管提供冷水与热水，而冷热水回水共用一根回水管路的系统。也就是连接空调机组或风机盘管的管路有三条，分别为热水供水管、冷水供水管、冷热水回水管，如图5-43所示。

三管制系统的优点是解决了两管制系统中各末端无法解决自由选择冷、热的问题，适应负荷变化的能力强，可以较好地根据房间的需要任意调节房间的温度，建筑的使用标准得以提高。但是，三管制系统的末端控制较为复杂，末端处的冷、热两个电动调节阀的切换较为频繁，系统回水分流至冷冻机和热交换器的控制也相当复杂，而且在过渡季节使用时，冷热回水同时进入一根管道，混合损失较大，增加了制冷及加热的负荷，运行效益低。基于上述缺点，三管制系统现在很少应用。

（3）四管制系统

四管制系统是指冷、热源分别通过各自的供、回水管路为末端装置的冷盘管与热盘管提供冷水与热水的系统。也就是连接空调机组或风机盘管的管路有四条，分别为热水供水管、热水回水管、冷水供水管、冷水回水管，如图5-44所示。

四管制系统的冷、热源同时使用，末端装置内可以配备冷、热两组盘管，以实现同时制冷、供热，满足冷、热要求不同的房间的需求。

与三管制系统相比，四管制系统由于不存在冷、热抵消的问题，因此系统的节能性能更好。四管制系统的缺点是管道系统的运行管理比较复杂，系统投资大，管道占用的空间比较大，该系统多用于高标准的场合。

6. 定水量系统和变水量系统

（1）定水量系统

定水量系统是指空调水系统输配管路的流量保持恒定不变的系统。空调房间的温度依靠

图5-42 双管制系统

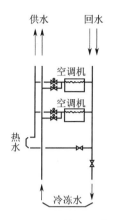

图 5-43　三管制系统

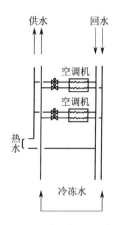

图 5-44　四管制系统

三通调节阀调节空调机组和风机盘管的给水量以及改变房间送风量等手段进行控制,如图 5-45 所示。

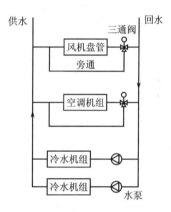

图 5-45　定水量系统

定水量系统的结构比较简单,系统的水量变化基本上由水泵的运行台数决定。但是由于水泵的流量是按系统的最大负荷选定的固定流量,而且流量不可调节,因此当系统处于部分负荷运行状态时,系统的电能浪费比较大,造成运行费用增加,同时又增加了管路上的热损失。由于空调冷冻水系统处于部分负荷运行的场合比较多,因此定水量系统在经济上是最不合理的。

定水量系统的管路简单、控制方便,因此我国仍然有一些标准较低的建筑物使用。

(2)变水量系统

变水量系统是指空调水系统输配管路的流量随着末端装置流量的调节而改变的系统。

变水量系统经常采用多台冷(热)设备和多台水泵(即一台设备配一台水泵)的方式,各台水泵的流量不变,只需对设备和相应的水泵运行台数的控制就可以调节系统供水的流量。另外,也可以采用变频调速水泵调节系统供水的流量,或者在风机盘管处设置电动二通调节阀,依据空调房间的温度信号控制电动二通调节阀的开度,以达到调节流量的目的,如图 5-46 所示。

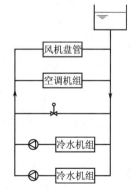

图 5-46　变水量系统

变水量系统的耗电量比定水量系统小得多,因此变水量系统特别适用于大型空调水系统。

(3)一次泵变水量空调水系统

一次泵变水量空调水系统是目前我国民用高层建筑中采用最广泛的空调冷冻水系统。一次泵变水量空调水系统的每一台冷冻机和锅炉侧都配有一台水泵。水泵的作用是克服整个空调系统的阻力。一般都把冷冻机和锅炉设置在水泵的出口处,以确保冷热源机组和水泵工作的稳定性及空调冷冻水系统供水温度的恒定。

　　在变水量系统中,一方面,从末端处理设备的使用要求看,用户侧要求水系统作变水量运行;另一方面,冷冻机组的特性又要求系统作定水量运行。解决这一矛盾的常用方法是在供回水总管上设置压差旁通阀,如图5-47所示。

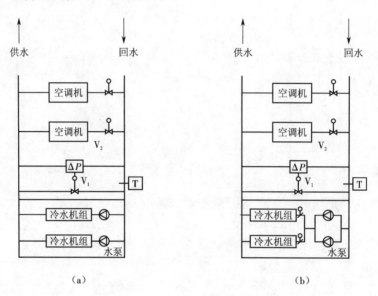

图5-47　一次泵变水量空调水系统

（a）一次泵变水量系统（先串后并方式）；（b）一次泵变水量系统（先并后串方式）

　　该系统的工作原理是:当系统处于设计工况时,所有设备都满负荷运行,压差旁通阀的开度为零,即没有旁通水流过,此时压差控制器两端接口处的压力差就是控制器的设定值。当末端负荷变小后,末端的二通阀关小,旁通阀两侧的供、回水压差增大超过设定值。在压差控制器的作用下,旁通阀会自动打开,旁通阀的开度加大将使供、回水的压差减小直至达到设定压差值才停止继续开大。此时,部分水从旁通阀流过而直接进入回水管,与用户侧回水混合后进入水泵及冷冻机。在此过程中,基本保持了冷冻水泵及冷冻机的水量不变。

　　压差旁通阀的作用主要有以下两点:

　　①在负荷侧流量变化时,压差旁通阀自动根据压差控制器的指令开大或关小,调节旁通水流量以保证末端处理设备及冷冻机要求的水量。

　　②当旁通阀流量达到一台冷冻水泵的流量时,说明有一台水泵完全没有发挥作用,应停止一台冷冻水泵的运行以节能,因此旁通阀也是水泵台数启停控制的一个关键性因素。旁通阀的最大设计流量就是一台冷冻水泵的流量。

　　（4）二次泵变水量空调水系统

　　二次泵变水量空调水系统是目前在一些大型高层民用建筑或多功能建筑群中正逐步采用的一种空调冷冻水系统。

　　二次泵水系统中,在每一台冷冻机和锅炉侧都配有一台水泵,称为一次泵。而在用户侧还根据实际需要配置若干台二次泵。一次泵用于克服冷（热）源侧（包括管路、阀门及冷热设备）的阻力。二次泵用于克服用户侧（包括管路、阀门及空调机组或风机盘管等）的阻力。根据用户侧供回水的压差控制二次泵开启台数,而一次泵的开启可同冷冻机或锅炉设备连锁。

　　如图5-48所示,当二次泵的总供水量与一次泵的总供水量有差异时,相差的部分就从平衡管 AB 中流过(可以从 A 流向 B,也可以从 B 流向 A),这样就可以解决冷热源机组与用户侧水量控制不同步的问题。由于用户侧供水量的调节通过二次泵的运行台数及压差旁通阀 V_1 来控制,压差旁通阀的控制方式与一次泵空调冷冻水系统相同。所以,压差旁通阀 V_1 的最大旁通量为一台二次泵的流量。

由于二次泵变水量空调水系统内的压力分别由一次泵和二次泵提供,水泵扬程小,水系统承受的压力也较小,特别适用于高层建筑。系统中的二次泵要采用变频调速水泵。

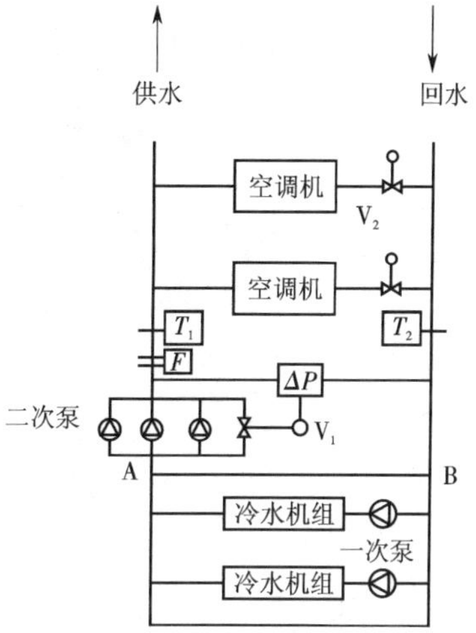

图 5-48　二次泵变水量空调水系统

5.3.2　空调冷却水系统

空调冷却水系统是专为水冷式冷水机组或水冷直接蒸发式空调机组而设置的。空调冷却水系统的主要作用是将冷水机组中冷凝器的热量带走,以保证冷水机组正常工作。

1. 冷却水系统的工作原理

在冷水机组中,为了把冷凝器中高温高压的气态制冷剂冷凝为低温高压状态制冷剂,需要用温度较低的水、空气等物质带走制冷剂冷凝时放出的热量。目前的民用建筑尤其是高层民用建筑,通常采用循环水冷却方式,如图 5-49 所示。

来自冷却塔的较低温度的冷却水(通常为 32 ℃),经冷却泵加压后送入冷却机组,带走冷凝器的散热量。吸收热量的冷却水水温升高,温度升高的冷却水回水(通常设计为 37 ℃)重新被送至冷却塔上部喷淋。由于冷却塔风扇的运转,使冷却水在喷淋下落的过程中,不断与由冷却塔下部进入的室外空气发生热湿交换,冷

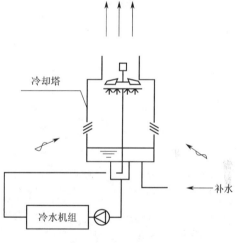

图 5-49　冷却水循环系统

却后的水落入冷却塔集水盘中,由冷却水泵重新送入冷水机组循环使用。

在冷却水循环的过程中,冷却水每循环一次都要损失一部分水量,主要原因一是由于冷却水的蒸发,二是由于冷却水会被冷却塔风扇吹出。对于损失的冷却水水量,可以用自来水补充。

2. 冷却塔

在冷却水循环系统中,冷却塔是非常重要的设备,其外形如图 5-50 所示。

水在冷却塔中被分散成很小的水滴或很薄的水膜,这样就会有很大的冷却面积,水与外界空气依靠机械通风来形成相对运动,以保证水的冷却效果。按照水与空气相对运动的方式不同,冷却塔可分为逆流式冷却塔和横流式冷却塔。逆流式冷却塔是指水和空气平行流动但方向相反,通常应用于普通制冷空调系统中;横流式冷却塔指水和空气流动方向相互垂直,通常

(a)　　　　　　　　　　　　　　(b)

图 5-50　冷却塔外形图

(a)圆形冷却塔;(b)矩形冷却塔

应用于负荷较大的工业制冷。

(1)逆流式冷却塔

逆流式冷却塔的构造如图 5-51 所示。它是由外壳、轴流风机、填料层、进水及布水管、出水管、集水盘和进风百叶等部分组成。

根据热交换的基本原理,逆流式冷却塔的热交换效率最高。

(2)横流式冷却塔

横流式冷却塔的构造如图 5-52 所示。它的结构与逆流式冷却塔的结构基本相同,区别在于横流式冷却塔的填料放在冷却塔的两侧,空气从两侧的百叶窗垂直于水流的方向横向流过。横流式冷却塔的体积较大、通风阻力较小,并且百叶窗与填料在同一高度,这样不但降低了冷却塔的整体高度,同时也减少了填料同集水盘的距离,可以有效地降低落水噪声。

大型的冷却塔一般都采用横流式冷却塔。

(3)冷却塔的选用布置

目前,我国大部分冷却塔的生产厂家都是以室外空气湿球温度为 28 ℃、冷却水进出水温度为 37 ℃/32 ℃ 的标准来生产冷却塔的。由于建筑物所处的地区不同,室外空气的湿球温度也不相同,这样就会对冷却塔的性能产生一定的影响,设计选用时应予以考虑。

选择冷却塔时,应进行全年能耗分析比较,综合考虑投资、占地面积、使用要求及噪声等因素。

冷却塔的选用参数有冷却水量、进塔水温、出塔水温、室外大气干球温度、室外大气湿球温度、室外大气压力、噪声要求等。

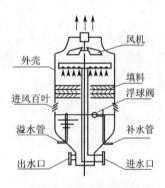

图 5-51　逆流式冷却

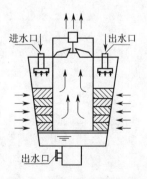

图 5-52　横流式冷却塔

冷却塔一般应安装在通风良好的室外,在高层民用建筑中,多放在裙楼或主楼的屋顶。在布置时,首先要保证冷却塔的排风口上方无遮挡物,以避免排出的热风被遮挡而由进风口重新吸入,影响冷却效果;在进风口周围至少应有 1 m 以上的净空,以保证进风气流不受影响,而且进风口处不应有大量的高湿热空气的排气口。

冷却塔大都采用玻璃钢制造,难以达到非燃要求,因此要求消防排烟口必须远离冷却塔。

5.3.3　冷凝水系统

在空调系统中,由于机组、风管和水管的温度较低,因此会使管道出现结露现象,形成冷凝水,这样就需要用管道将冷凝水排出。冷凝水管通常采用 DN25 的管道,并且要求将冷凝水排至最近的排水器具中。由于冷凝水的温度较低,为了防止管壁结露,对于冷凝水水管也要进行保护。

5.4　空调与制冷设备的电气控制

5.4.1　空调系统的冷源

空调系统的冷源有天然冷源和人工冷源两种。

天然冷源一般是指深井水、山涧水等温度较低的水。这些温度较低的水可直接用水泵抽取供空调系统的喷水室、表冷器等空气处理设备使用,然后排放掉。

由于天然冷源往往难以获得,在实际工程中,通常使用人工冷源。人工冷源是指采用制冷设备制取的冷量。空调系统采用人工冷源制取的冷冻水或冷风来处理空气时,制冷剂是系统中耗能最大的。

冷源设备包括冷水机组、冷冻水系统和冷却水系统;热源设备包括锅炉机组(城市热网)、热交换器等,可作为空调、采暖、生活热水的供应设备。

5.4.2　制冷机的类型

按照制冷设备使用的能源类型不同,制冷机可分为压缩式制冷机、吸收式制冷机和蒸汽喷射式制冷机。

1. 蒸汽压缩机的工作原理及设备

蒸汽压缩式制冷机组在空调系统中是应用最广泛的制冷设备。下面简要介绍它的主要设备和工作原理。

(1)制冷压缩机的主要设备

①制冷压缩机　制冷压缩机是制冷机组中最主要的设备。它是从蒸发器中抽吸出蒸发的制冷剂蒸汽并进行压缩的设备。它从蒸发器中吸出蒸汽,通过压缩,提高压力,并向蒸发器输送制冷剂完成制冷循环。

压缩机的种类很多,根据工作原理不同,可分为容积式和离心式两种。

容积式压缩机式靠工作腔容积改变实现吸气、压缩、排气等过程。活塞式压缩机、回转式压缩机、螺杆式压缩机均属于容积式压缩机。

螺杆式压缩机的构造如图 5-53 所示。在汽缸的吸气端座上有吸气口,当齿槽与吸气口相遇时,吸气开始。随着螺杆的旋转,齿槽脱离吸气口,一对齿槽空间吸满蒸汽。螺杆继续旋转,两螺杆的齿与齿槽相互啮合,由汽缸体、啮合的螺杆和排气端座做成的齿槽容器变小,而且位置向排气端移动,完成了对蒸汽压缩和传输的作用。当这对齿槽空间与端座的排气口相通时,压缩结束,蒸汽被排出。每对齿槽空间都经历吸气、压缩、排气三个过程。螺杆式压缩机不设吸气、排气阀。当齿槽空间与吸气口接通时,即开始吸气;离开吸气口时,即开始压缩;与排气口相通时即开始排气(压缩结束),如图 5-54 所示。

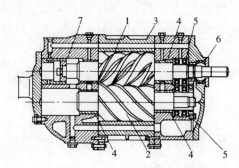

图 5-53　螺杆式压缩机的构造

1—阳转子;2—阴转子;3—机体;4—滑动轴承;5—止推轴承;6—轴封;7—平衡活塞

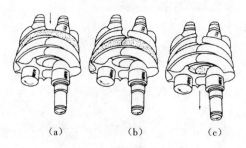

(a)　　　　　　(b)　　　　　　(c)

图 5-54　压缩机的工作过程

(a)吸气;(b)压缩;(c)排气

离心式压缩机是靠高速旋转的叶轮对蒸汽做功,使压力升高并完成输送蒸汽的任务。

②冷凝器　冷凝器是一个换热设备,其作用是把由压缩机排出的高温高压的气态制冷剂冷凝成液态制冷剂,把制冷剂在蒸发器中吸收的热量与压缩机损耗功率相当的热量之和排入周围环境之中。

冷凝器根据所使用冷却介质的不同可分为水冷冷凝器、风冷冷凝器等。

③节流机构　节流机构是将从冷凝器出来的高压液态制冷剂经过节流机构后转化为低压低温湿蒸汽,然后在蒸发器中蒸发吸热。

节流机构的形式很多,常用的有手动膨胀阀、浮球式膨胀阀、热力式膨胀阀以及毛细管等。

④蒸发器　蒸发器是一个换热设备,其作用是使进入蒸发器中的低温低压液态制冷剂吸收周围介质(水、空气等)的热量汽化,同时,蒸发器周围的介质因失去热量,温度降低。

(2)制冷压缩机的工作原理

蒸汽压缩式制冷是利用液体汽化时要吸收热量的物理特性制取冷量,如图 5-55 所示。从冷凝器出来的高温高压的液态制冷剂经过膨胀阀降温降压后进入蒸发器,在蒸发器中吸收周围介质的热量汽化后回到压缩机。同时,蒸发器周围介质因失去热量,温度降低,然后压缩机将制冷剂压缩为高温高压的气态制冷剂。接着,在冷凝器中利用外界常温下的冷却剂(如水、空气等)将其冷却为高温高压的液态制冷剂。

对于既可以在夏季供冷,又能够在冬季供热的热泵式空调,它在冬季由制冷机工作,只是通过一个四通换向阀使制冷剂作供热循环。这时原来的蒸发器变成冷凝器,空气通过冷凝器时被加热送入房间。对于一台分体式热泵空调来说,夏天制冷时就是把冷凝器放在室外,而把蒸发器放在室内,运行时就把室内的热量输送到了室外;而冬季则把蒸发器放在室外,把冷凝器放在室内,这样就把室外的热量输送到了

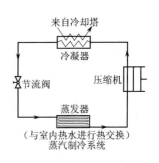

图 5-55 制冷压缩机的工作原理

室内。当然,人们不可能在换季时去拆装设备,而是通过四通换向阀使蒸发器和冷凝器换位的。

2. 冷水机组

冷水机组是把整个制冷系统中的压缩机、冷凝器、蒸发器、节流阀等设备以及电气控制设备组装在一起,专门为空调系统提供冷水的设备,也可以为其他工艺过程提供不同温度的冷水。

冷水机组配备有较完善的控制保护设备,运行安全。它以水为载冷剂,可进行远距离输送分配并可以满足多个用户的需要。此外,它具有结构紧凑、占地面积小、机组产品系列化、冷量可组合配套等优点,便于设计选型、施工安装和维修操作。

5.4.3 制冷系统的电气控制

在空调工程中,常用的有天然冷源或人工冷源。人工制冷方法广泛使用的是利用液体在低压下汽化时需要吸收热量这一特性来制冷的。属于这种类型的制冷装置有蒸汽喷射式、溴化锂吸收式、压缩式制冷系统等。下面介绍压缩式制冷的基本原理和与集中式空调配套的制冷系统的电气控制。

1. 制冷系统元部件

(1)压缩机

压缩机是制冷系统的动力核心,它可将吸入的低温、低压制冷剂蒸汽通过压缩提高温度和压力,并通过热功转换达到制冷目的。

压缩机有活塞式、离心式、旋转式、涡旋式等。常用的是活塞压缩机。其工作原理是:曲轴由电动机带动旋转,并通过连杆使活塞在汽缸中做上下往复运动。压缩机完成一次吸、排气循环,相当于曲轴旋转一周,依次进行一次压缩、排气、膨胀和吸气过程。压缩机在电动机驱动下连续运转,活塞便不断地在汽缸中做往复运动。

(2)热交换器

蒸发器和冷凝器统称为热交换器,也称换热器。

①蒸发器(冷却器) 它是制冷循环中直接制冷的器件,一般装在室内机组里。制冷剂液体经毛细管节流后进入蒸发器紫铜管,管外是强迫流动的空气。压缩机制冷时,吸收室内空气中的热量,使制冷剂液体蒸发为气体,带走室内空气中的热量,使房间冷却。同时,蒸发器还能将蒸发器周围流动的空气冷却到低于露点温度,去除空气中的水分进行减湿。

②冷凝器 空调中冷凝器的结构与蒸发器基本相同。其作用是使由压缩机送出的高温、

高压制冷剂气体冷却液化。当压缩机制冷时,压缩机排出的过热、高压制冷剂气体由进入口进入多排并行的冷凝管后,通过管外的散热器,管内的制冷剂由气态变为液态流出。

(3)节流元件

节流元件包括毛细管和膨胀阀两种。

①毛细管 毛细管是一根孔径很小的细长的紫铜管,内径为 1 ~ 1.6 mm,长度为 500 ~ 1 000 mm。作为一种节流元件,毛细管焊接在冷凝器输液管与蒸发器接口之间,起降压节流作用,可阻止在冷凝器中被液化的常温高压液态制冷剂直接进入蒸发器,降低蒸发器内的压力,有利于制冷剂的蒸发。当压缩机停止工作时,能通过毛细管使低压部分的压力保持平衡,从而使压缩机易于启动。

②膨胀阀 有热力膨胀阀和电子膨胀阀两种。热力膨胀阀(又称感温式膨胀阀)接在蒸发器的进水管上,其感温包紧贴在蒸发器的出口管上。根据蒸发器出口处制冷剂气体的压力变化和过热度变化自动调节供给蒸发器的制冷剂流量。电子膨胀阀主要由步进电机和针形阀组成。针形阀由阀杆、阀针和节流孔组成。阀体中与阀杆接触处有内螺纹。电机直接驱动转轴,改变针形阀开度以实现流量调节。

2. 压缩式制冷系统的工作原理

压缩式制冷系统由压缩机、冷凝器、膨胀阀和蒸发器四大主件以及管路系统等组成,如图 5-56 所示。

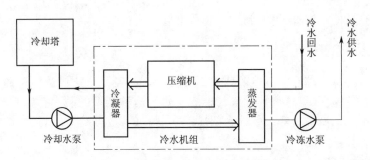

图 5-56 压缩式制冷系统的组成示意图

压缩式制冷系统的工作原理:当压缩机在电动机驱动下运行时,压缩机就能从蒸发器中将温度较低的低压制冷剂气体吸入汽缸内,经过压缩后成为高温高压的气体被排入冷凝器。在冷凝器内,高温高压制冷剂气体与常温条件的水(或空气)进行热交换,把热量传给冷却水(或空气),而本身由气体凝结为液体。当冷凝后的液态制冷剂流经膨胀阀时,由于膨胀阀的孔径极小,使液态制冷剂在阀中由高压节流至低压进入蒸发器。在蒸发器内,低压低温的制冷剂液体的状态是很不稳定的,立即进行汽化(蒸发)并吸收蒸发器水箱中水的热量,从而使喷水室回水重新得到冷却,蒸发器所产生的制冷剂气体又被压缩机吸走。这样,制冷剂在系统中要经过压缩、冷凝、节流和蒸发等过程完成一个制冷循环。

由上述制冷剂的流动过程可知:只要制冷装置正常运行,在蒸发器周围就能获得连续稳定的冷量,而这些冷量的取得必须以消耗能量(例如电动机耗电)作为补偿。

3. 制冷系统的电气控制

活塞式制冷机组的应用比较广泛,其能量调节通常用压力控制方式来实现。这里以集中式空调系统配套的制冷系统为例进行介绍。

（1）制冷系统的组成

系统组成概况：在制冷装置中用来实现制冷的工作物质称为制冷剂或工质。常用的制冷剂有氨和氟利昂等。本例的制冷系统由氨制冷压缩机（一台工作，一台备用）组成，由于电动机容量较大，为了限制启动电流，又能带动一定的负载启动，选择绕线式电动机拖动。自控部分由电动机(95 kW)及频敏变阻器启动设备、氨压缩机 ZK-Ⅱ 型自控台（具有自动调缸电气控制装置）及新设计的自控柜组成一个整体，满足空调自动控制系统送来的需冷信号的控制要求。制冷系统的组成如图 5-57 所示。

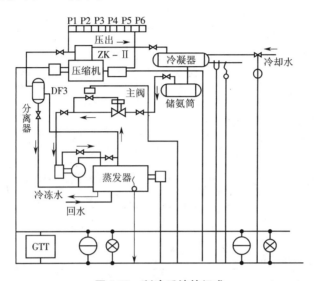

图 5-57　制冷系统的组成

能量调节：由压力继电器、电磁阀和卸载机构组成能量调节部分。本压缩机有六个汽缸，每一对汽缸配一个压力继电器和一个电磁阀。压力继电器有高端和低端两对电接点，动作压力都是预先设定的。当冷负荷降低且吸气压力降到某一压力继电器的低端整定值时，低端接点闭合，接通相配套的电磁阀线圈，阀门打开，使它所控制的卸载机构中的油经过电磁阀回流入曲轴箱，卸载机构的油压下降，汽缸组卸载。当冷负荷增加，吸气压力逐渐升高。当上升到某一压力继电器高端整定值时，高端电接点闭合，低端电接点断开，电磁阀线圈失电，阀门关闭，卸载机构油压上升，汽缸组进入工作状态。氨压缩机这一吸气压力与工作缸数可以用表 5-3 描述，各压力继电器整定值见此表说明，压力继电器的低端整定值用 1 注脚，高端整定值用 2 注脚。

表 5-3　吸气压力与工作缸数

压力继电器	$P6_1$	$P2_1$	$P3_1$	$P2_2$	$P4_1$	$P3_2$	$P4_2$	$P5_2$	$P6_2$
压力/MPa	0.28	0.3	0.32	0.33	0.34	0.35	0.37	1.2	1.4

系统应用仪表：本系统采用三块 XCT 系列仪表，分别作为本系痛的冷冻水水温、压缩机油温和排气温度的指示与保护。

（2）系统的电气控制分析

与集中式空调系统相配套的制冷系统的电气控制原理如图 5-58 所示。图中仅需冷信号来自空调系统指令，其余均自成体系，因此图中符号自行编排。下面分环节叙述其工作原理。

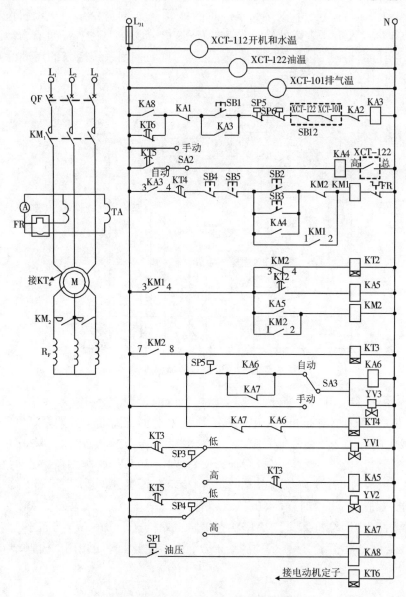

图 5-58　制冷系统的电气控制原理图

①投入前的准备　合上电源开关 Q 和控制回路开关 SA1，将 SA2 和 SA3 放在自动位。仔细检查上述仪表及系统的其他仪表工作是否正常，并观察各手动阀门的位置是否符合运行要求等。检查完毕后，按下启动按钮 SB1，系统正常时，继电器 KA3 得电吸合，为机组启动做准备。

②开机阶段　当空调系统送来 AC220 V 启动机组命令时，时间继电器 KT1 得电，常开触点 KT1 经延时闭合。如果此时蒸发器水箱中冷冻水温度高于 8 ℃时，XCT – 112 仪表的总 –

触点闭合,使继电器 KA4 得电吸合,接触器 KM1 线圈通电吸合,其主触点闭合,制冷压缩机电动机定子绕组接电源、转子绕组串频敏变阻器限流启动。同时,接触器 KM1 的辅助触点 KM1$_{1,2}$ 闭合,自锁;KM1$_{3,4}$ 闭合,时间继电器 KT2 得电,其常开触点 KT2 经延时闭合,短接频敏变阻器。同时,接触器 KM2 的辅助触点 KM2$_{1,2}$ 闭合,自锁;KM2$_{3,4}$ 断开,使时间继电器 KT2 失电,为下次启动做准备。KM2$_{5,6}$ 断开,为下次启动做准备。KM2$_{7,8}$ 闭合,使时间继电器 KT3 得电,常闭触点 KT3 延时 4 分钟断开,为 YV1 断电做准备。KT3 的常开触点延时 4 分钟闭合,为 KT5 通电做准备。

KM2$_{7,8}$ 闭合,也使时间继电器 KT4 得电,其常闭触点延时 4 分钟断开,使接触器 KM1 失电,压缩机停止,说明冷负荷较轻,不需压缩机工作。如在 4 分钟之内,压缩机的吸气压力超过压力继电器 SP2 的高端整定值时,SP2 高端触点接通,使电磁导阀 YV3 线圈得电,打开制冷剂管路的电磁阀 YV3 及主阀,由储氨筒向膨胀阀供氨液。同时,中间继电器 KA6 得电,其常闭触点断开,使时间继电器 KT4 失电;KA6 的常开触点闭合自锁,压缩机正常运行。

压缩机启动后,润滑油系统正常时,油压上升,则在 18s 内油压差继电器 SP1 触点闭合,继电器 KA8 通电,其触点 KA8 闭合代替 KT6 触点,使压缩机正常工作。同时,1、2 汽缸自动投入运行,有利于压缩机启动初始时为轻载启动,此时的负载能力为 33%。

③能量调节　当空调冷负荷增加,压缩机吸气压力超过压力继电器 SP3 的高端整定值时,SP3 低端触点断开。若此时时间继电器 KT3 的常闭触点已经断开,电磁阀 YV1 失电关闭,其卸载机构的 3、4 缸油压上升,使 3、4 缸投入工作状态,压缩机的负载增加,此时的负载能力为 66%。同时,SP3 高端触点闭合,使时间继电器 KT5 得电,其常闭触点 KT5 延时 4 分钟断开,为 YV2 失电做准备。

当压缩机吸气压力继续上升达到压力继电器 SP4 的高端整定值时,SP4 低端触点断开,限制 5、6 缸投入的电磁阀 YV2 失电,5、6 缸投入运行,压缩机的负载又增加,此时的负载能力为 100%。同时,SP4 高端触点闭合,中间继电器 KA7 得电吸合,其触点断开,但暂时不起作用。

当吸气压力减小时,可以自动调缸卸载。例如吸气压力降到压力继电器 SP4 的低端整定值时,SP4 高端触点断开,而 SP4 低端触点接通,使电磁阀 YV2 线圈得电而打开,使它所控制的卸载机构中的油经过电磁阀回流入曲轴箱,卸载机构油压下降,5、6 缸即行卸载。卸载与加载有一定的压差,可避免调缸过于频繁。3、4 缸卸载也基本相同。

④停机阶段　停机分长期停机、周期停机和事故停机三种情况。

a. 长期停机是指因空调停止供冷的停机。当空调停止喷淋水后,蒸发器水箱水温下降,进而使吸气压力下降。当吸气压力下降到等于或小于压力继电器 SP2 整定的低端值时,SP2 高端触点断开,导阀 YV3 失电,使主阀关闭,停止向膨胀阀供氨液。同时,中间继电器 KA6 失电,其触点 KA6 恢复(KA7 已恢复),使时间继电器 KT4 得电,其触点 KT4 延时 4 分钟后断开,接触器 KM1 失电,压缩机停止运行。延时的目的是为了在主阀关闭后,使蒸发器的氨液面继续下降到一定高度,以避免下次开机启动时产生冲缸现象。

b. 周期停机是指存在空调需冷信号的情况下为适应负载要求而停机。这种停机与长期停机相似,通过 SP2 触点和 KT3 实现。但由于空调系统仍送来需冷信号,蒸发器压力和冷冻水温度将随冷负荷的增加而上升,一般水温上升较慢。在水温没上升到 8 ℃以上时,XCT－112 仪表中的高－总触点未闭合,继电器 KA4 没得电,压缩机不启动。但吸气压力上升较快,当吸气压力上升到压力继电器 SP4 的整定的高端值时,SP4 高端触点接通,使继电器 KA7 得电,其触点 KA7 断开,使导阀 YV3 不会在压缩机启动结束就打开;另一对触点 KA7 断开,使时间继电器 KT4 不会在压缩机启动结束就得电,防止冷负荷较轻而频繁启动压缩机。

当水温上升到 8 ℃ 时,XCT－112 仪表中的高－总触点闭合,继电器 KA4 得电,压缩机重新启动。只要吸气压力高于压力继电器 SP4 整定的高端值时,SP4 高端触点断开,使中间继电器 KA7 失电,导阀 YV3 和继电器 KA6 才得电,并通过继电器 KA6 闭合自锁。压缩机汽缸的投入仍按时间原则和压力原则分期投入,以防止压缩机重载启动。

c. 事故停机是指由于运行中出现各种事故时,通过事故继电器 KA3 的常开触点切断接触器 KM1 而导致的停机。例如 SP5 因吸气压力超过 P5 整定的高端值时的高压停机,SP6 因吸气压力超过 P6 整定的高端值时的超高压停机(两道防线)等。事故停机时,必须经检查后重新按事故连锁按钮 SB1,继电器 KA3 得电后,系统才能再次投入运行。

(3)保护环节

①冷冻水温度过低、润滑油温度过低和排气温度过高的保护　该系统应用了 3 块 XCT 系列仪表,作为冷冻水温度、压缩机的润滑油温度过低和排气温度过高的指示与保护用仪表。该仪表是一种简易式调节仪表,它与热电偶、热电阻等相配合,用来指示和调节被控制对象的温度和压力等参数。它主要由测量电路、动圈测量机构、调节电路等组成,输出 0～10 mA 滞留电流或断续输出两类形式。

冷冻水温度是由 XCT－112 指示与调节的,该仪表为三位调节。当冷冻水温度低于 1 ℃时,其低－总触点闭合,KA1 吸合使 KA3 动作而切断控制回路;当冷冻水温度高于 8 ℃ 时,其高－总触点闭合,KA4 吸合,准备启动机组。

XCT－122 的低－总触点和 XCT－101 的高－总触点直接串在继电器 KA3 线圈回路中,当压缩机的润滑油温度过低或排气温度过高时,其常闭触点都可以使继电器 KA3 动作而切断控制回路。

②冷却水压力过低保护　由压力继电器 SP 和继电器 KA2 实现;冷却水压力正常时,压力继电器 SP 的常闭触点是断开的,继电器 KA2 未吸合;当冷却水压力过低时,SP 的常闭触点恢复,KA2 吸合使继电器 KA3 动作而切断控制回路。

③压缩机吸气压力过高的保护　当压缩机吸气压力过高时,SP5 常闭触点断开使继电器 KA3 动作而切断控制回路,SP6 为极限保护。

④润滑油压力过低保护　当压缩机启动时,时间继电器 KT6 线圈得电就开始计时,在整定的 18 s 内,其常闭触点 KT6 断开。如果此时润滑系列油压差未能上升到油压差继电器整定值 P1(润滑油由与压缩机同轴的机械泵供油),则压差继电器触点 SP1 不闭合,中间继电器 KA8 线圈不通电,事故继电器 KA3 失电,压缩机启动失败,处于事故状态。若润滑系统正常,则在 18 s 内,油压差继电器 SP1 触点闭合,KA8 通电,其触点 KA8 闭合代替 KT6 触点,使压缩机正常工作。

5.5　通风系统及其电气控制

通风就是在局部地点或整个房间把不符合卫生标准的污浊空气经过处理达到排放标准后排至室外,而将新鲜空气或经过专门处理净化符合卫生要求的空气送入房间,使房间的空气参数符合卫生要求,保证人们的身体健康和工艺生产过程中的产品质量。

5.5.1　通风的基本方式

1. 自然通风

自然通风是依靠室外风力造成的风压和室内外空气温度差所造成的热压来实现换气的通风方式。图 5-59 是利用热压进行的自然通风方式,由于房间空气温度高、密度小,因此就产生了一种上升力,空气上升后从上部窗排出,使得室外冷空气从房间下部门窗或缝隙进入室内,这样就在房间内形成了一种由室内外气温差引起的自然通风,这种通风方式称为热压作用下的自然通风。图 5-60 是利用风压进行的自然通风,气流由建筑物迎风面的门窗进入房间内,同时把房间内的空气从背风面的门窗压出去,这样就在房间中形成了一种由风力引起的自然通风。

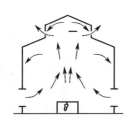

图 5-59　热压作用下的自然通风方式

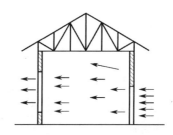

图 5-60　风压作用下的自然通风

自然通风可分为有组织自然通风和无组织自然通风。有组织自然通风是利用侧窗和天窗控制和调节进、排风,有组织自然通风对热车间,特别是冶金、轧钢、铸造、锻造等车间是一种经济有效的通风方式,目前应用较为广泛。无组织自然通风是利用门窗及缝隙进行空气交换的。

2. 机械通风

机械通风是利用通风机产生的动力进行换气。机械通风是进行有组织通风的主要技术手段。

机械通风的实例很多,利用安装在墙、窗上的轴流风机排风是最简单的机械通风方式。图5-61 是均匀排风系统,利用排风管道均匀排风。图 5-62 是局部排风系统,从几个局部地点将有害气体排走。图 5-63 是除尘系统,除尘系统也可以用来回收粉料,如回收面粉、金属粉末、水泥等。图 5-64 是机械进风系统,室外空气在风机的作用下经百叶窗进入进气室,在进气室中经过滤器过滤、加热器加热后,通过风管送入通风房间。

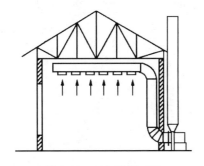

图 5-61　均匀排风系统

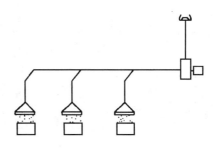

图 5-62　局部排风系统

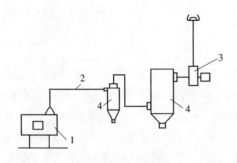

图 5-63　除尘系统

1—有害物聚集器;2—风管;3—风机;4—除尘器

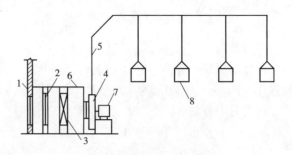

图 5-64　机械进风系统

1—百叶窗;2—空气过滤器;3—空气加热器;
4—通风机;5—风管;6—进气室;7—电动机;
8—空气分布器

5.5.2　防排烟系统的构成

建筑火灾,尤其是高层建筑火灾的经验教训表明,火灾中对人体伤害最严重的是烟雾。烟雾是由固体和气体形成的混合物,含有有毒性、刺激性气体,因此火灾死伤者中相当数量的人是因为烟雾中毒或窒息死亡的。建筑物发生火灾后,烟气在建筑物内不断流动传播,不仅导致火灾蔓延,也引起人员恐慌,影响疏散与扑救。引起烟气流动的因素有扩散、烟囱效应、浮力、热膨胀、风力、通风空调系统等。由于高层建筑的火灾由于火灾蔓延快、疏散困难、扑救难度大且其火灾隐患多,因而其防火防烟和排烟的问题尤为重要。

1. 火灾的烟气控制

烟气控制的主要目的是在建筑物内创造无烟或烟气含量低的疏散通道或安全区。烟气控制的实质是控制烟气的合理流动,也就是使烟气不流向疏散通道、安全区和非着火区,而向室外流动。烟气控制的主要方法有以下几种。

(1)隔断或阻挡

墙、楼板、门等都具有隔断烟气传播的作用。为了防止火势蔓延和烟气传播,建筑法规规定了建筑中必须划分防火分区和防烟分区。所谓防火分区是指用防火墙、楼板、防火门或防火卷帘等分隔的区域,可以将火灾限制在一定的局部区域内(在一定时间内),不使火势蔓延。当然,防火分区的隔断同样也对烟气起了隔断作用。所谓防烟分区是在设置排烟措施的过道、房间中,用隔墙或其他措施(可以阻挡和限制烟气的流动)分割的区域。

(2)排烟

利用自然或机械的作用力,将烟气排到室外,称之为排烟。利用自然作用力的排烟称为自然排烟;利用机械(风机)作用力的排烟称为机械排烟。排烟的部位有:着火区和疏散通道。着火区排烟的目的是将火灾发生的烟气排到室外,有利于着火区的人员疏散及救火人员的扑救。疏散通道的排烟是为了排除可能侵入的烟气,以保证疏散通道无烟或少烟,这样可以有利于人员疏散及救火人员通行。

(3)加压防烟

加压防烟是用风机把一定量的室外空气送入房间或通道内,使室内保持一定的压力或门洞处有一定的流速,以避免烟气侵入。图 5-65 是加压防烟的两种情况,其中(a)是当门关闭时,房间内保持一定的正压值,空气从门缝或其他缝隙处流出,防止了烟气的侵入;图(b)是当门开启的时候,送入加压的空气以一定的风速从门洞流出,防止烟气的流入。当流速较低时,烟气可能从上部流入室内。对以上两种情况进行分析可以看出,为了防止烟气流入被加压的房间,必须做到:

①门开启时,门洞应有一定向外的风速;

②门关闭时,房间内应有一定的正压值。

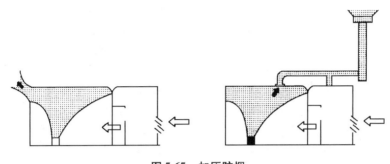

图 5-65　加压防烟

(a)门关闭时;(b)门开启时

2. 自然排烟

发生火灾时,自然排烟利用室内热气流的浮力或室外风力的作用,将室内的烟气从与室外相邻的窗户、阳台或专用排烟口排出。自然排烟不使用动力,结构简单,运行可靠,但当火势猛烈时,火焰有可能从开口部分喷出,从而使火势蔓延。自然排烟还容易受到室外风力的影响。当火灾房间处在迎风侧时,由于受到风压的作用,烟气很难排出。

自然排烟有两种方式:

(1)利用外窗或专设的排烟口排烟;

(2)利用竖井排烟。

两种排烟方式如图 5-66 所示。其中图(a)是利用可开启的外窗进行排烟,如果外窗不能开启或无外窗,可以专设排烟口进行自然排烟;图(b)是利用专设的竖井,也就是相当于专设的一个烟囱,各层房间设排烟口与专用竖井相连,当某层发生火灾有烟气产生时,排烟口自动或人工打开,热烟气即可通过竖井排到室外。

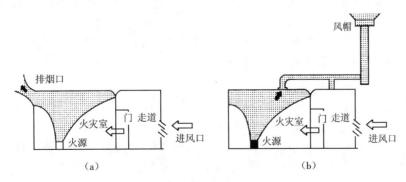

图 5-66　房间自然排烟系统示意图

3. 机械排烟

机械排烟就是使用排烟风机进行强制排烟。机械排烟可分为局部排烟和集中排烟两种方式。局部排烟方式是在每个房间内设置风机直接进行排烟;集中排烟方式是将建筑物划分为若干个防烟分区,在每个分区内设置排烟风机,通过风道排出各分区内的烟气。

高层建筑在机械排烟的同时还要向房间内补充室外的新风,送风的方式有以下两种。

(1)机械排烟、机械送风

利用设置在建筑物最上层的排烟风机,通过设在防烟楼梯间、前室或消防电梯前室上部的排烟口及与其相连的排烟竖井将烟气送至室外,或通过房间(走道)上部的排烟口排至室外;另外由室外送风机通过竖井和设于前室(或走道)的送风口补充室外的新风。各层的排烟口及送风口的开启与排烟风机及室外送风机相连锁,如图 5-67 所示。

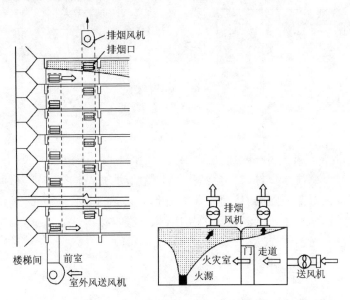

图 5-67 机械排烟、机械送风

(2)机械排烟、自然送风

排烟系统同上,但室外新风向前室(或走道)的补充并不依靠风机,而是依靠排烟风机所造成的负压,通过自然进风竖井和进风口补充到前室(或走道)内,如图 5-68 所示。

4. 机械排烟系统的组成

机械排烟系统一般由防烟垂壁、排烟口、排烟道、排烟阀、排烟防火阀及排烟风机等组成。下面对机械排烟系统的主要组成部分进行介绍。

(1)排烟口

排烟口一般尽可能布置于防烟分区的中心,距最远点的水平距离不能超过 30 m。排烟口应设在顶棚或靠近顶棚的墙面上,且与附近安全出口沿走道方向相邻边缘之间的最小的水平距离小于 15 m。排烟口平时处于关闭状态,当火灾发生时,自动控制系统使排烟口开启,通过排烟口将烟气及时迅速排至室外。排烟口也可作为送风口。图 5-69 所示为板式排烟口示意图。

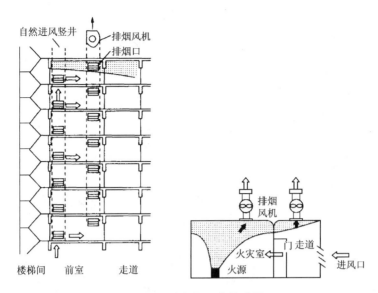

图 5-68 机械排烟、自然进风

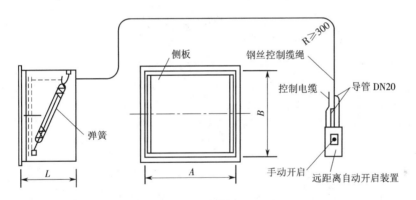

图 5-69 板式排烟口示意图

（2）排烟阀

排烟阀应用于排烟系统的风管上，平时处于关闭状态。但火灾发生时，感烟探测器发出火警信号，控制中心输出 DC24V 电压，使排烟阀开启，通过排烟口进行排烟。图 5-70 所示为排烟阀示意图，图 5-71 所示为排烟阀安装图。

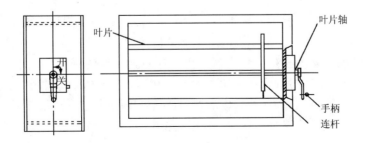

图 5-70 排烟阀示意图

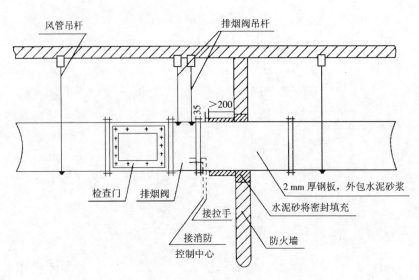

图 5-71   排烟阀安装图

（3）排烟防火阀

排烟防火阀适用于排烟系统管道上或风机吸入口处,兼有排烟阀和防火阀的功能。排烟防火阀平时处于关闭状态,需要排烟时,排烟防火阀的动作和功能与排烟阀相同,可自动开启排烟。当管道气流温度达到 280 ℃时,阀门靠装有易熔金属的温度熔断器而自动关闭,切断气流,防止火灾蔓延。图 5-72 所示为远距离控制排烟防火阀的安装图。

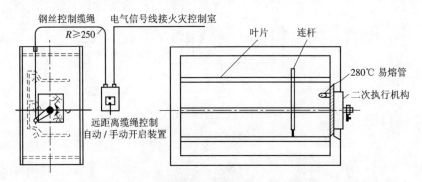

图 5-72   远距离控制排烟防火阀的安装图

（4）排烟风机

排烟风机有离心式和轴流式两种类型。在排烟系统中一般采用离心式风机。排烟风机在结构上应具有一定的耐火性能和隔热性能,以保证输送烟气温度在 280 ℃时能够正常运行 30 min 以上。排烟风机的设置位置一般为该风机所在防火分区的排烟系统中最高排烟口的上部,并设在该防火分区的风机房内。风机外缘与风机房墙壁或其他设备的间距应保持在 0.6 m 以上。排烟风机设有备用电源,并且应能自动切换。排烟风机的启动采用自动控制方式,启动装置与排烟系统中的每个排烟口连锁,即在该排烟系统中任何一个排烟口开启时,排烟风机都能自动启动。

5.5.3　防排烟系统的电气控制

1.防排烟控制方式

排烟控制有消防中心控制和模块控制两种方式,其方框图如图 5-73 所示。在消防中心控制模式中,消防中心接到火警信号后,根据火灾情况直接产生信号打开有关排烟道上的排烟口,启动排烟风机(有正压送风机时同时启动)降下有关部位防烟卷帘及防烟垂壁,打开安全出口的电动门,与此同时关闭有关的送风机及防火门,停止有关区域内的空调系统等,并接收各台设备的返回信号和防火阀动作信号,消防中心控制室能显示各种电动防排烟设施的运行情况。

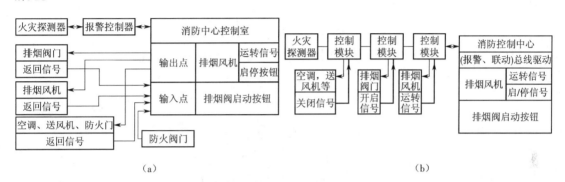

图 5-73　排烟控制方框图

(a)中心控制方式;(b)模块控制方式

在模块控制模式中,消防中心接到火警信号后,产生排烟风机和排烟阀等的动作信号,经总线和控制模块驱动各设备动作并接收其返回信号,监控各台设备的运行状态。

2.排烟阀与防火阀控制分析

(1)电动送风阀与排烟阀

送风阀或排烟阀装在建筑物的过道、防烟前室或无窗房间的防排烟系统中用作排烟口或正压送风口。平时阀门关闭,当发生火灾时阀门接收信号打开。

送风阀或排烟阀的电动操作机构一般用电磁铁操作,当电磁铁通电时即执行开阀操作。电磁铁由消防中心发出命令动作。

模块式控制电动脱扣式设备接线如图 5-74 所示。将此模块接于非消防电源的电源断路器或电源接触器上,在火灾发生时远动控制切除非消防电源。

排烟阀的控制应符合以下要求:

①排烟阀宜由其排烟分担区内设置的感烟探测器组成的控制回路在现场开启;

②排烟阀动作后应启动相关的排烟风机和正压送风机,停止相关范围内的空调风机及其他送、排风机;

③若需同一排烟区内的多个排烟阀同时动作,可采用接力控制方式开启,并由最后动作的排烟阀发送动作信号。

(2)防火阀及防烟防火阀

防火阀与排烟阀相反,正常时是打开的。当发生火灾时,其温度上升,熔断器熔断使阀门自动关闭。一般用在有防火要求的通风及空调系统的风道上。防火阀可用手动复位(打开),

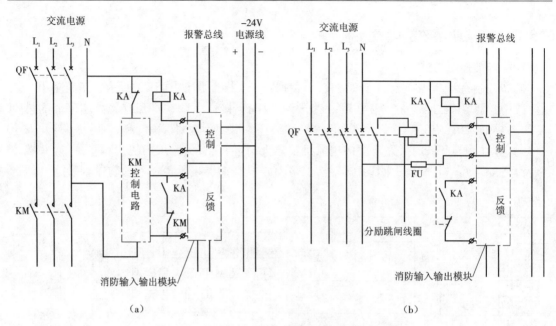

图 5-74　模块式控制电动脱扣式设备接线示意图
（a）交流接触器方式　（b）带分励脱扣器的断路器方式

也可用电动机构操作。电动机构一般采用电磁铁,接受消防中心命令后关闭阀门。操作原理同排烟阀。防烟防火阀的工作原理与防火阀相似,在结构上还有防烟的要求。

设置在排烟风机入口处的防火阀动作后应联动停止排烟风机。

排烟系统中,风机的控制应按防排烟系统的组成进行设计,其控制系统通常可由消防控制室、排烟口及就地控制等装置组成。就地控制是将转换开关打到手动位置,通过按钮启动或停止排烟风机,检修时用。排烟风机可由消防联动模块控制或就地控制。联动模块控制时,通过连锁触点启动排烟风机。当排烟风道内温度超过 280 ℃时,防火阀自动关闭,通过连锁接点,使排烟风机自动停止。双速风机排风排烟系统控制示意如图 5-75 所示。

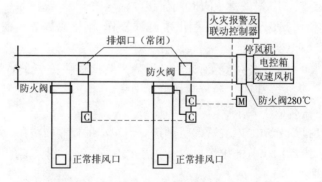

图 5-75　双速风机排风排烟系统控制示意图

3. 双速排烟风机控制分析

图 5-76 为双速排烟（风）机的控制回路。其控制要求是,一台排烟（风）机兼作两用平时排风（低速）和消防时排烟（高速）。在本控制回路中,平时排风由手动控制按钮完成启停控制,而消防时排烟则由消防联动模块承担控制任务。

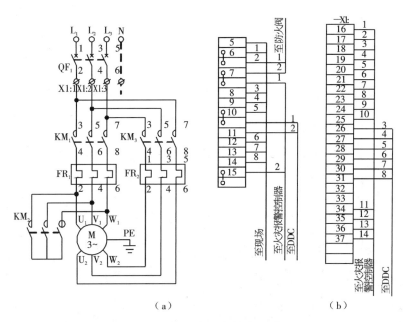

图 5-76　双速排烟机控制回路

(a)主电路;(b)外接端子排

（1）主回路

由图 5-76 可知,这是一台4/2极的双速电动机的电气控制回路。双速电动机定子绕组的6个接线端 U_1、V_1、W_1、U_2、V_2、W_2 通过接触器 KM_1、KM_2、KM_3 接成三角形或双星形。根据主回路情况,当接触器 KM_1 接通时,定子绕组 U_1、V_1、W_1 接线端接三相交流电源。此时 KM_2、KM_3 应不接通,接线端 U_2、V_2、W_2 悬空,三相定子绕组为三角形接线,电动机的极数为4极,双速电动机低速运行;当接触器 KM_2、KM_3 接通时,KM_2 主触点闭合将接线端 U_1、V_1、W_1 短接,KM_3 主触点闭合将接线端 U_2、V_2、W_2 接入电源,定子绕组为双星形连接,电动机的极数为2极,双速电动机高速运行。

电源	手动控制		自控	手动控制	自控	排烟阀联动	应急控制	报警信号	声响报警解除	控制变压器	消防外控
	低速 DDC 控制			高速（消防）控制				过负荷声光报警			

说明:1.本图为交流380 V双速风机的两地控制线路,过载只报警,由手动或消防系统自动控制阀门开启,风口上的微动开关与风机的联动由消防系统联动模块完成。

　　　2.消防联动模块提供无源动合触点。

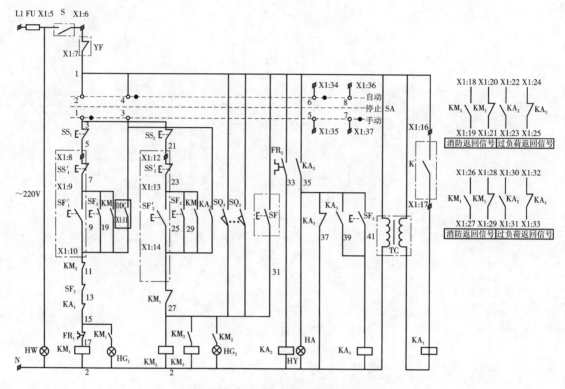

图 5-77 双速排烟风机控制电路图

由主电路还可分析,任意时刻接触器 KM_1 与接触器 KM_2、KM_3 不能同时接通,否则将引起主电路短路,即 KM_1 与 KM_2、KM_3 之间应有电气连锁关系。

（2）控制回路

①控制回路受线路开关 S 和排烟防火阀 YF 的制约。当 S 或 YF 打开时,无论 SA 位于何挡控制回路为断开状态。

表 5-3 回路主要元件

符号	名称	性能或安装位置	符号	名称	性能或安装位置
S	控制开关	控制回路电源开关	KM_2,KM_3	运行接触器	高速运行接触器
YF	排烟防火阀	280 ℃断开	HW	电源指示灯	控制回路接通时,发出灯光信号
SS_1,SS_2	停车按钮	单按钮,控制柜内及现场	SF_3	控制按钮	用于声响报警解除
SF_1,SF_2	启动按钮	复合按钮,控制柜内及现场	DDC	控制器接点	由楼宇自控系统信号控制
FR_1,FR_2	热继电器	低速或高速运行时的过载保护	SA	转换开关	三挡、控制柜内安装
KM_1	运行接触器	低速运行接触器	SQ_1,SQ_2	排烟阀	安装于排烟道上

表 5-3(续)

符号	名称	性能或安装位置	符号	名称	性能或安装位置
SF	钥匙式控制按钮	位于消防控制室联动控制盘	HY	过载报警指示灯	电动机过载时,发出灯光信号
TC	控制变压器	为消防模块有源触点提供转换电源	HG_1,HG_2	电机运行指示灯	电动机运行时,发出灯光信号
HA	过载报警警铃	电动机过载时,发出声响信号	KA_1~KA_3	中间继电器	中间信号转换

当 S 或 YF 闭合时,无论 SA 位于何挡,KM_2 与 KM_3 线圈均受排烟阀 SQ_1、SQ_2 及钥匙式控制按钮 SF 的控制:当排烟阀 SQ_1、SQ2 动作或操作消防控制盘按钮 SF 使其闭合时,双速电动机均高速启动。

当 280 ℃排烟阀打开时,无论 SA 处于何挡,整个控制回路失电,双速电动机停止。

②自动挡　将转换开关 SA 拨至"自动",$SA_{3,4}$ 接通,低速运行接触器线圈 KM_1 唯一由楼宇自控系统发出的控制信号 DDC 控制。高速运行接触器线圈 KM_2、KM_3 唯一由消防控制系统发出的控制信号 KA_1 控制。当火灾发生时,消防系统发出联动控制信号,外控触点 K 闭合,通过外接端子 $X1:16$、$X1:17$ 将信号送入系统,中间继电器 KA_1 线圈通电,常开触点 $KA1_{13,14}$ 闭合,控制回路 $X1:1 - X1:5 - X1:6 - X1:7 - SA_{3,4} - KA1_{13,14} - KM1_{11,12} - $ 线圈 $KM_2 - X1:4$ 接通,接触器 KM_2 线圈通电,常开主触点闭合,将电动机 U_1、V_1、W_1 接线端短接,常开触点 KM_2 闭合,KM_3 线圈通电,将电动机 U_2、V_2、W_2 接入电源,电动机高速启动运行。

$SA_{5,6}$ 接通,SA 位于自动挡时,可由外接端子 $X1:34$、$X1:35$ 送出信号。

③手动挡　将转换开关 SA 拨至"手动",$SA_{1,2}$ 接通,此时接触器线圈 KM_1 及 KM_2、KM_3 分别由低、高速控制按钮控制。由控制总线发出的自动控制信号不起作用。$SA_{7,8}$ 接通,可由外接端子 $X1:36$、$X1:37$ 送出信号。

④停止挡　转换开关 SA 位于"停止"挡时,双速排烟机只接受排烟阀联动控制或消防控制室的强行启动控制,过载声光报警信号回路不受 SA 挡位限制。

⑤反馈信号　通过外接接点 $X1:18$ 和 $X1:19$、$X1:20$ 和 $X1:21$ 可将排烟机起信号或电源状态反馈至消防控制室;通过外接接点 $X1:22$ 和 $X1:23$、$X1:24$ 和 $X1:25$ 可将排烟机过载信号或正常状态反馈至消防控制室。

通过外接接点 $X1:26$ 和 $X1:27$、$X1:28$ 和 $X1:29$ 可将排风机低速启动信号或电源状态反馈至楼宇自控系统;通过接点 $X1:30$ 和 $X1:31$ 可将排风机过载信号反馈至楼宇自控系统。排烟机高速运行信号可通过 $X1:32$ 和 $X1:33$ 接入楼宇自控系统。

(3)线路保护

①过载保护　根据控制要求,低速时作为排风机运行,若发生过载,由热继电器 FR_1 的常闭触点 $FR1_{95,96}$ 切断 KM_1 线圈电路,低速运行停止。高速时作为排烟机运行,根据消防设备控制要求,设备过载时,只发出过载信号,不切断控制回路,因此高速运行过载时,由热继电器 FR_2 的常开触点 $FR2_{97,98}$ 接通 KA_2 线圈电路,触点 $KA2_{13,14}$ 接通过载声光报警指示电路,发出声光报警信号。工作人员可手动解除声响报警信号。当过载消失后,KA_2 失电,报警指示灯熄灭。

②短路保护　主电路短路保护由低压断路器 QF 实现,控制回路短路保护由熔断器 FU 实

现,注意中性线上严禁安装熔断器。

③失压保护　手动运行挡时,由自锁环节构成失压保护环节。自动挡时,总线或防火阀或消防控制室发出启动信号方可启动运行。

④特殊保护　当排烟温度达到280 ℃时,为了避免将高温烟雾排出引起新的火灾,排烟风道上的防火阀 YF 熔体熔断,切断控制回路,排烟风机停止运行。

4. 防火门与防火卷帘的作用及控制

防火门和防火卷帘是用来阻止建筑物内部空间不同部位火势蔓延途径的防火隔断设备。

(1)防火卷帘

防火卷帘广泛用于各类建筑物需要分隔防火的部位,通常设于建筑物防火分区通道口处,可形成门帘式分隔。当火灾发生时可据消防控制室或探测器的联动指令或就地手动操作,使卷帘下降,水幕同步供水。具体过程为防火卷帘接受感烟探测器的关闭信号后,产生第一次下降(距地 1.8 m);在接受感温探测器的火灾信号后,产生第二次下降,使卷帘降落至地面,以达到人员紧急疏散、火灾区域隔水隔烟、控制火灾蔓延的目的。卷帘电动机为三相 380 V,功率为 0.55~1.5 kW,其容量视门体大小而定。控制回路电压为 DC24V。控制方式有下列几种:

①电动控制　用于一般用途的卷帘门上,以按钮操作控制卷帘门的升降;

②手动控制　在电动控制的按钮上附加了手动控制装置,可用人工操作转柄使卷帘门降落;

③联动控制　即与消防中心实行联动控制,可实现集中控制防止火灾蔓延,可分为中心联动控制和模块联动控制两种联动方式,其联动控制框图如图 5-78 所示。

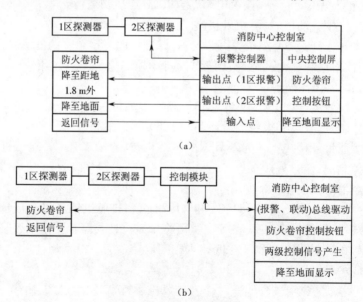

图 5-78　防火卷帘控制框图

(a)中心联动控制;(b)模块联动控制

根据有关规范要求,设于疏散通道上的防火卷帘,应设置火灾探测器组及其警报装置,且两侧应设置手动控制按钮,当感烟探测器动作后,卷帘自动下降至距地(楼面)1.8 m 处(一步降),当感温探测器动作后,卷帘自动下降到底(二步降)。此处防火卷帘门分两步降落的作用是当火灾初起时便于人员的疏散。用作防火分隔的防火卷帘,火灾探测器动作后,卷帘应当下降到底。例如在无人穿越的共享大厅等处,防火卷帘可由感烟探测器控制一步降到底。

　　对防火卷帘可进行分别控制(图5-79(a))或分组控制(图5-59(b)),在共享大厅、自动扶梯、商场等处允许几个卷帘同时动作时,可采用分组控制。采用分组控制可大大减少控制模块和编码探测器的数量,进而减少投资。

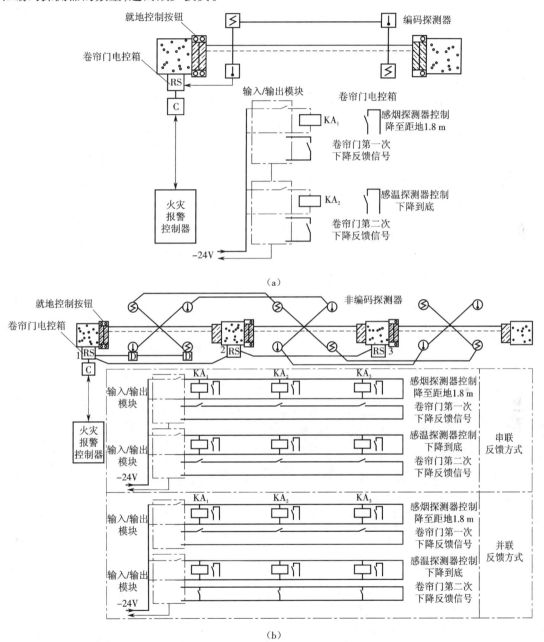

(a)

(b)

图5-79　模块与防火卷帘门电控箱接线示意图

(a)分别控制方式;(b)分组控制方式

模块与防火卷帘门电控箱接线示意如图 5-79 所示。其中图 5-79(a)中,KA1、KA2 为安装于防火卷帘门电控箱中的中间继电器,分别用于防火卷帘的二步下降控制。图 5-79(b)中,中间继电器 KA$_1$~KA$_3$ 分别安装于各防火卷帘门电控箱中,分别用于各防火卷帘的控制。

防火卷帘的电气控制回路如图 5-80 所示。

(2)防火门

其作用在于防烟与防火,也可用手动控制或电动控制。采用电动控制时需在防火门上配有防火门的闭门器及释放开关。

释放开关有两种,一种是平时通电吸合,使防火门处于开启状态,火灾时电源被联动装置切断,这时装在门上的闭门器使防火门自动关闭;还有一种释放开关是将电磁铁、油压泵和弹簧做成一个整体装置,平时断电,防火门开启。当火灾时电磁铁通电将销子拔出,靠油压泵的压力将门慢慢关闭。

电动防火门的控制应符合以下要求:

①电动防火门应选用平时不耗电的释放器,且宜暗设,应有返回动作信号功能;

②门两侧应装设专用的感烟探测器组成的控制回路,当门任一侧的火灾探测器报警后,防火门应自动关闭,防火门关闭信号应送到消防控制室。

思考题与习题

5-1　简述锅炉本体和锅炉房辅助设备的组成。

5-2　锅炉供热系统自动调节的任务是什么?

5-3　简述 SHL10—2.45/400 ℃—AⅢ型锅炉动力电路控制有何特点?

5-4　简述 SHL10—2.45/400 ℃—AⅢ型锅炉是怎样实现按顺序启动和停止的?

5-5　简述 SHL10—2.45/400 ℃—AⅢ型锅炉的声光报警如何实现?

5-6　空调系统的分类方法有哪几种?

5-7　空调系统的设备组成及其作用是什么?

5-8　集中式空调系统的电气控制特点和要求是什么?

5-9　机械循环热水供暖系统有哪几种形式?

5-10　冷水机组的工作原理是什么?

5-11　冷水机组的保护环节有哪些?

5-12　电动调节阀和电磁阀在结构和工作原理上有什么区别?

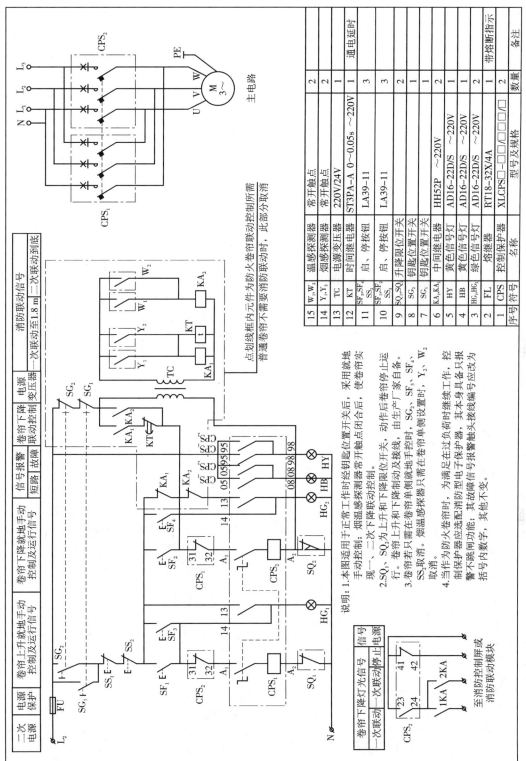

图 5-80　普通（防火）卷帘控制原理

序号	符号	名称	型号及规格	数量	备注
1	CPS	控制保护器	XLCPS□-□□□□□□	2	带格断指示
2	FL	熔断器	RT18-32X/4A	1	
3	HG₁,HG₂	绿色信号灯	AD16-22D/S　~220V	2	
4	HB	黄色信号灯	AD16-22D/S　~220V	1	
5	HY	黄色信号灯	AD16-22D/S　~220V	1	
6	KA₁,KA₂	中间继电器	HH52P　~220V	2	
7	SG₂	钥匙位置开关		1	
8	SG₁	钥匙位置开关		1	
9	SQ₁,SQ₂	升降限位开关		2	
10	SF₁,SF₂,SS₁	启、停按钮	LA39-11	3	
11	SF₃,SF₄,SS₂	启、停按钮	LA39-11	3	
12	KT	时间继电器	ST3PA-A 0~0.05s ~220V	1	通电延时
13	TC	电源变压器	220V/24V	1	
14	Y₁,Y₂	烟感探测器	常开触点	2	
15	W₁,W₂	温感探测器	常开触点	2	

说明：1.本图适用于正常工作时经钥匙位置开关后，采用就地手动控制；烟温感探测器常开触点闭合，使卷帘实现一、二次联动驱动控制。

2.SQ₁、SQ₂为上升和下降限位开关，动作后卷帘停止运行。卷帘上升和下降到接线处，由生产厂家自备。

3.卷帘若只需在卷帘单侧就地电气控制时，SG₂、SF₃、SF₄、SS₂取消。烟温感探测器只需在卷帘单侧设置时，Y₂、W₂取消。

4.当作为防火卷帘时，为满足在过负荷时继续工作，控制保护器应选配电子保护型电子保护器，其本身具备报警不跳闸功能；其他故障信号报警触点接线头编号应改为括号内数字，其他不变。

第6章 电梯系统设备及电气控制

本章主要介绍了电梯的基本结构、分类、工作原理、电气控制系统的组成以及电梯电气控制的基本要求和电梯的各种控制功能的实现方法。此外,根据建筑物尤其是高层建筑物的规模、性质、特点及防火要求等,合理地选择与设置高层建筑物内电梯的类型、台数、速度及容量。本章介绍客梯选择与设置的一般方法。

6.1 电梯系统介绍

电梯是运送乘客和货物的固定式提升设备,它具有运送速度快、安全可靠、操作简便的优点。电梯的电气控制系统决定着电梯的性能、自动化程度和运行的可靠性。

6.1.1 电梯的基本结构

电梯主要由电梯机房、曳引机、轿厢、对重以及安全保护设备等组成,其基本结构如图6-1所示。

1. 电梯机房

电梯的轿厢在建筑物的电梯井道中上下运行,井道上方设有机房,机房内有曳引机和电梯电气控制柜。

曳引机是电梯的动力源,由电动机和曳引轮等组成。电动机可以是交流电动机或直流电动机。曳引机通过曳引钢丝绳和曳引轮之间的摩擦力(曳引力),驱动轿厢和对重装置上下运行。为了提高电梯的安全可靠性和平层准确度,曳引机上装有电磁式制动器。

3. 轿厢

轿厢是用来运送乘客或货物的电梯组件,是电梯的工作部分,由轿厢架和轿厢体组成。轿厢是乘用人员直接接触的电梯部件,电梯制造厂家一般都会对轿厢内壁和轿顶进行装饰,给人以豪华舒适的

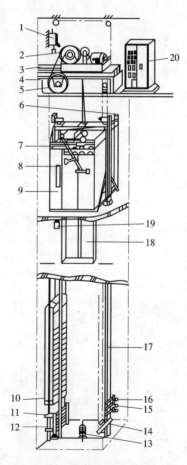

图6-1 电梯的基本结构示意图

1—极限开关;2—曳引机;3—承重梁;4—限速器;
5—导向轮;6—换速平层感应器;7—开门机;
8—操纵箱;9—轿厢;10—对重装置;11—防护栅栏;
12—对重导轨;13—缓冲器;14—限速器涨紧装置;
15—基站厅外开关门开关;16—限位开关;17—轿厢导轨;
18—厅门;19—招呼按钮箱;20—控制柜

感觉。

4. 对重

对重是对轿厢起平衡作用的装置,一般为轿厢自重加 0.4~0.5 倍电梯额定载质量,是由几十块铸铁块放在对重架上构成的。

5. 其他设备

轿门设在轿厢靠近厅门的一侧,厅门与轿门一样可供司机、乘用人员和货物出入,轿、厅门设有开关门系统。

按电梯构件在电梯中所起的作用,可分为驱动部分、运动部分、安全设施部分、控制操作部分和信号指示等五部分。

控制操作部分由控制柜、操纵箱、平层感应器和自动开门机等组成,这是电梯的控制中心。

信号指示部分包括轿内指层灯和厅外指层灯等。用于指示电梯运行方向、所在层位的指示和厅外乘客呼梯情况的显示等。

电梯的安全保护尤其重要,其主要设备由门限位开关、上下行限位开关、极限开关、轿顶安全栅栏、安全窗、底坑防护栅栏、限速器、安全钳和缓冲器等组成。

6.1.2 电梯的分类

1. 按用途分类

电梯按用途分有乘客电梯、载货电梯、客货电梯,病床电梯、杂物电梯、住宅电梯、特种电梯等。

2. 按运行速度分类

(1)低速电梯(速度 $v \leqslant 1.0$ m/s)。

(2)快速电梯(速度 1.0 m/s $< v < 2.0$ m/s)。

(3)高速电梯(速度 $v \geqslant 2.0$ m/s)。

3. 按曳引电动机的供电电源分类

(1)交流双速电梯　交流双速电梯采用交流异步双速电动机拖动,简称交流双速电梯,为低速电梯。

(2)交流调速电梯　交流调速电梯采用交流异步电动机拖动,为交流调速电梯,多为快速电梯。

(3)直流电梯　直流电梯采用直流电动机拖动,简称为直流电梯,为高速电梯。

6.2　电梯的电气控制系统

电梯的电气控制设备由控制柜、操纵箱、选层器、换速平层器、自动开关门装置、指层灯箱、召唤箱、超速保护、上下限位保护、轿顶检修箱等部件组成。

1. 操作箱

操作箱一般位于轿厢内,是司机、乘客控制电梯运行的指令装置。其上配有控制电梯的控制按钮、应急按钮、点动开关按钮、轿内照明灯开关、电风扇开关、蜂鸣器、选层按钮、厅外呼梯人员所在位置指示灯和厅外呼梯人员要求前往方向信号灯等。

(1)选层按钮　操纵箱面板上装有带指示灯的层站按钮组,数量由楼层数决定,用于发出停层指令。当按下一个或几个按钮时,相应层数指令继电器通电并自锁,指示灯亮,轿厢停层指令被登记,电梯关门启动,轿厢按登记的层站停靠。

(2)启动按钮　操作箱面板上左右各装一个启动按钮,分别用于上行启动、下行启动。

(3)直驶按钮　直驶按钮只有当电梯检修时使用,按下应急按钮,轿厢可在轿门、厅门开启状态下移动。

(4)开、关门按钮　开、关门按钮作开关轿门使用,此开关在轿厢运行中不起作用。

(5)急停按钮(安全开关)　按下此按钮,切断电梯控制电源,电梯立即停止运行。

(6)警铃按钮　当电梯在运行中突然发生事故停车,轿厢内乘客可以按下此按钮向外报警,以便及时解决困境。

(7)钥匙开关　用来控制电梯运行、检修状态或有无司机状态,司机用钥匙将开关旋至停位置时,电梯则无法启动。

(8)检修开关(慢车开关)　在检修电梯时用来获得低速运行的开关。

(9)照明开关　控制轿厢内照明,由机房专用电源供电,不受电梯主回路供电控制。

(10)风扇开关　控制轿内电风扇的开关。

(11)呼梯楼层和呼梯方向指示灯　当电梯层站外乘客发出呼梯指令时,使相应的层梯继电器通电动作,响应的呼层楼层指示灯和呼梯方向指示灯亮。当电梯轿厢应答到位后,其指示灯自动熄灭。

2. 指层灯箱

指层灯箱上装有电梯上行方向灯、下行方向灯、各楼层指示灯。

厅外指示灯箱设置在各层楼厅门上方,为乘梯人员提供电梯运行方向和电梯运行所在位置的指示;轿厢内指示灯箱设在轿厢上方,为轿厢内乘客显示轿厢运行方向和轿厢所在的楼层位置。轿内指示灯箱的结构与厅外指示灯箱的结构相同。

3. 召唤按钮箱

召唤按钮箱装在电梯各停靠站的厅门外侧,给厅外乘梯人员召唤电梯使用。

电梯上端站,转换按钮箱只装置一只下行召唤按钮。电梯下端站,其召唤按钮箱只装置一只上行召唤按钮,若下端站还作为基站时,还应加装一只厅外控制自动开关门的钥匙开关。对于中间层站,召唤按钮箱上都装设一只上行、一只下行的召唤按钮。

4. 轿顶检修箱

轿顶检修箱位于轿厢顶,检修箱上装有控制电梯慢上、慢下的按钮、点动开关门按钮、急停按钮、轿顶检修转换开关、轿顶检修灯及其开关等。轿顶检修箱可供检修人员安全、可靠、方便地检修电梯用。

5. 平层装置

平层装置是指轿箱接近停靠站时,能自动使轿厢地坎与层门地坎准确平层的装置。电梯的平层装置大多是由轿厢导轨上装设的隔磁板和轿厢顶上装设的平层感应器组成。

平层感应器由干簧管和永久磁铁组成,图 6-2 为平层感应器的结构原理图。干簧管由三片铁镍合金片组成一对常闭触点和一对常开触点,并将其密封在玻璃管内。图 6-2(a)为未放入永久磁铁时,干簧管的触头处于初始闭合与断开状态。图 6-2(b)为永久磁铁放入感应器后,在磁场作用下,管内的常开触头闭合,常闭触头断开,相当于电磁继电器通电作用。图 6-2(c)为隔磁铁板插在永久磁铁与干簧管之间时,由于永久磁铁产生的磁场被隔磁铁板旁路,管内的动触头失去磁力作用,触头恢复初始状态,相当于电磁继电器的断电释放。

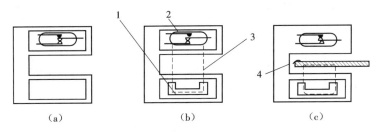

图 6-2　平层感应器结构原理图

(a)永久磁铁置入前;(b)永久磁铁置入后;(c)隔磁板插入后

1—永久磁铁;2—干簧管;3—磁力线;4—隔磁板

平层装置动作原理为平层装置分为具有平层功能的、具有提前开门功能的与具有自动平层功能的三种平层器。下面以自动平层功能的平层器为例来说明平层动作原理。

在轿厢顶设置了三个垂直安放的干簧感应器,由上至下分别为上平层、门区、下平层三个感应器,其间距为 500 mm 左右。在轿厢导轨上井道内每一层站分别装有一块长约 600 mm 的平层隔磁铁。当电梯轿厢上行接近预选的层站时,电梯由快速运行变为慢速运行;当轿厢顶上的上平层感应器进入该层站平层隔磁板后,使已慢速运行的电梯进一步减速,但轿厢仍上行;当门区感应器进入隔磁板时,电路就准备延时断电;而当下平层感应器进入隔磁板时,电梯就停止,此时已完全平好层。若电梯因某种原因超过平层位置时,上平层感应器离开了隔磁板,使响应的继电器动作,电梯会反向平层,最终达到较好的平层精度。

6. 选层器

选层器放置在机房内,它模拟电梯运行状态,发出显示轿厢位置信号;根据内外指令登记信号确定电梯运行方向,自动消除厅外召唤记忆指示灯及轿内指令登记信号;在到达预定停靠站前发出减速及开门信号,有时发出到站平层停靠信号。目前,电梯系统多采用机械选层器。图 6-3 为选层器结构示意图。选层器内有一组与电梯层站数相同的固定板,其上装有电触头用来模拟各层站。与轿厢同步运行的滑动板,其上装有电触头模拟轿厢的运动,当电梯上下运动时带动钢带,钢带牙轮带动链条,经减速箱通过链条传动,带动选层器上的动滑板运动,这样就把轿厢运动模拟到动滑板上。根据运动情况,动滑板与选层器机架上的层站固定板的接触和离开,完成触头的接通和断开,起到电气开关作用,从而发生各种信号。

7. 控制柜

控制柜安装在电梯机房内,是电梯电气控制系统实现各种功能的控制中心。控制柜内装有用于启动和执行控制的各种电气元件。控制柜通过专用线槽与机房内、井道中和厅门外的电气设备连接,并通过随梯电缆和轿厢的电气设备连接。

一般情况下,电梯主回路控制元件安装在一个控制柜中,其他控制回路元件安装在一个柜中。对于电阻启/制动交流双速电梯,启/制动电阻安装在一个柜中。

8. 限位开关与极限开关装置

在电梯的上、下端站设置设有限制电梯运行区域的限位开关。在交流电梯中,当限位开关失灵或其他原因造成轿厢超越端站楼面 100~150 mm 距离时,通过极限开关装置切断电梯主电源。

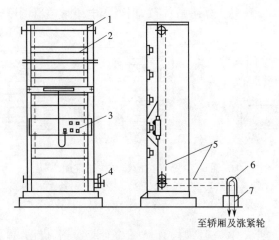

至轿厢及涨紧轮

图6-3   选层器结构示意图

1—机架;2—层站固定板;3—滑动板;4—减速箱;5—传动链条;6—钢带牙轮;7—冲孔钢带

6.3   电梯的各种控制要求

6.3.1   安全要求

1. 机械安全保护系统

（1）轿顶安全窗

轿顶安全窗是设在轿厢顶部向外开启的封闭窗。当发生事故或故障时,司机或检修人员可以上轿顶检修井道内的设备,必要时乘梯人员也可以由此安全撤离轿厢。窗上装有安全窗开关,当安全窗打开时,开关断开控制回路电源,电梯无法运行。

（2）轿顶安全栅栏

轿顶安全栅栏是当检修人员上轿顶检修和保护时,为确保电梯维护人员安全,在轿顶装设的安全防护栏。

（3）底坑防护栏

在底坑内,轿厢、对重的正下方的范围内设有安全防护栏和底坑安全开关。当无人进入底坑时,防护栏合上,底坑开关闭合,控制回路通电,才可以启动电梯。

（4）限速器与安全钳

当轿厢运行速度达到额定运行速度的115% ~ 140%时,限速器开关动作,其常闭触头打开,控制回路电源切断,曳引电动机停车制动。同时,限速器通过连杆机构使安全钳动作,将轿厢夹持在轿厢导轨上,其常闭触头断开,切断控制回路电源。

（5）缓冲器

缓冲器可以对电梯轿厢冲顶或墩坑起缓冲作用。在底坑内轿厢的正下方设置两个缓冲器,对重的正下方设置有一个缓冲器。低速电梯采用弹簧缓冲器,快速与高速电梯采用液压缓冲器。

2. 电气安全保护系统

（1）门开关保护

在轿厢门及各层厅门的关门终端处都装有行程开关,这些开关的常开触头串联在控制回路中,所有门全部关闭后控制回路才接通电源,曳引电动机才能启动,电梯得以运行。

(2)电梯终端超越保护装置

由强迫减速开关、终端限位开关和极限开关组成。

(3)强迫减速开关

由上、下强迫减速开关组成,分别安装在井道的顶部和底部,对应的撞板分别安装在轿厢的顶部和底部。当电梯失控,轿厢已到顶层或底层楼层时仍不减速停车,撞板压下相应的减速开关,相应触头断开,控制回路断电,曳引电动机抱闸制动停车。

(4)终端限位开关

由上、下终端限位开关组成。当强迫减速开关失灵,未能使电梯减速停驶,轿厢超出顶层或底层位置后,撞板使上限位或下限位开关动作,迫使电梯停止运行。

(5)终端极限开关

由极限开关的上、下轮及铁壳开关、传动钢丝绳等组成。钢丝绳一端绕在装于机房内的铁壳开关闸柄驱动轮上,另一端与上、下碰轮架相接。当电梯失控时,经过强迫减速开关、终端限位开关未使轿厢减速停驶,此时轿厢的撞板与碰轮相碰,经杠杆牵动与铁壳开关相连接的钢丝绳运动,配合重锤带动铁壳开关动作,切断主回路电源,迫使轿厢停止运动,防止轿厢冲顶或墩坑。

(6)超载保护装置

载质量超过额定负荷的110%时超载保护装置开关动作,切断电梯控制回路,使电梯不能启动。对于集选电梯,当载质量达到额定负载的80%～90%时,便接通电梯直驶电路,运行中的电梯将不应答厅外呼梯信号,直驶预定楼层。

6.3.2　电梯对电机要求

1.电梯用交流电动机

电梯拖动系统可分为交流单速电动机拖动系统、交流双速电动机拖动系统、交流调压调速拖动系统、交流变频变压调速拖动系统和晶闸管直流电动机拖动系统等。

电梯能准确地停靠于楼层平面上,须使停车前的速度愈低愈好,这就要求电动机有多种转速。交流双速电动机的变速是利用变极的方法实现的,变极调速只应用在鼠笼式电动机上。专用于电梯的交流双速电动机分为双绕组双速(JTD 系列)电动机和单绕组双速(YTD 系列)电动机两种。前一种电动机是在定子内安放两套独立绕组,极数一般为 6 极和 24 极,后一种电动机是通过改变定子绕组的接线来改变极数进行调速。电梯用的交流双速电动机具有启动转矩大、启动电流小的特点。

电梯双速电动机的高速绕组是用于启动和运行过程的。为了限制启动电流,通常在定子电路中串入电抗或电阻来改变启动速度的变化;低速绕组用于电梯减速、平层过程和检修时的慢速运行。电梯减速时电动机由高速绕组切换成低速绕组的初始时,电动机转速高于低速绕组的同步转速而处于再生发电制动状态,转速将迅速下降。为了避免过大的减速度,在切换时应串入电抗或电阻并分级切除,直至以慢速绕组速度进行低速稳定运行到平层停车。

2.开关门电动机

现代电梯一般都要求能自动开、关门。开、关门电动机多采用直流他激式电动机作为动力,并利用改变电枢回路电阻的方法来调节开关门过程中的不同速度要求。轿门的开闭由开关门电动机直接驱动,厅门的开闭则由轿门间接带动。

为使轿厢门开闭迅速而又不产生撞击,在开门过程中应快速开门,最后阶段应减速,门开到位后,门电机应自动断电。在关门阶段应快速,最后阶段两次减速,直到轿门全部关闭,门电机自动断电。

开关门速度的变化过程如下:

开门:低速启动运行→加速至全速运行→减速运行→停机靠惯性运行使门全开。

关门:全速启动运行→第一级减速运行→第二级减速运行→停机靠惯性使门全闭。

门在开关过程中,门的速度变化是靠改变开关门直流电动机的电枢电压实现的,而电枢电压的改变是由开、关门减速开关控制的。开关门的停止是由开关门限位开关控制的。

为了防止电梯在关门过程中夹人或物,带有自动门的电梯常设有关门安全装置。在关门过程中只要受到人或物的阻挡便能自动退回。

6.3.3　电气控制要求

1. 专职司机可有可无。交流集选控制电梯操纵箱上设有钥匙开关,其上设"有、无、检"三个工作状态。管理人员或司机根据实际情况,用专用钥匙扭动钥匙开关,使电梯分别处在"有、无司机控制(乘用人员自行控制)、检修慢速运行控制"三种运行状态下。

2. 到达预定停靠的中间层站时,可提前自动换速和自动平层。

3. 自动开、关门。

4. 到达上下端站时,提前自动强迫电梯换速和自动平层。

5. 厅外有召唤装置,召唤时厅外有记忆指示灯,轿内有音响信号和指示灯信号。

6. 厅外有电梯运行方向和位置指示信号。

7. 召唤要求执行完毕后,自动消除轿内、厅外原召唤记忆指示信号。

8. 司机操作控制。

司机可接收多个乘客要求作指令登记,然后通过点按启动或关门启动按钮启动电梯,直到完成运行方向的最后一个内、外指令为止。若相反方向有内、外指令,电梯自动换向,点按启动或关门启动按钮后启动运行。运行前方出现顺向召唤信号时,电梯能到达顺向召唤层站自动停靠开门。司机可通过直驶按钮使电梯直驶。

6.4　电梯电力拖动

6.4.1　交流双速电动机拖动系统的主回路

1. 交流双速电动机的主回路

图 6-4 是常见的双速电梯拖动电动机主回路,如表 6-1 所示。

如图 6-4 所示,电路中的接触器 KM_1 或 KM_2 分别控制电动机的正、反转。接触器 KM_3 和 KM_4 分别控制电动机的快速和慢速接法。快速接法的启动电阻 R_1、电抗 X_1 由快速运行接触器 KM_5 控制切除。慢速接法的启、制动电抗 X_2 和启、制动电阻 R_2 由接触器 $KM_6 \sim KM_8$ 分 3 次切除。

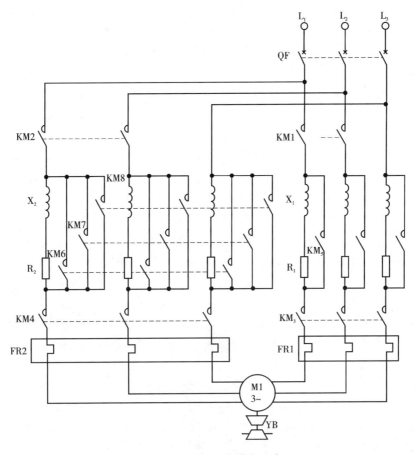

图 6-4　交流双速电梯主回路

表 6-1　主回路元件表

符号	名　称	符号	名　称	符号	名　称
KM_1	上行工作接触器	KM_4	慢速接触器	KM_7	第二减速接触器
KM_2	下行工作接触器	KM_5	快速加速接触器	KM_8	第三减速接触器
KM_3	快速接触器	KM_6	第一减速接触器	FR_1,FR_2	热继电器
R_1	启动电阻	X_1	启动电抗	M	双速电动机
R_2	减速电阻	X_2	减速电抗	YB	电磁制动器
QF_1	总电源断路器	QF_2	终端极限开关(断路器)	FU_1	熔断器

当快速接触器 KM_3 通电吸合时,若上行接触器 KM_1 也通电吸合,则电动机 M 正常正转,带动轿厢向上运行;若为下行接触器 KM_2 通电吸合,则由于相序改变,电动机反转,带动轿厢下行。当电梯轿厢运行至平层区域或电梯处于检修运行状态时,快速接触器 KM_3 失电而慢速接触器 KM_4 通电吸合,配合 KM_1 或 KM_2 实现低速上行或下行运行。因此,主回路可分为由快速接触器 KM_3 接通电源部分和由慢速接触器 KM_4 接通电源部分。前者称为启动、加速及稳速运行电路,后者称为减速制动及慢速检修运行电路。

在电动机正常工作的过程中,为了限制启动电流及减少运行时的加速度以及增加乘客的舒适感和防止对电梯机件的冲击,在定子绕组电路中串入启动电阻及启动电抗,进行降压启动。在制动过程中,为了限制制动电流,保证制动的平稳性,也串入了制动电阻及电抗并分级切除,以保证减速的平稳性。

2. 电梯主回路的工作过程

正常运行分析:根据所选择运行方向,接触器 KM_1 或 KM_2 通电吸合。快速接触器 KM_3 通电吸合,电动机定子绕组接成 6 极,串入 R_1、X_1 启动,经过延时,快速加速接触器 KM_5 通电吸合,短接阻抗,电动机稳速运行;运行到需要停层的楼层时,由停层装置控制使 KM_3 和 KM_5 接触器失电,同时使慢速接触器 KM_4 通电吸合,电动机接成 24 极接法,串入电抗 X_2 和电阻 R_2 进入回馈发电制动运行状态;电梯减速,经过延时,制动接触器 KM_6 通电吸合,切除一段电阻,又经延时。制动接触器 KM_7 和 KM_8 依次通电吸合,切除电阻 R_2 及电抗 X_2,电动机进入稳定的慢速运行。电梯运行到层站位置时,由停层装置控制使 KM_4、$KM_6 \sim KM_8$ 接触器失电,电动机由电磁制动器 YB 制动停止。电梯的加速及减速阻抗通常按时间原则切除。

3. 部分线路元件介绍

(1)主拖动控制环节

①强迫减速开关　上、下限位开关 SQ_{16}、SQ_{17},安装在井道的顶端和底部,当电梯失控行至顶层或底层而不换速停止时,轿厢首先要碰撞强迫减速开关使接触器 KM_3、KM_5 失电而改接成慢速。

②终端限位开关　上、下终端限位开关 SQ_3、SQ_4 分别安装在井道的顶部或底部,当 1 电梯失控后,经过减速开关而又未能使轿厢减速停止时,轿厢继续上(下)行与终端限位开关相碰,使方向接触器 KM_1 或 KM_2 失电而迫使轿厢停止运行。

③钥匙开关 SA_1　安装在基站厅门旁,供电梯操作人员上、下班开、关门的使用。

(2)电梯运行过程控制环节

①转换开关 SA_2　安装在轿厢内电控盘,用于电梯操作人员上、下班或临时离开轿厢而停梯时使用。

②电磁制动器 YB　为曳引机的制动用电磁抱闸线圈。当快(慢)速绕组接通时,YB 也同时通电松闸,当快(慢)速绕组失电时,YB 线圈失电,抱闸使曳引机制停。YB 为直流电磁线圈,接通时过渡过程时间较长,为了使其快速打开抱闸,抱闸回路采取直接接通方式。正常运行时,串入电阻 R_7,使其经济运行。当抱闸线圈 YB 断电时,为了避免在线圈两端产生感应高压,串入放电电阻 R_8。

(3)平层感应器 KR_6、KR_7 及开门感应器 KR_6

KR_6、KR_7 及 KR_8 安装在轿厢顶部支架上,是轿厢平层的反馈装置。由干簧管和永久磁钢组成。KR_6、KR_7 分别用于上升和下降平层。井道中每层楼平层区的适当位置设置有平层隔磁铁板,当永磁感应继电器进入平层隔磁铁板时,由于铁板的隔磁作用,触点状态翻转,发出减速、平层信号。KR_8 用于发出自动开门信号。

6.4.2　电梯的控制回路

由于电梯的速度不同,对控制装置的要求也不同,所以其控制方式也比较多,现代的电梯一般采用晶闸管变频装置及可编程序控制器控制,但分析方法基本相同。此处以 XPM 型电梯控制回路为例,介绍电梯控制回路的一般阅读分析方法。

　　电梯的控制回路由多个基本环节的电路组成,为了便于分析可将其分成:①主拖动控制;②电梯运行过程控制;③自动开关门控制;④呼梯、记忆及消号控制;⑤自动定向及截梯控制;⑥选层、记忆信号消除控制;⑦信号及指示控制;⑧轿内照明控制;⑨线路保护九个环节。

　　各环节之间存在既相互独立又相互联系的控制关系,分析时将回路按控制环节分解,并以表格的形式列出各环节主要元件,以便读图。

1. 自动开关门电路

门电动机控制回路如图 6-5 所示,其元件如表 6-2 所示。

（1）基本原理

门电动机为一台并励直流电动机,其直流电源由控制变压器 TC_2 及整流电路供给。根据直流电动机的工作原理,直流电动机的转向及转速与电枢绕组所加电压的极性和大小有关,所以可采用改变电枢绕组端电压极性的方法实现电动机的正反转以开门或关门,通过改变绕组上外施电压的大小改变开关门速度。

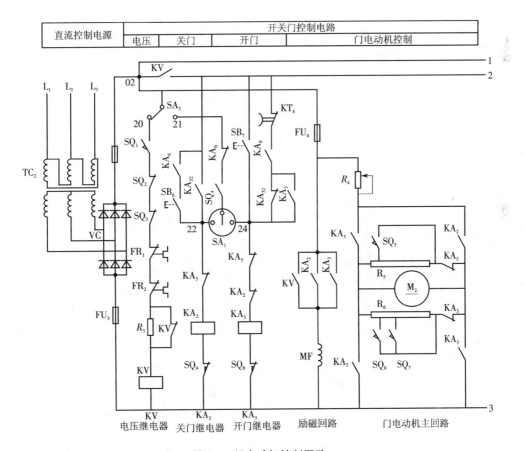

图 6-5　门电动机控制回路

表 6-2 门电路元件

符号	名　称	符号	名　称	符号	名　称
KV	电压继电器	KA_2	关门继电器	SQ_1	安全窗开关
TC_2	控制变压器	KA_3	开门继电器	SQ_2	安全钳锁开关
VC	桥式整流电路	KA_5	运行继电器	SQ_3	限速器继绳开关
M_2	直流电动机	KA_6	检修继电器	SQ_4	基战开关
MF	直流电动机并励绕组	KA_9	开门域继电器	SQ_5	开门减速开关
SA_1	钥匙开关	KA_{32}	启动开门继电器	SQ_6	开门限位开关
SA_2	转换开关	R_3	分压电阻	SQ_7	开开减速开关
SA_3	检修开关	R_4	调整电阻	SQ_8	关门减速开关
SA_4	指层灯开关	R_5	开门调速电阻	SQ_9	关门极限开关
SA_6	检修关门按钮	R_6	关门调速电阻	KT_4	慢速绕组延时加速
SA_7	开门按钮			KT_6	停站继电器

开门时,开门继电器 KA_3 吸合,直流电动机主回路中,回路 $FU_4 - KA_3 - MF$ 和 $FU_4 - R_4 - KA_3 - M_2 - FU_3$ 接通,设电动机绕组所施电压极性为正,电动机正转开门,门开到一定位置时,压下开门行程开关 SQ_5,与电动机电枢绕组 M_2 并联的 R_5 部分被短接,M_2 上电压下降,电动机减速,直至门开到位时,压下开门极限开关 SQ_6,KA_3 失电,直流电动机 M_2 停止,开门过程结束。

关门时,关门继电器 KA_2 吸合,直流电动机主回路中,回路 $FU_3 - KA_2 - MF$ 和 $FU_3 - KA_2 - M_2 - R_4 - FU_4$ 接通,电动机绕组所施电压极性与 KA_3 接通时相反,电动机反转关门,关门过程中,压下关门行程开关 SQ_7、SQ_8 进行两次减速,使关门动作更加平缓,直至门开到位时,压下关门极限开关 SQ_9,KA_2 失电,关门过程结束。

层站厅门的开与关是通过装在轿门上的联动装置带动而同步动作的。

(2)开关门控制

1)电梯投入使用前　设轿厢位于基站,井道内基站开关 SB_6 闭合,轿内转换开关 SA_2 使 02 与 21 接通,厅门、轿门均处于关闭状态,检修继电器 KA_6 处于失电状态。

司机开门:转动基站召唤箱上钥匙开关 SA_2,使其与 24 接通,此时,回路 $02 - 21 - KA_6 - SQ_4 - SA_1 - 24 - KA_5 - KA_3 - SQ_6 - FU_3$ 接通,开门继电器 KA_3 通电吸合,门电动机正转运行,带动轿门与厅门打开。

司机进入轿厢后,将转换开关 SA1 拨至 20,回路 $02 - 20 - SQ_1 - SQ_2 - SQ_3 - FR_1 - FR_2 - R_3 - KV - FU_3$ 接通,电压继电器 KV 吸合,其常开触点闭合,02 与 2 接通(电动机启动运行控制回路接通),再合上指层灯开关 SA_4,准备工作就绪,电梯可以投入使用。

2)电梯停用　电梯停用时电梯返回基站,司机关闭指层灯开关 SA_4,将转换开关 SA_1 拨至 21,KV 线圈失电,司机离开轿厢。转动基站召唤箱上钥匙开关 SA_2,使其与 22 接通,此时回路 $02 - SA_2 - 21 - KA_6 - SQ_4 - SA_1 - 22 - KA_3 - KA_2 - SQ_9 - FU_3$ 接通,关门继电器 KA_2 通电吸合,门电动机反转运行,带动轿门与厅门关闭,门完全关闭后,压下关门极限开关 SQ_9,门电动机停止,电梯停止使用。

3) 检修开关门　检修时,合上检修开关 SA_3,检修继电器 KA_6 通电,其常开触点闭合,此时可分别由检修开(关)门控制按钮 $SB_7(SB_6)$ 进行开(关)门控制。

检修时,正常的平层环节、定向环节、开门控制继电器 KA_9 及关门控制继电器 K_{32} 均不起作用。

4) 自动开关门　是指电梯在使用过程中,在各停靠站停靠后的开门及定向完成后,电梯启动前的自动关门。

① 启动前的自动关门　司机登记选层信号后,相应的方向继电器吸合,启动关门继电器 KA_{32} 通电吸合,其常开触点闭合,接通门电动机关门继电器 KA_2,电动机 M_2 启动,带动厅门与轿门关闭。

② 停站后的自动开门　停站开门的前提条件是电梯减速并停止运行,停站继电器 KT_6 吸合,启动关门继电器 KA_{32} 失电释放,开门域继电器 KA_9 吸合(轿厢位于平层开门域),接通电动机开门继电器 KA_3,电动机 M_2 启动,带动厅门与轿门打开。

5) 关门过程中的反向开启　XPM 型电梯为有司机运行电梯,依靠点动运行按钮关门,若在关门过程中夹人或物,则司机松开按钮,门电动机即可反向运行开门。

2. 自动定向环节

自动定向电路如图 6-6 所示。

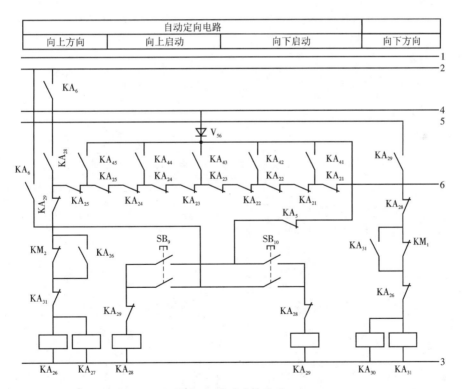

图 6-6　自动定向电路

表6-3　自动定向电路元件表

符号	名　称	符号	名　称	符号	名　称
KM₆	检修继电器	KA₂₆，KA₂₇	上行方向继电器	KA₂₁ ~ KA₂₅	层楼辅助继电器
KM₂	下行接触器	KA₂₈	启动上行继电器	KA₄₁ ~ KA₄₅	轿内选层继电器
KM₁	上行接触器	KA₃₀，KA₃₁	下行方向继电器	SB₁₀	下行启动按钮
KA₁₁ ~ KA₁₅	层楼控制继电器	KA₂₉	启动下行继电器	SB₉	上行启动按钮

设轿厢停在第二层,此时轿厢上的停层铁板插于位于第二层井道中的层楼感应继电器 KR_2 中,其常闭触点复位闭合,层楼控制继电器 KA_{12}、层楼辅助继电器 KA_{22} 吸合,自动定向回路中 KA_{22} 常闭触点打开。此时,若司机登记向上或向下的停层指令信号,则经定向环节接通向上或向下的方向继电器 KA_{26}、KA_{27} 或 KA_{30}、KA_{31},位于运行控制按钮 SB_9 或 SB_{10} 中的定向指示灯亮,司机根据定向信号操作按钮,便可使启动上行继电器 KA_{28} 或启动下行继电器 KA_{29} 接通,其常开触点闭合,接通启动关门继电器 KA_{32} 线圈电路,其常开触点闭合接通关门运行电路,使电梯关门上行或下行。

例如当轿厢停在第二层,司机根据第四层乘客呼梯信号按下指令登记按钮 SB_{44} 进行登记,KA_{44} 线圈吸合,定向环节中 5 – KA_{44} – KA_{24} – KA_{25} – KA_{29} – KM_2 – KA_{31} – KA_{26}（KA_{27}）– 3 接通,上行方向继电器 KA_{26}、KA_{27},线圈通电,位于向上启动运行控制按钮 SB_9 中的定向指示灯亮,司机按下按钮 SB_9,启动上行继电器 KA_{28} 接通,其常开触点闭合,接通启动关门继电器 KA_{32} 线圈电路,其常开触点闭合接通关门运行电路,使电梯关门上行。

3. 启动、加速及全速运行环节

启动运行电路如图 6-7 所示,其元件如表 6-4 所示。

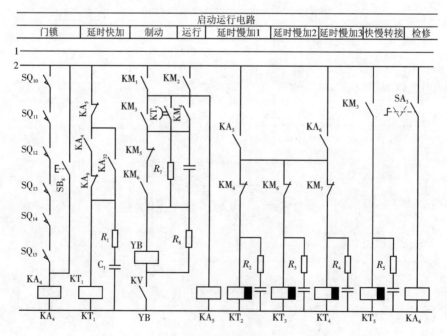

图 6-7　启动运行电路

表6-4　启动运行电路元件

符号	名　称	符号	名　称	符号	名　称
KM_6	检修继电器	KT_1	快速速辅助时间继电器	$KT_2 \sim KT_4$	慢速减速时间继电器
KM_1	上行接触器	KA_{32}	启动关门继电器	KT_5	快车时间继电器
KM_2	下行接触器	KA_5	运行继电器	$R_1 \sim R_5$	释能电阻
KM_3	快速接触器	KA_4	门锁继电器	SQ_{10}	轿门门锁限位开关
KM_4	慢速接触器	SB_8	急停开关	$SQ_{11} \sim SQ_{15}$	各层厅门门锁限位开关
KM_6,KM_7	慢速减速接触器	YB	电磁制动器	SA_3	检修开关

（1）启动运行

当定向环节根据呼梯登记、完成定向后，门电动机启动，带动厅门、轿门关闭。当各层厅门及轿门关闭好后，各门锁限位开关闭合，门锁继电器 KA_4 通电，其常开触点闭合，回路 2 − KA_5 − KA_4 − KA_9 − KT_1 −3 接通，快速辅助时间继电器 KT_1 吸合，图6-8 中回路快速接触器 KM_3 吸合（启动继电器 KA_{33} 在门锁继电器 KA_4 及启动关门继电器 KA_{32} 吸合后通电吸合），上行（或下行）接触器 KM_1（KM_2）吸合，接通电磁制动器 YB 的线圈回路，松开电磁抱闸并接通曳引电动机快行绕组电源，电梯向上（或向下）运行。注意，此时电梯的运行方向由上行或下行方向继电器 KA_{26} 或 KA_{30} 的接通情况决定。

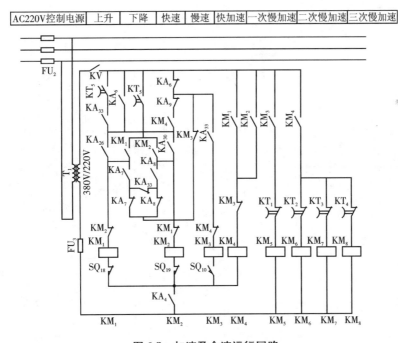

图6-8　加速及全速运行回路

（2）加速及全速运行

加速及全速运行电路如图6-8所示，元件如表6-5所示。

表 6-5　加速及全速运行电路元件

符号	名　称	符号	名　称	符号	名　称
T_1	控制变压器	KM_5	快速加速接触器	KA_8	下降平层继电器
KM_1	上行接触器	KT_1	快速辅助时间继电器	$KT_2 \sim KT_4$	慢速减速时间继电器
KM_2	下行接触器	KA_{33}	启动继电器	KT_5	快速时间继电器
KM_3	快速接触器	KA_{26}	上行方向继电器	SQ_{10}	桥门门锁限位开关
KM_4	慢速接触器	KA_{30}	下行方面继电器	SQ_{18}	上行限位开关
$KM_6 \sim KM_8$	慢速减速接触器	KA_7	上升平层继电器	SQ_{19}	下行限位开关

以上行为例分析加速至全速运行过程。

当上行接触器 KM_1 与快速接触器 KM_3 接通电磁抱闸线圈 YB 时,运行继电器 KA_5 也接通,其常闭触点 KA_5 开打,起如下作用:①锁住开关门控制回路中的开门继电器 KA_3 的线圈回路,保证电梯运行过程中电梯轿门、厅门不能打开,如图 6-5 所示。②切断定向运行环节中上行及下行启动按钮 SB_9、SB_{10} 所在回路,保证电梯运行过程中不能进行反向启动运行,如图 6-6 所示。③切断快速辅助时间继电器 KT_1 的线圈电路,经约 2 s 延时,其常闭延闭触点复位,接通快速加速接触器 KM_5,KM_5 主触点闭合,将电动机快速绕组中所串启动电阻 R_1 及启动电抗 X_1 短接,曳引电动机在全压下继续加速直至全速运行,如图 6-7、图 6-8 所示。

4. 减速制动和平层停站

图 6-9 所示为平层停站控制回路,元件如表 6-6 所示。

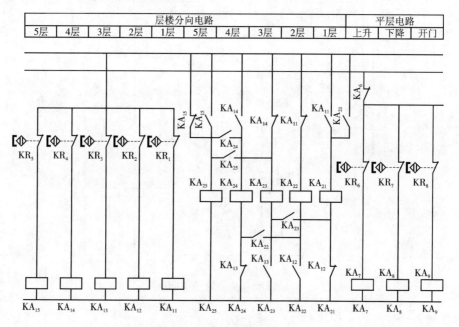

图6-9　平层停站控制回路

表 6-6　平层停站电路元件

符号	名　称	符号	名　称	符号	名　称
KA_6	检修继电器	$KR_1 \sim KR_5$	层楼永磁感应继电器	$KA_{21} \sim KA_{25}$	层楼辅助继电器
KA_7	上行平层继电器	KR_6	上平层信号永磁感应继电器	$KA_{11} \sim KA_{15}$	层楼继电器
KA_8	下行平层继电器	KR_7	下平层信号永磁感应继电器		
KA_9	开门域继电器	KR_8	开门域永磁感应继电器		

停站控制回路如图 6-10 所示,其元件如表 6-7 所示。

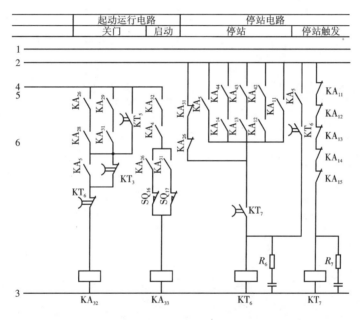

图 6-10　停站控制回路

表 6-7　停站控制回路元件

符号	名　称	符号	名　称	符号	名　称
KT_6	停站时间继电器	SQ_{16}	上行机械减速极限开关	$KA_{21} \sim KA_{26}$	层楼辅助继电器
KT_7	停站触发时间继电器	SQ_{17}	下行机械减速极限开关	$KA_{11} \sim KA_{15}$	层楼继电器
KA_{33}	启动继电器	KA_{26}	上行方向继电器	KA_{28}	启动上行继电器
KA_{32}	启动关门继电器	KR_{31}	下行方向继电器	KA_{29}	启动下行继电器

在图 6-10 中,停站触发时间继电器 KT_7 于轿厢全速上升过程中,在轿厢上停层铁板脱离前一层站的层楼感应器之前,均保持吸合状态,当停层铁板插入本层层楼感应器时,层楼感应器常闭触点复位,层楼继电器 $KA_{1n}(n=1\sim5)$ 吸合,其常闭触点打开(图 6-9),此处设停站层为 4 层,即 KA_{14}、KA_{24}、KA_{44} 分别吸合,停站触发继电器 KT_7 失电释放,其常开延开触点延时打

开,以保证停站继电器 KT$_6$ 可靠吸合,并串联运行继电器 KA$_5$ 作有约束自锁。KT$_6$ 串接于启动控制回路中的常闭触点打开,启动继电器 KA$_{33}$、启动关门继电器 KA$_{32}$(图 6-10)相继失电,快速接触器 KM$_3$ 常闭触点复位使得慢速接触器 KM4 吸合(图 6-8),电动机定子绕组由 3 对极换接为 12 对极,同步转速由 1 000 r/min 改变为 250 r/min,慢速绕组中串入制动阻抗进行回馈制动。

换接过程中,由快速时间继电器 KT$_5$ 的常开延开触点延时打开,维持上行(或下行)接触器及电磁抱闸线圈 YB 线圈保持通电状态。

慢速接触器 KM$_4$ 吸合后,双速电动机通过制动电阻 R_2 及制动电抗 X_2 与电源接通,此时由于机械惯性,转子还保持换接前的转速(约 960 r/min),电动机工作在回馈制动状态。为了减少制动电流,使制动减速过程尽可能平稳,接触器 KM$_6$、KM$_7$、KM$_8$ 线圈依次接通,分 3 级短接制动电阻及电抗,如图 6-8 所示。其线路分析如下:

KM$_3$ 失电→KM$_4$ 吸合→KT$_2$ 失电→KM$_6$ 吸合,将制动电阻部分短接且 KT$_3$ 失电→KM$_7$ 吸合,将制动电阻全部短接且 KT$_4$ 失电,KM$_8$ 吸合将制动电阻抗全部短接,双速电动机全压慢速运行。

轿厢慢速上升,当轿厢上的上平层永磁继电器 KR$_6$ 进入井道中预置的平层隔磁铁板时,其常闭触点复位,上平层继电器 KA$_7$ 吸合,上行接触器 KM$_1$ 通过以下两条回路接通,如图 6-11 所示。

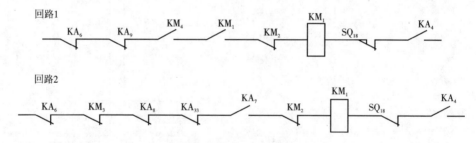

图 6-11 停站控制回路细节

轿厢继续上行,当开门域永磁继电器 KR$_8$ 进入平层隔磁铁板时,其常闭触点复位,开门域继电器 KA$_9$ 吸合,其常闭触点打开,断开 KM$_1$ 线圈电源回路 1;轿厢到达停站水平位置时,下平层永磁继电器 KR$_7$ 进入平层隔磁铁板时,其常闭触点复位,下平层继电器 KA$_8$ 吸合,断开 KM$_1$ 线圈电源回路 2,接触器 KM$_1$ 及 KM$_4$ 相继失电,电磁制动器 YB 线圈失电(图 6-7),制动抱闸,平层停站。

由以上分析知,一般在正常停站时,即欲使停站继电器 KT$_6$ 接通需要同时满足 3 个条件:要求停站触发时间继电器 KT$_7$、指令继电器 KA$_{4n}$($n=1\sim5$)和层楼继电器 KA$_{1n}$($n=1\sim5$)均吸合。若某楼层未进行指令登记,指令继电器不吸合,则电梯经过该层时,虽满足另外 2 个停站条件也不能停止。但在顶站和底站例外,在两个端站,即使无指令信号登记也应停止,因此两端站停止不受指令继电器约束。

KA$_{27}$(KA$_{30}$)上(下)行方向继电器串接于本电路的作用是防止位于停站控制回路中两端站的层楼继电器的常开触点接触不良,不能正确发出停止信号而引起冲顶或沉坑事故。

5. 召唤信号及停站信号的登记与消除

(1)召唤信号的登记

召唤电路如图 6-12 所示,其元件如表 6-8 所示。

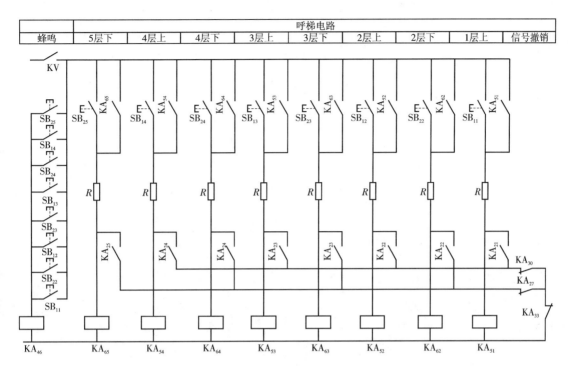

图 6-12　召唤信号回路

表 6-8　召唤信号及停站信号的登记与消除回路元件

符号	名 称	符号	名 称	符号	名 称
$SB_{11} \sim SB_{14}$	向上呼梯按钮	SA_4	指层灯开关	$KA_{51} \sim KA_{54}$	向上呼梯继电器
$SB_{22} \sim SB_{25}$	向下呼梯按钮	KA_{30}	下行方向继电器	$KA_{62} \sim KA_{65}$	下行呼梯继电器
KA_{33}	启动继电器	KA_{27}	上行方向继电器	$HL_1 \sim HL_5$	层楼指示灯
KA_{46}	蜂铃继电器	$KA_{11} \sim KA_{15}$	层楼继电器	HL_6	向上指示灯
KT_7	停站触发时间继电器	$KA_{21} \sim KA_{25}$	层楼辅助继电器	HL_7	向下指示灯

　　按下层楼召唤按钮 $SB_{11} \sim SB_{14}$ 或 $SB_{22} \sim SB_{25}$ 时,蜂铃继电器 KA_{46} 吸合,蜂铃发声,同时相应召唤继电器 $KA_{51} \sim KA_{54}$ 或 $KA_{62} \sim KA_{65}$ 吸合并自锁,操纵箱上及按钮内的召唤指示灯亮,实现召唤记忆,司机可根据当时轿厢的位置及运行方向,用选层按钮将停层信号进行登记。

　　(2)停站信号指令登记

　　停站指令信号的记忆与消除回路如图 6-13 所示,元件如表 6-8 所示。

　　司机根据乘客指令及召唤信号按下登记按钮 $SB_1 \sim SB_5$,相应的指令登记继电器 $KA_{41} \sim KA_{45}$ 吸合。设电梯停于第二层,则 KA_{22} 常闭触点打开,设第四层楼有呼梯,司机按下 SB_4,则 KA_{44} 接通,由定向环节(图 6-6)知,上行方向继电器 KA_{26} 接通(若此时电梯在第五层,则 KA_{25} 常闭触点打开,下行方向继电器 KA_{30} 接通),KA_{44} 吸合并经 KA_{27}(下行时经 KA_{30})常开触点自锁,信号灯 HL_{14} 燃亮,登记并记忆停站信号。

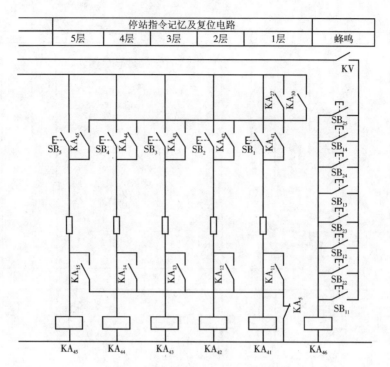

图 6-13　停站指令记忆及复位电路

（3）停站信号指令及召唤信号消除

电梯平层停站时，该层的召唤信号和停层指令信号消除。

轿厢到达第四层时，停站继电器 KT_6 吸合，KA_{32} 失电释放，KA_{33} 失电释放，KM_3 失电释放，减速平层后，KM_1 失电释放，运行继电器 KA_5 失电释放，其常闭触点复位，配合层楼继电器 KA_{14} 将 KA_{44} 线圈短接，KA_{44} 失电释放，常开触点复位打开，信号灯 HL_{14} 熄灭。停站信号指令信号消除。

当停层铁板脱离层楼感应器 KR_3 进入 KR_4 时，由于层楼继电器 KA_{13}（KA_{23}）失电、KA_{14}（KA_{24}）得电，层楼指示灯 HL_3 熄灭，HL_4 燃亮，指示电梯到达第四层。

层楼继电器 KA_{11} ~ KA_{15} 的作用是：①停站时消除停层指令信号；②轿厢在本层时，将对应的指令继电器短接，不予登记。

电梯的层外召唤信号控制线路与轿内指令控制线路的工作原理基本相同。但由于除两端站外，层外召唤分为"上行召唤"和"下行召唤"两种信号，因而在消号时，还应考虑层外召唤信号的方向与电梯的运行方向是否一致，只有当层外召唤信号与电梯的运行方向一致时，才应消号。图 6-12 电路是通过层楼辅助继电器 KA_{2n} 常开触点与上（下）行方向继电器常开触点的串联，实现有制约条件的消号——只有在电梯运行方向（方向继电器）与呼梯信号方向相同时，在该层楼停站时方可消号。

本例中，当 KA_{24} 吸合、KA_{33} 失电释放时，两触点配合下行方向继电器的常闭触点将召唤继电器线圈 KA_{54} 短接，召唤信号消除。

层楼辅助继电器 KA_{21} ~ KA_{25} 的作用是：①停站时消除召唤信号。②配合指令登记继电器 KA_{41} ~ KA_{45} 进行自动定向。

6.4.3 电梯运行控制综述

设电梯位于底层,乘客位于第三层的层站呼梯向上。

1. 轿厢外呼梯、定向、关门

乘客按下向上召唤按钮 SB_{13},蜂铃继电器 KA_{46} 接通,蜂铃 HA_1 发声,召唤继电器 KA_{53} 吸合并自锁,轿内召唤方向灯 HL_{53} 燃亮,司机根据召唤灯指示,按下指令登记按钮 SB_3,指令继电器 KA_{43}(图6-13)吸合,接通自动定向电路,方向继电器 KA_{36}、(KA_{27})吸合,带灯按钮 SB_9 内指示灯 HL_2 燃亮,司机根据亮灯信号指示,按下 SB_9(图6-6),向上启动继电器 KA_{28} 通电吸合,启动关门继电器 KA_{32} 吸合(图6-10),轿厅门关闭(图6-5);轿门及各层厅门关好后,门锁继电器 K 气吸合(图6-7)。

2. 启动、加速及快速运行

当电梯门关到位后,启动继电器 K_{33} 吸合,快速接触器 KM_3 随之吸合(图6-8),KT_5 吸合,快速辅助时间继电器 KT_1 接通(图6-7),上行接触器 KM_1 吸合(图6-8),曳引电动机快速绕组经 KM_1、KM_3 及启动阻抗接通。同时,电磁制动群 YB 线圈得电,松开抱闸,电动机降压启动,与此同时,运行继电器 KA_5 吸合,断开 KT_1 线圈电路(图6-7),经预先整定延时时间,KT_1 常闭延闭触点复位,快速加速接触器 KM_5 得电吸合(图6-8),短接快速绕组启动电阻、电抗,曳引电动机全压快速启动运行。

3. 减速平层到达第三层

轿厢经过第二层时,第二层永磁感应器 KR_2 因轿顶停层隔磁铁板插入而释放,层楼继电器 KA_{12} 吸合(图6-9),停站触发时间继电器 KT_7 因 KA_{12} 常闭触点打开而释放(图6-10),但因第二层无人呼梯,未作指令登记,KA_{42} 未吸合,不满足停站条件,停站继电器 KT_6 不能吸合(图6-10),第二层不能停站。

轿厢运行至第三层时,第三层永磁感应器 KR_3 因轿顶停层隔磁铁板插入而释放,层楼继电器 KA_{13} 吸合(图6-9),因第三层已作指令登记,KA_{43} 早已吸合,所以停站继电器 KT_6 经 KA_{43} 和 KA_{13} 的串联触点吸合,并经 KA_5 常开触点作有约束自锁。同时,停站触发时间继电器 KT_7 释放,当到达 KT_7 的延时整定时间后,KT_7 常闭延闭触点打开,KT_6 有自锁回路维持通电(图6-10)。经 KT_6 的延时整定时间,其串联在 KA_{32} 线圈电路中的常闭延开触点打开,KA_{32} 失电,KA_{32} 失电(图6-10),快速接触器 KM_3 失电(图6-8),快速时间继电器 KT_5 释放,其常开延开触点延时打开,以保证在快慢速接触器 KM_3、KM_4 的换接过程中,上行接触器保持吸合。串接在 KM_4 线圈电路中的 KM_3 常闭触点复位,KM_4 线圈得电,双速电动机慢速绕组串制动阻抗减速运行(回馈制动)(图6-8、图6-4),时间继电器 KT_2、KT_3、KT_4 依次释放,其常闭延闭触点依次复位,接触器 $KM_6 \sim KM_8$ 依次得电,按时间顺序逐步切除制动阻抗,双速电动机由快速运行平滑过渡到慢速运行(图6-7、图6-8)。

当轿厢上永磁感应器 KR_6、KR_7、KR_8 陆续进入层楼平层隔磁铁板时,上平层继电器 KA_7、开门域继电器 KA_9 及下平层继电器 KA_8 相继得电,使得上行接触器 KM_1 失电、慢速接触器 KM_4 失电,平层停止。

平层停止时,由于 KM_1(KM_2)失电,电磁制动器线圈 YB 失电,抱闸;运行继电器 KA_5 失电,解锁开门(图6-5),详见自动开关门电路分析内容。

停站时,由于停站继电器 KT_6 吸合,KA_{32}、KA_{33} 相继失电及 KA_{23} 通电吸合,消除了层楼召唤信号;由于 KA_{32}、KA_{33} 相继失电及 $KA1_{13}$ 通电吸合,消除了指令登记信号;由于 KA_{23} 接通,方向继电器 KA_{28} 失电,电梯又处于待命状态。

电梯在第三层接入乘客,司机根据乘客要求登记指令,重复上述工作过程。

6.4.4 电梯的安全保护控制

1. 轿门、厅门与启动连锁

在正常工作状态下,只有在轿门关闭(SQ_{10} 闭合)、各厅门关闭($SQ_{11} \sim SQ_{15}$ 闭合)时,门锁继电器 KA_4 吸合,方有可能接通启动继电器 KA_{33},从而接通双速电动机的启动回路,否则电梯不能启动。

2. 超速保护

当轿厢超速下降时,安全钳动作,锁开关 SQ_2 断开,电压继电器 KV 失电释放,全部控制回路断开,电磁制动器抱闸停止。安全钳锁开关 SQ_2 复位之前,电梯不能启动。

3. 终端保护

为防止因控制电器失灵而使轿厢到达端站后继续运行导致冲顶或沉坑事故,电梯在两端站除设置正常的触发停层装置外,还分别设置了强迫减速和停层装置。

(1)强迫减速开关 SQ_{16}、SQ_{17}　分别安装在顶站和基站。当轿厢运行到上行或下行极限位置时,轿厢顶(或轿厢底)所装撞弓撞击 SQ_{16} 或 SQ_{17} 使其打开,切断运行继电器 KA_{33} 线圈电源,使快速接触器 KM_3 线圈失电,强迫换接为慢速绕组、减速运行。

(2)终端限位开关 SQ_{18}、SQ_{19}　分别安装在顶站和基站 SQ_{16}(SQ_{17})的上(下)方。当轿厢在端站撞击 SQ_{16} 或 SQ_{17} 仍不能减速停止时,只要超越端站 50 ~ 100 mm,则撞弓撞击 SQ_{18} 或 SQ_{19} 使其打开,切断上行(或下行)接触器 KM_1(或 KM_2)线圈电源,上(下)行接触器线圈失电,强迫停止。当上(下)行限位开关动作后,司机可以反方向操作,接通下(上)行电源,即可反方向驶出极限位置。

(3)终端极限开关 QS_2　安装于电梯机房,当上面两个保护装置的保护功能均不能奏效,导致轿厢超越端站 100 ~ 200 mm 时,通过轿厢上撞弓和杠杆的作用,带动轿顶钢丝绳,拉开 SQ_2,切断电梯总电源,实现强制停止。

4. 电气安全保护

(1)安全保护继电器　由于电梯控制系统由多个环节构成,为了保证整个系统可靠工作,控制回路的整体保护由电压继电器 KV 实现,各控制环节电源通过电压继电器 KV 的常开触点接出,KV 线圈失电时,整个控制回路打开,电梯急停。

①安全运行开关　安全窗开关 SQ_1、安全钳锁开关 SQ_2、限速器断绳开关 SQ_3 串联接入 KV 线圈电路。当安全窗未关好(开关 SQ_1 不能闭合)、安全钳锁开关 SQ_2 打开或限速器钢丝绳断裂(或因老化过度伸长引起超速保护失灵)、SQ_3 打开时,KV 线圈失电,电梯急停。

②防止电网电压波动影响　将 KV 的常闭触点与一适当阻值的电阻并联后与 KV 线圈串联,可在不影响 KV 吸合电压,使其正常吸合的前提下,提高 KV 的释放电压。当电网电压方式波动而下降时,由于 KV 线圈电路中分压电阻的作用,首先释放,切断整个控制电源,电梯停止,从而避免了因某些局部继电器或接触器意外释放而引起的控制紊乱。

③电力拖动系统保护　FR_1、FR_2 分别为快、慢速绕组过载保护继电器,当曳引电动机过载

时,热继电器触点动作,KV 失电,实现过载保护。

（2）报警 轿厢中设有警铃按钮 SB_2,警铃 HA_2 设于电梯机房,无司机电梯中还设有电话或对讲机,用于故障时与机房值班人员联络。

（3）照明 为了保证电梯系统的供电可靠性,电梯的照明电源应与动力电源分开设置。电梯的动力电源通常采用双电源供电,以保证其供电可靠性。

6.4.5 检修运行

检修运行用于对电梯进行检修和调试。当检修人员把装在轿厢内、轿厢顶或控制柜上的电梯运行方式选择开关转换至"检修"位置时,电梯便进入了检修运行状态。检修运行时,电梯进入慢速运行状态。上、下运行均采用点动控制。

本例中,检修时,合上检修开关 SA_3,检修继电器 KA_6 吸合,其常开触点闭合后:①开关门控制回路中,可直接利用检修关门按钮 SB_6 进行关门操作如图 6-5 所示。②自动定向电路被短接,可以直接利用上（下）行按钮开关 SB_9（SB_{10}）接通上（下）行启动继电器及方向继电器如图 6-6 所示;KA_6 的常闭触点打开后:①断开平层继电器回路,使电梯不进行正常的平层停止。②断开快速接触器 KM_3 线圈电路,保证检修运行时只能慢速进行。检修运行时,可利用装设于轿顶的按钮 SB_8 使门锁继电器 KA_4 吸合,从而在开启轿门的情况下运行,对井道情况进行检查。

检修运行时的工作原理分析与正常运行时相同。

6.5 电梯选择与设置的基本原则及步骤

6.5.1 基本原则

（1）提高电梯运送能力,以满足高层建筑的交通需要。

（2）应优先考虑分区服务方式,缩短乘客候梯时间,提高电梯服务效率。

（3）应考虑消防专用（或兼用）电梯。

6.5.2 基本步骤

电梯选择与设置首先应根据高层建筑物的性质、特点及规模计算出该建筑物的交通规模,然后估算出该建筑物的客流集中率,计算出电梯乘用人数,选定电梯服务方式,从而确定出该建筑物内应设置的电梯规格、台数。

1. 建筑物交通规模

交通规模指建筑物内常有人数,人数越多,交通规模越大,也即乘用电梯的人数也就越多。工程上,对建筑物内常有人数不宜作精确计算。经验指出:办公大楼、写字楼、通讯大楼等可按人均占地面积来估算;住宅楼按每套居室人数来估算;宾馆、旅店可按床位数量估算;百货商场、售货大楼可按售货区单位面积占有人数估算。其他类型建筑物可根据具体情况,仿照上述方法估算。

2. 建筑物内客流集中率

客流集中率也称交通需要,是指单位时间内要输送的人数与建筑物内总人数之比。单位

时间通常以 5 min 计。客流集中率可由下式表示

$$l = \frac{m}{M} \cdot 100\% \tag{6-1}$$

式中　l——客流集中率(人数/5 min);

　　　m——单位时间(5 min)内电梯要输送的总人数;

　　　M——建筑物内总人数(常有人数)。

3. 电梯使用人数

电梯运行中,轿厢内平均常有人数,有时也称可能进入轿厢人数,用下式表示

$$r_{上} = k_{上} \cdot q \tag{6-2}$$
$$r_{下} = k_{下} \cdot q \tag{6-3}$$

式中　$r_{上}$——电梯上行使用人数;

　　　$r_{下}$——电梯下行使用人数;

　　　q——电梯额定乘客人数;

　　　$k_{上}$——电梯上行满载系数;

　　　$k_{下}$——电梯下行满载系数。

4. 电梯服务方式

电梯服务方式有多种,常见的有全周自由式、下行直驶式及低层直驶式。选择合适的服务方式可提高电梯运行效率。

5. 电梯规格

电梯规格通常指电梯用途、电梯传动方式、电梯操纵控制方式、电梯门类型、轿厢尺寸、电梯额定运行速度及电梯额定载质量等。

6. 电梯额定运行速度

选择电梯额定运行速度往往要根据该电梯在高层建筑物内的服务层数、电梯额定载客人数及可能停靠站数综合考虑。

所谓电梯在单程运行时可能停靠的层站数,只能依靠轿厢内乘客的内选及轿厢外乘客的外选。实际应用时,常采用概率近似方法求出。当概率取95%时,可依照下述经验公式计算

$$E = N\left[1 - \left(\frac{N-1}{N}\right)^{Q_e}\right] \tag{6-4}$$

式中　N——电梯在基站以上服务层数;

　　　Q_e——电梯额定载客人数。

经验指出,电梯额定运行速度与可能停靠站数 E 的关系见表6-9。

表6-9　电梯额定速度与可能停站数的关系

电梯可能停站数 E	电梯额定速度 $v/(\text{m/s})$	电梯可能停站数 E	电梯额定速度 $v/(\text{m/s})$
$E \leqslant 6$	$0.5 \sim 0.8$	$E = 16 \sim 25$	$2.5 \sim 3.5$
$E \geqslant 8$	$1 \sim 1.2, 1.5 \sim 1.8$	$E > 25$ 或第一停站超 80 m,而后很少停站	$4 \sim 6.5$
$E = 10 \sim 15$	$2 \sim 2.5$		

所谓电梯额定载客量是指电梯额定载质量除以平均人重。实际应用时,电梯额定速度与额定载客量的关系由表 6-10 表示。

表 6-10　额定载客数与额定速度的关系

额定速度 $v/(\text{m/s})$	$0.5 \sim 1.5$	$1.5 \sim 2$	$2.5 \sim 3$	$4 \sim 5.5$	6.5
额定载客 Q_e	5、7、9、10、11	12、14、15、17	20、21、23	26、28、32	40、55
额定载重 G_e/kg	$500 \sim 1\,000$	$1\,000 \sim 1\,500$	$1\,500 \sim 2\,000$	$2\,000 \sim 2\,500$	$3\,000 \sim 4\,500$

综合考虑表 6-9 与表 6-10,就能选出合适的电梯额定运行速度。

7. 电梯台数

根据我国高层建筑的实际情况,通常认为四层及以下建筑物选用低速电梯,5~15 层选用中速电梯,16 层及以上选用高速电梯。速度确定之后便可由下式估算同一用途的电梯台数

$$C = \frac{75M_5 \cdot K}{3\,600Q_e} \tag{6-5}$$

式中　C——电梯台数;

　　　M_5——高峰时 5 分钟乘电梯人数,$M_5 = M_{60} \cdot \dfrac{1}{12}$,$M_{60}$ 为每小时乘电梯人数,旅游类建筑按 70%~80% 旅游人数估算;办公类建筑按工作人员的 85%~95% 估算;住宅类建筑按住宅人数的 30%~50% 估算;

　　　Q_e——电梯额定载客人数;

　　　K——综合系数,由下列经验公式计算

$$K = \frac{2H}{v} + \frac{2Q_e}{75} + (E + 1) \cdot (0.11v^2 + 0.21v + 0.9) \tag{6-6}$$

式中　H——电梯提升高度(m);

　　　v——电梯额定速度(m/s);

　　　Q_e——电梯额定载质量;

　　　E——电梯可能停靠站数。

8. 计算电梯运行一周时间

采用概率统计方法计算出的电梯往返一周时间称作电梯运行周期。

9. 电梯运载能力

电梯运载能力可由电梯满载运载能力 W_M、基准运载能力及相对运载能力表示。实际上电梯运载能力也可由客流集中率表示。

6.6　电梯交通计算

6.6.1　电梯运行周期计算

所谓电梯运行周期是指电梯从底层端站满载上行,经 E 个停靠站到达顶层端站,然后再

从顶层端站直通底层端站,这样运行一周的时间称为电梯运行周期,也称电梯标准环行时间,记作 t_R。

1. 电梯稳速运行时间 t_1

$$t_1 = \frac{2H}{v} - \frac{v}{2}\left(\frac{1}{a_P} - \frac{1}{a_T}\right) \cdot E \tag{6-7}$$

式中　E——电梯往返全程停靠站总数;

　　　a_P——电梯启动加速度(m/s^2);

　　　a_T——电梯制动加速度(m/s^2)。

其中加速度 a_P、a_T 值可按表6-11选取。

表6-11　电梯加速度选择表

电梯额定速度 $v/(m/s)$	$a_P = a_T/(m/s^2)$	电梯额定速度 $v/(m/s)$	$a_P = a_T/(m/s^2)$
$v < 1$	$0.4 \sim 0.6$	$2 \leqslant v < 3$	$0.6 \sim 0.8$
$1 \leqslant v < 2$	$0.5 \sim 0.7$	$3 \leqslant v < 4$	$0.7 \sim 0.9$

2. 电梯启动与制动时间 t_2

$$t_2 = \left(\frac{1}{a_P} + \frac{1}{a_T}\right) \cdot v \cdot E \quad (s) \tag{6-8}$$

3. 电梯往返一次运行时间 t_{12}

$$t_{12} = t_1 + t_2 = \frac{2H}{v} + \frac{v}{2}\left(\frac{1}{a_P} + \frac{1}{a_T}\right) \cdot E \quad (s) \tag{6-9}$$

若取 $a_P = a_T = a$,则

$$t_{12} = t_1 + t_2 = \frac{2H}{v} + \frac{v}{a} \cdot E \quad (s) \tag{6-10}$$

4. 电梯门(自动门)开、关所需时间 t_3

$$t_3 = (4 \sim 6) \cdot E \quad (s) \tag{6-11}$$

5. 乘客出入轿厢时间 t_4

$$t_4 = 2 \times (0.8 \sim 1.5) \cdot Q_1 \quad (s) \tag{6-12}$$

式中 Q_1 为在基层时可能进入轿厢的乘客数,满负荷时 $Q_1 = Q_e$。

6. 轿厢往返一次调度时间 t_5

$$t_5 \approx 10 \quad (s)$$

7. 轿厢往返一次浪费的时间 t_6

$$t_6 = 0.1(t_{12} + t_3 + t_4 + t_5) \quad (s) \tag{6-13}$$

由以上计算可求出轿厢往返一次的标准环行时间 t_R

$$t_R = t_{12} + t_3 + t_4 + t_5 + t_6 \quad (s) \tag{6-14}$$

6.6.2　乘客候梯时间计算

尽量缩短乘客候梯时间,是提高电梯运行效率的有效措施。

经验指出,底层端站乘客候梯时间可作以下两种计算

乘客最短候梯时间　　　　　　　$t_{Dmin} = 0.5t_R$　（s）　　　　　　　　　　　（6-15）

乘客最长候梯时间　　$t_{Dmax} = 2\left[t_R - \dfrac{N-1}{v} \cdot H \right]$　（s）　　　　　　（6-16）

由式(6-15)、式(6-16)可以看出,缩短乘客候梯时间的关键在于设法缩短电梯标准环行时间。

工程上缩短的方法是在不增加电梯台数、不提高电梯运行速度的前提下,采用先进的操纵控制技术,使电梯处于优化运行与管理状态中。例如微机控制方式、并联控制方式及群梯的程序控制、智能控制方式等,都可有效地缩短乘客候梯时间。

在高层建筑中,人们期望的候梯时间根据电梯类型不同,一般有 80 s、100 s、120 s 及 160 s 等。这些数据可供电梯选型设计参考,很有实用价值。

6.6.3　电梯运载能力计算

1. 电梯满载运载能力 W_M

所谓电梯满载运载能力 W_M 是指一台电梯在 5 分钟内连续运送的总人数 m_5 与高峰时每小时乘坐该电梯的总人数 m_{60} 之比的百分数,记作

$$W_M = \frac{m_5}{m_{60}} \cdot 100\% \tag{6-17}$$

$$= \frac{\dfrac{60 \times 5}{t_R} \cdot Q_e}{m_{60}} \cdot 100\% = \frac{300 \cdot Q_e}{t_R \cdot m_{60}} \cdot 100\%$$

式中 $\dfrac{60 \times 5}{t_R}$ 为每 5 分钟内电梯环行次数。

2. 电梯基准运载能力 W_j

若电梯在 1 小时内运送完大楼内所有要乘坐电梯人员用 M_{60} 表示,那么 5 分钟内连续运送人数用 M_5 表示,则 $M_5 = \dfrac{1}{12}M_{60}$。由此定义电梯基准运送能力

$$W_j = \frac{M_5}{M_{60}} = \frac{1}{12} = 8.33\% \tag{6-18}$$

3. 电梯相对运载能力 W_{xd}

电梯满载运载能力 W_M 与基准运载能力 W_j 之比,称为电梯相对运载能力,即

$$W_{xd} = \frac{M_5}{W_j} = \frac{3\,600 \cdot Q_e}{t_R \cdot m_{60}} \tag{6-19}$$

相对运载能力 W_{xd} 应在 1～2.5 之间。当 W_{xd} 小于或等于 1 时,说明电梯运载能力差;当 W_{xd} 大于或等于 2.5 时,说明电梯运载能力过剩。

日本电梯选择经验指出:高峰期若干台电梯每 5 分钟内乘坐电梯的人数是用大楼内容纳的总人数乘以集中率 $G\%$ 计算的。而大楼内容纳的总人数按每人占用 10 m^2 有效面积估算。大楼有效面积可用建筑面积 S 乘以系数 $K(0.6～0.7)$ 求出,即

$$M_5 = \frac{K \cdot S}{10} \cdot G\% \tag{6-20}$$

宾馆、饭店中 $G\%$ 一般取 10%，办公大楼取 $11\% \sim 15\%$，政府机关大楼取 $14\% \sim 18\%$，多功能大厦取 $16\% \sim 20\%$。

电梯运载能力也可由集中率表示。当计算出 M_5 与总人数 M 之比大于或等于集中率时，表示电梯运载能力满足需要。

6.7　电梯选择设置的校验

所谓电梯选择与设置校验是指对已选好的电梯，通过交通计算、验证初选电梯是否合理。校验往往需要进行 $2 \sim 3$ 步。

关于电梯选择与设置校验的具体步骤，可通过下面例题加以说明。

例6-1　已知多功能大厦，40 层，其中 37、38、39 层为餐厅，楼高 H 为 132 m，总建筑面积 S 为 80 000 m^2，标准层面积 S_p 为 1 300 m^2，大楼平均层高 h 为 3.3 m。大楼内设置多部电梯，有高速电梯、超高速电梯、中转电梯、观光电梯及消防电梯等，其中由第 20 层至第 39 层区间采用超高速电梯。根据需要，初选超高速电梯类型为 VVVF 电梯，中分门。查表初选电梯额定速度为 5.5 m/s，额定载质量为 2 500 kg，额定载客数为 32 人，五台。试对所选 VVVF 电梯进行校验。

电梯服务层站为 $39 - 20 = 19$ 层站，电梯可能停靠站数 E 由下式求出

$$E = N\left[1 - \left(\frac{N-1}{N}\right)^{Q_e}\right] = 19 \times \left[1 - \left(\frac{19-1}{19}\right)^{32}\right] = 15.63(\text{站})$$

查表6-9，根据 E 与 v 的关系，可取 $v = 2.5 \sim 3.5$ m/s。但又考虑到 $Q_e = 32$ 人，查表6-3，取 $v = 4 \sim 5.5$ m/s。综合考虑以上因素。再加上高层建筑防火的需要，要求电梯在火灾时必须尽快地将楼内人员运送到安全地区，因此适当提高电梯运行速度是十分必要的，故选电梯额定运行速度为 5.5 m/s。

1. 电梯环行时间计算

根据高层建筑防火要求，五十层以下电梯的环行时间不得超过 90 s。标准环行运行时间

$$t_R = t_{12} + t_3 + t_4$$

式中　t_{12}——电梯往返一周运行时间(s)；

　　　t_3——电梯开、关门时间，取 $2 \times 6 = 12$(s)；

　　　t_4——乘客出入轿厢时间，取 $t_4 = 2 \times (0.5 m_5) = m_5$(s)。

参考日本选梯经验，由式(6-20)可求出 5 分钟内每台电梯运送的乘客数 m_5。本例中，第 37、第 38、第 39 层为餐厅，火灾时应尽快将人员输送到安全地区，如第 20 层设火灾避难层，因此在所选五台电梯中，每台电梯火灾时运送乘客人数可由下式求出

$$m_5 = \frac{1}{C}\left(\frac{K \cdot N \cdot S_p}{10}\right) \cdot G\% = \frac{1}{5} \times \frac{0.7 \times 3 \times 1300}{10} \times 100\% = 55(\text{人})$$

将 $m_5 = 55$ 人代入 t_R 表达式，则

$$t_R = t_{12} + 12 + m_5 = t_{12} + 12 + 55$$

令 $t_R = 90$ s，并引入 $t_p = \frac{1}{2}t_{12}$，代入上式得

$$t_p = \frac{90 - 12 - 55}{2} = 11.5(\text{s})$$

再由 $h \cdot N = v \cdot t_p$,求出电梯运行速度

$$v = \frac{h \cdot N}{t_P} = \frac{3.3 \times 19}{11.5} = 5.5 \quad (\text{m/s})$$

由此可见,选择电梯额定运行速度为 5.5 m/s 能够满足电梯环行时间的要求。

2. 电梯相对运载能力校验

高峰时,每台电梯 5 分钟内乘坐电梯人数为

$$m_5 = \frac{1}{C}\left(\frac{K \cdot N \cdot S_p}{10}\right) \cdot G\%$$

参考日本选梯经验,多功能大厦的 G% 取 16% ~ 20%。本例中取 G% = 20%,则

$$m_5 = \frac{1}{C}\left(\frac{K \cdot N \cdot S_p}{10}\right) \cdot G\% = \frac{1}{5} \times \frac{0.7 \times 3 \times 1\,300}{10} \times 20\% = 11\,(\text{人})$$

因此每台电梯 1 小时内乘坐人数为

$$m_{60} = 12 \cdot m_5 = 12 \times 11 = 132\,(\text{人})$$

五台电梯 1 小时内运送乘梯人数为

$$m'_{60} = C \cdot m_{60} = 5 \times 132 = 660\,(\text{人})$$

由此可求出电梯标准环行时间

$$t_R = t_3 + t_4 + \frac{2hN}{v} = 12 + 55 + \frac{2 \times 3.3 \times 19}{5.5} = 89.8 \quad (\text{s})$$

电梯相对运载能力

$$W_{xd} = \frac{3\,600 \cdot Q_e}{t_R \cdot m_{60}} = \frac{3\,600 \times 32}{89.8 \times 660} \approx 1.94$$

由此可见,所选高速电梯的运载能力满足要求。

6.8　电梯供电设计

电梯供电系统设计须遵照国家有关电梯设计与制造规范的有关规定,既要保证电梯安全可靠供电,同时还要做到经济合理,适应现代电梯需要。

电梯供电设计包括电梯容量计算、供电系统计算电流与峰值电流计算、电梯电源开关选择、机房电器元件选择与布置、系统布线方式及导线选择等。电梯供电系统设计还应考虑防火要求,消防电梯的供电应满足建筑防火规范的有关规定。

6.8.1　电梯用电容量计算

1. 单台电梯用电容量计算

电梯用电容量计算主要是电梯曳引电动机的容量计算。考虑到电梯本身属于重复短时工作制,况且负载又经常变化,所以十分准确地计算出曳引电动机额定功率实属困难。经验公式提供了一种较为简单的计算方法

$$P_e = \frac{(1 - K_P) \cdot G \cdot v}{120\eta} \quad (\text{kW}) \tag{6-21}$$

式中　P_e——曳引电动机额定功率(kW);

　　　K_P——平衡系数,取 0.45 ~ 0.55;

v——电梯额定运行速度(m/s);

G——电梯额定载质量(kg);

η——电梯传动总效率,交流电梯取 0.55。

2. 多台电梯用电容量计算

(1)按单位面积功率指标法计算

多台电梯用电容量计算公式为

$$P_{e\Sigma} = \frac{\sum P_0 \cdot S_P}{1\ 000} \quad (\text{kW}) \tag{6-22}$$

式中　P_0——单位面积所需功率,一般取 8 W/m^2;

　　　S_P——大楼总建筑面积(m^2);

(2)按功率统计法计算

$$P_{e\Sigma} = \sum P_e \cdot C \quad (\text{kW}) \tag{6-23}$$

式中　P_e——单台电梯曳引电机功率(kW);

　　　C——电梯台数。

在电梯供电系统工程初步设计中是允许的使用上述两种估算方法。

6.8.2　电梯供电系统用电容量计算

若大楼内工作电梯较少(如只有一台或两台),虽然电梯处于频繁短时工作,但计算供电容量时,可近似认为电梯仍处于长期工作制。电梯供电容量与单梯用电量相等,即

$$P_S = P_e + P_f \tag{6-24}$$

式中　P_S——供电系统供电容量(kW);

　　　P_e——曳引电动机额定功率(kW);

　　　P_f——电梯附属设备用电量(kW)。

若大楼内工作电梯较多(多于 2 台)且同时工作,计算供电容量时应将电梯按重复短时工作制考虑。客梯负载持续率 F_c 取 60%,货梯、医用梯、服务梯等取 40%。用二项式法与需要系数法均可计算出供电容量。但需注意,计算的容量应是将持续率 F_c 一律变换为 25% 时的有用功率,即

$$P_S = P_e \sqrt{\frac{F_c}{0.25}} + P_f = 2P_e \sqrt{F_c} + P_f \quad (\text{kW}) \tag{6-25}$$

6.8.3　电梯计算电流的计算

1. 按长期工作制计算

$$I_{js} = I_e + I_f \quad (\text{A}) \tag{6-26}$$

2. 按反复短时工作制计算

$$I_{js} = 1.15 I_e \sqrt{F_c} + I_f \quad (\text{A}) \tag{6-27}$$

式中　I_{js}——电梯曳引电机计算电流(A);

　　　I_e——曳引电动机额定电流(A);

　　　I_f——电梯附属设备工作电流(A)。

6.8.4　电梯尖峰电流计算

尖峰电流计算公式为

$$I_{\text{jf}} = I_{\text{js}} + I_{\text{Q}} + I_{\text{e}} \quad (\text{A})$$

(6-28)

式中　I_{jf}——电梯曳引电机尖峰电流（A）；

I_{Q}——电梯曳引电机启动电流（A）；

I_{js}——电梯曳引电机计算电流（A）；

I_{e}——电梯曳引电机额定电流（A）。

计算出电梯供电容量、计算电流及峰值电流，便可根据电梯供电系统的要求选择相应的电气设备。

6.8.5　电梯供电系统设计

根据《民用建筑电气设计规范》（JGJ16－2008），电梯供电系统设计应注意以下几点。

（1）供电系统构成应根据电梯负荷级别确定。各类建筑物电梯的负荷分级见《民用建筑电气设计规范》中第 3 章表 3.1.2，而对于表中未详列者，可做如下规定：一般客梯为二级，重要的为一级；一般货梯、医用梯等为三级，重要的为二级；自动扶梯、自动人行道一般为三级，重要的为二级。

（2）每台电梯电源应采用专用回路供电，并应装设单独的隔离电器和短路保护。馈电开关宜采用低压断路器，其额定电流应根据曳引电机的计算电流和启动电流确定。

（3）电梯工作照明、通风装置及各种用电插座电源（如轿厢、机房和滑轮间的照明和通风，轿顶、底坑的电源插座，机房和滑轮间的电源插座，电梯井道照明及报警装置）应由机房内电源配电箱（柜）单独供电。

（4）消防电梯应单独供电回路，并应满足防火要求，还要设置正常电源与消防专用电源转换装置。

（5）电梯轿厢内应设有应急照明（自容方式），连续供电时间不应少于 20 min。轿厢内工作照明灯不应少于两个，轿厢底面照度不应小于 5 lx。电梯井道内应设置永久性电气照明。

（6）电梯专用线（电源线除外）沿井道敷设时，通常沿井道壁的厅门左侧向下，而且在每一层均设置一出线接线盒。

（7）井道布线管应排列整齐美观、安全可靠，所有金属管均做电气连接，使之成为地线或零线的通路。如采用接零保护，零线应重复接地。井道内零线重复接地可直接从井道底坑中引来，其接地电阻小于、等于 10 Ω，再将机房曳引机、控制柜等电气设备金属外壳与金属线管用 4 mm 以上裸铜线的跳线（跨接线）连接起来。

（8）轿厢接地线可用两根 2.5 mm² 软电缆并联，由接地或接零的金属布线管引入轿厢金属外壳上。

以上简要地叙述了电梯供电系统设计的有关内容，详细说明可参阅《民用建筑电气设计规范》中第 10 章第 4 节（附录 2）。

思考题与习题

6-1　电梯由哪几部分组成?

6-2　限速器与安全钳是怎样配合对电梯实现超速控制的?

6-3　层楼指示器和机械选层器的作用和特点是什么?

6-4　按钮控制电梯对开关门电路有什么要求? 在开门过程中是怎样避免发生撞击的?

6-5　试述电梯选型设计的内容及选型设计的基本依据。

6-6　通过电梯的交通计算,指出提高电梯运载能力的具体方法。

6-7　通过电梯的交通计算,举出提高电梯运行效率的可能措施。

6-8　试举例说明电梯选型设计的全过程。

6-9　根据民用建筑电气设计规范,说明电梯供电系统与其他用电设备供电系统的不同之处,并画出电梯供电系统结构图。

第7章 可编程序控制器基础知识

7.1 概 述

7.1.1 可编程序控制器的产生

在 20 世纪 60 年代,计算机技术、自动控制技术和通信技术日趋完善。新技术的出现必然会对旧的产业结构和生产方式产生冲击。在电气控制领域中,当时广泛使用继电器－接触器控制系统,但是人们希望生产线上的产品能够在短时间内不断翻新,同时又要尽可能少地对成千上万台生产专机和装配线的控制系统进行改造,因为这种改造需要随加工对象的不同而不断地变化。原来的控制系统都是由继电器构成的,也就是说是由大量的导线、触点和线圈组成的硬布线逻辑系统。要根据实际需要改变这种逻辑系统,复杂程度、耗费资金和时间都让人望而却步。这时人们想到了计算机,它具有完备而通用的功能和灵活多变的系统结构和控制程序。如果能够将计算机和继电器控制系统的简单易学、操作方便、价格便宜等优点结合起来,制成一种通用控制装置,并将计算机编程方法和程序输入方式加以简化,形成简单易学的编程方法、灵活方便的操作方式和尽量低廉的价格,使不熟悉计算机的人也能方便地使用,必然会在某些技术方面带来前所未有的巨大变革。

1968 年美国通用汽车公司对外公开招标,要求用新的电器控制装置取代继电器控制装置,以适应改变生产程序的需要。该公司提出下面 10 项指标:

(1)编程方便,现场可修改程序;

(2)维修方便,采用插件式结构;

(3)可靠性高于继电器控制装置;

(4)数据可直接输入管理计算机中;

(5)输入电源可为市电;

(6)输出电源可为市电,负载电流要求 2 A 以上,可直接驱动电磁阀和接触器等电器;

(7)用户存储器容量大于 4 KB;

(8)体积小于继电器控制装置;

(9)扩展时原系统变更最少;

(10)成本与继电器控制装置相比,有一定竞争力。

这 10 项指标其核心要求可归纳为 4 点:(1)计算机代替继电器控制盘。(2)用程序代替硬件接线。(3)输入／输出电平可与外部装置直接相联。(4)结构易于扩展。实际上就是现在 PLC 的最基本的功能。

1969 年,美国数字设备公司(DEC)按通用公司的功能要求,研制出了世界上第一台可编程序逻辑控制器(PLC),型号为 PDP－14。它在通用公司底特律的一条汽车自动生产线上首次运行,取得成功,从此开创了可编程序逻辑控制器的时代。

此后,这项新技术获得了迅速发展。1971 年日本从美国引进了这项新技术。1973～1974年联邦德国和法国(欧洲)也独立研制出自己的 PLC。我国从 1974 年开始研制,1977 年开始工业应用。

7.1.2　可编程序控制器的定义

最初,可编程逻辑控制器(Programmable Logic Controller)简称 PLC,只能进行计数、定时及开关量的逻辑控制。随着计算机技术的发展,可编程逻辑控制器的功能不断扩展和完善,功能远远超出了逻辑控制的范围,具有了 PID、A/D、D/A、算术运算、数字量智能控制、监控、通信联网等多方面的功能,已变成了实际意义上的一种工业控制计算机。

于是,美国电器制造商协会 NEMA(National Electrical Manufacture Association)将其正式命名为可编程序控制器(Programmable Controller),简称 PC。由于它与个人计算机(Personal Computer)的简称 PC 相同,所以人们习惯上仍将其称为 PLC。

1987 年 2 月,国际电工委员会(IEC)对可编程序控制器的定义是可编程序控制器是一种数字运算操作的电子系统,专为在工业环境下的应用而设计。它采用一类可编程序的存储器,用于其内部存储程序、执行逻辑运算、顺序控制、定时、计数和算术操作等面向用户的指令,并通过数字式或模拟式输入/输出,控制各种类型的机械或生产过程。可编程序控制器及其有关外部设备,都按易于与工业控制系统连成一个整体、易于扩充功能的原则设计。

定义明确指出可编程序控制器是进行数字运算的电子系统,是专为工业环境应用而设计制造的计算机,具有丰富的输入/输出接口,方便与工业系统直接连接。显然,它是以微处理器为基础,结合计算机技术、自动控制技术和通信技术,用面向控制过程、面向用户的语言编程,是一种简单易懂、操作方便、可靠性高的新型通用工业控制装置。

7.1.3　可编程序控制器的特点

可编程序控制器的特点与它的设计思想分不开,它是以用户需要为主,尽量采用先进技术,所以具有以下显著特点。

1. 可靠性高,抗干扰能力强

(1)输入、输出使用光电隔离,这样可以有效地隔离输入与输出之间电的联系,而不致引起 PLC 的故障或误动作。

(2)PLC 主机的输入电源和输出电源均可以相互独立,对供电系统及 I/O 线路采用了较多的滤波环节。供电电路中多用 LC、π 型滤波电路,对高频干扰有良好的抑制作用。既滤除了外界的干扰,又有效地减少了各模块之间的干扰。

(3)采用循环扫描工作方式,进一步提高抗干扰能力。

(4)PLC 内部采用"监视器"电路,当 PLC 在检测到故障情况时,立即把状态存入寄存器,并以软、硬件配合对寄存器进行封闭,禁止对寄存器的任何操作,以防寄存器内容破坏。这样一旦检测到外界环境正常后,便可恢复到故障前的状态,继续原来的处理。

(5)采用密封防尘抗震的外壳封装及内部结构,可适用于恶劣环境。

(6)利用软件进行故障检测,软件定期检测外界环境,如掉电、信号干扰等,以便及时进行处理。正是因为从硬件和软件两方面都采取措施,在提高可编程序控制器的可靠性和保障其安全,防止偶发故障,提高诊断永久性故障的水平等方面,都有重要作用。实验表明,一般 PLC

产品可抗 1 kV、1 μs 的窄脉冲干扰。其平均无故障工作时间(MTBF)一般可达(5 ~ 10) × 10^4 h。

2. 采用模块化组合结构

PLC 采用模块化组合结构使系统构成十分灵活,可根据需要任意组合,且易于维修,易于实现分散式控制。这种结构在缩短平均修复时间方面起到非常重要的作用。

3. 编程语言简单易学,使用方便

PLC 采用面向控制过程的编程语言,简单、直观、易学易记。它采用继电器控制电路形式编程,既继承了传统控制电路的清晰直观,又考虑到大多数工矿企业电气自动化人员的读图习惯和应用微机的水平,因此无微机基础的人员也很容易学会,所以很适合于各类企业使用。

4. 可以在线维修,柔性好

PLC 是计算机技术的产物,但它的用途是面向现场的,与一般事务用计算机相比,硬件、软件均有很大的不同,并且需要强电的支持。

PLC 与继电器 - 接触器系统构成的控制屏(柜)也是不同的。其主要表现在继电器 - 接触器系统是采用有触点系统构成,靠配线构装起触点之间的逻辑关系,或者说它采用的是一种硬件逻辑关系,构成逻辑关系所作的是配线作业,逻辑关系的变更是配线的变更;而 PLC 采用的是软件控制,利用程序(软件)来变更逻辑关系。

PLC 组成是以软件为核心的处理系统,配合必需的输入(按钮、行程开关、传感器等)和输出(接触器、电磁阀等)装置构成控制系统。图 7-1 所示为 PLC 控制系统框图。

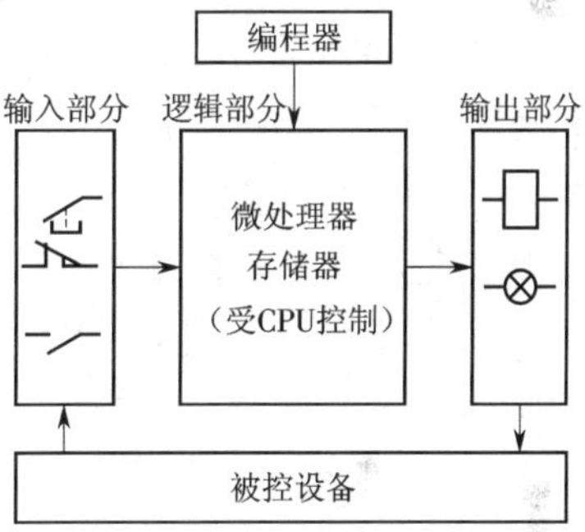

7.1.4　可编程序控制器的性能指标

1. 存储容量

这里专指用户存储器的存储容量,它决定了用户所编制程序的长短。大、中、小型 PLC 的存储容量变化范围一般为 2 KB ~ 2 MB。

图 7-1　PLC 系统的组成

2. I/O 点数

I/O 点数,即 PLC 面板上的 I/O 端子的个数。I/O 点数越多,外部可连接的 I/O 器件就越多,控制规模就越大。它是衡量 PLC 性能的重要指标之一。

3. 扫描速度

扫描速度是指 PLC 执行程序的快慢,是一个重要的性能指标,体现了计算机控制取代继电器控制的吻合程度。从自动控制的观点来看,决定了系统的实时性和稳定性。

4. 指令的多少

它是衡量 PLC 能力强弱的指标,决定了 PLC 处理能力、控制能力的强弱。确定了计算机发挥运算功能、完成复杂控制的能力。

5. 内部寄存器的配置和容量

它直接对用户编制程序提供支持,对 PLC 指令的执行速度及可完成的功能提供直接的支持。

6. 扩展能力

扩展能力包括 I/O 点数的扩展和 PLC 功能的扩展两方面的内容,即模块式和集中封装式系统的可扩展性。

7. 特殊功能单元

特殊功能单元种类多,也可以说 PLC 的功能多。典型的特殊功能单元有模拟量、模糊控制、联网功能等。

7.1.5 可编程序控制器的分类

PLC 的种类很多,功能、内存容量、控制规模、外形等方面均存在较大差异。因此,它的分类没有严格统一的标准,而是按结构、控制规模、实现功能大致分类。

1. 按控制规模分类

输入输出的总数,又称为 I/O 点数,是表征 PLC 控制规模的重要参数,因此按控制规模对 PLC 分类时,可根据 I/O 点数的不同大致分为小型、中型和大型 PLC 如下。

(1)小型机 小型 PLC I/O 点数一般在 256 点以下,其功能以开关量控制为主,用户程序存储器容量在 4 K 字以下。这类 PLC 的特点是体积小,价格低,适合于控制单台设备和开发机电一体化产品。

典型的小型机有 SIEMENS 公司的 S7 - 200 系列,OMRON 公司的 CPM2A 系列,MITUBIS 公司的 F - 4 和 MODICONPC - 085 等整体式 PLC 产品。

(2)中型机 中型 PLC 的 I/O 点数一般在 256～2 048 点之间,用户程序存储容量达 2～8 K 字。中型 PLC 不仅具有开关量和模拟量的控制功能,还具有更强的数字计算能力和通讯功能,适用于复杂的逻辑控制系统以及连续生产过程控制场合。

典型的中型机有 SIEMENS 公司的 S7 - 300 系列,OMRON 公司的 C200H 系列,AB 公司的 SLC500 系列模块式 PLC 等产品。

(3)大型机 大型 PLC 的 I/O 点数在 2 048 点以上,用户程序存储容量达 8～16 K 字,它具有计算、控制和调节的功能,还具有强大的网络结构和通讯联网能力。它的监视系统采用 CRT 显示,能够表示过程的动态流程,记录各种曲线。大型机适用于设备自动化控制、过程自动化控制和过程监控系统。

典型的大型 PLC 有 SIEMENS 公司的 S7 - 400,OMRON 公司的 CVM1 和 CS1 系列,AB 公司的 SLC5/05 系列等产品。

2. 按结构分类

PLC 按照硬件的结构形式可分为整体式、模块式和混合式三种。

(1)整体式结构

早期的 PLC 一般采用整体式结构。采用整体式结构的 PLC 将 CPU 模块、输入/输出模块、电源模块和通信接口模块等基本模块紧凑地封装在一个机壳内,构成一个整体。微型、小型 PLC 一般采用整体式结构。这种结构的 PLC 具有结构紧凑简单、体积小、功能齐全、性价比较高等优点。缺点是 I/O 点数固定,使用不够灵活,用户难以根据实际需求优化 PLC 硬件系统的配置及维修困难,故障影响面大。它主要适用于控制比较集中的工业现场。

(2)模块式结构

在模块式 PLC 结构中,按 PLC 的各个组成部分将 PLC 划分为不同的模块,并将这些模块独立地进行物理封装。划分的模块一般包括 CPU 模块、输入模块、输出模块、电源模块和各种功能模块。各个模块功能是独立的,外形尺寸是统一的,安装时将这些模块插在框架上或基板上即可,它们由系统自动进行寻址连接,插入什么模块可根据需要进行配置。大、中型 PLC 多采用模块式结构。它的主要特点是组成灵活,适用于多种规模的控制;I/O 模块和 I/O 点数可调整,从而可充分地利用硬件提供的功能,使故障可以立即隔离而不影响整个控制系统的功能;但它结构较复杂,插件较多。能够适应各种工业现场的分布式控制。

(3)混合式结构

混合式 PLC 由 PLC 主机和扩展模块组成。其中 PLC 主机由 CPU、存储器、通信电路、基本输入/输出电路、电源等基本模块组成,相当于一个整体式 PLC,可以单独完成控制功能。PLC 主机几乎是任何一个控制系统所需要的最小组成单元,封装在一起是合理的,而扩展模块可以是输入/输出模块、模拟量模块、位置控制模块、PID 模块、联网控制模块等智能模块。模块之间通过总线进行连接,由主模块统一管理。混合式 PLC 结构如图 7-2 所示。

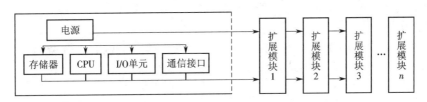

图 7-2 混合式 PLC 结构

混合式 PLC 集中了整体式和模块式的优点,扩充性能良好,模块丰富,扩大了 PLC 的应用范围,改善了控制性能,所以混合式 PLC 得到了迅猛的发展,能够适用于各种复杂、恶劣的分布或集中环境。

3. 按实现功能分类

按照 PLC 实现功能不同,可把 PLC 大致分为低档机、中档机和高档机三类。

(1)低档机具有逻辑运算、计时、计数、移位、自诊、监控等基本功能,还具有一定的算术运算、数据传送和比较、通信、远程和模拟量处理功能。

(2)中档机除具有低档机的功能外,还具有较强的算术运算、数据传送和比较、数据转换、远程通信、中断处理和回路控制功能。

(3)高档机除具中档机的功能外,还具有带符号数的算术运算、矩阵运算、CRT 显示、打印机打印等功能。

一般低档机多为小型 PLC,采用整体式结构;中档机可为大、中、小型 PLC,其中小型 PLC 多采用整体式结构,中、大型 PLC 采用组合式结构;高档机多为大型 PLC,采用组合式结构。现在国内工业控制中应用最广泛的是中、低档机。

目前,在冶金、化工、机械、电子、电力、轻工、建筑、交通等领域工业控制过程均可用 PLC 实现。但不同档次的 PLC 又有不同的应用范围。低档小型 PLC 可广泛代替继电器控制线路,进行逻辑控制,适用于开关量较多以及没有或只有很少几路模拟量的场合,如起重机等建筑施工机械的控制。中档 PLC 可广泛用于具有较多开关量、少量模拟量的场合,如高层建筑中的电梯控制。高档 PLC 适用于具有大量开关量和模拟量的场合,如化工生产过程控制。

7.1.6　可编程序控制器的应用

目前,在国内外 PLC 几乎用于所有工业领域,如钢铁、冶金、石油、汽车、化工、机械制造、电力、建材、轻工、煤炭以及环保、供水、文化娱乐等各行各业,随着 PLC 性能价格比不断提高,应用范围还将扩大,难以一一列举。下面按它在不同类型中的应用情况分类介绍。

(1)开关量的逻辑控制

开关量的逻辑控制是 PLC 最基本、最广泛的应用领域。传统的开关量逻辑控制多是依靠继电器-接触器控制系统或半导体逻辑电路实现,它们都是针对一定的生产机械、固定的生产工艺设计,采用硬接线方式实现,只能完成既定的逻辑控制、定时、计数等功能,一旦生产工艺改变则控制柜必须重新设计,须重新安装配线。PLC 有大量的内部元件、控制接线是通过程序实现的,从适应性、灵活性、可靠性、方便性及设计、安装、调试、维护等各方面比较都有显著的优势。用 PLC 控制取代多数传统的继电器控制,实现逻辑控制、顺序控制已是大家的共识。在单机控制、多机群控、自动化生产线的控制等方面,PLC 均得到了广泛应用。

(2)位置控制

大多数的 PLC 制造商,目前都提供拖动步进电机或伺服电机的单轴或多轴位置控制模块。这一功能可广泛用于各种机械,如金属切削机床、装配机械、机器人和电梯等。

(3)过程控制

过程控制是指对温度、压力、流量等连续变化的模拟量的闭环控制。PLC 通过模拟量 I/O 模块,实现模拟量与数字量之间的 A/D、D/A 转换,并对模拟量进行闭环 PID(Proportional - Integral-Derivative)控制。现代的大、中型 PLC 一般都有 PID 闭环控制模块。这一功能可用 PID 子程序实现,也可用专用的智能 PID 模块实现。

(4)数据处理

现代的 PLC 具有数学运算(包括矩阵运算、函数运算、其他高级数字运算)、数据传递、转换、排序和查表、位操作等功能,能完成数据的采集、分析和处理。这些数据还可通过通信接口传送到其他智能装置,如计算机数字控制(CNC)设备进行处理。

(5)组成大型控制网络

近几年来,随着计算机控制技术、通信技术的发展,为了取得更大的经济效益,工厂自动化(FA)网络系统得到了很大的发展。

PLC 联网、通信能力很强,不断有新的联网结构推出。

PLC 可与个人计算机连接进行通信,可用计算机参与编程及对 PLC 进行控制和管理,使 PLC 用起来更方便。为了充分发挥计算机的作用,可实行一台计算机控制和管理多台 PLC,甚至管理几十台。

PLC 与 PLC 也可通信。可一对一通信,也可在多个 PLC 之间通信,甚至多到几十、几百台。

可连接远程控制系统,系统范围可达 10 km。

可组成局部环网,不仅 PLC,而且高档计算机、各种外设也都可进网。环网还可套非环网。

环网与环网还可桥接。可把相当多的 PLC、计算机、外部设备组织在一个网中。网间的节点可直接或间接地通信、交换信息。

联网、通信,正适应了当今计算机集成制造系统(CIMS)及智能化工厂发展的需要。它可使工业控制从点(Point)到线(Line)再到面(Aero),使设备级的控制、工生产线的控制、厂管理层的控制连成一个整体,进而可创造更高的效益。

7.1.7　可编程序控制器的发展趋势

PLC 通常在两个方向上发展,一是向体积更小、速度更快、功能更强、价格更低的方向发展,使 PLC 的使用范围不断扩大,达到了遍地开花的程度;二是向大型化、网络化、多功能方向发展,不断提高其功能,以便与现代网络连接,组建大型的控制系统。具体技术方面,PLC 在以下几个方面得到了发展。

(1)在 PLC 编程语言方面　为了完成复杂的控制功能,发展了功能块流程图语言、与计算机兼容的高级语言、专用 PLC 语言等多种语言。现在,大多数 PLC 公司已开发了图形化编程组态软件。该软件提供了简洁、直观的图形符号及注释信息,使得用户控制逻辑的表示更加直观明了,操作和使用也更加方便。

(2)I/O 模块智能化和专用化　各模块本身具有 CPU,能独立工作,可与 PLC 主机并行操作,在可靠性、适应性、扫描速度和控制精度等方面都对 PLC 做了补充。

(3)网络通信功能标准化　由于可用 PLC 构成网络,因此,各种 PC、图形工作站、小型机等都可以作为 PLC 的监控主机和工作站,能够提供屏幕显示、数据采集、记录保存及信息打印功能。

(4)控制技术冗余化　采用双处理器或多处理器,由操作系统控制转换,增加了控制系统的可靠性。

(5)机电一体化　可靠性高、功能强、体积小、质量轻、结构紧凑,容易实现机电一体化,这是 PLC 发展的重要方向。

(6)控制与管理功能一体化　随着 VLSI 技术和计算机技术的发展,在一台控制器上可同时实现控制功能和信息处理功能及网络通信功能。采用分布式系统可实现广泛意义上的控管一体化。

7.2　编程语言和程序结构

7.2.1　常用术语

PLC 与微机一样,是以指令程序的形式进行工作的,各种型号的 PLC 一般均以梯形图语言为主,同时也兼顾一些其他形式的编程语言。

1. 位(bit)

位是 PLC 中逻辑运算的基本元素,通常也称为内部继电器,实际上是 PLC 存储器中的一个触发器。他有两个状态,即"1"或"0",有时也称为"ON"和"OFF"。它可参与逻辑运算,相当于触点可无限次使用。也可存放输出结果,相当于继电器的线圈。一个工作周期只能进行一次输出操作。

2. I/O 点(I/O Point)

与输入设备连接的点为输入点,与输出设备连接的点为输出点。I/O 点数越多,PLC 的控制规模越大,可用其来表征 PLC 的控制规模。

3. 通道(channel)

通道是 PLC 中数据运算和存储的基本单位,也称字(word),一个通道由 16 个位组成,位号如下:

15	14	13	12	11	10	09	08	07	06	05	04	03	02	01	00	位号
																通道(字)

4. 区(Area)

区是相同类型通道的集合。PLC 中一般有数据区、定时/计数器区、内部继电器区等。不同类型的 PLC 具有的区的种类、容量差别较大。

7.2.2 可编程序控制器的编程语言

PLC 是依据用户程序进行工作的,而用户程序是用户根据控制的需要,用 PLC 的编程语言编写的。PLC 常用的编程语言有梯形图语言、语句表语言、顺序功能流程图、功能块图、结构文本和某些高级语言。

1. 梯形图编程语言(Ladder Diagram)

梯形图编程语言是一种图形语言,具有继电器控制电路形象、直观的优点,熟悉继电器控制的工程技术人员很容易掌握,因此把它作为 PLC 的第一编程语言语句表编程语言类似计算机的汇编语言,用助记符来表示各种指令的功能,是 PLC 用户程序的基础元素。两种语言各有优缺点:梯形图编程语言简单易学,易被广大的现场技术人员所接受,上手快,一般的控制功能都可以实现,但对于特别复杂的控制逻辑或对实时要求严格的控制系统稍显不足;语句表编程语言是 PLC 的基础编程语言,可以实现 PLC 提供的各种控制功能,执行速度快,程序执行时间短。

程序每次扫描按照从左到右、从上到下的顺序进行。一旦 CPU 执行到程序的结尾,就又从上到下重新执行程序。在每一个网络中,指令以列为基础被执行,从第一列开始由上而下、从左到右依次执行,直到本网络的最后一个线圈列。因此为了充分利用存储器容量、使扫描时间尽可能短,用梯形图编程时应限制触点之间的距离,并使网络左上边这部分空白最少。其中,串联触点较多的支路要写在上面,并联支路应写在左边,线圈置于触点的右边。

图 7-3 所示为继电器 – 接触器控制三相笼式异步电动机的控制电路。SB₁ 为启动按钮,SB₂ 为停止按钮,KM 为接触器,其主触点接通或断开主电路电动机定子绕组的电源,自锁触点在启动时实现自锁。

如果上述控制功能由 PLC 完成,主电路仍然如图 7-3(a)所示,但将图 7-3(b)控制电路改为图 7-3(c)PLC 控制的梯形图。梯形图对应的指令可以由 PLC 的编程器输入到 PLC 内部,PLC 即按照这一程序工作。图 7-3(d)为 PLC 的 I/O 配线,PLC 的输入端 0000、0001 连接启动按钮 SB₁ 和停止按钮 SB₂,PLC 输出端 0500 连接接触器 KM 线圈。

PLC 的梯形图与继电 – 接触控制电路很相似,这是可以用 PLC 控制取代继电器控制的基础。可以把经实践证明设计是成功的继电器控制电路图进行转换,从而设计出具有相同功能的 PLC 控制程序,充分发挥 PLC 的功能完善、可靠性高、控制灵活的特点。当然,它们还存在

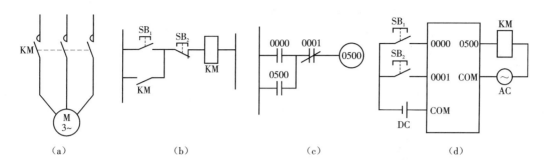

图 7-3　三相笼式异步电动机启、停控制
(a)主电路;(b)控制电路;(c)梯形图;(d)I/O 连线图

着本质上的区别,如下所述。

(1)继电器控制电路中使用的继电器是物理元器件,继电器与其他控制电器间的连接必须通过硬连接线完成。PLC 中的继电器是内部的寄存器位,称为"软继电器",它具有与物理继电器相似的功能。当它的"线圈"通电时,其所属的常开触点闭合,常闭触点断开;当它的"线圈"断电时,其所属的常开触点和常闭触点均恢复常态。PLC 梯形图中的接线称为"软接线"。这种"软接线"是通过编程实现的,具有更改简单、调试方便等特点。而继电器控制电路图是点线连接图,相对来说施工困难、更改费力。

(2)PLC 中的每一个继电器都对应着内部的一个寄存器位,由于可以随时不受限地读取其内容,所以,可以认为 PLC 的继电器有无数个常开、常闭触点供用户使用。PLC 梯形图中的触点代表的是"逻辑"输入条件、外部的实际开关、按钮或内部的继电器触点条件等。而物理继电器的触点个数是有限的。

(3)PLC 的输入继电器是由外部信号驱动的,在梯形图中只能使用其触点,这在物理继电器中是不可能的。线圈通常代表"逻辑"输出结果,如灯、电机启动器、中间继电器、内部输出条件等。

(4)继电器控制系统中继电器是按照触点的动作顺序和时间延迟逐个动作的,动作顺序与电路图的编写顺序无关。PLC 按照扫描方式工作,首先采集输入信号,然后对所有梯形图进行计算,造成宏观上与动作顺序无关,但微观上在一个时间段上的实际执行顺序与梯形图的编写顺序一致而不是无关的。

(5)PLC 梯形图中的两根母线已失去原有意义,它只表示一个梯级的起始和终了,并无实际电流通过,假想的概念电流只能从左向右流。为了充分发挥 CPU 的逻辑运算功能,设置了大量的附加指令,如定时器、计数器、格式转换、模拟量 I/O、PID 调节或数学运算指令等,充分地发挥了计算机的强大计算功能,它们与内部继电器一起完成 PLC 的各种复杂控制功能。

2. 语句表语言(Instruction List)

这种编程语言类似计算机的汇编语言,用助记符表示各种指令的功能,是 CPU 直接执行的语言,梯形图语言程序和其他语言需要转换成语句表语言后才能由 CPU 执行。由于其他的图形语言必须遵守一些特定的规则,因此语句表语言可以实现一些其他图形语言不能实现的功能。若有计算机编程基础,学习语句表语言会容易一些,关键是对各指令含义的理解,要将其理解为位逻辑、标志位,就可以像书写计算机程序一样编写 PLC 的控制程序了。指令语句通常由地址、操作码和操作效(器件编号)三部分组成。这种编程语言可使用简易编程器编程,编程设备简单、逻辑紧凑,连接范围不受限制,但比较抽象,一般与梯形图语言配合使用,互为补充。目前,大多数 PLC 都有指令语句编程功能。

指令语句一般与梯形图形式一一对应,对应图 7-3(c)的语句表为:

操作码(指令)	操作数(数据)
LD	0000
OR	0500
ANDNOT	0001
OUT	0500

3. 顺序功能图(Sequential Function Chart)

又叫做状态转移图,它是描述控制系统的控制过程、功能和特性的一种图形,同时也是设计 PLC 顺序控制程序的一种有力工具。这是一种位于其他编程语言之上的图形语言,用来编制顺序控制程序。顺序功能图提供了一种组织程序的图形方法,在顺序功能图中可以用别的语言嵌套编程。步、转换和动作是顺序功能图中的三种主要元件(图 7-4)。可以用顺序功能图来描述系统的功能,根据它可以很容易地画出梯形图程序。这种设计方法具有设计效率高,调试、修改和阅读方便等功能。

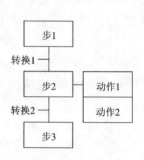

图 7-4 顺序功能图

4. 功能块图(Function Block Diagram)

这是一种类似于数字逻辑门电路的编程语言。该编程语言用类似与门、或门的方框来表示逻辑运算关系,方框的左侧为逻辑运算的输入变量,右侧为输出变量,输入、输出端的小圆圈表示"非"运算,方框被"导线"连接在一起,信号自左向右流动。图 7-5 显示的是功能块图及其对应的语句表。

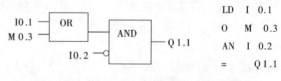

图 7-5 功能块图与语句表

5. 结构化文本(Structured Text)

结构文本是为 IEC1131-3 标准创建的一种专用的高级编程语言。与梯形图相比,它能实现复杂的数学运算,编写的程序非常简捷和紧凑。

6. 高级语言

在一些大型 PLC 中,为了完成一些较为复杂的控制,常采用功能很强的微处理器和大容量存储器,将逻辑控制、模拟控制、数值计算与通讯功能结合在一起,并配备 BASIC、PASCAL、C 等计算机语言,使 PLC 具有更强的功能。

目前,各种类型的 PLC 基本上都同时具备两种以上的编程语言。其中,以同时使用梯形图和指令语句表的占大多数。虽然不同厂家、不同型号的 PLC 所用的编程语言是有差异的,使用符号也有出入,但编程的方法和原理大同小异。所以掌握了一种型号 PLC 的编程语言和编程方法后,再学习另一种类型 PLC 的编程语言和编程方法,虽不能做到"举一反三"但还是较容易触类旁通。

7.2.3 程序结构

S7 - 200 的程序结构属于线性化编程，其用户程序一般由 3 部分构成：用户程序、数据块和参数块。

1. 用户程序

用户程序是必选项。用户程序在存储器空间中也称为组织块，它处于最高层次，可以管理其他块，它是用各种语言（如 STL、LAD 或 FBD 等）编写的用户程序。不同机型的 CPU 其程序空间容量也不同。用户程序的结构比较简单，一个完整的用户控制程序应当包含一个主程序、若干子程序和若干中断程序三大部分。不同编程设备，对各程序块的安排方法也不同。程序结构示意如图 7-6 所示。

用编程软件在计算机上编程时，利用编程软件的程序结构窗口双击主程序、子程序和中断程序的图标，即可进入各程序块的编程窗口。编译时编程软件自动对各程序段进行连接。对 S7 - 200PLC 的主程序、子程序和中断程序来说，它们的结束指令不需编程人员手工输入，STEP-Micro/Win32 编程软件会在程序编译时自动加入相应的结束指令。

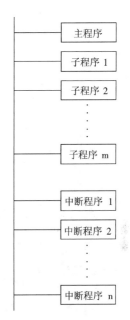

2. 数据块

数据块为可选部分，它主要存放控制程序运行所需的数据，在数据块中允许以下数据类型：布尔型，表示编程元件的状态；十进制、二进制或十六进制数；字母、数字和字符型。

图 7-6　S7 - 200 的程序结构

3. 参数块

参数块存放的是 CPU 组态数据，如果在编程软件或其他编程工具上未进行 CPU 的组态，则系统以默认值进行自动配置。

7.3　可编程序控制器的基本结构及工作原理

7.3.1　可编程序控制器的基本结构

可编程序控制器是以微处理器为核心的工业专用计算机系统，是一种存储程序控制器，支配控制系统工作的程序存放在存储器中，利用程序实现逻辑控制，完成控制任务。在 PLC 构成的控制系统中，要实现一个控制任务，首先要针对具体被控对象编出相应的控制程序，然后利用编程器将该程序写入 PLC 的程序存储器中。系统运行时，PLC 依次读取程序存储器中的程序语句，解释内容并执行。PLC 是利用软件来实现控制逻辑的，能够适用不同控制任务的需要，并且能够通用，灵活，可靠性高。PLC 的组成框图如图 7-7 所示。

由图可见，PLC 是由中央处理器、存储器、输入和输出接口、电源及外接编程器构成。在目前较流行的模块式结构中，常在母板上按系统要求配置 CPU 单元（包括电源）、存储单元、I/O

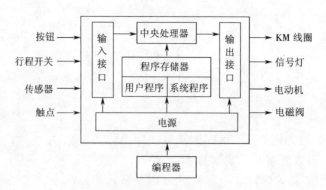

图 7-7　PLC 组成方框图

单元等。

1. 中央处理单元(CPU)

中央处理单元是 PLC 的主要部分,是 PLC 系统控制中心。它通过地址总线、数据总线、控制总线与储存单元、I/O 单元连接,其主要功能为:

(1)将输入信号(包括编程器键入的用户程序和数据)送到 PLC 存储器中存储起来;

(2)检查电源、存储器、I/O 的状态;

(3)按存放的先后顺序取出用户程序,进行编译;

(4)诊断用户程序的语法错误;

(5)完成用户程序规定的各种操作;

(6)将结果送到 PLC 的输出端,响应各种外部设备(如编程器、打印机)的请求;

(7)循环执行(1)~(6)步骤,直到停止运行为止。

各种 PLC 产品不同,中央处理单元也不相同,但它在系统中的作用是一致的。目前中型 PLC 为了提高自身的可靠性,常采用双中央处理单元系统。一个是主处理器,用来处理字节操作指令、控制系统总线、监视扫描时间、统一管理编程接口。另一个是从处理器,专门用来处理位操作指令,配合操作系统实现 PLC 编程语言向机器语言的转换,是加快 PLC 工作速度的关键。

2. 存储器

PLC 的存储器是用来存放系统程序、用户程序和工作数据的。存放应用软件的存储器称为用户程序储存器,存放系统程序的存储器称为系统程序存储器。

(1)系统程序存储器

制造 PLC 产品的厂家根据中央处理单元部件的指令系统编写的程序为系统程序。它固化在只读存储器 ROM 和可擦除只读存储器 EPROM 中。存储在 ROM 和 EPROM 的内容,在断电情况下保持不变。

系统程序存储器存放内容包括系统工作程序(监控程序)、模块化应用功能子程序、命令解释程序、功能子程序的调用管理程序、系统诊断程序和系统参数。以上系统程序存储器中的内容都是预先存储在 ROM(EPROM)芯片中,开机后便可运行其中程序。另外,存放在系统程序存储器中的内容用户无法直接存取,它和硬件共同决定了该 PLC 的各项性能。

(2)用户程序存储器

使用 PLC 产品的用户根据机器指令编写的程序称为用户程序。一般 PLC 产品说明书中所列的存储器就是指用户存储器。所以不同的 PLC 产品存储容量不同。用户程序存储器一般采用加备用电池的读/写存储器(随机存储器)RAM、EPROM 和电可擦除只读存储器 EPROM。存放在 RAM 中的内容在 PLC 断电时会消失,所以目前一般采用锂电池,即使 PLC 断电其内容仍然不会丢失,直到用户需要修改时为止。

用户程序存储器内容包括用户由编程器键盘输入的程序、各种暂存数据和中间结果等。

3. 输入/输出接口

输入/输出接口起着 PLC 与外围设备之间传送信息的作用。

(1)输入接口

PLC 通过输入接口把工业设备或生产过程的状态或信息输入主机。通过用户程序的运算和操作,将结果通过输出接口输出给执行机构。一般情况下,现场的输入信号可以是按钮开关、行程开关、接触器的触点以及其他一些传感器输出的开关量或模拟量(要通过数/模变换后才能输入 PLC 内)。输入接口一般由光电耦合电路和微电脑输入接口电路组成。

①光电耦合输入接口电路　光电耦合输入接口电路的核心是光电耦合器件,应用最多的是发光二极管和光电晶体管构成的光电耦合器。采用光电耦合电路与现场输入信号连接可以有效防止现场的强电干扰进入到 PLC 中。由于信号依靠光耦合,在电气上完全隔离,传输后的信号不会反馈到输入端,不会产生地线干扰和其他串扰。考虑到发光二极管的正向电阻较低,其阻值一般约 $100\ \Omega \sim 1\ k\Omega$,所以其输入阻抗较低,而外界干扰信号的内阻远远大于发光二极管的正向电阻。根据分压原理可知,干扰源能够分配(馈送)给 PLC 输入端的干扰噪声很小。尽管干扰源能产生较大的电压,但其内阻很大,能量并不大,只能产生很弱的电流,所以干扰信号受到抑制。图 7-8 (a)所示为直流输入电路, 图 7-8(b)为交流输入电路。

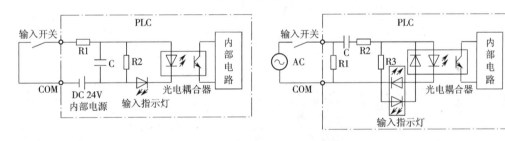

图 7-8　光电耦合输入接口电路

(a)直流输入电路;(b)交流输入电路

②微电脑输入接口电路　微电脑输入接口电路是由专用集成电路芯片完成的这个芯片一般由输入数据寄存器、选通电路和中断请求电路构成。现场的输入信号通过光电耦合传送到输入数据寄存器,然后由总线传送给 CPU。

(2)输出接口

PLC 的输出信号是通过输出接口传送的,这些信号控制现场的执行部件完成相应的动作。常见现场执行部件有电磁阀、接触器、继电器、信号灯和电动机等。现场输出接口电路由接口电路和功率驱动电路组成。

①输出接口电路　与微电脑输入接口电路一样,PLC 输出接口电路也采用了集成输出数据寄存器、选通电路和中断请求电路的电路芯片,在 CPU 的控制下,通过数据总线将输出的信号传送到输出数据寄存器中,在功率驱动电路作用下输出。

②功率驱动电路　PLC 输出一般有三种方式,分别是继电器方式输出、晶闸管方式输出和晶体管方式输出,如图 7-9 所示,目前以继电器方式输出较多。

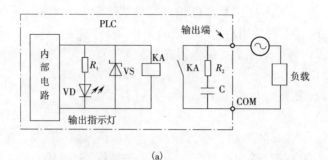

(a)

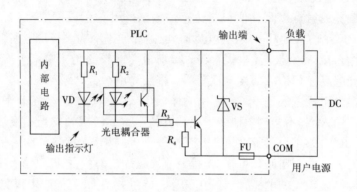

(b)

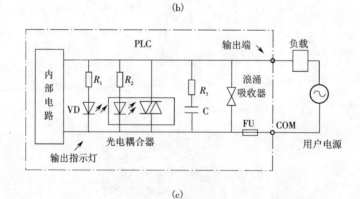

(c)

图 7-9　输出接口电路

(a)继电器方式输出;(b)晶体管方式输出;(c)晶闸管方式输出

继电器方式输出接触电阻小,使用寿命可达 10^{10} 次,但响应速度慢,一般为毫秒级。常用于低速大功率负载。

晶闸管方式输出负载电流比较大,耐压也可以较高,响应速度较快,一般为微秒级,常用于高速大功率负载。

晶体管方式输出响应速度快,一般为纳秒级,并且输出可调节,寿命长。常用于高速小功率负载。

4. 编程器

编程器是 PLC 输入(或调试)程序的专门装置,它也可以用来监控 PLC 程序执行情况。一般编程器由键盘、显示器和通信接口三个部分组成。

（1）键盘

PLC 编程器键盘一般分成三个区域：其一是数字键 0 ~ 9，用来设定地址和程序中的数据。其二是指令符号键，用来键入各种指令。常见的指令符号键都用助记符表示各种指令，在较高档次的编程器中，也有用图形表示各种指令的。其三是功能键，利用这类键可以编辑和调试程序，键入的指令是某种操作。

（2）显示器

在编程器面板上一般安装有液晶显示器，作用是显示地址、数据、工作方式、指令执行情况和系统工作状态等。

（3）通信接口

通信接口用来将编译好的或正在编辑的程序送到 PLC 中。一般简易编程器在面板反面留有接口，可将编程器直接插在 PLC 上，也可以通过电缆与 PLC 连接。

5. 电源

电源单元是将交流电压信号转换成微处理器、存储器及输入、输出部件正常工作所需要的直流电源。为了保证 PLC 内主机可靠工作，电源单元对供电电源采用了较多的滤波环节，还用集成电压调整器进行调整以适应交流电网的电压波动，对过电压和欠电压都有一定的保护作用。另外采用了较多的屏蔽措施来防止工业环境中的空间电磁干扰。常用的电源电路有串联稳压电路、开关式稳压电路和设有变压器的逆变式电路。供电电源的电压等级常见的有 AC：100 V、200 V；DC：100 V、48 V、24 V 等。许多 PLC 还向外部提供直流 24 V 稳压电源，用于对外部传感器供电。

7.3.2　可编程序控制器的基本工作原理

1. PLC 的等效电路

可编程序控制器是一个执行逻辑功能的工业控制装置。由图 7-7 PLC 组成框图可知，中央处理器完成逻辑运算功能，程序存储器用来保存逻辑功能。为了便于理解可编程序控制器是怎样完成逻辑控制的，可以用类似于继电器控制的等效电路描述可编程序控制器内部工作情况，如图 7-10 所示。

在等效电路中，将可编程序控制器按其与输入端连接、输出端连接分为输入部分、输出部分，执行逻辑运算功能的称为内部逻辑电路。

（1）输入部分

输入部分是利用输入端与外部元件连接。外部输入信号一般是开关量，即开关的开闭、触点的通断、晶体管的导通与截止等。这些元件可将外部信息经过输入端送到可编程序控制器内部。

与输入端相连的是等效的线圈（输入部分线圈用方框表示，并在框内标注 0000，0001，0002，…），与各输入点对应线圈的触点连接在内部逻辑电路中。这种等效线圈对应的触点有动合触点，也有动断触点，可以利用软件命令的方法，将它们组合起来（串联或并联）。从理论上说，任何一个等效线圈所对应的触点有无数多个可供使用。但应提醒注意的是，等效电路中一个输入线圈实际对应可编程序控制器输入端的一个输入点及其对应的输入电路。例如一个可编程序控制器有 32 点输入。那么它相当于有 32 个输入线圈，在 PLC 内部与输入端子相连。

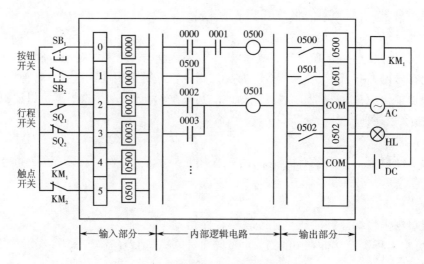

图 7-10 可编程序控制器的等效电路

输入等效线圈必须由接在输入端子的外部信号驱动。驱动电源可由 PLC 电源部件提供，也可以用独立的电源供电。这样使得 PLC 可以根据输入端外接元件不同，灵活使用不同的电源，用户使用起来更加方便。

（2）内部逻辑电路

等效电路中的内部逻辑电路并不是硬件连接，也就是说并没有实际的导线和触点及线圈连接，而是由用户根据控制的要求编写的程序所组成（这种程序称为用户程序）。在这些程序控制下，PLC 对输入端输入的信息进行运算处理，判断哪些信息需要输出，将其经过输出端输送给负载。

在图 7-10 所示内部控制等效电路中，动合触点用两根并列短直线表示，动断触点用两根并列短直线上加一斜线表示。动合触点和动断触点相互串联或并联，实现逻辑"与"和逻辑"或"运算。同一触点的动合和动断是逻辑非关系。在内部控制等效电路中圆圈表示与输出端（输出点）对应的线圈，它们也有各自的动合触点和动断触点，一般位于输出部分。

在 PLC 内部逻辑电路中，除了上述触点和线圈外，还有许多其他类型的等效器件可供编写程序时使用。例如定时器、计数器等，它们都可以看成"软元件"，它们也都有成对供用软件实现的动合触点和动断触点，在编写软件时，可以任意使用而不受次数限制。

（3）输出部分

输出部分是 PLC 驱动外部负载的等效电路。输出端子与外部负载相连，这些负载可以是接触器或继电器的线圈、信号灯、电磁阀。在条件许可的情况下，也可以直接驱动电动机。可见输出部分是 PLC 实际提供的动合（或动断）触点形式的端子。

用户可以根据所接负载不同，选用不同类型的负载电源。实际 PLC 有三种输出形式，分别是继电器输出、晶体管输出和晶闸管输出。后两种输出方式是无触点输出，所以运行速度快。但晶体管只能用于直流输出，而继电器和晶闸管可以分别用于直流或交流输出。

输出等效线圈必须由内部逻辑电路的命令驱动，外部信号不能直接驱动，其驱动电源可由用户根据 PLC 具体情况选用，一般情况下，使用不同电源应该分别连接不同的公共端 COM。

2. PLC 的一般工作原理

为了加深对 PLC 工作原理的理解,以三相笼式异步电动机启动、停止控制电路为例,用 PLC 完成这种控制。需要说明的是,图 7-3 的电动机启动、停止这种简单控制电路,并不需要使用 PLC。真正体现 PLC 的优势,是在更加复杂的控制电路中,此处仅仅是为了说明 PLC 工作的基本过程。

如图 7-3(d)所示,按下启动按钮 SB₁,输入端 0000 所对应的线圈接通,那么储存在内部控制电路中梯形图对应的动合触点 0000 闭合,由图 7-3(c)可见,输入端 0000 所对应的线圈 0500 接通。一方面在内部控制电路的梯形图上,动合触点 0500 闭合产生自锁,另一方面 0500 输出端的外部硬件动合触点接通,使接触器 KM 线圈通电,主电路 KM 触点闭合,电动机得电启动运转。

按下停止按钮 SB₂,输入端 0001 所对应的线圈接通,那么储存在内部控制电路中梯形图对应的动断触点 0001 断开,输出端 0500 线圈失电,0500 输出端外部硬件触点断开,接触器 KM 线圈失电,主电路 KM 触点断开,电动机失电停车。

由此可见,PLC 是将控制要求以程序形式存储在其内部,各段程序对应继电器 – 接触器系统的各种连线、线圈、触点等。PLC 是以软件形式实现控制的,而继电器 – 接触器系统是以"硬件"形式实现控制。显然,PLC 控制方式具有更大的灵活性,控制要求改变时,只需要改变程序,而不改变硬件接线。

3. PLC 的工作方式

PLC 有两种基本的工作状态,即运行(RUN)状态与停止(STOP)状态。在运行状态,PLC 通过反映控制要求的用户程序来实现控制功能。为了使 PLC 的输出能及时地响应随时可能变化的输入信号,用户程序不是只执行一次,而是反复不断地重复执行,直至 PLC 停机或切换到 STOP 工作状态。

PLC 在运行过程中采用循环扫描工作方式,这种方式是在系统程序的控制下,对用户程序作周期性地循环扫描。当 PLC 启动后,先进行初始化操作,包括对工作内存的初始化、复位所有的定时器、将输入 / 输出继电器清零,检查 I/O 单元连接是否完好,如有异常则发出报警信号。初始化后,PLC 就进入周期扫描过程。

PLC 可被看成是在系统软件支持下的一种扫描设备。它一直周而复始地循环扫描并执行由系统软件规定好的任务。在 PLC 内部,用户程序按顺序存放,CPU 从第 1 条指令执行,直到遇到结束符号(指令)后又返回第 1 条指令,如此周而复始不断循环。用户程序只是扫描周期的一个组成部分,用户程序不运行时,PLC 也在扫描,只不过在

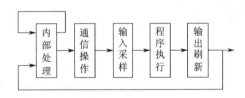

图 7-11 扫描工作方式

一个周期中去除了用户程序和读输入、写输出这几部分内容。由图 7-11 可见,PLC 扫描工作方式由内部处理到输出处理几个阶段构成。全过程扫描一次所需要时间称为扫描周期。各阶段工作情况如下。

(1)内部处理阶段

为保证设备的可靠性,及时反映出现的故障,PLC 都具有自监视功能。自监视功能主要由时间监视器(Watchdog Timer, WDT)完成。WDT 是一个硬件定时器,每一个扫描周期开始前

都被复位。WDT 的定时可由用户修改，一般在 100～200 ms 之间。其他的执行结果错误可由程序设计者通过标志位进行处理。

（2）通信操作阶段

如果 PLC 安装有通信模块，在它们之间通信时，还可对编程器键入的命令进行响应，更新编程器内容等。应注意 PLC 处于停止（STOP）状态时，只进行上述内部处理和通信操作等内容。PLC 处于运行（RUN）状态时，还要进行输入采样、程序执行和输出刷新处理。这个工作过程如图 7-12 所示。

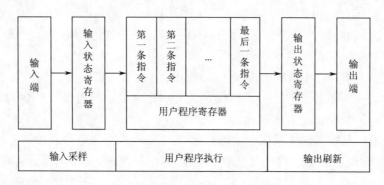

图 7-12　PLC 工作过程

（3）输入采样

输入采样是指 CPU 在开始工作时，首先对各个输入端进行扫描，并将输入端的状态信息存入输入状态寄存器中。接着是输入程序执行阶段。在程序执行期间，输入状态寄存器与外界（输入端）隔离，即使输入状态发生变化，输入寄存器的内容也不会改变，只有在下一个扫描周期的输入采样阶段才会读入信息。

（4）程序执行

CPU 将用户程序寄存器中的用户指令按先左后右，先上后下的顺序逐条调出并执行。当用户程序涉及输入输出状态时，PLC 从输入状态寄存器中读出上一阶段采入的对应输入端状态，从输出状态寄存器中读出对应输出寄存器的状态，根据用户程序进行处理，并将结果再存入有关器件的寄存器中。也就是说，对于其每个器件而言，器件状态寄存器中所寄存的内容会随程序执行的进程而变化。

（5）输出刷新

当所有的指令执行完毕时，集中把输出状态寄存器的内容通过输出部件转换成被控设备所能接受的电压或电流信号，以驱动被控设备，这才是 PLC 的实际输出。

PLC 重复地执行上述后三个阶段的工作周期，每次称为一个扫描。扫描占用的时间很短（基本是 ms 级）。它主要取决于程序的长短，一般情况下对工业设备不会有什么影响。

机器在正常运行状态下，每个扫描周期内 CPU 在处理用户程序时，使用的输入值不是直接从输入点读取的，运算的结果也不直接送到实际输出点，而是在内存中设置了两个映像寄存器：一个为输入映像寄存器，另一个为输出映像寄存器。用户程序中所用的输入值是输入映像寄存器的值，运算结果也放在输出映像寄存器中。在输入扫描过程中，CPU 把实际输入点的状态锁到输入映像寄存器；在输出扫描过程中，CPU 把输出映像寄存器的值锁定到实际输出点。为了现场调试方便，PLC 具有 I/O 控制功能，用户可以通过编程器封锁或开放 I/O。封锁 I/O 就是关闭 I/O 扫描过程。

图 7-13 描述了信号从输入端子到输出端子的传递过程。

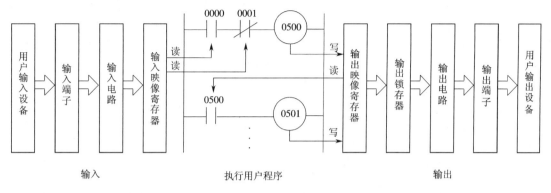

图 7-13　PLC 信号的传递过程

在读输入阶段,CPU 对各个输入端子进行扫描,通过输入电路将各输入点的状态锁入输入映像寄存器中。紧接着转入用户程序执行阶段,CPU 按照先左后右、先上后下的顺序对每条指令进行扫描,根据输入映像寄存器和输出映像寄存器的状态执行用户程序,同时将执行结果写入输出映像寄存器中。在程序执行期间,即使输入端子状态发生变化,输入状态寄存器的内容也不会改变——输入端子状态变化只能在下一个工作周期的输入阶段才被集中读入。在写输出阶段,将输出映像寄存器的状态集中锁定到输出锁存器,再经输出电路传递到输出端子。

PLC 与继电器 – 接触器控制的重要区别之一就是工作方式不同。PLC 是以反复扫描的方式工作,是循环地、连续逐条执行程序,任一时刻它只能执行一条指令,也就是说 PLC 是以"串行"方式工作的。而继电器 – 接触器是按"并行"方式工作的,或者说是同时执行方式工作的,只要形成电流通路,就可能有几个继电器同时动作。继电器 – 接触器系统的并行工作方式因触点动作的延误易产生触点竞争和时序失配问题,这些在串行工作方式的 PLC 中不会发生。

由于 PLC 采用扫描方式工作,所以在用户程序执行阶段即使输入端发生了变化(例如按钮抖动,干扰信号窜入),输入状态寄存器的内容也不会发生变化,要等到下一个周期的输入采样阶段才能改变。暂存在输出状态寄存器的输出信号,要等到下一个循环周期结束,CPU才集中将这些输出信号全部输出给输出端。可见,PLC 输入、输出状态的改变,需要一个扫描周期。也就是说,输入、输出的状态保持一个扫描周期不变,这就要求输入信号的宽度必须大于一个扫描周期,否则极易丢失。由此也可看出,这种工作方式对抑制干扰信号(幅度高,周期短)有一定效果。

7.4　可编程序控制器应用系统设计的基本内容和步骤

在应用 PLC 组成应用系统时,首先应明确应用系统设计的基本原则与基本内容设计的一般步骤,对此下面分别以介绍。

7.4.1　可编程序控制器应用系统设计的基本原则

任何一种电气控制系统都是为了实现被控对象(生产设备或生产过程)的工艺要求,以提高生产效率和产品质量,因此在设计 PLC 控制系统时,应遵循以下基本原则:

（1）最大限度地满足被控对象的控制要求，因此设计前，应深入现场进行调查研究，搜集资料，并与相关部分的设计人员和实际操作人员密切配合，共同拟定控制方案，协同解决设计中出现的各种问题；

（2）在满足控制要求的前提下，力求使控制系统简单、经济，使用及维修方便；

（3）保证控制系统的安全、可靠；

（4）考虑到生产的发展和工艺的改进，在选择 PLC 容量时应适当留有余量。

7.4.2　可编程序控制器应用系统设计的基本内容

PLC 控制系统是由 PLC 与用户输入、输出设备连接而成的，因此 PLC 控制系统设计的基本内容包括：

（1）PLC 可构成各种各样的控制系统，如单机控制系统、集中控制系统等。在进行应用系统设计时，要确定系统的构成形式；

（2）系统运行方式与控制方式的择定；

（3）选择用户输入设备（按钮、操作开关、限位开关、作感器等）、输出设备（继电器、接触器、信号灯等执行元件）以及由输出设备驱动的控制对象（电动机、电磁阀等）；

（4）PLC 是控制系统的核心部件，正确选择 PLC 对保证整个控制系统的技术经济指标起着重要的作用。选择 PLC 应包括机型选择、容量选择、I/O 模块选择、电源模块选择等；

（5）分配 I/O 点，绘制 I/O 连接图；

（6）设计控制程序。控制程序是整个系统工作的软件，是保证系统正常、安全、可靠的关键。因此控制系统的程序应经过反复调试、修改，直到满足要求为止；

（7）必要时还需设计控制台（柜）；

（8）编制控制系统的技术文件，包括说明书、电气原理图及电气元件明细表，I/O 连接图、I/O 地址分配表、控制软件。

7.4.3　可编程序控制器应用系统设计的一般步骤

设计 PLC 控制系统的一般步骤如图 7-14 所示。

（1）根据生产的工艺过程分析控制要求。如需要完成的动作（动作顺序、必须的保护和连锁等）、操作方式（手动、自动、连续、单周期、单步等）。

（2）根据控制要求确定系统控制方案。

（3）根据系统构成方案和工艺要求确定系统运行方式。

（4）根据控制要求确定所需的用户输入、输出设备，据此确定 PLC 的 I/O 点数。

（5）选择 PLC。

（6）分配 PLC 的 I/O 点，设计 I/O 连接图。

（7）进行 PLC 的程序设计，同时可进行控制台（柜）的设计和现场施工。

（8）联机调试，如不满足要求，再返回修改程序或检查接线，直到满足要求为止。

（9）编制技术文件。

（10）交付使用。

总之，一项 PLC 应用系统设计包括硬件设计和应用控制软件设计两大部分。其中硬件设计主要是选型设计和外围电路的常规设计；应用软件设计则是依据控制要求和 PLC 指令系统进行的。

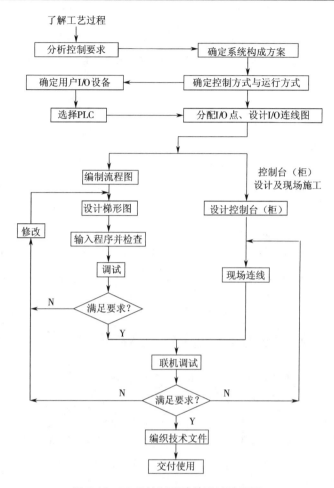

图 7-14　PLC 控制系统的设计流程图

思考题与习题

7-1　什么是 PLC,它与电器控制、微机控制相比主要优点是什么?

7-2　为什么 PLC 软继电器的触点可无数次使用?

7-3　PLC 的硬件由哪几部分组成,各有什么作用? PLC 主要有哪些外部设备,各有什么作用?

7-4　PLC 的软件由哪几部分组成,各有什么作用?

7-5　PLC 主要的编程语言有哪几种,各有什么特点?

7-6　PLC 开关量输出接口按输出开关器件的种类不同,有哪几种形式,各有什么特点?

7-7　PLC 采用什么样的工作方式,有何特点?

7-8　什么是 PLC 的扫描周期,其扫描过程分为哪几个阶段,各阶段完成什么任务?

7-9　PLC 是如何分类的? 按结构形式不同,PLC 可分为哪几类,各有什么特点?

7-10　PLC 有什么特点? 为什么 PLC 具有高可靠性?

7-11　PLC 控制与电器控制比较,有何不同?

7-12　PLC 主要性能指标有哪些,各指标的意义是什么?

第8章 西门子 S7 – 200 系列可编程序控制器

德国西门子(SIEMENS)公司是世界上较早研制和生产 PLC 产品的主要厂商之一。它的第一代 PLC 产品 SIMATICS3 系列 1975 年投放市场,1979 年推出了 SIMATICS5 系列取代 S3 系列,1995 年底推出了性能价格比很高的 S7 – 200、S7 – 300 系列 PLC,1996 年又推出了 S7 – 400 系列 PLC、自带人机界面的 C7 系列 PLC 和具有 AT 兼容机功能的 M7 系列 PLC 等多种新产品。

S7 系列 PLC 又包括 S7 – 200、S7 – 300、S7 – 400 三大类。S7 – 200 是微型到小型的 PLC;S7 – 300 是小型到中型的 PLC;S7 – 400 是大型 PLC。西门子公司的大、中型 PLC 在自动化领域中占有重要地位。本章以 S7 – 200 为主,使读者基本掌握西门子公司 S7 系列 PLC 的特点、系统配置与编程。

8.1 S7 – 200 系列 PLC 系统的构成及特点

S7 – 200 系列 PLC 系统由主机(基本单元)、I/O 扩展单元、功能单元(模块)和外部设备等组成。S7 – 200 PLC 主机(基本单元)的结构形式为整体式结构。下面以 S7 – 200 系列的 CPU 224 小型可编程序控制器为例,介绍 S7 – 200 系列 PLC 系统的构成。

主机(基本单元)是 PLC 系统的控制核心,也是一个最简单的 PLC 控制系统。S7 – 200 系列的主机型号都是以 CPU 开头的。S7 – 200 系列 PLC 有 CPU 21X 和 CPU 22X 两代产品,其中 CPU 22X 型 PLC 有 CPU 221、CPU 222、CPU 224 和 CPU 226 四种基本型号。本节以 CPU 224 型 PLC 为重点,分析小型 PLC 的结构特点。

8.1.1 整体式 PLC 的结构分析

CPU 224 主机的结构及外形如图 8-1 所示。

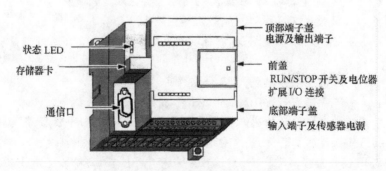

图 8-1　S7 – 200 系列 CPU 结构

CPU 224 主机可独立工作,完成简单的控制功能。主机箱内部有以微处理器为核心的 PLC 主板,具有完全意义的控制、运算、存储功能。另外,外部设有 RS – 485 通信接口,用于连接编程器(手持式或 PC)、文本/图形显示器、PLC 网络等外部设备;还设有工作方式开关、模拟电位器,I/O 扩展接口、工作状态指示和用户程序存储卡、I/O 接线端子排及发光指示等。

8.1.2　CPU 224 型 PLC 的结构特点

1. 基本单元 I/O

CPU 22X 型 PLC 具有两种不同的电源电压,输出电路分为继电器输出和晶体管直流输出两大类。CPU 22X 系列 PLC 可提供 4 个不同型号的多种基本单元供用户选用,类型及参数如表 8-1 所示。

表 8-1　CPU 22X 系列 PLC 的类型及参数

	类型	电源电压/V	输入电压/V	输出电压/V	输出电流/A
CPU 221	DC 输入 DC 输出	DC 24	DC 24	DC 24	0.75 A 晶体管
	DC 输入 继电器输出	AC 85 ~ 264	DC 24	DC 24 AC 24 ~ 230	2 A 继电器
CPU 222 CPU 224	DC 输入 DC 输出	DC 24	DC 24	DC 24	0.75 A 晶体管
CPU 226 CPU 226XM	DC 输入 继电器输出	AC 85 ~ 264	DC 24	DC 24 AC 24 ~ 230	2 A 继电器

CPU 22X 主机的输入点为直流 24 V 双向光耦输入电路,输出有继电器和直流 MOS 型两种类型(CPU 21X 系列输入点为直流 24 V 单向光耦输入电路,输出有继电器、直流和 AC 三种类型),并且具有 30 kHz 高速计数器,20 kHz 高速脉冲输出,RS -485 通信/编程口,PPI、MPI 通信协议和自由口通信能力。CPU222 及以上 CPU 还具有 PID 控制和扩展的功能,内部资源及指令系统更加丰富,功能更强大。

CPU 224 主机共有 I0.0 ~ I1.5 等 14 个输入点和 Q0.0 ~ Q1.1 等 10 个输出点。CPU224 输入电路采用了双向光耦合器,DC 24 V 极性可任意选择,系统设置 1M 为 I0 字节输入端子的公共端,2M 为 I1 字节输入端子的公共端。在晶体管输出电路中采用了 MOSFET 功率驱动器件,并将数字量输出分为两组,每组有一个独立公共端,共有 1L、2L 两个公共端,可接入不同的负载电源。CPU224 外部电路原理如图 8-2 所示。

S7 -200 系列 PLC 的 I/O 接线端子排分为固定式和可拆卸式两种结构。可拆卸式端子排能在不改变外部电路硬件接线的前提下,方便地拆装,为 PLC 的维护提供了便利。

2. 高速反应性

CPU22X PLC 可以处理和输出高速脉冲,可以处理普通 I/O 端口无法处理的高速信号,这使 PLC 系统的功能大大加强。CPU224PLC 有 6 个高速计数脉冲输入端(I0.0 ~ I0.5),其最高频率为 30 kHz,用于捕捉比 CPU 扫描周期更快的脉冲信号。CPU224 PLC 有 2 个高速脉冲输出端(Q0.0、Q0.1),输出脉冲频率可达 20 kHz。用于 PTO(高速脉冲束)和 PWM(脉冲宽度调制)高速脉冲输出。

3. 存储系统

S7 -200 CPU 存储器系统由 RAM 和 EEPROM 两种存储器构成,用以存储用户程序、CPU

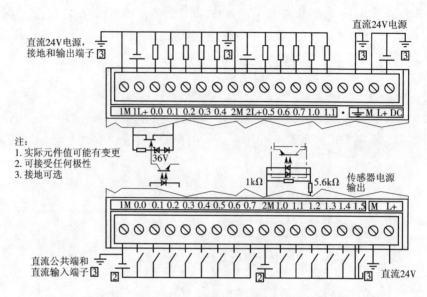

图 8-2　CPU 224 AC/DC/继电器连接器端子图

组态（配置）、程序数据等。当执行程序下载操作时，用户程序、CPU 组态（配置）、程序数据等由编程器送入 RAM 存储器区，并自动复制到 EEPROM 区，永久保存。图 8-3 所示的是 S7 - 200 的存储系统。

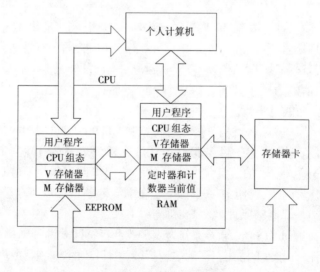

图 8-3　存储系统

　　系统还具有完善的数据保护功能。系统掉电时，系统自动将 RAM 中 M 存储器的内容保存到 EEPROM 存储器。上电恢复时，用户程序及 CPU 组态（配置）自动从 EEPROM 的永久保存区读取到 RAM 中，如果 V 和 M 存储区内容丢失时，EEPROM 永久保存区的数据会复制到 RAM 中去。

4. 模拟电位器

　　模拟电位器用来改变特殊寄存器（SM32、SM33）中的数值，以改变程序运行时的参数，如定时、计数器的预置值,过程量的控制参数等。

5. 存储卡

CPU224 PLC 还支持外扩存储卡,存储卡是用来扩展 PLC 的数据存储资源的器件,也称扩展卡。扩展卡有 EEPROM 存储卡、电池和时钟卡等模块。EEPROM 存储模块,用于用户程序的复制。电池模块,用于长时间保存数据,使用 CPU224 内部电容式数据存储器,存储时间达 190 h,而使用电池模块数据存储时间可达 200 d。

技术性能指标是选用 PLC 的依据,S7－200 系列 PLC 产品的 CPU 的主要技术指标见附录3。

8.1.3　S7－200 系列 PLC 的内部元器件

1. 内部元件的功能

CPU22X 系列 PLC 内部有很多元器件,又称为软元件。它们的功能是相互独立的。在数据存储区为每一种元器件分配一个存储区域, 即固定地址。软元件的数量决定了可编程控制器的规模和数据处理能力,每一种 PLC 的软元件是有限的。

每一种软元件用一组字母表示器件类型,字母加数字表示数据的存储地址。如 I 表示输入映像寄存器(又称输入继电器);Q 表示输出映像寄存器(又称输出继电器);M 表示内部标志存储器;SM 表示特殊标志位存储器;S 表示顺序控制存储器(又称状态元件);V 表示变量存储器;L 表示局部存储器;T 表示定时器;C 表示计数器;AI 表示模拟量输入映像寄存器,AQ 表示模拟量输出映像寄存器;AC 表示累加器;HC 表示高速计数器等。下面分别介绍这些内部器件的定义、功能和使用方法。

(1)输入/输出映像寄存器(I/Q)

输入/输出映像寄存器包括输入映像寄存器 I 和输出映像寄存器 Q。输入/输出映像寄存器都是以字节为单位的寄存器,可以按位操作,它们的每一位对应一个数字量输入/输出接点。不同型号主机的输入/输出映像寄存器区域大小和输入/输出点数参考主机性能指标。扩展后的实际输入/输出点数不能超过输入/输出映像寄存器区域的大小,输入/输出映像寄存器区域未用的部分可当做内部标志位 M 或数据存储器(以字节为单位)使用。

输入映像寄存器(输入继电器)的等效电路如图 8-4 所示 ,输入继电器线圈只能由外部信号驱动,不能用程序指令驱动,常开触点和常闭触点供用户编程使用。外部信号传感器(如按钮、行程开关、现场设备、热电偶等)用来检测外部信号的变化。它们与 PLC 或输入端相连。

在输出映像寄存器(输出继电器)等效电路图 8-5 中,输出继电器是用来 PLC 的输出信号传递给负载,只能用程序指令驱动。

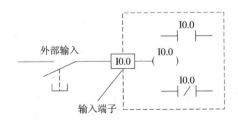

图8-4　输入映像寄存器的等效电路图

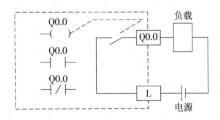

图8-5　输出映像寄存器的等效电路图

　　程序控制能量流从输出继电器 Q0.0 线圈左端流入时,Q0.0 线圈通电(存储器位置 1),带动输出触点动作,使负载工作。

　　负载又称执行器(如接触器、电磁阀、LED 显示器等),连接到 PLC 输出模块的输出接线端子,由 PLC 控制执行器的启动和关闭。

　　输入/输出映像寄存器可以按位、字节、字或双字等方式编址。S7 - 200CPU 输入映像寄存器区域有 I0 ~ I15 等 16B 存储单元,能存储 128 点信息。CPU224 主机有 I0.0 ~ I0.7 和 I1.0 ~ I1.5 共 14 个数字量输入接点,其余输入映像寄存器可用于扩展或其他用途。输出映像寄存器区域共有 Q0 ~ Q15 等 16B 存储单元,能存储 128 点信息。CPU224 主机有 Q0.0 ~ Q0.7 和 Q1.0、Q1.1 共 10 个数字量输出接点,其余输出映像寄存器可用于扩展或其他用途。

　　(2)内部标志位(M)

　　内部标志位(M)可以按位使用,作为控制继电器(又称中间继电器),用来存储中间操作数或其他控制信息。也可以按字节、字或双字来存取存储区的数据。编址范围 M0.0 ~ M31.7。

　　(3)顺序控制继电器(S)

　　顺序控制继电器 S 又称状态元件,用来组织机器操作或进入等效程序段,以实现顺序控制和步进控制。可以按位、字节、字或双字来存取存储区的数据。编址范围 S0.0 ~ S31.7。

　　(4)变量存储器(V)

　　变量存储器 V 用以存储运算的中间结果,也可以用来保存工序或任务相关的其他数据,如模拟量控制,数据运算,设置参数等。变量存储器可按位使用,也可按字节、字或双字使用。变量存储器存储空间较大,CPU224 和 CPU226 有 VB0.0 ~ VB5119.7 共 5 KB 的存储空间。

　　(5)局部存储器(L)

　　局部存储器 L 和变量存储器 V 很相似,主要区别在于局部存储器 L 是局部有效的,变量存储器 V 则是全局有效。全局有效是指同一个存储器可以被任何程序(如主程序、中断程序或子程序)存取,局部有效是指存储区和特定的程序相关联。

　　S7 - 200 有 64B 的局部存储器,编址范围 LB0.0 ~ LB63.7。其中 60B 可以用作暂时存储器或者给予程序传递参数,最后 4B 为系统保留字节。S7 - 200PLC 根据需要分配局部存储器。当主程序执行时,64B 的局部存储器分配给主程序;当中断或调用子程序时,将局部存储器重新分配给相应程序。局部存储器在分配时,PLC 不进行初始化,初始值是任意的。

　　可以用直接寻址方式按字节、字或双字来访问局部存储器,也可以把局部存储器作为间接寻址的指针,但不能作为间接寻址的存储区域。

　　(6)定时器(T)

　　PLC 中定时器相当于时间继电器,用于延时控制。S7 - 200CPU 中的定时器是对内部时钟累计时间增量的设备。

　　定时器符号 T 和地址编号表示,编址范围 T0 ~ T255(22X);T0 ~ T127(21X)。定时器的主要参数有定时器预制值,当前计时值和状态位。

　　①时间预置值　时间预置值为 16 位符号整数,由程序指令给定,详见 8.2 节指令系统。

　　②当前计时值　在 S7 - 200 定时器中有一个 16 位的当前值寄存器用以存放当前计时值(16 位符号整数),当定时器输入条件满足时,当前值从零开始增加,每隔 1 个时间基准增 1。时间基准又称定时精度,S7 - 200 共有 3 个时基等级(1 ms、10 ms、100 ms)。定时器按地址编

号的不同,分属各个不同的时基等级。

③状态位　每隔定时器除有预置值和当前值外,还有 1 位状态位。定时器的当前值加到大于或等于预置值后,状态位为 1,梯形图中代表状态位读操作的常开触点闭合。

定时器的编址(T3)可以用来访问定时器的状态位,也可用来访问当前值,存取定时数据举例如图 8-6。

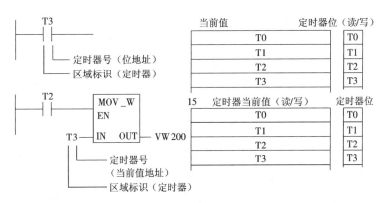

图 8-6　存取定时器数据

(7)计数器(C)

计数器主要用来累计输入脉冲个数。其结构与定时器相似,其设定值(预置值)在程序中赋予,有 1 个 16 位的当前值寄存器和 1 位状态位。当前值寄存器用以累计脉冲个数,计数器当前值大于或等于预置值时,状态位置 1。

S7 -200CPU 提供三种类型的计数器,一种增计数;一种减计数;另一种增/减计数,计数器用符号 C 和地址编号表示。计数器数据存取操作与定时器相似。

(8)模拟量输入/输出映像寄存器(AI/AQ)

S7 -200 的模拟量输入电路将外部输入的模拟量(如温度、电压)等转换成 1 个字长(16位)的数字量,存入模拟量输入映像寄存器区域,可以用区域标识符(AI),数据长度(W)及字节的起始地址来存取这些值。因为模拟量为 1 个字长,起始地址定义为偶数字节地址,如AIW0,AIW2,…,AIW62,共有 32 个模拟量输入点。存取模拟量输入值操作如图 8-7 所示。模拟量输入值为只读数据。

图 8-7　存取模拟量输入值

S7 -200 模拟量输出电路将模拟量映像寄存器区域的 1 个字长(16 位)的数字量转换为模拟电压或电流输出。可以用标识符(AQ),数据长度(W)及起始字节的地址来设置。

因为模拟量输出数据长度为 16 位,起始地址也采用偶数字节地址,如 AQW0,AQW2,…,AQW62,共有 32 个模拟量输出点。存取模拟量输出值操作如图 8-8 所示。用户程序只能给输出映像寄存器区域置数,而不能读取。

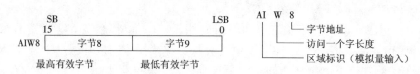

图 8-8　存取模拟量输出值

(9) 累加器(AC)

累加器是用来暂存数据的寄存器,可以和子程序之间传递参数,以及存储器计算结果的中间值。S7-200CPU 中提供了四个 32 位累加器 AC0~AC3。累加器支持以字节、字和双字的存取。按字节或字为单位存取时,累加器只使用低 8 位或 16 位,数据存数器长度由所用指令决定。累加器操作见图 8-9。

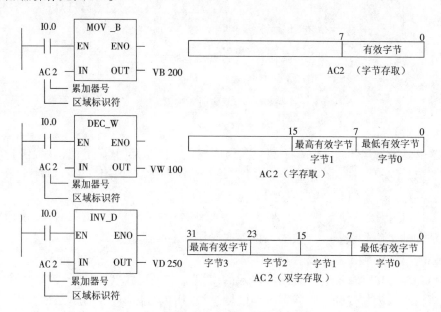

图 8-9　累加器操作

(10) 高速计数器(HC)

CPU22XPLC 提供了六个高速计数器(每个计数器最高频率为 30kHz)用来累计比 CPU 扫描速度更快的事件。高速计数器的当前值为双字长的符号整数,且为只读值。高速计数器的地址由符号 HC 和编号组成,如 HC0,HC1,…,HC5。

(11) 特殊标志位存储器(SM)

SM 存储器提供了 CPU 与用户程序之间信息传递的方法,用户可以使用这些特殊标志位提供的信息,SM 控制 S7-200CPU 的一些特殊功能。特殊标志位可以分为只读区和读/写区两大部分。CPU224 的 SM 编址范围为 SM0.0~SM179.7 共 180B,CPU214 为 SM0.0~SM85.7 共 86B。其中 SM0.0~SM29.7 的 30B 为只读型区域。

2. 各种元件的编程范围

可编程序控制器的硬件结构是软件编程的基础,S7-200PLC 各编程元器件及操作数的有效编程范围见表 8-2 和表 8-3 所示。

表 8-2 S7 - 200CPU 编程元器件的有效范围和特性一览表

描述	CPU 221	CPU 222	CPU 224	CPU 226
用户程序/KB	2	2	4	4
用户数据/KW	1	1	2. 5	2. 5
输入映像寄存器	I0. 0 ~ I15. 7	I0. 0 ~ I15. 7	I0. 0 ~ I15. 7	I0. 0 ~ I15. 7
输出映像寄存器	Q0. 0 ~ Q15. 7	Q0. 0 ~ Q15. 7	Q0. 0 ~ Q15. 7	Q0. 0 ~ Q15. 7
模拟量输入（只读）	—	AIW0 ~ AIW30	AIW0 ~ AIW62	AIW0 ~ AIW62
模拟量输出（只写）	—	AQW0 ~ AQW30	AQW0 ~ AQW62	AQW0 ~ AQW62
变量存储器（V）	VB0. 0 ~ VB2047. 7	VB0. 0 ~ VB2047. 7	VB0. 0 ~ VB5119. 7	VB0. 0 ~ VB5119. 7
局部存储器（L）	LB0. 0 ~ LB63. 7	LB0. 0 ~ LB63. 7	LB0. 0 ~ LB63. 7	LB0. 0 ~ LB63. 7
位存储器（M）	M0. 0 ~ M31. 7	M0. 0 ~ M31. 7	M0. 0 ~ M31. 7	M0. 0 ~ M31. 7
特殊存储器（SM）只读	SM0. 0 ~ SM179. 7 SM0. 0 ~ SM29. 7	SM0. 0 ~ SM179. 7 SM0. 0 ~ SM29. 7	SM0. 0 ~ SM179. 7 SM0. 0 ~ SM29. 7	SM0. 0 ~ SM179. 7 SM0. 0 ~ SM29. 7
定时器范围	T0 ~ T255	T0 ~ T255	T0 ~ T255	T0 ~ T255
记忆延迟 1ms	T0, T64	T0, T64	T0, T64	T0, T64
记忆延迟 10 ms	T0 ~ T4, T65 ~ T68	T0 ~ T4, T65 ~ T68	T0 ~ T4, T65 ~ T68	T0 ~ T4, T65 ~ T68
记忆延迟 100 ms	T5 ~ T31 T69 ~ T95	T5 ~ T31 T69 ~ T95	T5 ~ T31 T69 ~ T95	T5 ~ T31 T69 ~ T95
接通延时 1 ms	T32, T96	T32, T96	T32, T96	T32, T96
接通延时 10 ms	T33 ~ T36 T97 ~ T100	T33 ~ T36 T97 ~ T100	T33 ~ T36 T97 ~ T100	T33 ~ T36 T97 ~ T100
接通延时 100 ms	T37 ~ T63 T101 ~ T255	T37 ~ T63 T101 ~ T255	T37 ~ T63 T101 ~ T255	T37 ~ T63 T101 ~ T255
计数器	C0 ~ C255	C0 ~ C255	C0 ~ C255	C0 ~ C255
高速计数器	HC0, HC3, HC4, HC5	HC0, HC3, HC4, HC5	HC0 ~ HC5	HC0 ~ HC5
顺序控制继电器	S0. 0 ~ S31. 7	S0. 0 ~ S31. 7	S0. 0 ~ S31. 7	S0. 0 ~ S31. 7
累加寄存器	AC0 ~ AC3	AC0 ~ AC3	AC0 ~ AC3	AC0 ~ AC3
跳转/标号	0 ~ 255	0 ~ 255	0 ~ 255	0 ~ 255
调用/子程序	0 ~ 63	0 ~ 63	0 ~ 63	0 ~ 63
中断时间	127	127	127	127
PID 回路	0 ~ 7	0 ~ 7	0 ~ 7	0 ~ 7
通信端口	0	0	0	0

表 8-3　　S7 – 200 CPU 操作数有效范围

存取方式	CPU221		CPU222		CPU224、CPU226	
位存取(字节、位)	V	0.0 ~ 2 047.7	V	0.0 ~ 2 047.7	V	0.0 ~ 5 119.7
	I	0.0 ~ 15.7	I	0.0 ~ 15.7	I	0.0 ~ 15.7
	Q	0.0 ~ 15.7	Q	0.0 ~ 15.7	Q	0.0 ~ 15.7
	M	0.0 ~ 31.7	M	0.0 ~ 31.7	M	0.0 ~ 31.7
	SM	0.0 ~ 179.7	SM	0.0 ~ 179.7	SM	0.0 ~ 179.7
	S	0.0 ~ 31.7	S	0.0 ~ 31.7	S	0.0 ~ 31.7
	T	0 ~ 255	T	0 ~ 255	T	0 ~ 255
	C	0 ~ 255	C	0 ~ 255	C	0 ~ 255
	L	0.0 ~ 63.7	L	0.0 ~ 63.7	L	0.0 ~ 63.7
字节存取	VB	0 ~ 2 047	VB	0 ~ 2 047	VB	0 ~ 5 119
	IB	0 ~ 15	IB	0 ~ 15	IB	0 ~ 15
	QB	0 ~ 15	QB	0 ~ 15	QB	0 ~ 15
	MB	0 ~ 31	MB	0 ~ 31	MB	0 ~ 31
	SMB	0 ~ 179	SMB	0 ~ 179	SMB	0 ~ 179
	SB	0 ~ 31	SB	0 ~ 31	SB	0 ~ 31
	LB	0 ~ 63	LB	0 ~ 63	LB	0 ~ 63
	AC	0 ~ 3	AC	0 ~ 3	AC	0 ~ 3
	常数		常数		常数	
字存取	VW	0 ~ 2 046	VW	0 ~ 2 046	VW	0 ~ 5 118
	IW	0 ~ 14	IW	0 ~ 14	IW	0 ~ 14
	QW	0 ~ 14	QW	0 ~ 14	QW	0 ~ 14
	MW	0 ~ 30	MW	0 ~ 30	MW	0 ~ 30
	SMW	0 ~ 178	SMW	0 ~ 178	SMW	0 ~ 178
	SW	0 ~ 30	SW	0 ~ 30	SW	0 ~ 30
	T	0 ~ 255	T	0 ~ 255	T	0 ~ 255
	C	0 ~ 255	C	0 ~ 255	C	0 ~ 255
	LW	0 ~ 62	LW	0 ~ 62	LW	0 ~ 62
	AC	0 ~ 3	AC	0 ~ 3	AC	0 ~ 3
	常数		常数		常数	
双字存取	VD	0 ~ 2 044	VD	0 ~ 2 044	VD	0 ~ 5 116
	ID	0 ~ 12	ID	0 ~ 12	ID	0 ~ 12
	QD	0 ~ 12	QD	0 ~ 12	QD	0 ~ 12
	MD	0 ~ 28	MD	0 ~ 28	MD	0 ~ 28
	SMD	0 ~ 176	SMD	0 ~ 176	SMD	0 ~ 176
	SWD	0 ~ 28	SWD	0 ~ 28	SWD	0 ~ 28
	LD	0 ~ 60	LD	0 ~ 60	LD	0 ~ 60
	AC	0 ~ 3	AC	0 ~ 3	AC	0 ~ 3
	HC	0,3,4,5	HC	0,3,4,5	HC	0 ~ 5
	常数		常数		常数	

8.1.4　S7 −200 PLC 的数据存储

1. 基本数据类型

S7 − 200PLC 的指令参数所用的基本数据类型有 1 位布尔型（BOOL）、8 位字节型（BYTE）、16 位无符号数（WORD）、16 位有符号整数（INT）、32 位无符号双字整数（DWORD）、32 位有符号双字整数（DINT）、32 位实数型（REAL）。

2. 数据长度与数值范围

CPU 存储器中存放的数据类型可分为 BOOL、BYTE、WORD、INT、DWORD、DINT、REAL。不同的数据类型具有不同的数据长度和数值范围。在上述数据类型中，用字节（B）型、字（W）型、双字（D）型分别表示 8 位、16 位、32 位数据的数据长度。不同的数据长度对应的数值范围如表 8-4 所示。例如，数据长度为字（W）型的无符号整数（WORD）的数值范围为 0 ~ 65535。不同数据长度的数值所能表示的数值范围是不同的。

表 8-4　数据类型、长度及范围

数据长度	无符号数		有符号数	
	十进制	十六进制	十进制	十六进制
B(字节型)8 位值	0 ~ 255	0 ~ FF		
W(字形)16 位值	0 ~ 65535	0 ~ FFFF	− 32768 ~ 32767	8000 ~ 7FFFF
D(双字节型)32 位值	0 ~ 4294967295	0 ~ FFFFFFFF	− 2147483648 ~ 2147483647	80000000 ~ 7FFFFFFF
R(实数型)32 位值			$− 10^{38} ~ + 10^{38}$	

3. 常数

在编程中经常会使用常数。常数数据长度可为字节、字和双字。在机器内部的数据都以二进制存储，但常数的书写可用二进制、十进制、十六进制、ASCII 码或浮点数（实数）等多种形式。几种常数形式分别如表 8-5 所示。

表 8-5　常数表示方法

进制	书写格式	举例
十进制	十进制数值	1052
十六进制	16#十六进制值	16#8AC6
二进制	2#二进制值	2#1010_0011_0001
ASCII 码	"ASCII 码文本"	"Show terminals"
浮点数	ANSI/IEEE754 −1985 标准	（正数）$+ 1.175495^{-38} ~ + 3.402823^{-38}$
		（负数）$− 1.175495^{-38} ~ − 3.402823^{-38}$

注意:表中的#为常数的进制格式说明符,如果常数无任何格式说明符,则系统默认为十进制数。

8.1.5　寻址方式

S7 - 200 将信息存于不同的存储单元,每个单元有一个唯一的地址,系统允许用户以字节、字、双字为单位存、取信息。提供参与操作的数据地址的方法,称为寻址方式。S7 - 200 数据寻址方式有立即寻址方式、直接寻址方式和间接寻址三大类。立即寻址的数据在指令中以常数形式出现,直接寻址和间接寻址方式有位、字节、字和双字四种寻址格式,下面对直接寻址和间接寻址方式加以说明。

1. 直接寻址方式

直接寻址方式是指在指令中直接使用存储器或寄存器的元件名称和地址编号,直接查找数据。数据直接寻址指的是,在指令中明确指出了存取数据的存储器地址,允许用户程序直接存取信息。数据直接地址表示方法如图 8-10 所示。

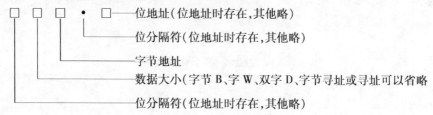

图 8-10　数据地址格式

数据的直接寻址包括内存区域标志符,数据大小及该字节的地址或字、双字的起始地址,以及位分隔符和位。其中有些参数可以省略,详见图中说明。

位寻址如图 8-11 所示,图中 I7.4 表示数据地址为输入映像寄存器的第 7 字节第 4 位的位地址。可以根据 I7.4 地址对该位进行读写操作。

可以进行位操作的元器件有输入映像寄存器(I)、输出映像寄存器(Q)、内部标志位(M)、特殊标志位(SM)、局部变量存储器(L)、变量存储器(V)、状态元件(S)等。其中特殊标志位(SM)的含义是固定点,用户可以使用,不能改变。例如 SM0.0 位始终为 1;SM0.1 位仅在运行后的第一个扫描周期为 1,可用于调用初始化子程序;SM0.4 为用户提供一个周期为 1 min 的时钟脉冲;SM0.5 为用户提供一个周期为 1 s 的时钟脉冲;SM1.0 ~ SM1.7 为用户

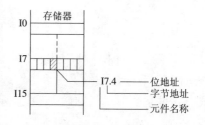

图 8-11　位 寻 址

提供指令执行或运算中出现的错误提示,如结果溢出、为 0、除数为 0 等。各种型号的 PLC 内部资源符号用法基本相同,但数量不同。

字节、字、双字操作,直接访问字节(8bit)、字(16bit)、双字(32bit)数据时,必须指明数据存储区域、数据长度及起始地址。当数据长度为字或双字时,最高有效字节为起始地址字节。对变量存储器 V 的数据操作如图 8-12 所示。

可按字节 B(Byte)操作的元器件有 I、Q、M、SM、S、V、L、AC(只用低 8 位)、常数。可按字 W(Word)操作的元器件有 I、Q、M、SM、S、T、C、V、L、AC(只用低 16 位)、常数。可按双字 D (Double Word)操作的元器件有 I、Q、M、SM、S、V、L、AC(32 位全用)、HC、常数。

2. 间接寻址方式

间接寻址是指使用地址指针来存取存储器中的数据。使用前,首先将数据所在单元的内

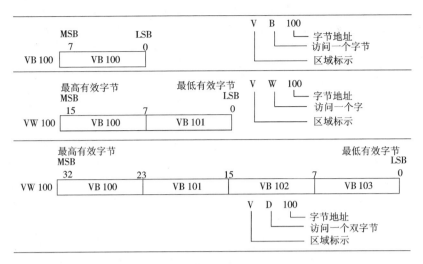

图 8-12　字节、字、双字寻址方式

存地址放入地址指针寄存器中,然后根据此地址存取数据。这种寻址方式在处理内存连续地址中的数据时非常方便,可以缩短程序所生成的代码长度,使编程更加灵活。S7 - 200CPU 中允许使用指针进行间接寻址的存储区域有 I、Q、M、S、V、T、C。

建立内存地址的指针为双字长度(32 位),故可以使用 V、L、AC 作为地址指针。必须采用双字传送指令(MOVD)将内存的某个地址移入到指针当中,以生成地址指针。指令中的操作数(内存地址)必须使用"&"符号表示内存某一位置的地址(32 位)。

例如 MOV&VB200,AC1//将 VB200 的地址值送 AC1。VB200 是直接地址编号,& 为地址符号,将本指令中 &VB200 该为 &VW200 或 VD200,指令功能不变。

间接寻址(用指针存取数据):在使用指针存取数据的指令中,操作数前加有"＊"时表示该操作数为地址指针。

例如 MOVW ＊ AC1,AC0//将 AC1 作为内存地址指针,W 规定了传送数据长度,本指令把以 AC1 中内容为起始地址的内存单元的 16 位数据送到累加器 AC0 中,操作过程如图 8-13 所示。

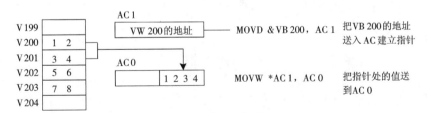

图 8-13　使用指针间接寻址

8.1.6　S7 - 200 系列 PLC 的输入、输出及扩展

S7 - 200 系列 PLC 主机基本单元的最大输入输出点数为 40(CPU 226 为 24 输入,16 输出)。PLC 内部映像寄存器资源的最大数字量 I/O 映像区的输入点 I0～I15 为 16B,输出点 Q0～Q15 也为 16B,共 32B,256 点(32×8)。最大模拟量 I/O 为 64 点,AIW0～AIW62 共 32 个输

入点，AQW0～AQW62 共 32 个输出点（偶数递增）。S7－200 系统最多扩展 7 个模块。

　　使用 PLC 扩展模块，除了满足增加 I/O 点数的需要外，还增加了 PLC 许多控制功能。S7－200PLC 系列目前总共可以提供 3 大类共 9 种数字量 I/O 模块、三大类共 5 种模拟量 I/O 模块和两种通信处理模块。扩展模块的种类如表 8-6 所示。

表 8-6　S7－200 常用的扩展模块型号及用途

分　类	型　号	I/O 规格	功能及用途
数字量 扩展模块	EM 221	DI8 × DC 24V	8 路数字量 DC 24V 输入
	EM 222	DO8 × DC 24V	8 路数字量 DC 24V 输出（固态 MOSFET）
		DO8 × 继电器	8 路数字量继电器输出
	EM 223	DI4/DO4 × DC 24V	4 路数字量 DC 24V 输入、输出（固态）
		DI4/DO4 × DC 24V 继电器	4 路数字量 DC 24V 输入
		DI8/DO8 × DC 24V	8 路数字量 DC 24V 输入、输出（固态）
		DI8/DO8 × DC 24V 继电器	8 路数字量 DC 24V 输入 8 路数字量继电器输出
		DI16/DO16 × DC 24V	16 路数字量 DC 24V 输入、输出（固态）
		DI16/DO16 × DC 24V 继电器	16 路数字量 DC 24V 输入 16 路数字量继电器输出
模拟量 扩展模块	EM 231	AI4 × 12 位	4 路模拟输入，12 位 A/D 转换
		AI4 × 热电偶	4 路热电偶模拟输入
		AI4 × RTD	4 路热电阻模拟输入
	EM 232	AQ2 × 12 位	2 路模拟输出
	EM 235	AI4/AQ1 × 12	4 模拟输入，1 模拟输出，12 位转换
通信模块	EM 227	PROFIBUS － DP	将 S7－200 CPU 作为从站连接到网络
现场设备 接口模块	CP 243－2	CPU 22X 的 AS-I 主站	最大扩展 124DI/124D0

1. 主机及扩展 I/O 编址

　　CPU 本机的 I/O 点具有固定的 I/O 地址，可以把扩展的 I/O 模块接至主机右侧来增加 I/O 点数，扩展模块 I/O 地址由扩展模块在 I/O 链中的位置决定。编址方法是同种类型输入或输出点的模块在链中按与主机的位置而递增，其他类型模块的有无以及所处的位置不影响本类型模块的编号。输入与输出模块的地址不会冲突，模拟量控制模块地址也不会影响数字量控制模块。例如以 CPU 224 为主机，系统所需的输入输出点数各为数字量输入 24 点、数字量输出 20 点、模拟量输入 6 点、模拟量输出 2 点。本系统可有多种扩展方案，若选取图 8-14 所示的模块组合，则模块编址如表 8-7 所示。

图 8-14　主机和扩展模块的连接链示意图

表 8-7　各模块编址

主机 I/O		模块 1 I/O	模块 2 I/O	模块 3 I/O		模块 4 I/O		模块 5 I/O	
I0.0	Q0.0	I2.0	Q2.0	AIW0	AQW0	I3.0	Q3.0	AIW8	AQW2
I0.1	Q0.1	I2.1	Q2.1	AIW2		I3.1	Q3.1	AIW10	
I0.2	Q0.2	I2.2	Q2.2	AIW4		I3.2	Q3.2	AIW12	
I0.3	Q0.3	I2.3	Q2.3	AIW6		I3.3	Q3.3	AIW14	
I0.4	Q0.4	I2.4	Q2.4						
I0.5	Q0.5	I2.5	Q2.5						
I0.6	Q0.6	I2.6	Q2.6						
I0.7	Q0.7	I2.7	Q2.7						
I1.0	Q1.0								
I1.1	Q1.1								
I1.2									
I1.3									
I1.4									
I1.5									

由此可见,S7 - 200 系统扩展对输入/输出的规则为:

①同类型输入或输出点的模块进行顺序编址;

②对于数字量,输入/输出映像寄存器的单位长度为 8 位(1 个字节),本模块高位实际位数未满 8 位的,未用位不能分配给 I/O 链的后续模块;

③对于模拟量,输入/输出以 2 个字节(1 个字)递增方式来分配空间。

S7 - 200 系列 PLC 扩展模块具有与基本单元相同的设计特点,固定方式与 CPU 主机相同,主机及 I/O 扩展模块有导轨安装和直接安装两种方法,典型安装方式如图 8-15 所示。

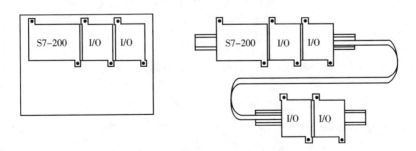

图 8-15　S7 - 200 PLC 的安装方式

扩展模块除了自身需要 24 V 供电电源外,还要从 I/O 总线上产生 DC +5 V 的电源损耗,必要时,需参照表 8-8 校验主机 DC +5V 的电流驱动能力。

表 8-8 *S7 - 200 CPU 所提供的电流*

CPU 22X 为扩展 I/O 提供的 DC 5 V 电流/mA		扩展模块 DC 5V 电流消耗/mA	
CPU 222	340	EM 221 DI8 × DC 24V	30
CPU 224	600	EM 222 DO8 × DC 24V	50
CPU 226	1000	EM 222 DO8 × 继电器	40
		EM 223 DI4/DO4 × DC 24V	40
		EM 223 DI4/DO4 × DC 24V/继电器	40
		EM 223 DI8/DO8 × DC 24V	80
		EM 223 DI8/DO8 × DC 24V/继电器	80
		EM 223 DI16/DO16 × DC 24V	160
		EM 223 DI16/DO16 × DC24V/继电器	50
		EM 231 AI4 × 12 位	20
		EM 231 AI4 × 热电偶	60
		EM 231 AI4 × RTD	60
		EM 231 AQ4 × 12 位	20
		EM 231 AI41/AQ1 × 12 位	30
		EM 277 PROFIBUS-DP	150

8.2 指令系统

S7 - 200 中有两类基本指令，即 SIMATIC 指令集和 IEC 1131 - 3 指令集，程序员可以选择任何一种。SIMATIC 指令集是为 S7 - 200 PLC 设计的，该指令执行时间短，可以使用语句表 (STL)，梯形图 (LAD)，功能块图 (FBD) 三种编辑语言。IEC 1131 - 3 指令集是不同 PLC 厂商的指令标准，只能在 LAD 和 FBD 编辑器中使用，指令执行时间长。语句表 (STL) 语言类似于计算机的汇编语言，特别是用于来自计算机领域的工程人员，属于面向机器硬件的语言。

本小节主要讲解 SIMATIC 指令集中的常用指令及使用方法。SIMATIC 指令集的内容包括：位操作类指令；数据和运算处理类指令；程序控制类指令；特殊指令。

8.2.1 位操作指令

位操作指令主要是位操作及运算指令，也包含与位操作密切相关的定时器和计数器指令等。

1. 逻辑取及线圈驱动指令 LD、LDN、=

LD (Load)：装载指令，对应梯形图从左侧母线开始，连接动合触点。

LDN (Load Not)：装载指令，对应梯形图从左侧母线开始，连接动断触点。

＝(Out)：置位指令,线圈输出。

上述指令的使用方法如图 8-16 。

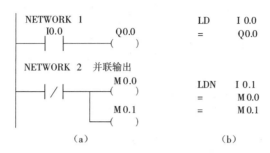

图 8-16　LD、LDN、＝指令梯形图及语句表

（a）梯形图；（b）语句表

使用说明：

（1）LD、LDN 指令不止是用于网络块逻辑计算开始时与母线相连的常开和常闭触点,在分支电路块的开始也要使用 LD、LDN 指令,与后面要讲的 ALD、OLD 指令配合完成块电路的编程。

（2）并联的 ＝ 指令可连续使用任意次。

（3）在同一程序中不能使用双线圈输出,即同一个元器件在同一程序中只使用一次 ＝ 指令。

（4）＝ 指令不能用于输入继电器。

（5）LD 和 LDN 指令的操作数的范围包括 I、Q、M、SM、C、V 和 S, ＝ 指令的操作数包括 I、Q、M、SM、C、V、S 和 T。

2. 触点串联指令 A、AN

A(And)：与操作指令,用于常开触点的串联。

AN(And Not)：与操作指令,用于常闭触点的串联。

使用说明：

（1）A、AN 是单个触点串联连接指令,可连续使用。但在用梯形图编程时会受到打印宽度和屏幕显示的限制。S7—200 PLC 的编程软件中规定的串联触点使用上限为 11 个。

（2）图 8-17 所示的连续输出电路,可以反复使用 ＝ 指令,但次序必须正确,否则就不能连续使用 ＝ 指令编程了。

（3）操作数范围：I、Q、M、SM、C、V 和 S。

3. 触点并联指令 O、ON

O (OR)：或操作指令,用于动合触点的并联。

ON (OR Not)：或操作指令,用于动断触点的并联。

使用说明：

（1）单个触点的 O、ON 指令可连续使用。

（2）若要将两个以上触点的串联回路和其他回路并联时,须采用后面说明的 OLD 指令。

（3）操作数范围：I、Q、M、SM、C、V 和 S。

使用方法如图 8-18 所示。

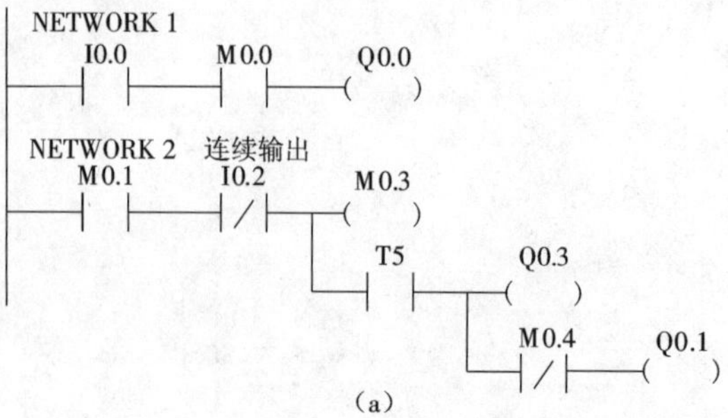

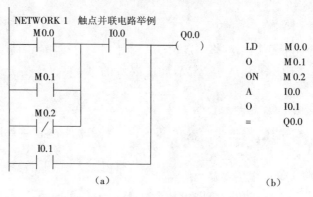

图 8-17　A、AN 指令梯形图和语句表

(a) 梯形图;(b)语句表

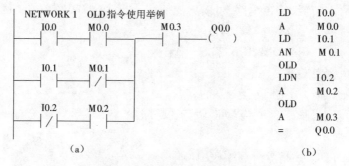

图 8-18　O、ON 指令梯形图和语句表

(a)梯形图;(b)语句表

4. 串联电路块的并联指令 OLD

两个以上触点串联形成的支路叫串联电路块。当出现多个串联电路块并联时,就不能简单地用触点并联指令,而必须用块或指令来实现逻辑运算。

OLD(OR Load)是将梯形图中以 LD 起始的电路块和另一以 LD 起始的电路块并联起来。使用实例如图 8-19。

NETWORK 1　OLD指令使用举例	LD	I0.0
I0.0 M0.0 M0.3 Q0.0	A	M0.0
	LD	I0.1
I0.1 M0.1	AN	M0.1
	OLD	
I0.2 M0.2	LDN	I0.2
	A	M0.2
	OLD	
	A	M0.3
(a)	=	Q0.0
	(b)	

图 8-19　OLD 指令梯形图和语句表

(a) 梯形图;(b)语句表

使用说明:

(1)除在网络块逻辑运算的开始使用 LD 或 LDN 指令外,在块电路的开始也要使用 LD 和 LDN 指令。

(2)如需将多个支路并联,从第二条支路开始,在每一支路后面加 OLD 指令。

(3)OLD 指令无操作数。

5. 并联电路块的串联指令 ALD

两条以上支路并联形成的电路叫并联电路块。

ALD(And Load)是将梯形图中以 LD 起始的电路块与另一以 LD 起始的电路串联起来。使用方法如图 8-20。

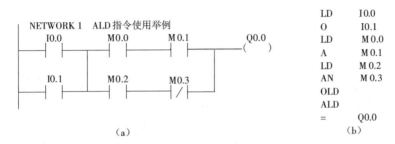

图 8-20　ALD 指令梯形图和语句表

(a)梯形图;(b)语句表

使用说明:

(1)在块电路开始时要使用 LD 和 LDN 指令。

(2)在每完成一次块电路的串联连接后要写上 ALD 指令。

(3)ALD 指令无操作数。

6. 置位 S、复位 R 指令

表 8-9 显示了置位指令 S 和复位指令 R 的形式和功能。使用实例如图 8-21 所示。

表 8-9　置位 S、复位 R 指令功能表

指令名称	梯形图	指令表	功　能
置位指令	bit ——(S) N	S bit, N	从 bit 开始的 N 个元件置 1 并保持
复位指令	bit ——(R) N	R bit, N	从 bit 开始的 N 个元件清零并保持

使用说明:

(1)对位元件来说一旦被置位,就保持在通电状态,除非对它复位,而一旦被复位就保持在断电状态,除非再对它置位。

(2)S/R 指令可以互换次序使用,但由于 PLC 采用扫描工作方式,所以写在后面的指令具有优先权。如上图中,若 I0. 0 和 I0. 1 同时为 1,则 Q0. 0、Q0. 1 肯定处于复位状态而为 0。

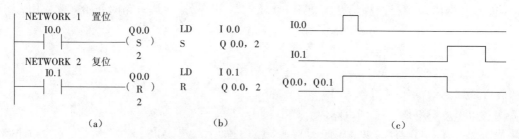

图 8-21　S/R 指令应用程序及时序图

(a)梯形图;(b)语句表;(c)时序

(3)如果对计数器和定时器复位,则计数器和定时器的当前值被清零。

(4)N 的常数范围为 1 ~ 255,N 也可为 VB、IB、QB、MB、SMB、SB、LB、AC、常数、＊VD、＊AC 和＊LD。一般情况下使用常数。bit 操作数范围:I、Q、M、SM、T、C、V、S、L。

7.立即指令 I(Immediate)

立即指令是为了提高 PLC 对输入／输出的响应速度而设置的,它不受 PLC 循环扫描工作方式的影响,允许对输入和输出点进行快速直接读写操作。分为立即读指令和立即输出指令两大类。立即读指令用于输入 I 单元,立即读指令读取实际输入点的状态时,并不更新该输入点对应的输入映像寄存器的值。如当实际输入点(位)是 1 时,其对应的立即触点立即接通;当实际输入点(位)是 0 时,其对应的立即触点立即断开。立即输出指令用于输出 Q 线圈,执行指令时,立即将新值写入实际输出点和对应的输出映像寄存器。

立即类指令与非立即类指令不同,非立即指令仅将新值读或写入输入/输出映像寄存器。立即指令的名称和使用说明如表 8-10 所示。图 8-22 所示为立即指令的用法。

表 8-10　立即指令的名称和使用说明

指令名称	指令格式		功能	说明	操作数
	语句表	梯形图			
立即指令	在每个标准触点指令的后面加"I",如:LDI bit	bit ─┤ I ├─ bit ─┤ / ├─	立即触点指令	立即读取物理输入点的值,但是不刷新对应映像寄存器的值	bit:I
	= I bit	bit ──(I)	立即输出指令	把栈顶值立即复制到指令所指出的物理输出意,同时刷新相应的映像寄存器的值。	bit:Q
	SI bit,N	bit ──(SI) N	立即置位指令	将指令所指出的位(bit)开始的 N 个(最多为 128 个)物理输出点立即置位,同时刷新相应的映像寄存器的值	bit:Q N: VB、IB、QB、MB、SMB、LB、SB、AC、＊VD、＊AC、＊LD,常数
	RI bit,N	bit ──(RI) N	立即复位指令	将指令所指出的位(bit)开始的 N 个(最多为 128 个)物理输出点立即复位,同时刷新相应的映像寄存器的值	bit:Q N: VB、IB、QB、MB、SMB、LB、SB、AC、＊VD、＊AC、＊LD,常数

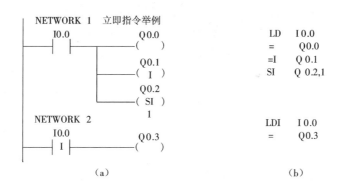

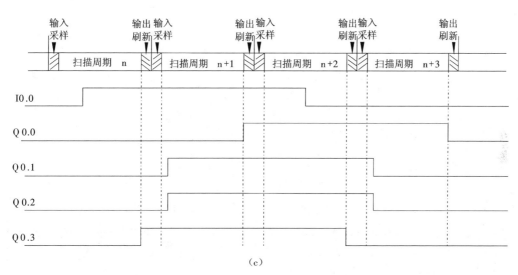

图 8-22　立即指令举例

(a)梯形图;(b)语句表;(c)时序图

当输入映像寄存器 I0.0 的值发生变化时,立即输出指令立刻刷新输出映像寄存器 Q0.1,同时将刷新信号输出;立即置位指令立刻将 Q0.2 置位。若 I0.0 的输入信号在一个扫描周期的程序执行阶段发生变化,则立即指令立刻更新输入信号,通过输出指令在输出刷新时输出(见 Q0.3)。

8. 边沿脉冲指令 EU、ED

边沿脉冲指令为 EU (Edge Up)和 ED (Edge Down)。边沿脉冲指令的使用及说明如表 8-11。

表 8-11　边沿指令说明

STL	LAD	功能	操作数
EU(Edge Up)	—| P |—( )	上升沿微分输出	无
ED(Edge Down)	—| N |—( )	下降沿微分输出	无

边沿脉冲指令 EU/ED 用法如图 8-23 所示。EU 指令对其之前的逻辑运算结果的上升沿

产生一个宽度为一个扫描周期的脉冲,如图中的 M0.0。ED 指令对逻辑运算结果的下降沿产生一个宽度为一个扫描周期的脉冲,如图中的 M0.1。脉冲指令常用于启动及关断条件的判定以及配合功能指令完成一些逻辑控制任务。

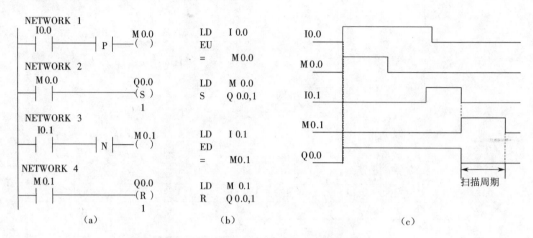

图 8-23　边沿脉冲指令应用程序及时序图

(a)梯形图;(b)语句表;(c)时序图

9. 栈操作指令

S7－200 系列 PLC 使用一个 9 层堆栈来处理所有逻辑操作。PLC 的堆栈是一组存取数据的临时存储单元,是由堆栈位存储器组成的串联堆栈。逻辑堆栈的操作原则是"先进后出"、"后进先出"。进栈时,数据串联堆栈。进栈时,数据由栈顶压入,堆栈中原数据行被串行下移一位,在栈底(STRCK8)是数据则丢失;出栈时,数据从栈顶被取出,所有数据向上串行一位,在栈底(STRCK8)中装入一个随机数据。

当所有触点呈简单的串联、并联关系时,可用前面介绍的逻辑指令。当所有触点呈比较复杂的连接关系时就要用到堆栈操作。因此,逻辑堆栈指令主要用来完成对触点进行复杂的连接。栈操作指令共包括 6 条指令,ALD、OLD、LPS、LRD、LPP 和 LDS,其中 ALD(与块指令)和 OLD(或块指令)前面已经介绍过,下面分别介绍其余四条指令。

LPS(Logic Push):逻辑入栈指令(分支电路开始指令)。将栈顶值复制后压入堆栈,堆栈中原来各级的数据依次向下一层推移,栈底值被推出丢失。图 8-24 显示了入栈操作的过程。用于生成一条新母线,其左侧为原来的主逻辑块,右侧为新的从逻辑块,LPS 开始右侧的第 1 个从逻辑块编程。

LRD(Logic Read):逻辑读栈指令。将堆栈中第 2 层的数据复制到栈顶第 2～9 层的数据不变,堆栈没有入栈或出栈操作,但原栈顶值被新的复制值取代。图 8-25 显示了读栈操作的过程。当新母线左侧为主逻辑块时 LRD 开始右侧的第 2 个以后的从逻辑块编程。

LPP(Logic Pop):逻辑出栈指令(分支电路结束指令)。将栈顶的值弹出,堆栈中原来各级的数据依次向上一级推移,栈顶值从栈内丢失,原堆栈 2 级的值成为新的栈顶值。图 8-26 显示了出栈操作的过程。用于将 LPS 指令生成一条新的母线复位。

栈操作指令使用时要注意:

(1)由于受堆栈空间的限制(9 级),故 LPS、LPP 指令连续使用时应少于 9 次;

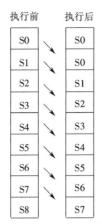

图 8-24 逻辑入栈（LPS）

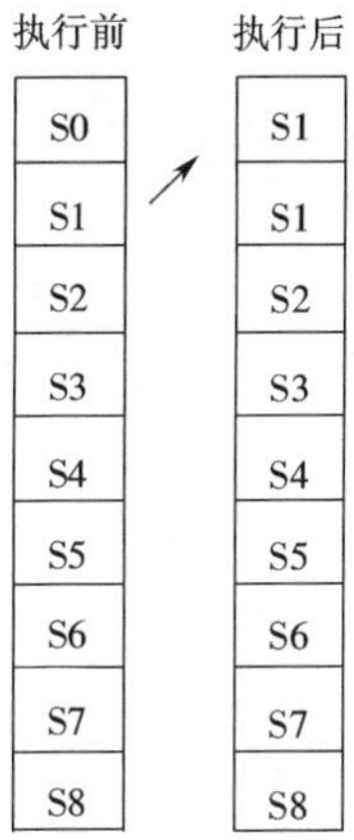

图 8-25 逻辑读栈（LRD）

（2）LPS 和 LPP 必须成对使用，它们之间可以使用 LRD 指令；

（3）LPS、LRD 和 LPP 指令无操作数。

LDS（Load Stack）：装入堆栈指令。将栈内第 n 级的值复制到栈顶，堆栈中原来各级的数据依次向下一层推移，栈底值被推出丢失。图 8-27 显示了第 3 级堆栈操作的过程。

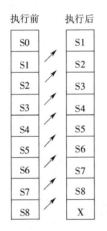

图 8-26 逻辑出栈（LPP）

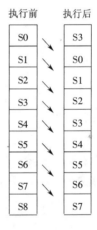

图 8-27 装载堆栈（LDS）

图 8-28 为栈操作指令举例。

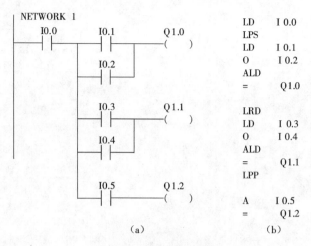

图 8-28 栈操作指令举例

(a)梯形图;(b)指令表

10. 取反和空操作指令

取反和空操作指令格式如表 8-12。

表 8-12 取反和空操作指令格式

梯形图	语句表	功能	操作数
—| NOT |—	NOT	取反	无
N —| NOP |	NOP N	空操作,将延长扫描周期长度,不影响用户程序的执行	N 为执行空操作指令的次数,N = 0 ~ 255

取反指令应用举例如图 8-29 所示,通过取反指令 Q0.1 总是与 Q0.0 相反。

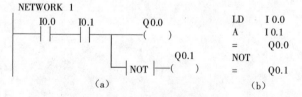

图 8-29 取反指令应用举例

(a)梯形图;(b)指令表

11. 定时器指令

(1)定时器的种类

定时器是对 PLC 内部的时钟脉冲进行计数。S7 – 200 PLC 为用户提供了三种类型的定时器:通电延时定时器(TON)、有记忆的通电延时定时器(TONR)和失电延时定时器(TOF)。

(2)定时器的分辨率

定时器的分辨率分为 1 ms、10 ms 和 100 ms,不同编号的定时器对应不同分辨率,如表 8-

13。实际定时时间 = PT(设定值) × 分辨率。

表 8-13　定时器编号与分辨率

类型	分辨率	最大记时值	定时器编号
TONR	1 ms	32. 767 s	T0、64
	10 ms	327. 76 s	T1 ~ T4、T65 ~ T68
	100 ms	3 276.7 s	T5 ~ T31、T69 ~ T95
TON TOF	1 ms	32. 767 s	T32、T96
	10 ms	327. 67 s	T33 ~ T36、T96 ~ T100
	100 ms	3 276.7 s	T37 ~ T63、T101 ~ T225

(3)定时器的指令格式

定时器的指令格式与功能如表 8-14。

表 8-14　定时器的指令格式

梯形图	指令表	工作过程和用途
T XXX TON IN PT	TON　T X X X ,PT	(1)首次扫描时,定时器位为 OFF,当前值为 0 (2)当使能输入(IN)接通时,定时器位为 TON 从 0 开始计时 (3)当前值≥设定值时,定时器被置位,即定时器状态位为 ON,定时器动合触点闭合,动断触点断开 (4)定时器累计值达到设定值后继续计数,一直达到最大值 32 767 (5)当使能输入(IN)断开时,定时器复位,即定时器状态位为 OFF,当前值为 0。也可用复位指令对计数器复位 (6)用于单一时间间隔的定时
T XXX TONR IN PT	TONR　T X X X ,PT	(1)首次扫描时,定时器位为 OFF,当前值保持在断电前的值 (2)当 IN 接通时,定时器为 OFF,TONR 从 0 开始计时 (3)当前值≥设定值时,定时器位为 ON (4)定时器累计值达到设定值后继续计时,一直达到最大值 32 767 (5)当使能输入(IN)断开时,定时器的当前值被保持,定时器状态位不变 (6)当 IN 再次接通时,定时器的当前值从原保值开始向上计时,因此可累计多次输入信号的接通时间 (7)此定时器必须用复位(R)指令清除当前值 (8)用于许多间隔的累计定时

表 8-14（续）

梯形图	指令表	工作过程和用途
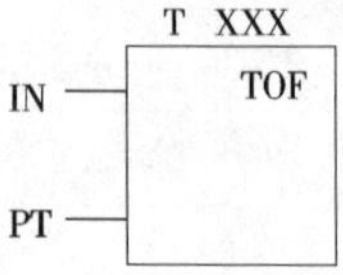 IN — [T XXX TOF] PT	TOF T X X X ,PT	（1）首次扫描时,定时器位为 OFF,当前值为 0 （2）当 IN 接通时,定时器位即被置为 ON,当前值为 0 （3）当输入端由接通到断开时,定时器开始计时 （4）当前值≥设定值时,定时器状态位为 OFF,当前值等于预设值,并停止计时 （5）可用 R 指令对定时器复位,定时器位为 OFF,当前值为 0 （6）定时器复位后,如输入端 IN 从 ON 转到 OFF 时,定时器可再次启动 （7）用于关掉或故障事件后的时间延时

（4）定时器指令的有效操作数

定时器指令的操作数有 3 个,即编号、预设值和导通条件(使能输入)。

①定时器编号(TXXX)决定了定时器的分辨率,同时还包含定时器状态位和定时器当前值。

定时器状态位:当定时器当前值达到预设值 PT 时,该位被置为 1,即 ON。

定时器当前值:存储定时器当前所累计的时间用 16 位符号整数来表示。最大计数值为 32 767。

通过定时器号既可以读取定时器的当前值,也可以用来读取定时器的状态位。

②预设值 PT 数据类型为 INT 型,即字(16bit)。

③使能输入(导通条件) BOOL 型,寻址范围见表 8-15。

表 8-15 定时器指令的操作数

输入/输出	数据类型	操作数
T X X X	字(WORD)	常数(T0 ~ T225)
IN	位(BOOL)	I、Q、V、M、SM、S、T、V、L、能流
PT	实数(INT)	IW、QW、VW、MW、SMW、SW、T、C、LW、AC、AIW、常数

（5）定时器的使用方法

①通电(接通)延时定时器(TON) 如图 8-30 所示,当 I0.2 为 1 时,T33 定时器开始工作,定时时间为 300×10 ms = 3 s,I0.2 为 1 的时间小于定时时间,Q0.0 没有接通(为 0);若 I0.2 为 1 的时间大于定时时间,当定时时间到时,T33 接通,Q0.0 接通(为 1),此时计数器继续计时,直到 I0.2 为 0 或计数到最大计数值。

②有记忆的通电延时定时器(TONR) 如图 8-31 所示,当 I0.0 为 1 时,T3 定时器开始工作,定时时间为 100×10 ms = 1 s,I0.0 为 1 的时间 $t1 < 1$ s,Q0.0 没有接通(为 0),但 t1 时间段结束时,定时器保持当前计数值,下一次 I0.0 为 1 时,定时器继续计数,计数时长为 $t2(t1 + t2$

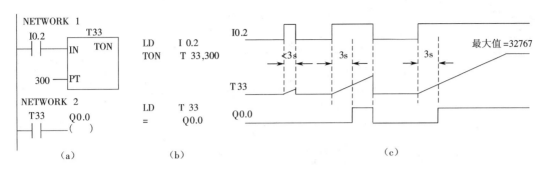

图 8-30　通电延时定时器指令应用

(a)梯形图;(b)指令表;(c)时序图

=1 s)达到定时时间,此时 Q0.0 接通(为1)。此后若 I0.0 仍为1,计数器继续计数,直到 I0.1 =1 时,T3 复位。

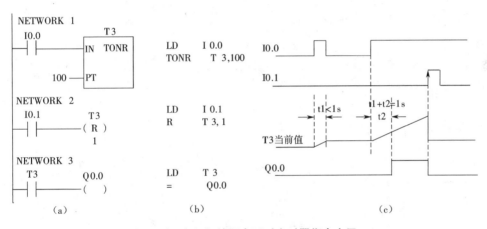

图 8-31　有记忆的通电延时定时器指令应用

(a)梯形图;(b)指令表;(c)时序图

③失电延时定时器(TOF)　如图 8-32 所示,当 I0.0 为1时,T36 定时器位为 ON(为1),当前值为0。当 I0.0 为1到0时(下降沿),T36 开始工作,直到定时时间(200×10 ms =2 s)到,定时器位为 OFF(为0)。T36 复位后,若 I0.0 再出现下降沿,则可实现再次启动。

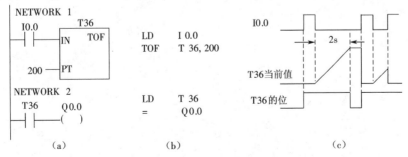

图 8-32　失电延时定时器指令应用

(a)梯形图;(b)指令表;(c)时序图

12. 计数器指令

(1)计数器的种类

定时器是对 PLC 内部的时钟脉冲局限计数,而计数器是对 PLC 外部或由程序产生的计数脉冲进行计数,即用来累计输入脉冲的次数。S7 - 200 PLC 为用户提供了三种类型的计数器:增计数器(CTU)、减计数器(CTD)和增/减计数器(CTUD)。

(2)计数器的操作

计数器的操作包括 4 个方面:编号、预设值、脉冲输入和复位输入。

①编号　用计数器名称加常数来表示,即 CXXX,范围为 C0 ~ C255。计数器编号还包含的信息有:计数器状态位和计数器当前值。

计数器状态位:当计数器当前值达到预设值 PV 时,该位被置为"1"。

计数器当前值:存储计数器当前所累计的脉冲个数,用 16 位整数来表示,计数器最大计数值为 32 767。可以通过编号访问计数器的状态位和当前值。

②CU　递增计数器脉冲输入端,上升沿有效。

③CD　递减计数器脉冲输入端,上升沿有效。

④R　复位输入端。

⑤LD　装载复位输入端,只用于递减计数器。

⑥PV　计数器预设值,数据类型为 INT。

(3)计数器的指令

计数器的指令格式及使用方法见表8-16。

表8-16　计数器的指令格式及功能

梯形图	指令表	工作过程和用途
C CU　CTU R PV	CTU　C X X X ,PV	(1)首次扫描时,计数器位为 OFF,当前值为 0 (2)当 CU 端在每一个上升沿接通时,计数器计数 1 次,当前值增加 1 个单位 (3)当前值达到设定值 PV 时,计数器置位为 ON,当前值持续计数至 32 767 (4)当复位输入端 R 接通时,计数器复位 OFF,当前值为 0
C CU　CTUD CD R PV	CTUD　C X X X ,PV	(1)有两个输入端,CU 用于递增计数,CU 用于递减计数 (2)首次扫描时,计数器位为 OFF,当前值为 0 (3)当 CU 在上升沿接通时,计数器当前值增加 1 个单位;当 CD 在上升沿接通时,计数器当前值减少 1 个单位 (4)当前值达到设定值 PV 时,计数器被置位为 ON (5)当复位输入端 R 接通时,计数器复位为 OFF,当前值为 0
C CD　CTD LD PV	CTD　C X X X ,PV	(1)首次扫描时,计数器位为 OFF,当前值等于预设值 (2)当 CD 端在每一个上升沿接通时,计数器减小 1 个单位,当前值递减至 0 时,停止计数,该计数器置位为 ON (3)当复位端 LD 接通时,计数器复位为 OFF,并把预设值 PV 装入计数器,即当前值为预设值而不是 0

PLC 计数器的设定值和定时器的设定值不仅可以用程序设定,也可以通过 PLC 内部的模拟电位器或 PLC 外接的拨码开关方便、直观地随时修改。

(4)计数器的有效操作数

计数器指令的有效操作数如表 8-17 所示。

表 8-17 计数器的有效操作数

输入/输出	数据类型	操作数
C X X X	常数	C0 ~ C225
CU、CD、R、LD	位(BOOL)	I、Q、V、M、SM、S、T、V、L、能流
PV	实数(INT)	IW、QW、VW、MW、SMW、LW、T、C、AC、AIW、﹡LD、﹡AC、常数

(5)计数器的使用方法

①增计数器(CTU) 如图 8-33 所示,当 I2.4 有脉冲输入,C4 开始递增计数,计数器计到 4 时,计数器接通,Q0.0 接通(为 1),当 I2.5 有输入时,C4 复位,Q0.0 断电(为 0)。

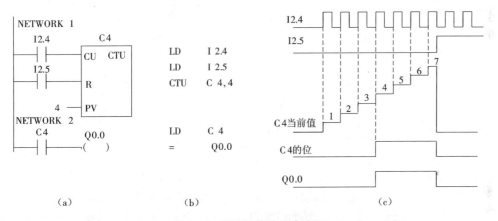

图 8-33 增计数器的指令应用

(a)梯形图;(b)指令表;(c)时序图

②减计数器(CTD) 如图 8-34 所示,当 I1.0 有脉冲输入,装置预设数,I3.0 有脉冲输入时,C50 开始递减计数,计数器达到 0 时,计数器位接通。

③增减计数器(CTUD) 如图 8-35 所示,当 I4.0 有脉冲输入时,C49 开始递增计数;当 I3.0 有脉冲输入时,C49 开始递减计数。计数器等于或大于设定值 4 时,计数器接通。

13. 比较触点指令

比较指令是将两个操作输入(IN1、IN2)按指定的比较关系进行比较,比较关系成立时则比较触点闭合。在梯形图中,比较指令是以动合触点的形式编程的,在动合触点中间注明比较参数和比较运算符。当两个数的比较结果为真时,该动合触点闭合,即接通或截断能流。在语句表中,比较指令与基本逻辑指令 LD、A、O 进行组合后编程,当比较结果为真时,将栈顶值置为 1。

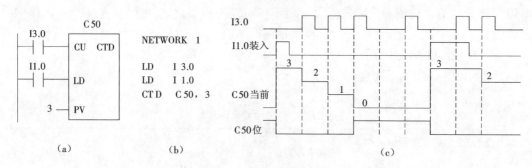

图 8-34　减计数器的指令应用

(a)梯形图;(b)指令表;(c)时序图

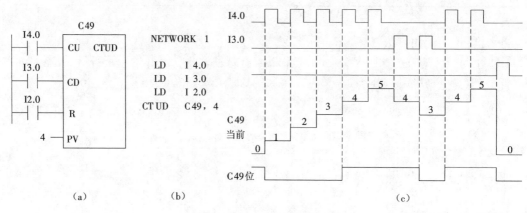

图 8-35　增减计数器的指令应用

(a)梯形图;(b)指令表;(c)时序图

(1)字节比较

字节比较用于比较两个字节型整数值 IN1 和 IN2 的大小,字节比较是无符号的。比较式可以是 LDB、AB 或 OB 后直接加比较运算符构成。如 LDB = 、AB < > 、OB > = 等。

整数 IN1 和 IN2 的寻址范围:VB、IB、QB、MB、SB、SMB、LB、* VD、* AC、* LD 和常数。

指令格式例:LDB = 　VB10,VB12

(2)整数比较

整数比较用于比较两个一字长整数值 IN1 和 IN2 的大小,整数比较是有符号的(整数范围为 16#8000 和 16#7FFF 之间)。比较式可以是 LDW、AW 或 OW 后直接加比较运算符构成,如 LDW = 、AW < > 、OW > = 等。

整数 IN1 和 IN2 的寻址范围:VW、IW、QW、MW、SW、SMW、LW、AIW、T、C、AC、* VD、* AC、* LD 和常数。

指令格式例:LDW = 　VWl0,VWl2

(3)双字整数比较

用于比较两个双字长整数值 IN1 和 IN2 的大小,双字整数比较是有符号的(双字整数范围为 16#80000000 和 16#7FFFFFFF 之间)。比较式可以是 LDD、AD 或 OD 后直接加比较运算符构成。如 LDD = 、AD < > 、OD > = 等。

双字整数 IN1 和 IN2 的寻址范围：VD、ID、QD、MD、SD、SMD、LD、HC、AC、* VD、* AC、* LD 和常数。

指令格式例

$$LDD = VDl0，VDl4$$

（4）实数比较

实数比较用于比较两个双字长实数值 IN1 和 IN2 的大小，实数比较是有符号的（负实数范围为 $-1.175495E-38$ 和 $-3.402823E+38$，正实数范围为 $+1.175495E-38$ 和 $+3.402823E+38$）。比较式可以是 LDR、AR 或 OR 后直接加比较运算符构成。如 LDR = 、AR < > 、OR > = 等。

实数 IN1 和 IN2 的寻址范围：VD、ID、QD、MD、SD、SMD、LD、AC、* VD、* AC、* LD 和常数。

指令格式例：

$$LDR = VDl0，VDl8$$

（5）比较指令使用说明

①比较运算符有：= 、> = 、< = 、> 、< 和 < > 。

②IN1 和 IN2 的数据类型要一致，否则不能比较。

③操作数的数据类型可以有 B、I、D、R、S。

（6）比较指令应用举例

某轧钢厂的成品库可存放钢卷 1 000 个，因为不断有钢卷入库、出库，需要对库存的钢卷进行统计。当库存低于下限 100 时，指示灯 HL1 亮；当库存大于 900 时，指示灯 HL2 亮；当达到库存上限 1 000 时报警器 HA 响，停止入库。使用比较指令编程如图 8-36 所示。

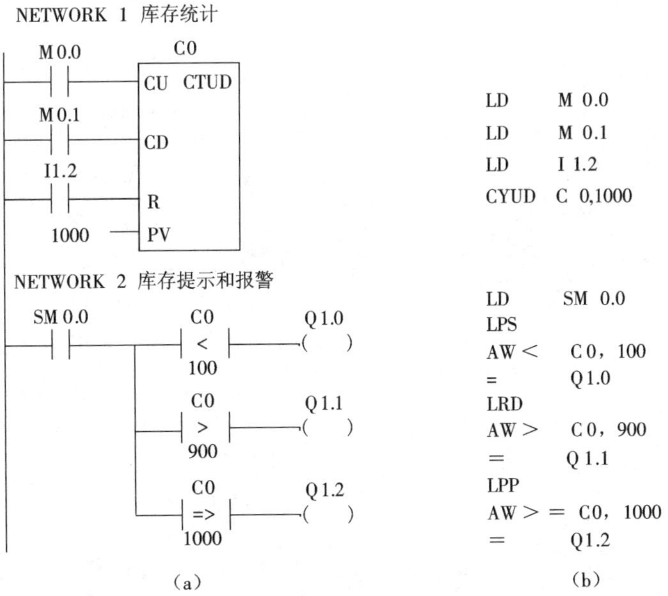

NETWORK 1 库存统计

M 0.0	C0
	CU CTUD
M 0.1	
	CD
I1.2	
	R
1000	PV

```
LD    M 0.0
LD    M 0.1
LD    I 1.2
CYUD  C 0,1000
```

NETWORK 2 库存提示和报警

SM 0.0	C0 < 100	Q1.0
	C0 > 900	Q1.1
	C0 => 1000	Q1.2

```
LD    SM 0.0
LPS
AW <  C0, 100
=     Q1.0
LRD
AW >  C0, 900
=     Q1.1
LPP
AW > = C0, 1000
=     Q1.2
```

（a）　　　　　　　　　　　　（b）

图 8-36　比较指令应用实例

（a）梯形图；（b）指令表

8.2.2　数据运算和处理类指令

1.算术运算指令

算术运算指令包括加、减、乘、除指令,具体格式与功能如表8-18。

表8-18　算术运算指令

名称	指令格式		功能	说　明	操作数寻址范围
	语句表	梯形图			
加法指令	+ I IIN1,OUT	ADD _I EN　ENO IN 1　OUT IN 2	整数加法	使能输入有效时,两个16位符号整数相加,得到一个16位整数 执行结果:IN1 + OUT = OUT(在 LAD 和 FBD 中为 INl + IN2 = OUT)	IN1,IN2,OUT:VW,IW,QW,MW,SW,SMW,LW,V T,C,AC,＊VD,＊AC,＊LD。 IN1 和 IN2 还可以是 AIW 和常数
	+ D IN1,IN2	ADD _DI EN　ENO IN 1　OUT IN 2	双整数加法	使能输入有效时,两个32位符号整数相加,得到一个32位整数 执行结果:IN1 + OUT = OUT(在 LAD 和 FBD 中为;INl + IN2 = OUT)	IN1,IN2,OUT:VD,ID,QD,MD,SD,SMD,LD,AC,＊VD,＊AC,＊LD IN1 和 IN2 还可以是 HC 和常数
	+ R IN1,OUT	ADD _R EN　ENO IN 1　OUT IN 2	实数加法	使能输入有效时,两个32位实数相加,得到一个32位实数 执行结果:IN1 + OUT = OUT(在 LAD 和 FBD 中为 INl + IN2 = OUT)	IN1,IN2,OUT:VD,ID,QD,MD,SD,SMD,LD,AC,＊VD,＊AC,＊LD IN1 和 IN2 还可以常数
减法指令	– I IN1,OUT	SUB _I EN　ENO IN 1　OUT IN 2	整数减法	使能输入有效时,两个16位符号整数相减,得到一个16位整数 执行结果:OUT-IN1 = OUT(在 LAD 和 FBD 中为 IN1 – IN2 = OUT)	同整数加法
	– DIN1,OUT	SUB _DI EN　ENO IN 1　OUT IN 2	双整数减法	使能输入有效时,两个32位符号整数相减,得到一个32位整数 执行结果:0UT-IN1 = OUT(在 LAD 和 FBD 中为 IN1 – IN2 = OUT)	同双整数加法

表 8-18(续一)

名称	指令格式		功能	说　明	操作数寻址范围
	语句表	梯形图			
减法指令	-R IN1,OUT	SUB_R EN　ENO IN 1　OUT IN 2	实数减法	使能输入有效时,两个 32 位实数相加,得到一个 32 位实数 执行结果:OUT-IN1 = OUT(在 LAD 和 FBD 中为 IN1-IN2=OUT)	同实数加法
乘法指令	*I IN1,OUT	MUL_I EN　ENO IN 1　OUT IN 2	整数乘法	使能输入有效时,两个 16 位符号整数相乘,得到一个 16 整数 执行结果:IN1+OUT = OUT(在 LAD 和 FBD 中为 IN1+IN2=OUT)	同整数加法
	MUL IN1,OUT	MUL EN　ENO IN 1　OUT IN 2	整数完全乘法	使能输入有效时,两个 16 位符号整数相乘,得到一个 32 位整数 执行结果:IN1*OUT = OUT(在 LAD 和 FBD 中为 IN1*IN2=OUT)	IN1,IN2:VW,IW, QW,MW,SW,SMW, LW,AIW,T,C,AC, *VD,*AC,*LD 和常数 OUT:VD,ID,QD, MD,SD,SMD,LD, AC,*VD,*AC, *LD
	*D IN1,OUT	MUL_DI EN　ENO IN 1　OUT IN 2	双整数乘法	使能输入有效时,两个 32 位符号整数相乘,得到一个 32 位整数 执行结果:IN1+OUT = OUT(在 LAD 和 FBD 中为 IN1*IN2=OUT)	IN1,IN2,OUT: VD,ID,QD,MD,SD, SMD,LD,AC,*VD, *AC,*LD IN1 和 IN2 还可以是 HC 和常数
	*R IN1,OUT	MUL_R EN　ENO IN 1　OUT IN 2	实数乘法	使能输入有效时,两个 32 位实数相乘,得到一个 32 位实数 执行结果:IN1+OUT = OUT(在 LAD 和 FBD 中为 IN1*IN2=OUT)	IN1,IN2,0UT: VD,ID,QD,MD,SD, SMD,LD AC,*VD, *AC,*LD IN1 和 IN2 还可以是常数

表 8-18(续二)

名称	指令格式		功能	说　明	操作数寻址范围
	语句表	梯形图			
除法指令	/I IN1,OUT	MUL EN　ENO IN 1 OUT IN 2	整数除法	使能输入有效时,两个16 位符号整数相除,得到一个 16 位整数商,不保留余数 执行结果:OUT/IN1 =OUT(在 LAD 和 FBD 中为IN1/IN2 = OUT)	同整数乘法
	DIV IN,OUT	MUL _DI EN　ENO IN 1 OUT IN 2	整数完全除法	使能输入有效时,两个16 位符号整数相除,得到一个 32 位结果,其中低16 位为商,高 16 位为结果 执行结果:OUT/IN1 =OUT(在 LAD 和 FBD 中为 IN1/IN2 = OUT)	同整数完全乘法
	/D IN1,OUT	MUL _R EN　ENO IN 1 OUT IN 2	双整数除法	使能输入有效时,两个32 位符号整数相除,得到一个 32 位整数商,不保留余数。 执行结果:OUT/IN1 =OUT(在 LAD 和 FBD 中为 IN1/IN2 =OUT)	同双整数乘法
	/R IN1,OUT	DIV _I EN　ENO IN 1 OUT IN 2	实数除法	使能输入有效时,两个32 位实数相除,得到一个32 位实数商。 执行结果:OUT/IN1 =OUT(在 LAD 和 FBD 中为 IN1/IN2 = OUT)	同实数乘法

图 8-37 是整数加法的应用实例。

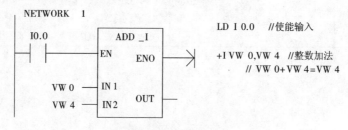

图 8-37　整数加法

图 8-38 为使用数学运算指令的梯形图程序。

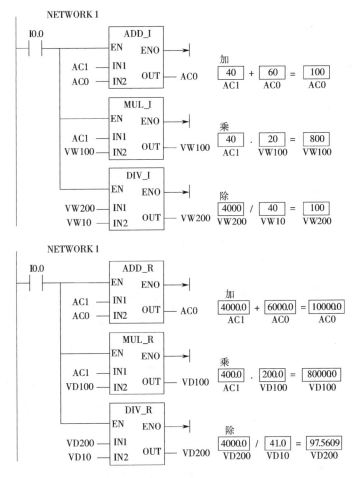

图 8-38　数学运算指令的应用

2. 数学函数变换指令

数学函数变换指令包括平方根、自然对数、指数、三角函数等,具体格式与功能见表 8-19。

图 8-39 是求 45°正弦值的指令表。先将 45°转换为弧度:(3. 141 59/180)＊45,再求正弦值。图 8-40 所示程序是求以 10 为底的 50(存于 VD0)的常用对数,结果放到 AC0。

表 8-19　数学函数变换指令

名称	指令格式		功能	说　明	操作数寻址范围
	语句表	梯形图			
数学函数指令	SQRT IN,OUT	SQRT EN　ENO IN　OUT	平方根	把一个 32 位实数(IN)开平方,得到 32 位实数结果(OUT)	IN, OUT: VD, ID, QD, MD, SD, SMD, LD,AC, * VD, * AC, * LD IN 还可以是常数
	LN IN,OUT	LN EN　ENO IN　OUT	自然对数	对一个 32 位实数(IN)取自然对数,得到 32 位实数结果(OUT)	
	EXP IN,OUT	EXP EN　ENO IN　OUT	指数	对一个 32 位实数(IN)取以 e 为底数的指数,得到 32 位实数结果(OUT)	
	SIN IN,OUT	EN　ENO IN　OUT	正弦	分别对一个 32 位实数弧度值(IN)取正弦、余弦、正切,得到 32 位实数结果(OUT)	
	COS IN,OUT	COS EN　ENO IN　OUT	余弦		
	TAN IN,OUT	TAN EN　ENO IN　OUT	正切		

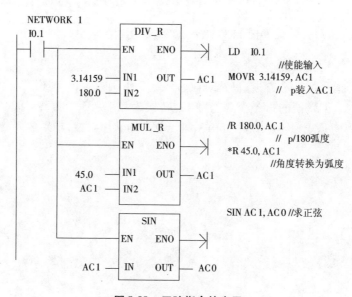

图 8-39　正弦指令的应用

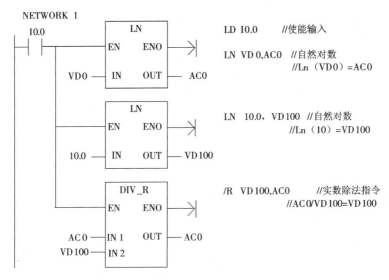

图 8-40　自然对数的应用

3. 增减指令

表 8-20 所示为增减指令的格式及使用说明。

表 8-20　增减指令

名称	指令格式		功能	说　明	操作数寻址范围
	语句表	梯形图			
增减指令	INCB　OUT	DEC _DW EN　ENO IN　OUT	字节增	将字节无符号输入数加 1 执行结果：OUT + 1 = OUT（在 LAD 和 FBD 中为 IN + 1 = OUT）	IN, OUT：VB, IB, QB, MB, SB, SMB, LB, AC, * VD, * CB, * LD IN 还可以是常数
	DECB　OUT	INC _B EN　ENO IN　OUT	字节减	将字节无符号输入数减 1 执行结果：OUT − 1 = OUT（在 LAD 和 FBD 中为 IN − 1 = OUT）	

表 8-20（续）

名称	指令格式		功能	说明	操作数寻址范围
	语句表	梯形图			
增减指令	INCW OUT	DEC _B EN ENO IN OUT	字增	将字（16 位）有符号输入数加 1 执行结果：OUT + 1 = OUT（在 LAD 和 FBD 中为 IN + 1 = OUT）	IN，OUT：VW，IW，QW，MW，SW，SMW，LW，T，C，AC，* VD，* AC，* LD IN 还可以是 AIW 和常数
	DECW OUT	INC _W EN ENO IN OUT	字减	将字（16 位）有符号输入数减 1 执行结果：OUT − 1 = OUT（在 LAD 和 FBD 中为 IN − 1 = OUT）	
	INCD OUT	DEC _W EN ENO IN OUT	双字增	将双字（32 位）有符号输入数加 1 执行结果：OUT + 1 = OUT（在 LAD 和 FBD 中为 IN + 1 = OUT）	IN，OUT：VD，ID，QD，MD，SD，SMD，LD，AC，* VD，* AC，* LD IN 还可以是 HC 和常数
	DECD OUT	INC _DW EN ENO IN OUT	双字减	将字（32 位）有符号输入数减 1 执行结果：OUT − 1 = OUT（在 LAD 和 FBD 中为 IN-l = OUT）	

图 8-41 所示为增指令应用的程序及说明，食品加工厂对饮料生产线上的盒装饮料进行计数，每 24 盒为一箱，要求能记录生产的箱数。

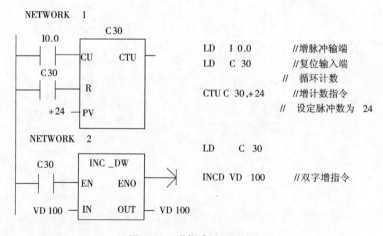

图 8-41 增指令应用实例

4. 逻辑运算指令

逻辑运算指令如表 8-21。逻辑运算对逻辑数(无符号数)进行逻辑"与"、逻辑"或"、逻辑"异或"、取反等处理。

表 8-21　逻辑运算指令

名称	指令格式		功能	说明	操作数
	语句表	梯形图			
字节逻辑运算指令	ANDB IN1,OUT	WAND _B EN　ENO IN 1　OUT IN 2	字节与	将字节 IN1 和 OUT 按位作逻辑与运算,输出结果 OUT	IN1, IN2, OUT: VB,IB,QB,MB,SB, SMB,LB,AC,＊VD, ＊AC,＊LD IN1 和 IN2、还可以是常数
	ORB IN1,OUT	WOR _B EN　ENO IN 1　OUT IN 2	字节或	将字节 IN1 和 OUT 按位作逻辑或运算,输出结果 OUT	
	XORB IN1,OUT	WXOR _B EN　ENO IN 1　OUT IN 2	字节异或	将字节 IN1 和 OUT 按位作逻辑异或运算,输出结果 OUT	
	INVBOUT	INV _B EN　ENO IN　OUT	字节取反	将字节 OUT 按位取反,输出结果 OUT	
字逻辑运算指令	ANDW IN1,OUT	WAND _W EN　ENO IN 1　OUT IN 2	字与	将字 IN1 和 OUT 按位作逻辑与运算,输出结果 OUT	IN1, IN2, OUT: VW、IW、QW、MW SW、SMW、LW、T、AC、＊VD、＊AC、＊LD IN1 和 IN2 还可以是 AIW 和常数
	ORW IN1,OUT	WOR _W EN　ENO IN 1　OUT IN 2	字或	将字 IN1 和 OUT 按位作逻辑或运算,输出结果 OUT	

表 8-21（续）

名称	指令格式		功能	说明	操作数
	语句表	梯形图			
字逻辑运算指令	XORW IN1,OUT	WXOR _W / EN ENO / IN 1 OUT / IN 2	字异或	将字 IN1 和 OUT 按位作逻辑异或运算,输出结果 OUT	IN1,IN2,OUT:VW,IW,QW,MW SW,SMW,LW,T,AC,∗VD,∗AC,∗LD IN1 和 IN2 还可以是 AIW 和常数
	INVWOUT	INV _W / EN ENO / IN OUT	字取反	将字 OUT 按位取反,输出结果 OUT	
双字逻辑运算指令	ANDD IN1,OUT	WAND _DW / EN ENO / IN 1 OUT / IN 2	双字与	将双字 IN1 和 OUT 按位作逻辑与运算,输出结果 OUT	IN1,IN2,OUT:VD,ID,QD,MD,SD,SMD,LD,AC,∗VD,∗AC,∗LD IN1 和 IN2 还可以是 HC 和常数
	ORD IN1,OUT	WOR _DW / EN ENO / IN 1 OUT / IN 2	双字或	将双字 IN1 和 OUT 按位作逻辑或运算,输出结果 OUT	
	XORD IN1,OUT	WXOR _DW / EN ENO / IN 1 OUT / IN 2	双字异或	将双字 IN1 和 OUT 按位作逻辑异或运算,输出结果 OUT	
	INVDOUT	INV _DW / EN ENO / IN OUT	双字取反	将双字 OUT 按位取反,输出结果 OUT	

　　在 LAD 和 FBD 中,对两数 IN1 和 IN2 逻辑运算,或对单数 OUT 取反,结果由 OUT 输出。可以设定 OUT 和 IN2 指向同一内存单元,这样可以节省内存。

　　在 STL 中,对两数 IN1 和 OUT 逻辑运算或对单数 OUT 取反,结果由 OUT 输出。

　　图 8-42 为使用逻辑指令的实例。

5. 传送指令

　　传送指令如表 8-22。传送指令用来在各存储单元之间进行一个或多个数据传送。按指令一次所传送数据的个数可分为单一传送指令和块传送指令。

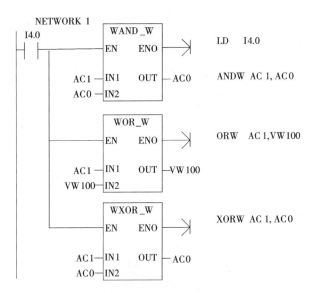

图 8-42　逻辑指令的应用

表 8-22　传送指令

名称	指令格式		功能	说明	操作数
	语句表	梯形图			
单一传送指令	MOVB IN,OUT	MOV_B —EN　ENO— —IN　OUT—	字节传送	将 IN 的内容拷贝到 OUT 中 IN 和 OUT 的数据类型应相同, 可分别为字, 字节, 双字, 实数	IN, OUT: VB, IB, QB, MB, SB, SMB, LB, AC, * VD, * AC, * LD IN 还可以是常数
	MOVW IN,OUT	MOV_W —EN　ENO— —IN　OUT—	字传送		IN, OUT: VW, IW, QW, MW, SW, SMW, LW, T, C, AC, * VD, * AC, * LD IN 还可以是 AIW 和常数; OUT 还可以是 AQW
	MOVD IN,OUT	MOV_DW —EN　ENO— —IN　OUT—	双字传送		IN, OUT: VD, ID, QD, MD, SD, SMD, LD, AC, * VD, * AC, * LD IN 还可以是 HC, 常数, &VB, &1B, &QB, & MB, &T, &C
	MOVR IN,OUT	MOV_R —EN　ENO— —IN　OUT—	实数传送		IN, OUT: VD, ID, QD, MD, SD, SMD, LD, AC, * VD, * AC, * LD IN 还可以是常数

表 8-22（续）

名称	指令格式		功能	说明	操作数
	语句表	梯形图			
单一传送指令	BIR IN,OUT	MOV_BIR —EN ENO— —IN OUT—	传送字节立即读	立即读取输入 IN 的值，将结果输出到 OUT	IN：IB OUT：VB,IB,QB,MB,SB,SMB,LB,AC,＊VD,＊AC,＊LD
	BIW IN,OUT	MOV_BIW —EN ENO— —IN OUT—	传送字节立即写	立即将 IN 单元的值写到 OUT 所指的物理输出区	IN：VB,IB,QB,MB,SB,SMB,LB,AC,＊VD,＊AC,＊LD 和常数；OUT：QB
块传送指令	BMB IN,OUT,N	BLKMOV_B —EN ENO— —IN —N OUT—	字节块传送	将从 IN 开始的连续 N 个字节数据拷贝到从 OUT 开始的数据块 N 的有效范围是 1～255	IN,OUT：VB,IB,QB,MB,SB,SMB,LB,＊VD,AC,＊LD N：VB,IB,QB,MB,SB,SMB,LB,AC,＊VD,AC,＊LD 和常数
	BMW IN,OUT,N	BLKMOV_W —EN ENO— —IN —N OUT—	字块传送	将从 IN 开始的连续 N 个字数据拷贝到从 OUT 开始的数据块 N 的有效范围是 1～255	IN,OUT：VW,IW,QW,MW,SW,SMW,LW,T,C,＊VD,＊AC,＊LD IN 还可以是 AIW；OUT 还可以是 AQW N：VB,IB,QB,MB,SB,SMB,LB,AC,＊VD,＊AC,＊LD 和常数
	BMD IN,OUT,N	BLKMOV_D —EN ENO— —IN —N OUT—	双字块传送	将从 IN 开始的连续 N 个双字数据拷贝到从 0uT 开始的数据块 N 的有效范围是 1～255	IN,OUT：VD,ID,QD,MD,SD,SMD,LD,＊VD,＊AC,＊LD N：VB,IB,QB,MB,SB,SMB,LB,AC,＊VD,＊AC,＊LD 和常数

图 8-43 为一个块传输指令的梯形图程序。该程序将 VB20 开始的 4 个字节放到 VB1000 开始的存储区域，其所占空间大小不变。

6. 移位与循环指令

移位与循环指令如表 8-23，移位与循环指令对原符号数进行移位处理，可广泛应用在一个数字量输出点对应多个相对固定状态的情况。

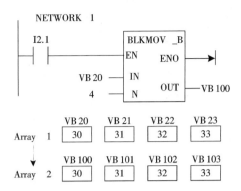

图 8-43　传输指令的应用

表 8-23　移位与循环指令

名称	指令格式		功能	说明	操作数
	语句表	梯形图			
字节移位指令	SRB OUT,N	SHR _B EN ENO IN OUT N	字节右移	将字节 OUT 右移 N 位,最左边的位依次用 0 填充	IN, OUT, N: VB, IB, QB, MB, SB, SMB,LB, AC, * VD, * AC, * LD　IN 和 N 还可以是常数
	SLB OUT,N	SHL _B EN ENO IN OUT N	字节左移	将字节 OUT 左移 N 位,最右边的位依次用 0 填充	
	RRB OUT,N	ROR _B EN ENO IN OUT N	字节循环右移	将字节 OUT 循环右移 N 位,从最右边移出的位送到 OUT 的最左位	
	RLB OUT,N	ROL _B EN ENO IN OUT N	字节循环左移	将字节 OUT 循环左移 N 位,从最左边移出的位送到 OUT 的最右位	

表 **8-23**(续一)

名称	指令格式		功能	说明	操作数
	语句表	梯形图			
字移位指令	SRW OUT,N	SHR _W —EN　ENO— —IN　OUT— —N	字右移	将字 OUT 右移 N 位,最左边的位依次用 0 填充	IN,OUT:VW,IW,QW,MW,SW,SMW,LW,T,C,AC,﹡VD,﹡AC,﹡LD 　IN 还可以是 AIW 和常数 　N:VB,IB,QB,MB,SB,SMB,LB,AC,﹡VD,﹡AC,﹡LD,常数
	SLW OUT,N	SHL _W —EN　ENO— —IN　OUT— —N	字左移	将字 OUT 左移 N 位,最右边的位依次用 0 填充	
	RRW OUT,N	ROR _W —EN　ENO— —IN　OUT— —N	字循环右移	将字 OUT 循环右移 N 位,从最右边移出的位送到 OUT 的最左位	
	RLW OUT,N	ROL _W —EN　ENO— —IN　OUT— —N	字循环左移	将字 OUT 循环左移 N 位,从最左边移出的位送到 OUT 的最右位	
双字移位指令	SRD OUT,N	SHR _DW —EN　ENO— —IN　OUT— —N	双字右移	将双字 OUT 右移 N 位,最左边的位依次用 0 填充	IN,OUT:VD,ID,QD,MD,SD,SMD,LD,AC,﹡VD,﹡AC,﹡LD 　IN 还可以是 HC 和常数 　N:VB,IB,QB,MB,SB,SMB,LB,AC,﹡VD,﹡AC,﹡LD,常数

表 8-23(续二)

名称	指令格式		功能	说明	操作数
	语句表	梯形图			
双字移位指令	SLD OUT,N	SHL _DW EN　ENO IN　OUT N	双字左移	将双字 OUT 左移 N 位,最右边的位依次用 0 填充	IN,OUT: VD,ID, QD, MD, SD, SMD, LD,AC, * VD, * AC, * LD IN 还可以是 HC 和常数 N: VB, IB, QB, MB, SB, SMB, LB, AC, * VD, * AC, * LD,常数
	RRD OUT,N	ROR _DW EN　ENO IN　OUT N	双字循环右移	将双字 OUT 循环右移 N 位,从最右边移出的位送到 OUT 的最左位	
	RLD OUT,N	ROL _DW EN　ENO IN　OUT N	双字循环左移	将双字 OUT 循环左移 N 位,从最左边移出的位送到 OUT 的最右位	
位移位寄存器指令	SHRB　DATA, S - BIT,N	SHRB EN　ENO DATA S_BIT OUT N	寄存器移位	将 DATA 的值(位型)移入移位寄存器;S-BIT 指定移位寄存器的最低位,N 指定移位寄存器的长度(正向移位 = N,反向移位 = - N)	DATA,S-BIT:I,Q, M,SM,T,C,V,S,L N: VB, IB, QB, MB, SB, SMB, LB, AC, * VD, * AC, * LD,常数

在 LAD 和 FBD 中,对输入数据 IN 进行移位,结果输出至 OUT。

在 STL 中,对 OUT 进行移位,结果输出至 OUT。

7. 交换和填充指令

交换与填充指令如表 8-24。

表 8-24　交换和填充指令

名称	指令格式		功能	说明	操作数
	语句表	梯形图			
换字节指令	SWAP IN	SWAP EN　ENO IN	交换字节	将输入字 IN 的高位字节与低位字节的内容交换,结果放回 IN 中	IN: VW, IW, QW, MW,SW,SMW,LW, T,C,AC,VD, * AC, * LD

表 8-24（续）

名称	指令格式		功能	说明	操作数
	语句表	梯形图			
填充指令	FILL IN,OUT,N	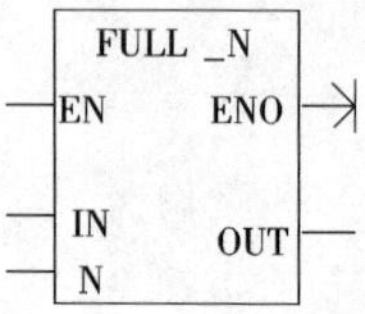 FULL _N EN　ENO IN　OUT N	存储器填充	用输入字 IN 填充从 OUT 开始的 N 个字存储单元 N 的范围为 1~255	IN,OUT:VW,IW,QW,MW,SW,SMW,LW,T,C,AC,* VD,* AC,* LD 　IN 还可以是 AIW 和常数 　OUT 还可以是 AQW 　N:VB,IB,QB,MB,SB,SMB,LB,AC,* VD,* AC,* LD,常数

8. 表功能指令

表功能指令见表 8-25。表功能指令仅对字形数据进行操作。一个表中第一个字表示表的最大允许长度(TL),第二个字表示表中现有数据项的个数(EC)。每次将新数据添加到表中时,EC 值加 1,最多 100 个存表数据。

表 8-25　表功能指令

名称	指令格式		功能	说明	操作数
	语句表	梯形图			
表存数指令	ATT DATA, TABLE	AD _T_TBL EN　ENO DATA TBL	填表	将一个字形数据 DATA 添加到表 TABLE 的末尾。EC 值加 1	DATA,TABLE:VW,IW,QW,MW,SW,SMW,LW,T,C,AC,VD,* AC,* LD 　DATA 还可以是 AIW,AC 和常数

表 8-25（续）

名称	指令格式		功能	说明	操作数
	语句表	梯形图			
表取数指令	FIFO TABLE, DATA	FIFO EN ENO TBL DATA	先进先出取数	将表 TABLE 的第一个字形数据删除，并将它送到 DATA 指定的单元。表中其余的数据项都向前移动一个位置，同时实际填表数 EC 值减 1	DATA, TABLE: VW, IW, QW, MW, SW, SMW, LW, T, C, * VD, * AC, * LD DATA 还可以是 AQW 和 AC
	LIFO TABLE, DATA	LIFO EN ENO TBL DATA	后进先出取数	将表 TABLE 的最后一个字形数据删除，并将它送到 DATA 指定的单元。剩余数据位置保持不变，同时实际填表数 EC 值减 1	
表查找指令	FND = TBL,PTN, INDEX FND < >TBL, PTN, INDEX FND < TBL,PTN, INDEX FND > TBL,PTN, INDEX	TBL _FIND EN ENO TBL PTN INDX CMD	查找数据	搜索表 TBL,从 INDEX 指定的数据项开始,用给定值 PTN 检索出符合条件(= ,< >,< , >)的数据项。如果找到一个符合条件的数据项,则 IN-DEX 指明该数据项在表中的位置。如果一个也找不到,则 INDEX 的值等于数据表的长度。为了搜索下一个符合的值,在再次使用该指令之前,必须先将 INDEX 加 1	TBL: VW, IW, QW,MW,SMW,LW, T,C, * VD, * AC, * LD PTN,INDEX:VW, IW, QW, MW, SW, SMW,LW,T,C,AC, * VD, * AC,; * LD PTN 还可以是 AIW 和 AC

9. 转换指令

转换指令如表 8-26。

表 8-26　转换指令

名称	指令格式		功能	说明	操作数
	语句表	梯形图			
数据类型转换指令	BTI IN,OUT	B_I EN　ENO IN　OUT	字节转换为整数	将字节输入数据 IN 转换成整数类型,结果送到 OUT,无符号扩展	IN: VB, IB, QB, MB, SB, SMB, LB, AC, * VD, * AC, * LD,常数 OUT: VW, IW, QW, MW, SW, SMW, LW, T, C, AC, * VD, * AC, * LD
	ITB IN,OUT	I_B EN　ENO IN　OUT	整数转换为字节	将整数输入数据 IN 转换成一个字节,结果送到 OUT。输入数据超出字节范围(0 ~ 255)则产生溢出	IN: VW, IW, QW, MW, SW, SMW, LW, T, C, AIW, AC, * VD, * AC, * LD,常数 OUT: VB, IB, QB, MB, SB, SMB, LB, AC, * VD, * AC, * LD
	DTI IN,OUT	DI_I EN　ENO IN　OUT	双整数转换为整数	将双整数输入数据 IN 转换成整数,结果送到 OUT	IN: VD, ID, QD, MD, SD, SMD, LD, HC, AC, * VD, * AC, * LD,常数 OUT: VW, IW, QW, MW, SW, SMW, LW, T, C, AC, * VD, * AC, * LD
	ITD IN,OUT	I_DI EN　ENO IN　OUT	整数转换为双整数	将整数输入数据 IN 转换成双整数(符号进行扩展),结果送到 OUT	IN: VW, IW, QW, MW, SW, SMW, LW, T, C, AIW, AC, * VD, * AC, * LD, 常数 OUT: VD, ID, QD, MD, SD, SMD, LD, AC, * VD, * AC, * LD

表 8-26(续一)

名称	指令格式		功能	说明	操作数
	语句表	梯形图			
数据类型转换指令	ROUND IN,OUT	ROUND EN ENO IN OUT	取整	将实数输入数据 IN 转换成双整数,小数部分四舍五入,结果送到 OUT	IN,OUT: VD, ID, QD, MD, SD, SMD, LD, AC, *VD, *AC, *LD
	TRUNC IN,OUT	TRUNC EN ENO IN OUT	取整	将实数输入数据 IN 转换成双整数,小数部分直接舍去,结果送到 OUT	IN 还可以是常数;在 ROUND 指令中 IN 还可以是 HC
	DTR IN,OUT	DI_R EN ENO IN OUT	双整数转换为实数	将双整数输入数据 IN 转换成实数,结果送到 OUT	IN,OUT: VD, ID, QD, MD, SD, SMD, LD, AC, *VD, *AC, *LD IN 还可以是 HC 和常数
	BCDI OUT	BCD_I EN ENO IN OUT	BCD 码转换为整数	将 BCD 码输入数据 IN 转换成整数,结果送到 OUT。IN 的范围为 0 ~9999	IN,OUT: VW, IW, QW, MW, SW, SMW, LW, T, C, AC, *VD, *AC, *LD IN 还可以是 AIW 和常数 AC 和常数
	IBCD OUT	I_BCD EN ENO IN OUT	整数转换为 BCD 码	将整数输入数据 IN 转换成 BCD 码,结果送到 OUT。IN 的范围为 0 ~9999	
编码译码指令	ENCO IN,OUT	ENCO EN ENO IN OUT	编码	将字节输入数据 IN 的最低有效位(值为 1 的位)的位号输出到 OUT 指定的字节单元的低 4 位	IN: VW, IW, QW, MW, SW, SMW, LW, T, C, AIW, AC, +VD, *AC, *LD, 常数 OUT: VB, IB, QB, MB, SB, SMB, LB, AC, *VD, *AC, *LD
	DECO IN,OUT	DECO EN ENO IN OUT	译码	根据字节输入数据 IN 的低 4 位所表示的位号将 0uT 所指定的字单元的相应位置 1,其他位置 0	IN: VB, IB, QB, MB, SB, SMB, LB, AC, *VD, *AC, *LD, 常数 IN: VW, IW, QW, MW, SW, SMW, LW, T, C, AQW, AC, *VD, *AC, *LD

表 8-26(续二)

名称	指令格式		功能	说明	操作数
	语句表	梯形图			
段码指令	SEG IN,OUT	SEG EN ENO IN OUT	七段码生成	根据字节输入数据 IN 的低 4 位有效数字产生相应的七段码,结果输出到 OUT,OUT 的最高位恒为 0	IN,OUT:VB,IB,QB,MB,SB,SMB,LB,AC, * VD, * AC, * LD IN 还可以是常数
字符串转换指令	ATH IN,OUT,LEN	ATH EN ENO IN OUT LEN	ASCⅡ码转换为 16 进制	把从 IN 开始的长度为 LEN 的 ASCⅡ字符串转换成 16 进制数,并存放在以 OUT 为首地址的存储区中。合法的 ASCⅡ码字符的 16 进制值在 30H～39H,41H～46H 之间,字符串的最大长度为 255 个字符	IN,OUT,LEN:VB,IB,QB,MB,SB,SMB,LB, * VD, * AC, * LD LEN 还可以是 AC 和常数

除上表所列之外,对于字符串转换指令还有 16 进制转换为 ASCⅡ码,整数到 ASCⅡ码。双整数到 ASCⅡ码,实数到 ASCⅡ码。指令格式、相关说明和操作数范围可参考 S7－200 系统手册。

8.2.3 程序控制类指令

程序控制类指令如表8-27,程序控制类指令主要是控制程序结构及程序执行的相关指令,合理使用可以优化程序结构,增强程序的功能。

表 8-27 程序控制类指令

名称	指令格式(语句表)	功能	说明	操作数
结束及暂停指令	END	有条件结束程序	使能输入有效时,终止用户主程序,返回主程序起点重新执行	无
	MEND	无条件结束程序	无条件终止执行用户程序,返回主程序起点重新执行	
	STOP	暂停程序	使能输入有效时,终止执行主程序,并将主机 CPU 的工作模式由 RUN 切换到 STOP 模式	

表 8-27（续）

名称	指令格式(语句表)	功能	说明	操作数
跳转及标号指令	JMP n	跳转	使能输入有效时,使程序流程跳到同一程序中的指定标号 n 处执行	n:0 ~ 255
	LBL n	标号	标记程序段,作为跳转指令执行时跳转到的目的位置	
	CALL n	子程序调用	使能输入有效时,调用子程序 n(标号)。如果子程序的调用过程存在数据的传递,则指令中应包含相应的参数	n:0 ~ 63
子程序指令	CRET	有条件子程序返回	使能输入有效时,结束子程序的执行,返回主程序中此子程序调用指令的下一条指令	无
循环指令	FOR INDX,INIT, FINAL NEXT	重复执行程序	FOR 指令和 NEXT 指令必须成对使用, FOR 和 NEXT 之间的程序部分为循环体。必须给 FOR 指令指定当前循环计数(IN-DX)、初值(INIT)和终值(FINAL)。每执行一次循环体,INDX 值加 1,并将其结果同终值作比较,如果大于终值,那么终止循环　循环嵌套最大深度为 8 层	INDX, INIT, FI-NAL: VW, IW, QW, MW, SW, SMW, LW, T, C, AC, * VD, * AC, * LD　INIT 和 FINAL 还可以是 AIW 和常数
看门狗指令	WDR	看门狗复位		无
空操作指令	NOP n	执行空操作	对用户程序执行无影响,但可略微延长扫描周期	n:0 ~ 255
顺序控制继电器指令	LSCR n	段开始	标记一个顺序控制继电器(SCR)段的开始。当 n = 1 时,允许该 SCR 段工作。SCR 段必须用 SCRE 指令结束	n:S
	SCRT n	段转移	执行 SCR 段之间的切换。n = 1 时,一方面对下一个 SCR 使能位(s 位)置位,以便下一个 SCR 段工作;另一方面又同时对本 SCR 使能位(s 位)复位,以使本 SCR 段停止工作	
	SCRE	段结束	标示一个 SCR 段的结束	无
ENO 指令	AENO	能流传递	ENO 是 LAD 和 FBD 中指令盒的布尔能流输出端。如果指令盒的输入有能流且执行没有错误,ENO 输出就能把能流传到下一个指令盒在 STL 中,用 AENO 指令来实现 ENO 功能。AENO 将栈顶和 ENO 位进行逻辑与运算,运 l 算结果保存到栈顶	无

8.2.4　特殊指令

如表 8-28，PLC 中一些实现特殊功能的硬件需要通过特殊指令来使用，可实现特定复杂的控制目的，同时程序的编制非常简单。

表 8-28　特殊指令

名称	指令格式(语句表)	功能	说明	操作数
中断指令	ATCH INT,EVNT	中断连接	把一个中断事件(VNT)和一个中断程序联系起来，并允许该中断事件	INT：常数 EVNT：常数(CPU221/222:0～12,19～23,27～33；CPU224：0～23，27～33；CPU226:0～33)
	DTCH EVNT	中断分离	截断一个中断事件和所有中断程序的联系，并禁止该中断事件	无
	ENI	开中断	全局地允许所有被连接的中断事件	
	DISI	关中断	全局地关闭所有被连接的中断事件	
	CRETI	有条件中断返回	根据逻辑操作的条件从中断程序中返回	
	RETI	无条件中断返回	位于中断程序结束，是必选部分，程序编译时软件自动在程序结尾加入该指令	
通信指令	NETR TBL,PORT	网络读	初始化通信操作，通过指令端口(PORT)从远程设备上接收数据并形成表(TBL)。可以从远程站点读最多16个字节的信息	TBL：VB, ME, *VD, *AC, *LD PORT：常数
	NETW TBL,PORT	网络写	初始化通信操作，通过指定端口(PORT)向远程设备写表(TBL)中的数据，可以向远程站点写最多16个字节的信息	
	XMT TBL,PORT	自由口发送	用于自由端口模式。指定激活发送数据缓冲区(TBL)中的数据，数据缓冲区的第一个数据指明了要发送的字节数，PORT指定用于发送的端口	TBL：VB, IB, QB, MB, SB, SMB, *VD, *AC, *LD PORT：常数(CPU221/222/224为0；CPU226为0或1)
	RCV TBL,PORT	自由口接收	激活初始化或结束接收信息的服务。通过指定端口(PORT)接收的信息存储于数据缓冲区(TBL)，数据缓冲区的第一个数据指明了接收的字节数	

表 8-28(续)

名称	指令格式(语句表)	功能	说明	操作数
通信指令	GPA ADDR,PORT	获取口地址	读取 PORT 指定的 CPU 口的站地址,将数值放入 ADDR 指定的地址中	ADDR: VB, IB, QB,MB,SB,SMB, LB, AC, * CD, * AC, * LD
	SPA ADDR,PORT	设定口地址	将 CPU 口的站地址(PORT)设置为 ADDR 指定的数值	在 SPA 指令中 ADDR 还可以是常数 PORT:常数
时钟指令	TODRT	读实时时钟	读当前时间和日期并把它装入一个 8 字节的缓冲区(起始地址为 T)	T: VB, IB, QB, MB,SB,SMB,LB, * VD, * AC, * LD
	TODW T	写实时时钟	将包含当前时间和日期的一个 8 字节的缓冲区(起始地址是 T)装入时钟	
高速计数器指令	HDEF HSC,MODE	定义高速计数器	为指定的高速计数器分配一种工作模式。每个高速计数器使用之前必须使用 HDEF 指令,且只能使用一次	HSC:常数(0 ~ 5) MODE:常数(0 ~11)
	HSC N	激活高速计数器	根据高速计数器特殊存储器位的状态,按照 HDEF 指令指定的工作模式,设置和控制高速计数器。N 指定高速计数器号	N:常数(0~5)
高速脉冲输出指令	PLS Q	脉冲输出	检测用户程序设置的特殊存储器位,激活由控制位定义的脉冲操作,从 Q0.0 或 Q0.1 输出高速脉冲,可用于激活高速脉冲串输出(PTO)或宽度可调脉冲输出(PWM)	Q:常数(0 或 1)
PID回路指令	PID TBL,LOOP	PID 运算	运用回路表中的输入和组态信息,进行 PID 运算。要执行该指令,逻辑堆栈顶(TOS)必须为 ON 状态。TBL 指定回路表的起始地址,LOOP 指定控制回路号回路表包含 9 个用来控制和监视 PID 运算的参数,即过程变量当前值(PV_n),过程变量前值(PV_{n-1}),给定值(SP_n),输出值(M_n),增益(K_C),采样时间(Ts),积分时间(Ti),微分时间(Td)和积分项前值(MX)为使 PID 计算是以所要求的采样时间进行,应在定时中断执行中断服务程序或在由定时器控制的主程序中完成,其中定时时间必须填入回路表中,以作为 PID 指令的一个输入参数	TBL:VB LOOP:常数(0 到 7)

图 8-44 为使用了中断指令的 LAD 程序。

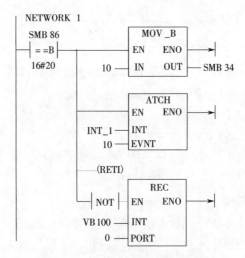

图 8-44 使用中断指令的 LAD 程序

8.3 触摸屏及其工作原理

随着计算机技术的普及,在 20 世纪 90 年代初,出现了一种新的人机交互技术——触摸屏技术。利用这种技术,可以由用户在触摸屏的画面上设置具有明确意义和提示信息的触摸式按键。使用者只要用手指轻轻地触碰计算机显示屏上的图形或文字,就能对主机进行操作或查询,这样就摆脱了键盘和鼠标操作,大大地提高了计算机的可操作性。

触摸屏是一种最直观的操作设备.只要用手指触摸屏幕上的图形对象,计算机便会执行相应的操作。人的行为和机器的行为变得简单、直接、自然,达到完美的统一。用户可以用触摸屏上的文字、按钮、图形和数字信息等,来处理或监控不断变化的信息。过去的人机界面设备操作困难,需要熟练的操作员才能操作。使用触摸屏和计算机控制后,机器设备目前的状况能够明确地显示出来,并给出操作的提示,使操作变得简单,可以减少操作失误,即使是新手也可以很轻松地学会操作整个机器设备。触摸屏还可以用画面上的按钮和指示灯等来代替相应的硬件元件,以减少 PLC 需要的 I/O 点数,使机器的配线标准化、简单化,降低了系统的成本。此外触摸屏还具有坚固耐用和节省空间等优点。

触摸屏是人机界面发展的主流方向,几乎成了人机界面的代名词,现在有的专业人机界面生产厂家甚至只生产触摸屏。

8.3.1 触摸屏的基本工作原理

触摸屏是一种透明的绝对定位系统,首先它必须是透明的,透明问题是通过材料科学来解决的。其次是它能给出手指触摸处的绝对坐标,而鼠标属于相对定位系统。绝对坐标系统的特点是每一次定位的坐标与上一次定位的坐标没有关系,触摸屏在物理上是一套独立的坐标定位系统,每次触摸的位置转换为屏幕上的坐标。要求不管在什么情况下,同一点输出的坐标数据是稳定的,坐标值的漂移值应在允许范围内。

触摸屏的基本原理如下:用户用手指或其他物体触摸安装在显示器上的触摸屏时,被触摸位置的坐标被触摸屏控制器检测,并通过通信接口(例如 RS - 232C 或 RS - 485 串行口)将触摸信息传送到 PLC ,从而得到输入的信息。

触摸屏系统一般包括两个部分:触摸检测装置和触摸屏控制器。触摸检测装置安装在显示器的显示表面,用于检测用户的触摸位置,再将该处的信息传送给触摸屏控制器。触摸屏控制器的主要作用是接收来自触摸点检测装置的触摸信息,并将它转换成触点坐标,判断出触摸的意义后送给 PLC 。它同时能接收 PLC 发来的命令并加以执行,例如动态地显示开关量和模拟量。

8.3.2　电阻式触摸屏

1. 四线电阻触摸屏

电阻式触摸屏利用压力感应检测触摸点的位置,能承受恶劣的环境因素的干扰,但手感和透光性较差。电阻式触摸屏的主要部分是一块与显示器表面配合得很好的 4 层透明复合薄膜,最下面是玻璃或有机玻璃构成的基层,最上面是外表面经过硬化处理、光滑防刮的塑料层。中间是两层称为 ITO 的透明的金属氧化物(如氧化铟)导电层,它们之间有许多细小的透明绝缘的隔离点。当手指触摸屏幕时,两层导电层在触摸点处接触(图 8-45)。

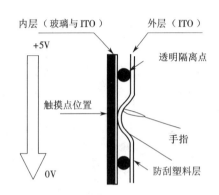

图 8-45　电阻式触摸屏工作原理

触摸屏的两个金属导电层是工作面,在每个工作面的两端各涂有一条银胶,作为该工作面的一对电极。分别在两个工作面的竖直方向和水平方下施加直流电压,在工作面上就会形成均匀连续平行分布的电场。

当手指触摸屏幕时,平常相互绝缘的两层导电层在触摸点处接触,使得侦测层的电压由零变为非零,这种状态被控制器侦测到后,进行 A/D 转换,并将得到的电压值与 5V 相比,就能计算出触摸点的 Y 轴坐标,同理可以得出 X 轴的坐标。这就是电阻式触摸屏的基本原理。

根据引出线数的多少,电阻式触摸屏分为四线和五线两种。四线电阻触摸屏的 X 工作面和 Y 工作而分别加在两个导电层上,共有四根引出线,分别连到触摸屏的 X 电极对和 Y 电极对上。从实用和经济两方面考虑,当前市场应用最多的是模拟式四线电阻触摸屏。

2. 五线电阻触摸屏

四线电阻触摸屏的基层大多数是有机玻璃,存在透光率低和易老化的问题,而且 ITO 是无机物,有机玻璃是有机物,它们不能很好地结合,时间一长容易剥落。

第二代电阻式触摸屏——五线电阻触摸屏的基层使用 ITO 与玻璃复合的导电玻璃,通过精密电阻网络,把两个方向的电压场都加在玻璃的导电工作面上,可以理解为两个方向的电压场分时加在同一工作面上,而延展性好的外层镍金导电层仅仅用来作纯导休,触摸后用既检测内层 ITO 接触点的电压又检测导通电流的方法,测得触摸点的位置。五线电阻触摸屏的内层 ITO 需要 4 条引线,外层作为导体仅需一条引线,因此总共需要 5 条引线。

五线电阻触摸屏的使用寿命比四线电阻触摸屏提高了十多倍,并且没有安装风险,同时五线电阻触摸屏的 ITO 层能做得更薄,因此透光率和清晰度更高,几乎没有色彩失真。

不管是四线电阻触摸屏还是五线电阻触摸屏,它们都不怕灰尘、水汽和油污,可以用各种物体来触摸它,或者在它的表面上写字画画,比较适合工业控制领域及办公室内有限的人使用。因为复合薄膜的外层采用塑胶材料,其缺点是太用力或使用锐器触摸可能划伤触摸屏。在一定限度内,划伤只会伤及外导电层,对于五线电阻触摸屏来说没有关系,但是对四线电阻触摸屏来说却是致命的。

8.3.3　表面声波触摸屏

表面声波是超声波的一种,它是在介质(例如玻璃)表面进行浅层传播的机械能量波。表面声波性能稳定、易于分析,并且在横波传递过程中具有非常尖锐的频率特性。

表面声波触摸屏的触摸屏部分可以是一块平面、球面或是柱面的玻璃平板,安装 CRT、LED、LCD 或是等离子显示器屏幕的前面。这块玻璃平板只是一块纯粹的强化玻璃,没有任何贴膜和覆盖层。

玻璃屏的左上角和右下角各固定了竖直和水平方向的超声波发射换能器,右上角则固定了两个相应的超声波接收换能器,玻璃屏的四边刻有由疏到密间隔非常精密的45°角反射条纹,如图 8-46。

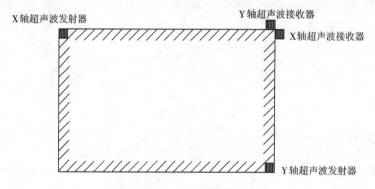

图 8-46　表面声波触摸屏示意图

在没有触摸的时候,接收信号的波形与参照波形完全一样。当手指触摸屏幕时,手指吸收了一部分声波能量,控制器侦测到接收信号在某一时刻上的衰减,由此可以计算出触摸点的位置。

除了一般触摸屏都能响应的 X、Y 坐标外,表面声波触摸屏的突出特点是它能感知第三轴(Z 轴)的坐标,用户触摸屏幕的力量越大,接收信号波形 L 的衰减缺口也就越宽越深,可以由接收信号衰减处的衰减量计算出用户触摸压力的大小。表面声波触摸屏非常稳定,不受温度、湿度等环境因素影响,寿命长(可触摸约 5 000 万次),透光率和清晰度高,没有色彩失真和漂移,安装后无需再进行校准,有极好的防刮性,能承受各种粗暴的触摸,最适合公共场所使用。

表面声波触摸屏直接采用直角坐标系,数据转换无失真,精度极高,可达 4 096 × 4 096 像素。受其工作原理的限制,表面声波触摸屏的表面必须保持清洁,使用时会受尘埃和油污的影响,需要定期进行清洁维护工作。

8.3.4　电容式触摸屏

电容式触摸屏是一块 4 层复合玻璃屏,用真空金属镀膜技术在玻璃屏的内表面和夹层各镀有一层 ITO,玻璃四周再镀上银质电极,最外层是只有 0.001 5 min 厚的玻璃保护层,夹层 ITO 涂层作为工作面,4 个角引出 4 个电极,内层 ITO 为屏蔽层,以保证良好的工作环境。

在玻璃的四周加上电压,经过均匀分布的电极的传播,使玻璃表面形成一个均匀电场,当用户触摸电容屏时,由于人是一个大的带电体,手指和工作面形成一个耦合电容,因为工作面上接有高频信号,手指吸收走很小的一部分电流。电流分别从触摸屏 4 个角的电极流出,流经这 4 个电极的电流与手指到 4 个角的距离成比例,控制器通过对这个电流比例的精密计算,得出触摸点的位置。

这种触摸屏具有分辨率高、反应灵敏、触感好、防水、防尘、防晒等特点。

电容式触摸屏把人体当做电容器元件的一个电极使用。电容值虽然与极间即离成反比,却与相对面积成正比,并且还与介质的绝缘系数有关,因此当较大面积的手掌或手持的导体靠近电容触摸屏但并不触摸时,就能引起电容屏的误动作,在潮湿的天气,这种情况尤为严重。如果用戴手套的手或手持不导电的物体触摸电容触摸屏,因为增加了绝缘的介质,可能没有反应。环境温度和湿度的变化、开机后显示器温度的上升、操作人员体重的差异、用户触摸屏幕的同时另一只手或身体一侧靠近显示器、触摸屏附近有较大物体的移动,都会使环境电场发生改变,引起电容式触摸屏的漂移,造成较大的检测误差,导致定位不准。

电容式触摸屏的透光率和清晰度优于四线电阻触摸屏,但是比表面声波触摸屏和五线电阻触摸屏差。电容式触摸屏的四层复合触摸屏对各波长光的透光率不均匀,存在色彩失真的问题,由于光线在各层间的反射,使图像字符模糊。

8.3.5　红外线触摸屏

红外线触摸屏在显示器的前面安装一个外框,藏在外框中的电路板在屏幕四边排布红外线发射管和红外线接收管,形成横竖交叉的红外线矩阵(图 8-47)。用户在触摸屏幕时,手指会挡住经过该位置的横竖两条红外线,因而可以判断出触摸点在屏幕的位置。

红外线触摸屏不受电流、电压和静电干扰,适宜恶劣的环境条件,但是分辨率较低,易受外界光线变化的影响。

8.3.6　K-TP178 micro 触摸屏

1. K-TP178micro 简介

K-TP178 micro 是西门子公司专门针对中国中小型自动化产品用户需求设计的 5.7in 触摸屏,与 S7－200 配合使用。它的价格低廉,具有很高的可靠性和性能价格比,采用蓝色 4 级灰度显示屏,用 WinCC flexible 中文版组态。

K-TP178micro 采用 32 位 ARM7 的 CPU 处理芯片,拥有超大的内存空间,使系统在很短的时间内可以快速启动,按键操作响应时间很短。K-TP178micro 是西门子公司大力推荐的产品,S7－200 CN 是西门子公司在国内生产的产品。同时购买 S7－200 CN 与 K-TP178micro,可以获得更优惠的价格。

K-TP178micro 与 S7－200 CN 配合使用,可以实现配方和数据归档等功能。

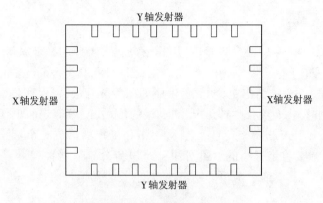

图 8-47 红外线触摸屏示意图

K-TP178micro 提供多语言支持,每个项目最多可以组态 32 种语言,用户可以在 5 种在线语言之间转换,可以方便地在全世界范围内使用。

图 8-48 是 K-TP178micro 的外观图,它有 6 个功能键,有电源指示灯和通信指示灯。触摸屏和功能键的组合简化了操作和监视过程。在操作 K-TP178micro 时,LED 会显示操作状态,在进行触摸操作时,将发出声音提示,这些都为操作员的操作提供了安全保障。

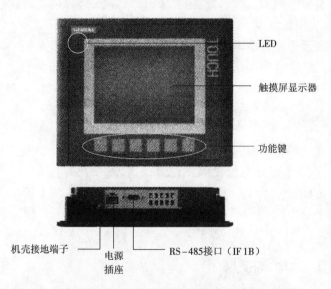

图 8-48 K-TP178micro 触摸屏的外观图

WinCC flexible 2005 不能对 K-TP178micro 仿真,可以在项目视图中将 HMI 的型号改为与它的功能类似的 TP 170B mono 进行仿真,仿真结束后,再将设备型号修改回来。WinCC flexible 2007 可以对 K-TP178micro 仿真。

K-TP178micro 可以使用 TP 170micro、TP 177micro、TP 170A 和 TP 177A 的原有项目。例如将 ProTool 中的 TP 170A 项目移植到 WinCC flexible 中,然后更换 HMI 设备。

2. 报警功能

K-TP178micro 可以设置 2 000 个离散量报警,报警文本最长 80 个字符,每条报警最多可以设置 8 个变量。可以用报警视图、报警窗口和报警指示器来显示报警。可以确认单个错误报警,或者同时成组确认多个错误报警。报警缓冲区可以存放 256 个报警,同步队列报警事件最多 64 个。可以编辑、查看报警和删除报警缓冲区。

3. 变量和列表功能

K-TP178micro 最多可以组态 1 000 个变量,变量有限制值监视和线性转换功能,最多可以使用 300 个文本列表。

4. 画面功能

K-TP178micro 最多可以组态 500 个画面,每个画面可以组态 30 个域、30 个变量和 5 个复杂对象(例如报警视图),可以使用画面模板。

5. 信息文本功能

K-TP178micro 的信息文本长度可达 320 个字符数,可以用于报警、画面和画面对象。

6. 其他功能

K-TP178micro 有触摸屏校准和设置对比度的功能。可以使用矢量图与位图。最多可以组态 2500 个文本对象,可以设置 50 个用于安全性的用户。

7. K-TP178micro 与 PLC 的通信

通过点对点连接(PPI 或 MPI 协议),一台 K-TP178micro 可以与一台西门子的 S7－200 通信。通信速率可达 187 . 5 kbit/s。

为了实现项目数据的传送或通过自引导来更新操作系统,K-TP 178micro 与计算机之间的通信可以使用 PC / PPI 适配器。K-TP178micro 与 PLC 的通信接口均为 R－485,应使用经许可的电缆。

8. 电源

K-TP178micro 的额定电源电压为 DC 24V,允许范围为 20.4 ~ 28.8V(－15% ~ ＋20%)。确保电源线没有接反,HMI 设备安装有电源极性反向保护电路。

9. LED 指示灯

K-TP178micro 设备连接到电源时,黄色的 LED 指示灯" POWER "(电源)亮。通过 RS－485 接口传送数据时,绿色 LED 指示灯"COM"(通信)不断闪烁。

8.4　触摸屏、PLC、变频器组成的变频恒压供水系统

8.4.1　用变频器实现泵站恒压供水控制

用变频器实现的闭环控制可以保证泵站的出口压力基本恒定。为了节省投资,一般只配备一台变频器,某一台电动机用变频器驱动,其他电动机仍然用工频电源驱动,以实现多泵并联变频恒压供水。

1. 变频恒压供水系统实现恒压的工作过程

现代的变频器内部一般都有一个 PI 控制器或 PID 控制器。对于恒压供水这一类闭环控制系统,可以将反馈信号(如压力信号)接到变频器的反馈信号输入端,用变频器内部的控制器实现闭环控制,以减少压力偏差,保持水压恒定。PLC 的主要功能是根据供水管道的出口压力,控制工频电源供电的水泵台数,通过开关量输出信号给变频器提供启动/停止命令,对泵站

总的供水量进行粗调。

在控制系统中,压力变送器将泵站出口管道的水压转换为标准量程的电压或电流,这些反馈量直接送给变频器的模拟量输入端。变频器时刻跟踪管网压力与压力给定值之间的偏差变化情况,经变频器内部的 PID 运算,调节变频器的输出频率,改变变频器驱动的水泵转速。变频器的输出频率越高,泵站的出口压力就越高。选择最佳的输出频率,既能保证供水压力,又能防止压力过高,可以节约大量的能源。

为了实现工频泵的自动投入和切换,需要给 PLC 提供管网压力信号或变频器的频率信号。管网压力信号可以用压力变送器传送模拟信号给 PLC ,也送给变频器。

现代的变频器都有可编程的输出触点,对输出触点进行编程,使其在变频器的频率大于设定值(如 50 Hz)时闭合,可以将其送给 PLC ,用来控制自动投入一台工频运行的泵。

当用水流量减少,变频泵的转速下降到水泵不出水的临界值时,变频器的另一个可编程输出触点闭合,可以将它送给 PLC,控制一台工频运行的泵自动退出。

2. 水泵的投入与切除

图 8-49 是多泵并联供水的水泵电动机主接线示意图。PLC 可以选择任意一台电动机变频运行,其余各台电动机由工频驱动。根据当前的供水量和泵站出口处的水压,控制工频运行的水泵台数,对供水量和水压进行粗调,用变频电动机进行细调。假设各泵的电动机容量相同,当用水流量小于一台泵的流量时,由一台变频泵自动调速供水。随着用水流量的增大,由于闭环控制的作用,变频泵的转速自动升高,以维持恒压;如果变频泵的转速升高到工频转速时,管道出口水压仍未达到设定值,则启动一台工频泵。依此类推,直到出口压力达到设定值。

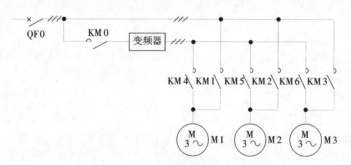

图 8-49　多台水泵并联运行的主电路线路

当用水量减少时,变频泵的频率将自动减小,降到某设定值时,如果管道压力仍高于设定值,则切除一台工频泵,切除后如果管道压力仍然过高,再切除一台工频泵。依此类推,直到管道压力等于设定值。

供水设备控制 1~3 台水泵,在这些水泵中,只有一台变频泵。当供水设备供电开始时,先启动变频泵,管网水压达到设定值时,变频器的输出频率稳定在某一数值上。而当用水量增加,水压降低时,传感器将这一信号送入 PLC 或 PID 回路调节器,PLC 或 PID 回路调节器送出一个用水量增大的信号,使变频器的输出频率上升,水泵的转速提高,水压上升。如果用水量增加很多,使变频器的输出频率达到最大值,仍不能使管网水压达到设定值,则 PLC 或 PID 回路调节器就发出控制信号,再启动一台工频泵,其他泵依此类推。反之,当用水量减少,变频器的频率达到最小值时,PLC 或 PID 回路调节器发出减少一台工频泵的信号,其他泵依此类推。

8.4.2　触摸屏与 PLC 控制的变频供水系统方案

1．控制要求

整个系统由西门子 TP178 触摸屏、西门子 CPU224 型 PLC 和西门子 MM430 型供水型 30kW 变频器组成。变频恒压供水系统共设有 4 个泵，分别称为 1 号泵、2 号泵、3 号泵、4 号泵，但有一个泵备用。分为手动和自动两种工作方式。

（1）自动运行方式

系统处于自动运行方式时，系统每次可以选择 3 台工作水泵，共有 123、234、124、134 四种组合方式。

以 123 组合为例，系统根据变频器实际运行频率和当前实际供水压力来决定泵的组合运行方式，即系统初始上电时，先投入一个泵进行变频运行，调节供水压力，此时系统为第一台泵变频（简称"1 变"）工作方式。若当前压力没有达到给定值，而水泵运行频率已经达到最大值 50 Hz，则此时应将工作泵切换至工频运行，并将另一待用泵投入变频运行状态，此时系统为第一台泵工频、第二台泵变频（简称"1 工 2 变"）工作方式。若此时实际供水压力低于给定值，而变频泵运行频率已经达到 50 Hz，则说明"1 工 2 变"运行已不能满足当前用水量，此时应将变频泵切换至工频，将第 3 台待用泵投入变频运行状态，此时系统工作于"1 工 2 工 3 变"运行方式。若处于"1 工 2 变"状态时，其实际供水压力高于给定值，而变频泵运行低于指定频率，则说明用水量变小，此时只需 1 台泵工作即可，系统转入"1 变"运行状态。整个切换过程如下：

当选择 1、2、3 号泵时，共 3 种状态，即"1 变"、"1 工 2 变"、"1 工 2 工 3 变"，系统状态切换过程如图 8-50 所示。当选择其他组合时，系统的状态和切换过程与图 8-50 类似，此处不再赘述。

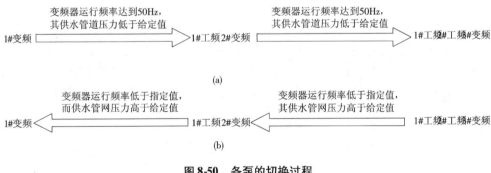

图 8-50　各泵的切换过程

（a）加泵过程；（b）减泵过程

（2）手动运行

手动运行时，可以在触摸屏上随意启动任何一台泵。但要注意，手动时，不允许水泵直接工频启动，只能由变频器拖动水泵开始运行，只有当运行在 50 Hz 时，才允许工频切换。在必要时，再用变频器启动其他泵。

由于不同的时间（如白天或夜间）、不同的季节（如冬季或夏季），用水量的变化是很大的，因此 4 台泵不同时供水，本着多用多开、少用少开的原则，既满足系统对恒压供水的需求，又可以节约能源。

手动控制和自动控制两种方式并存,极大地拓宽了本系统的使用范围,便于系统维护。

2. 控制方案

根据该供水系统的设备配置情况及供水系统的特点,该自动供水系统的核心采用 PLC,操作使用触摸屏,供水系统的控制方案如图 8-51 所示。

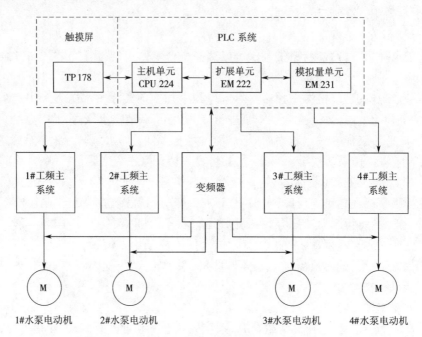

图 8-51 供水系统的控制方案

(1)主电路

主电路采用一台变频器分别控制 4 台水泵,使 4 台水泵均为双主回路(变频、工频)的驱动方式。由于变频器的价格比常规电气设备要高,因此对于群泵系统,从节省投资的角度来考虑,可以采用"一拖二"或"一拖三"等驱动方式。本案例为"一拖四"的驱动方式。在工频下运行时,变频器不能对电动机进行过载保护,因此必须接入热继电器,用于在工频下运行时的过载保护。

(2)控制系统

控制系统由压力传感器、PLC 与触摸屏组成。压力传感器用来测量供水管网压力,作为水泵投入、切换的控制信号之一,分别送给 PLC 和变频器。

PLC 与触摸屏完成整个系统逻辑控制和人机交互。

8.5.3 控制系统的硬件配置

1. 设备选型

(1) PLC 系统的选择

根据如图 8-54 所示的控制主电路,有 9 个接触器(KM0、KM1 ~ KM8)需要 PLC 输出继电器控制,另外,需外加 1 只故障报警指示灯,也由 PLC 输出继电器控制,而变频器的启动/停止也需要由 PLC 输出继电器控制。

由于采用触摸屏操作,因此输入信号较少。该 PLC 系统根据供水管压力、变频器的输出频率来控制水泵的投入与退出,实现多台泵自由组合运行,因此需要将模拟量的供水管网压力信号和变频器输出的频率信号转换成数字信号,以供 PLC 进行控制。

从上面分析可知,控制系统开关量输入点较少,开关量输出点 11 个,模拟量输入点 2 个,若选用 CPU226,价格较贵。选用一台 CPU224 为主机,加上一台扩展模块 EM222(8 继电器输出),再扩展一个模拟量模块 EM231(4AI),这样的配置是比较经济的。

EM231 具有 4 路模拟量输入,其输入方式可以设定为电压或电流输入形式,输入信号的类型与范围可以通过改动模拟量模块上的各拨码开关 SW1、SW2 和 SW3 的位置来灵活设定,见表 8-29。

表 8-29　输入信号范围的设定

开关设置			输入类型
SW1	SW2	SW3	
ON	OFF	ON	0 ~ 10 V
ON	ON	OFF	0 ~ 5 V 或 0 ~ 20 mA
OFF	OFF	ON	±5 V
OFF	ON	OFF	±2.5 V

本系统设定为电压输入方式,输入信号范围为 +5 V。

EM231 的输入连接分为 4 组,每组占用 3 个连接端,分别为 Rn、n +、n - (n 对于不同的组分别以 A、B、C、D 区分),可以连接模拟电压与电流输入。

当输入为模拟电压时,只用两个端子,n +、n - 用于连接电压模拟量输入的" + "与" - "端,输入电压可以是 0 ~ 10V 单极性或 - 5 ~ + 5 V、- 2.5 ~ + 2.5 V 双极性信号,Rn 端不连接。

当输入为模拟电流时,需要用 3 个端子,Rn 需要与 n + 并联,连接传感器的电流输入端;n - 用于连接电流输入的" - "端,输入 0 ~ 20 mA 的直流电流。为了防止干扰输入,对于未使用的输入端需要短接。

EM231 需要外部提供 24 V 直流电源,直流电源从 L +、M 端输入,其连接示意图如图 8-52 所示。

模拟量输入模块的分辨率通常以 A/D 转换后的二进制数数字量的位数来表示,模拟量输入模块(EM231)的输入信号经刀 A/D 转换后的数字量数据值是 12 位二进制数。数据值的 12 位在 CPU 中的存放格式如图 8-53 所示。最高有效位是符号位。

对于单极性数据,其两个字节存储单元的低 3 位均为 0 ,数据值的 12 位(单极性数据)存放在 3 ~ 14 位区域。这 12 位数据的最大值应为 $2^{15} - 8 = 32\,760$。EM231 模拟量输入模块 A/D 转换后单极性数据格式的全量程范围设置为 0 ~ 32 000。差值 32760 - 32000 = 760 则用于偏置/增益,由系统完成。第 15 位为 0,表示正值数据。

(2)触摸屏的选择

该方案控制较为简单,人机界面(HMI)选用西门子 K - TP718Micro 型触摸屏。触摸屏

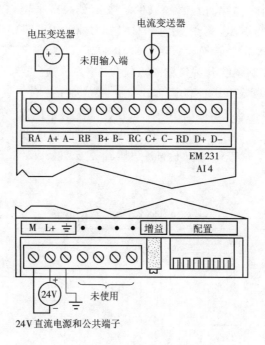

图 8-52　4 点模拟量输入模块的连接示意图

MSB				LSB	
15	14		2	1	0
0	数据值的 12 位		0	0	0

图 8-53　模拟量输入模块输出单极性数据字的格式

和功能键的组合简化了操作和监视过程。在操作 K – TP 718 Micro 时,LED 会显示操作状态,在进行触摸操作时将发出声音提示,这些都为操作员的操作提供了安全保障。

（3）变频器的选用

变频器主要分通用型和供水专用型两大类,在供水系统中,当然要选择供水专用型变频器,这类变频器内部均具有 PID 控制器,同通用型变频器相比,其在低速带载能力方面要差一些,不过足以满足具有低速轻载特性的水泵负载。综合考虑品牌、价格、稳定性等方面,本系统选用西门子 MM430 供水专用型变频器。

2. 控制系统主电路

控制系统主电路如图 8-54 所示。QF0 为整个电路的三相电源控制开关。QF1 ~ QF5 分别为 1 ~ 4 号水泵和变频器的三相电源控制开关。KM0 为变频器的供电接触器,接至变频器 Ll、L2、L3 端子。KM1 ~ KM4 为 1 ~ 4 号泵的工频电源工作时的接触器,FR1 ~ FR4 为 l ~ 4 号泵工频电源工作时的过载保护热继电器。KM5 ~ KM8 为 1 ~ 4 号泵变频工作时的接触器,来自变频器的输出端 U、V、W。

4. PLC 接线

PLC 数字量的 I/O 配置见表 8-30。PLC 模拟量的 I/O 配置见表 8-31 。

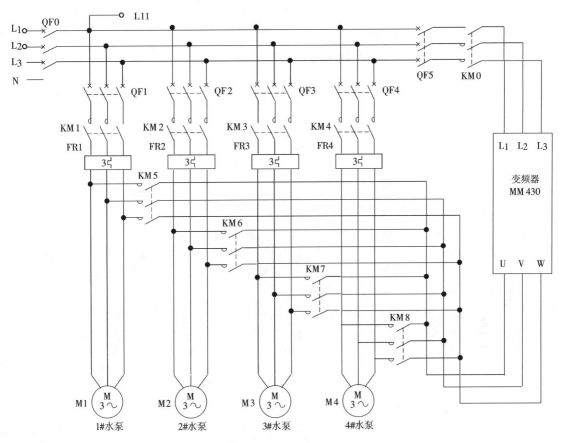

图 8-54　控制系统主电路

表 8-30　PLC 数字量的 I/O 配置

输入设备		输入端口	输出设备		输出继电器
输入设备名称	代号		输出设备名称	代号	
变频器故障信号	KA1	I0.0	变频器前接触器	KM0	Q0.0
变频器频率降至最低频率	KA2	I0.1	泵 1 变频	KM1	Q0.1
变频器频率 = 50 Hz 信号	KA3	I0.2	泵 1 工频	KM5	Q0.2
无水保护	SL	I0.3	泵 2 变频	KM2	Q0.3
急停	SB	I0.4	泵 2 工频	KM6	Q0.4
			泵 3 变频	KM3	Q0.5
			泵 3 工频	KM7	Q0.6
			泵 4 变频	KM4	Q0.7
			泵 4 工频	KM8	Q1.0
			故障报警	HL	Q1.1
			变频器启/停	SA0	Q2.0

表 8-31　PLC 模拟量的 I/O 配置

信号名称	地址
管网压力(来自现场压力传感器)	AIW0
频率(来自变频器)	AIW2

5. 硬件总电路

硬件总电路如图 8-55 所示。

8.5.4　程序设计

1. 控制系统各信号间的传递关系

该控制系统各信号间的传递关系如图 8-56 所示。

2. 设计程序流程图

根据控制要求设计出系统总流程如图 8-57 所示。

3. 编写程序

根据控制要求和流程图编写出控制程序如图 8-58 所示,由于该控制系统的自动控制有 123、234、124、134 四种组合方式,其程序基本相同,故只列出 123 组合方式程序。

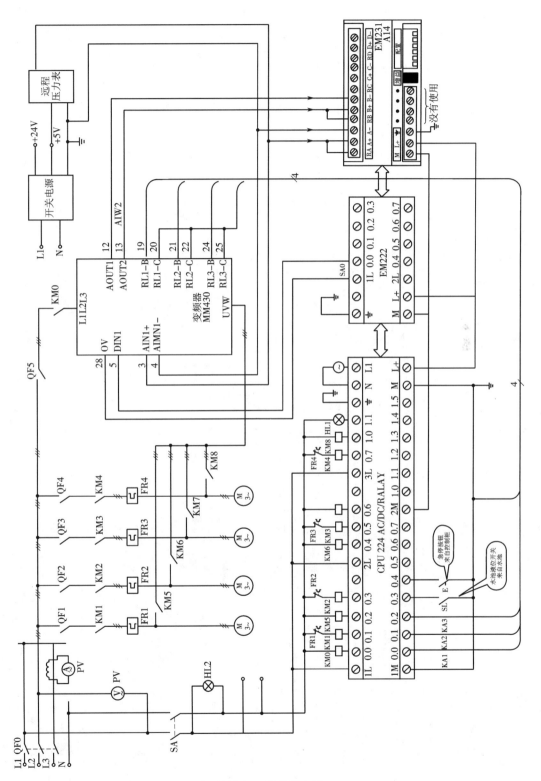

图 8-55　硬件总电路

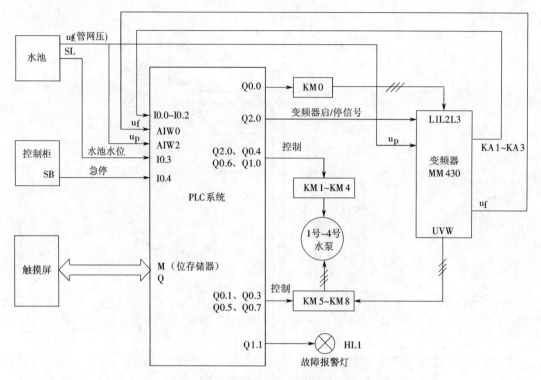

图 8-56 控制系统各信号间的传送关系

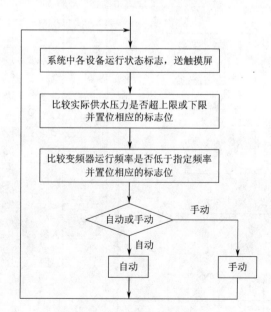

图 8-57 系统总流程图

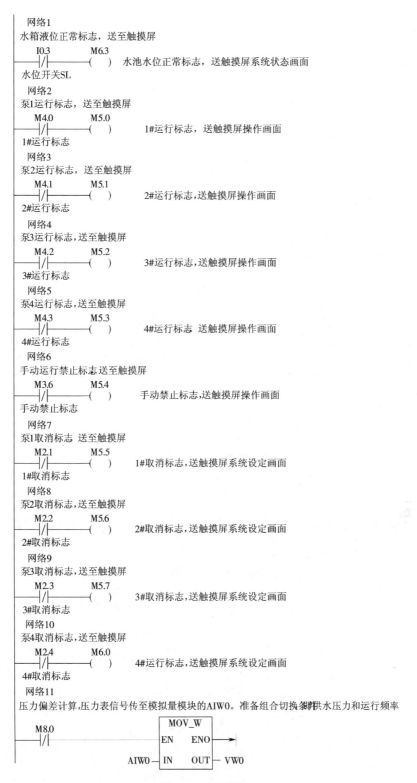

网络1
水箱液位正常标志，送至触摸屏

```
   I0.3           M6.3
───┤/├───────────(  )        水池水位正常标志，送触摸屏系统状态画面
水位开关SL
```

网络2
泵1运行标志，送至触摸屏

```
   M4.0           M5.0
───┤/├───────────(  )             1#运行标志，送触摸屏操作画面
1#运行标志
```

网络3
泵2运行标志，送至触摸屏

```
   M4.1           M5.1
───┤/├───────────(  )             2#运行标志,送触摸屏操作画面
2#运行标志
```

网络4
泵3运行标志,送至触摸屏

```
   M4.2           M5.2
───┤/├───────────(  )             3#运行标志,送触摸屏操作画面
3#运行标志
```

网络5
泵4运行标志,送至触摸屏

```
   M4.3           M5.3
───┤/├───────────(  )             4#运行标志 送触摸屏操作画面
4#运行标志
```

网络6
手动运行禁止标志送至触摸屏

```
   M3.6           M5.4
───┤/├───────────(  )             手动禁止标志,送触摸屏操作画面
手动禁止标志
```

网络7
泵1取消标志 送至触摸屏

```
   M2.1           M5.5
───┤/├───────────(  )        1#取消标志,送触摸屏系统设定画面
1#取消标志
```

网络8
泵2取消标志,送至触摸屏

```
   M2.2           M5.6
───┤/├───────────(  )             2#取消标志,送触摸屏系统设定画面
2#取消标志
```

网络9
泵3取消标志,送至触摸屏

```
   M2.3           M5.7
───┤/├───────────(  )             3#取消标志,送触摸屏系统设定画面
3#取消标志
```

网络10
泵4取消标志,送至触摸屏

```
   M2.4           M6.0
───┤/├───────────(  )             4#运行标志,送触摸屏系统设定画面
4#取消标志
```

网络11
压力偏差计算,压力表信号传至模拟量模块的AIW0。准备组合切换泵供水压力和运行频率

```
   M8.0            ┌─────────┐
───┤/├─────────────┤  MOV_W  │
                   │EN    ENO├───┤├
                   │         │
            AIW0───┤IN   OUT ├─VW0
                   └─────────┘
```

图 8-58　控制程序

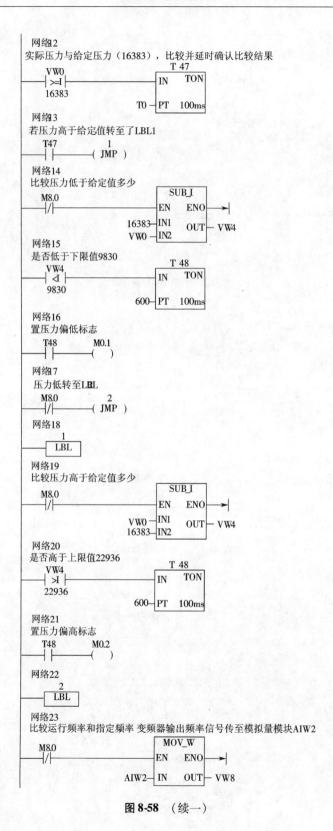

图 8-58 （续一）

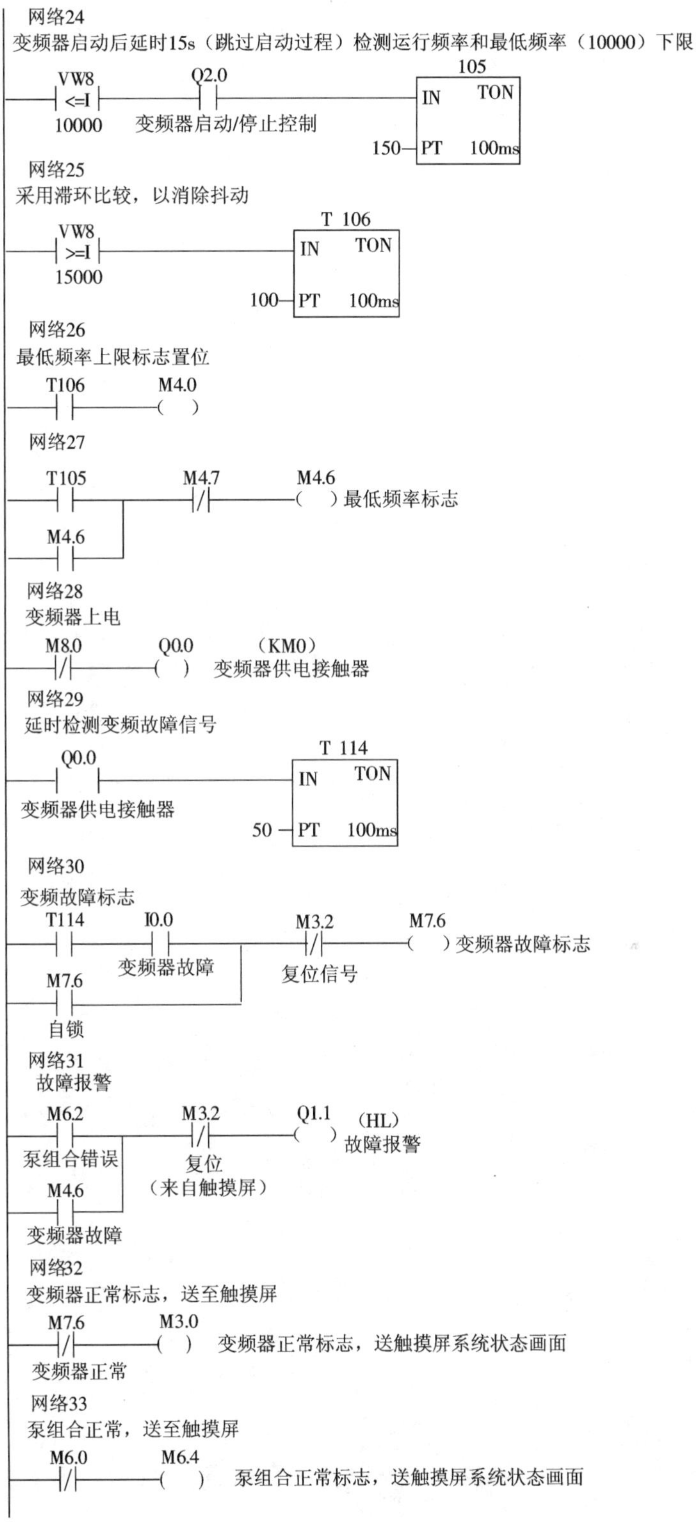

网络24
变频器启动后延时15s（跳过启动过程）检测运行频率和最低频率（10000）下限

```
   VW8        Q2.0                           105
 ┤<=I├────────┤/├──────────────────┤IN    TON│
  10000      变频器启动/停止控制
                                    150─┤PT  100ms│
```

网络25
采用滞环比较，以消除抖动

```
   VW8                              T 106
 ┤>=I├────────────────────────┤IN    TON│
  15000
                               100─┤PT  100ms│
```

网络26
最低频率上限标志置位

```
  T106        M4.0
 ──┤├─────────( )
```

网络27

```
  T105        M4.7       M4.6
 ──┤├────┬────┤/├────────( )  最低频率标志
         │
  M4.6   │
 ──┤├────┘
```

网络28
变频器上电

```
  M8.0        Q0.0      (KM0)
 ──┤/├─────────( )  变频器供电接触器
```

网络29
延时检测变频故障信号

```
  Q0.0                             T 114
 ──┤├──────────────────────────┤IN    TON│
 变频器供电接触器
                                50─┤PT  100ms│
```

网络30
变频故障标志

```
  T114        I0.0       M3.2     M7.6
 ──┤├────┬────┤/├────────┤/├──────( )变频器故障标志
         │   变频器故障   复位信号
  M7.6   │
 ──┤├────┘
  自锁
```

网络31
故障报警

```
  M6.2        M3.2      Q1.1     (HL)
 ──┤├─────────┤/├────────( )  故障报警
 泵组合错误    复位
  M4.6       （来自触摸屏）
 ──┤├──
 变频器故障
```

网络32
变频器正常标志，送至触摸屏

```
  M7.6        M3.0
 ──┤/├─────────( ) 变频器正常标志，送触摸屏系统状态画面
 变频器正常
```

网络33
泵组合正常，送至触摸屏

```
  M6.0        M6.4
 ──┤/├─────────( ) 泵组合正常标志，送触摸屏系统状态画面
```

图 8-58　（续二）

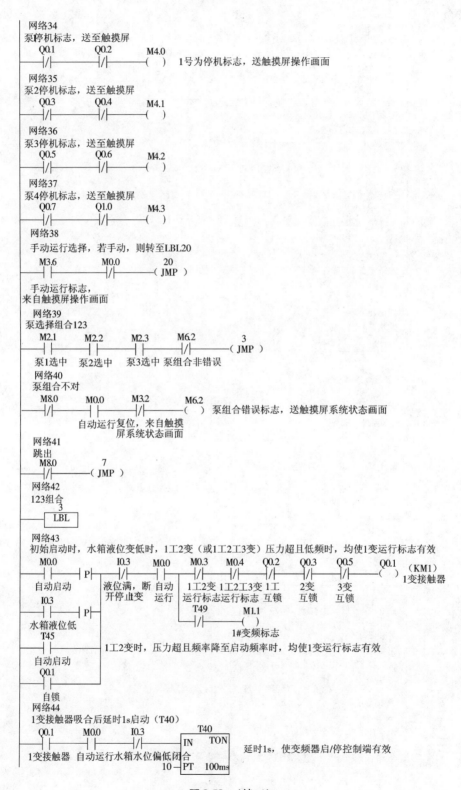

网络34
泵1停机标志，送至触摸屏
　　Q0.1　　　Q0.2　　　M4.0
──┤/├────┤/├────( )　　1号为停机标志，送触摸屏操作画面

网络35
泵2停机标志，送至触摸屏
　　Q0.3　　　Q0.4　　　M4.1
──┤/├────┤/├────( )

网络36
泵3停机标志，送至触摸屏
　　Q0.5　　　Q0.6　　　M4.2
──┤/├────┤/├────( )

网络37
泵4停机标志，送至触摸屏
　　Q0.7　　　Q1.0　　　M4.3
──┤/├────┤/├────( )

网络38
手动运行选择，若手动，则转至LBL20
　　M3.6　　　M0.0　　　　20
──┤├────┤/├────(JMP)

手动运行标志，
来自触摸屏操作画面

网络39
泵选择组合123
　M2.1　　M2.2　　M2.3　　M6.2　　　3
──┤├───┤├───┤├───┤├──(JMP)
泵1选中 泵2选中 泵3选中 泵组合非错误

网络40
泵组合不对
　M8.0　　M0.0　　M3.2　　　　M6.2
──┤/├───┤├───┤├────( )　泵组合错误标志，送触摸屏系统状态画面
　　　　　自动运行复位，来自触摸
　　　　　屏系统状态画面

网络41
跳出
　M8.0　　　　7
──┤/├──(JMP)

网络42
123组合
　　3
──┤LBL├

网络43
初始启动时，水箱液位变低时，1工2变（或1工2工3变）压力超且低频时，均使1变运行标志有效
　M0.0　　　I0.3　　M0.0　　M0.3　　M0.4　　Q0.2　　Q0.3　　Q0.5　　Q0.1　（KM1）
──┤├─┤P├──┤├───┤├───┤├───┤├───┤├───┤/├───┤/├───┤/├──( )　1变接触器
自动启动　液位满，断 自动 1工2变 1工2工3变 1工 2变 3变
　I0.3　　开停止变 运行 运行标志运行标志互锁 互锁 互锁
──┤├─┤P├
水箱液位低　　　　　　　　T49　　　M1.1
　T45　　　　　　　　　──┤├───┤/├
自动启动　　　　　　　　　　　　1#变频标志
　Q0.1　　　1工2变时，压力超且频率降至启动频率时，均使1变运行标志有效
──┤├
　自锁

网络44
1变接触器吸合后延时1s启动（T40）
　Q0.1　　M0.0　　I0.3　　　　　T40
──┤├───┤├───┤├──┤IN　　TON├　延时1s，使变频器启/停控制端有效
1变接触器 自动运行 水箱水位偏低闭合
　　　　　　　　　　　　　10─┤PT　100ms├

图 8-58　（续三）

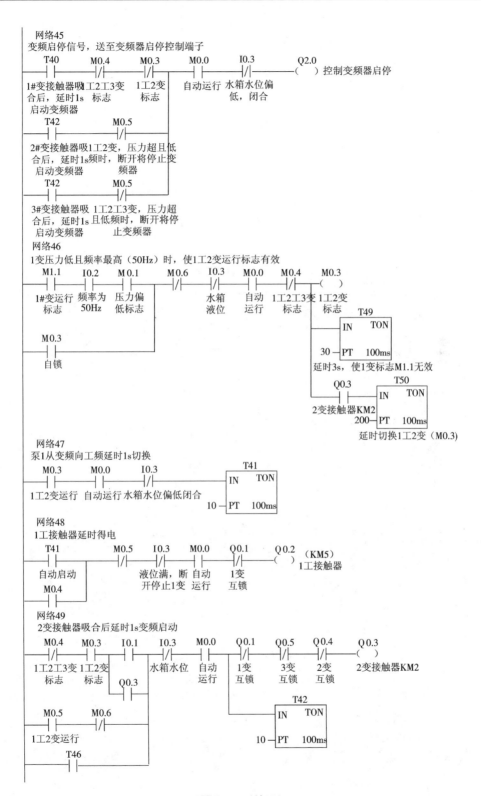

图 8-58 （续四）

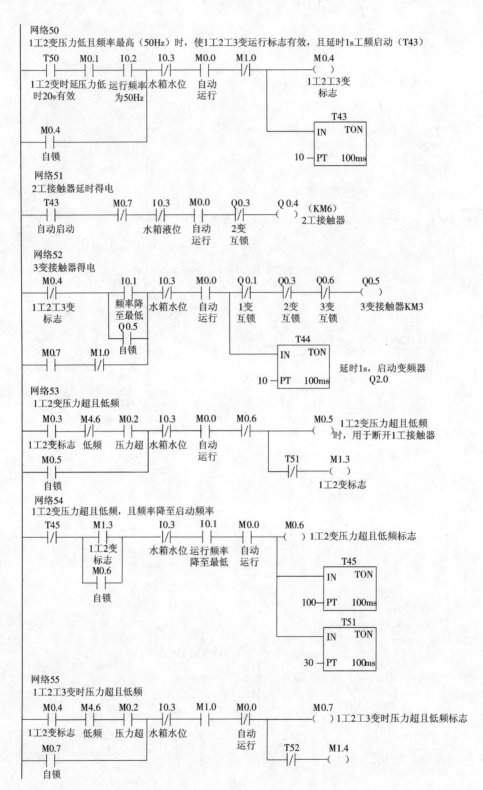

图 8-58 (续五)

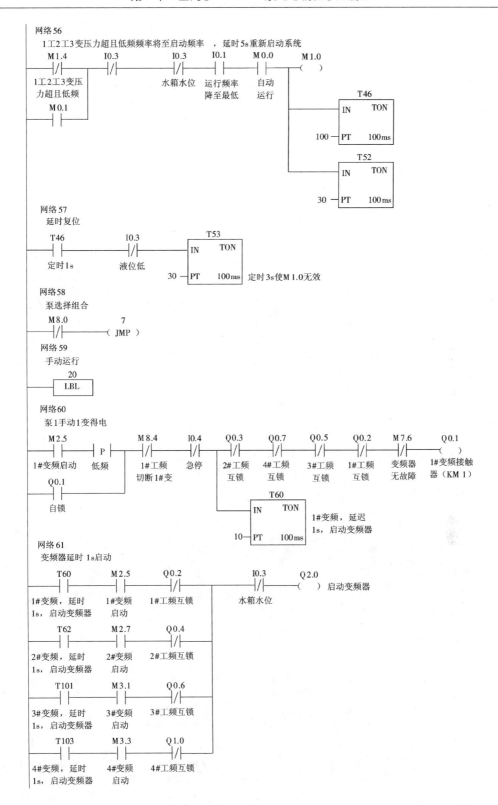

图 8-58 （续六）

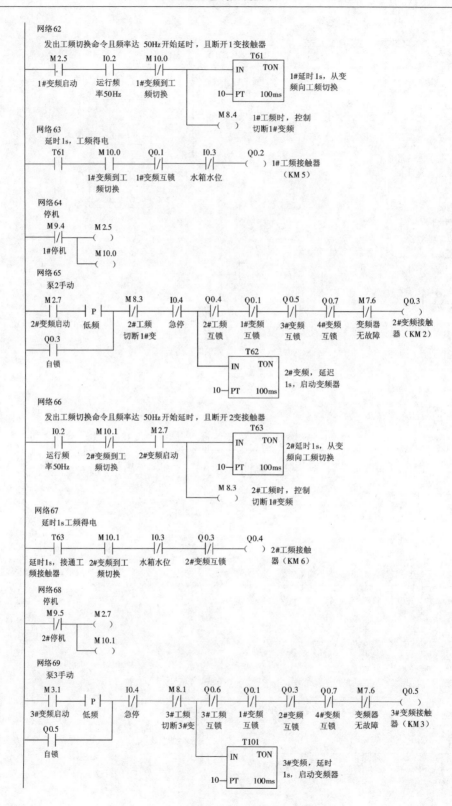

图 8-58 （续七）

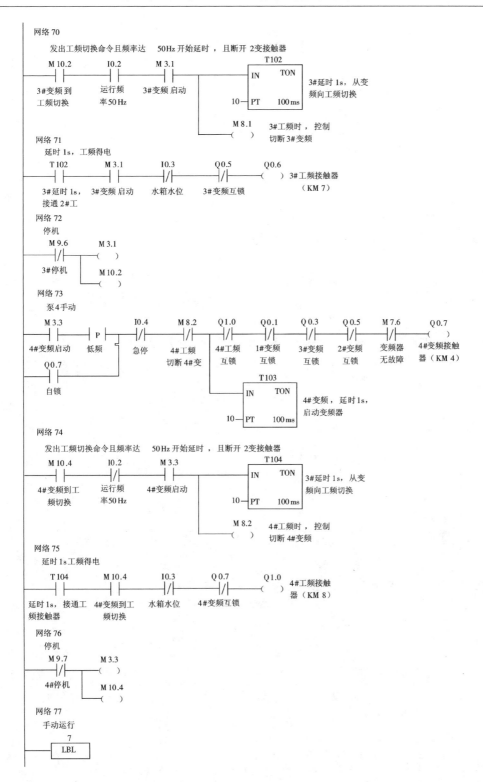

网络 70

发出工频切换命令且频率达 50 Hz 开始延时，且断开 2 变接触器

M 10.2 3#变频到工频切换　　I0.2 运行频率 50 Hz　　M 3.1 3#变频启动　　T102 IN TON　　10 — PT 100 ms　　3#延时 1s，从变频向工频切换

M 8.1 3#工频时，控制切断 3#变频

网络 71

延时 1s，工频得电

T102 3#延时 1s，接通 2#工　　M 3.1 3#变频启动　　I0.3 水箱水位　　Q0.5 3#变频互锁　　Q0.6 3#工频接触器（KM 7）

网络 72

停机

M 9.6 3#停机　　M 3.1　　M 10.2

网络 73

泵 4 手动

M 3.3 4#变频启动　　P 低频　　I0.4 急停　　M 8.2 4#工频切断 4#变　　Q1.0 4#工频互锁　　Q0.1 1#变频互锁　　Q0.3 3#变频互锁　　Q0.5 2#变频互锁　　M 7.6 变频器无故障　　Q0.7 4#变频接触器（KM 4）

Q0.7 自锁

T103 IN TON　　10 — PT 100 ms　　4#变频，延时 1s，启动变频器

网络 74

发出工频切换命令且频率达 50 Hz 开始延时，且断开 2 变接触器

M 10.4 4#变频到工频切换　　I0.2 运行频率 50 Hz　　M 3.3 4#变频启动　　T104 IN TON　　10 — PT 100 ms　　3#延时 1s，从变频向工频切换

M 8.2 4#工频时，控制切断 4#变频

网络 75

延时 1s 工频得电

T104 延时 1s，接通工频接触器　　M 10.4 4#变频到工频切换　　I0.3 水箱水位　　Q 0.7 4#变频互锁　　Q1.0 4#工频接触器（KM 8）

网络 76

停机

M 9.7 4#停机　　M 3.3　　M 10.4

网络 77

手动运行

7 LBL

图 8-58 （续八）

思考题与习题

8-1 设计一个二分频电路的梯形图程序。

8-2 试用定时器设计一个延时 30 min 的延时电路。

8-3 两台电机的控制要求是:第 1 台电机运行 10 s 后,第 2 台电机开始运行;当第 2 台电机运行 20 s 后,两台电机同时运行。试编制该控制的梯形图。

8-4 设计一个计数器,计数次数为 1 万次,并画出梯形图。

8-5 设计一个延时脉冲产生电路。要求在输入信号启动后,停一段时间产生一个脉冲。

8-6 采用间接寻址方式设计一段程序,将 8 个字节的数据存储在从 VB100 开始的存储单元,这些数据为 12,34,56,78,96,45,39 和 26。

8-7 编写一段程序计算 4 000 + 6 000 的值。

8-8 求以 10 为底的 50(存于 VD0)的常用对数,并将结果放到 AC0,写出运算程序。

8-9 编写程序实现如下功能:将以英寸为单位的长度值转化为以 cm 为单位的长度值。其中 C10 中存放以英寸为单位的长度值,VD4 中存放转化系数 2.54。

8-10 如图 8-59 所示为一闪烁电路梯形图,根据梯形图画出时序图。

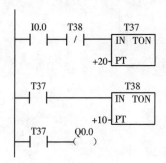

图 8-59 闪烁电路梯形图

第9章　欧姆龙 C 系列可编程序控制器

9.1　欧姆龙 C 系列机的基本结构

9.1.1　C 系列机的外形结构

欧姆龙 C 系列 PLC 可分为微型、小型、中型和大型机四大类,I/O 点数从 10～2000 不等,它们的硬件结构、指令系统、性能指标、编程方法基本相同。

1. 主机

欧姆龙 C28P CPU 主机机箱为箱式整体结构,输入和输出均有对应的接线端子。其中输入点(输入端子)16 个,输出点(输出端子)12 个。NC 为空端子,不接任何线。PLC 的工作状态可通过编程器上的方式开关分别设定为编程、监控或运行状态。

2. 扩展单元

扩展单元左右都有"CPU 或 I/O 连接单元插座",可根据施工现场的要求选择"左进右出"或"右进左出",与对应 CPU"左/右选择开关"配合使用。在通电前,应先通过开关选择。当用左边扩展口与 CPU 主机机箱连接时,连接方向开关置于左侧,称为"横联";当用右边的扩展口与 CPU 主机机箱连接时,连接方向开关置于右侧,称为"纵联"。

3. 外围设备

PLC 外围设备很多,编程器是最为常用的编程设备。编程器可以直接插在主箱体上,用螺丝钉固定;也可以用电缆与 PLC 主机连接。如果将梯形图程序直接送入机内,必须采用图形编程器。

欧姆龙 C 系列 P 型机的技术指标见附录 4。

9.1.2　欧姆龙 C 系列 P 型机内部继电器及编号

1. 输入、输出继电器

(1)输入继电器

输入继电器只能由外部信号驱动,不能被程序指令驱动。P 型机的输入继电器加装 I/O 扩展后最多可占有 5 个通道,编号为 00～04 通道。每个通道有 16 个继电器,也就是说,输入继电器最多可有 80 个,编号从 0000 到 0415,见表 9-1。

表 9-1　输入继电器编号

点数	继电器号									
	0000 ~ 0415									
	00 通道		01 通道		02 通道		03 通道		04 通道	
	00	08	00	08	00	08	00	08	00	08
	01	09	01	09	01	09	01	09	01	09
	02	10	02	10	02	10	02	10	02	10
80	03	11	03	11	03	11	03	11	03	11
	04	12	04	12	04	12	04	12	04	12
	05	13	05	13	05	13	05	13	05	13
	06	14	06	14	06	14	06	14	06	14
	07	15	07	15	07	15	07	15	07	15

（2）输出继电器

输出继电器是用来传送信号到外部负载的器件,输出继电器有一个外部输出常开触点,是按照程序的执行结果驱动的,在内部有许多常开触点供编程时使用。P 型机的输出继电器加装 I/O 扩展后最多可占有 5 个通道,编号为 05 ~ 09 通道。每个通道有 16 个输出继电器,但这 16 个输出继电器中编号为 12 ~ 15 是用来执行 PLC 内部操作的内部辅助继电器,所以 PLC 实际能处理的输出继电器是 12 个。最大输出继电器的数目为 60 个,编号从 0500 到 0911,见表 9-2。

表 9-2　输出继电器编号

点数	继电器号									
	0500 ~ 0911									
	05 通道		06 通道		07 通道		08 通道		09 通道	
	00	08	00	08	00	08	00	08	00	08
	01	09	01	09	01	09	01	09	01	09
	02	10	02	10	02	10	02	10	02	10
60	03	11	03	11	03	11	03	11	03	11
	04		04		04		04		04	
	05		05		05		05		05	
	06		06		06		06		06	
	07		07		07		07		07	

2. 内部继电器

内部继电器不能直接驱动外部设备,但它可以由 PLC 中各种的触点驱动。内部继电器包括内部辅助继电器、保持继电器、暂存继电器和数据存储继电器。

(1)内部辅助继电器

内部辅助继电器在适当的指令作用下,可以使内部辅助继电器建立起一定的逻辑关系,功能相当于继电器 – 接触器系统中的中间继电器。P 型机共有 136 个内部辅助继电器,通道从 10 到 18 通道,编号从 1000 到 1807,见表 9-3。

表 9-3 内部辅助继电器编号

点数	继电器号									
	1000 ~ 1807									
	10 通道		11 通道		12 通道		13 通道		14 通道	
	00	08	00	08	00	08	00	08	00	08
	01	09	01	09	01	09	01	09	01	09
	02	10	02	10	02	10	02	10	02	10
	03	11	03	11	03	11	03	11	03	11
	04	12	04	12	04	12	04	12	04	12
	05	13	05	13	05	13	05	13	05	13
	06	14	06	14	06	14	06	14	06	14
	07	15	07	15	07	15	07	15	07	15
136	15 通道		16 通道		17 通道		18 通道			
	00	08	00	08	00	08	00			
	01	09	01	09	01	09	01			
	02	10	02	10	02	10	02			
	03	11	03	11	03	11	03			
	04	12	04	12	04	12	04			
	05	13	05	13	05	13	05			
	06	14	06	14	06	14	06			
	07	15	07	15	07	15	07			

(2)保持继电器(HR)

保持继电器具有掉电保护的功能。有些控制对象需要保存掉电前的状态,以便在 PLC 恢复工作时再现这些状态,这时就要使用保持继电器。保持继电器共有 160 个,通道号从 HR0 到 HR9 通道,编号从 HR000 到 HR915,见表 9-4。

(3)暂存继电器 TR

P 型机有 8 个暂存继电器,其编号从 TR0 到 TR7,暂存继电器可以不按顺序进行分配,在同一程序段中不能重复使用相同的暂存继电器编号,但在不同的程序段中可以使用。

(4)数据存储继电器(DM)

数据存储继电器通道号为 DM00 ~ DM63。它不能以单独的点来使用,要以通道号(数据区、DM)为单位来使用。DM 区具有掉电保护功能。

表 9-4　保持继电器编号

点数	继电器号									
	HR000 ~ HR915									
	HR0 通道		HR1 通道		HR2 通道		HR3 通道		HR4 通道	
	00	08	00	08	00	08	00	08	00	08
	01	09	01	09	01	09	01	09	01	09
	02	10	02	10	02	10	02	10	02	10
	03	11	03	11	03	11	03	11	03	11
	04	12	04	12	04	12	04	12	04	12
	05	13	05	13	05	13	05	13	05	13
	06	14	06	14	06	14	06	14	06	14
160	07	15	07	15	07	15	07	15	07	15
	HR 5 通道		HR 6 通道		HR 7 通道		HR 8 通道		HR9 通道	
	00	08	00	08	00	08	00	08	00	08
	01	09	01	09	01	09	01	09	01	09
	02	10	02	10	02	10	02	10	02	10
	03	11	03	11	03	11	03	11	03	11
	04	12	04	12	04	12	04	12	04	12
	05	13	05	13	05	13	05	13	05	13
	06	14	06	14	06	14	06	14	06	14
	07	15	07	15	07	15	07	15	07	15

3. 专用内部辅助继电器

P 型机有 16 个专用内部辅助继电器(1808 ~ 1907),它们是内部辅助继电器 18 通道的左字节和 19 通道的右字节,分别用来表示 PLC 的工作状态。它们的功能和编号如下:

(1)继电器 1808——用于对电池电压低时的报警,电池失效时接通(ON);

(2)继电器 1809——一般处于断开状态,为常开(OFF)继电器,只有当扫描时间超过 100 ms(小于 130 ms)时接通(ON);

(3)继电器 1810——常开(OFF)继电器,当使用高速计数指令并在输入继电器 0001 收到复位信号时接通(ON)一个扫描周期;

(4)继电器 1811——常开(OFF)继电器;

（5）继电器 1812——常开（OFF）继电器；

（6）继电器 1813——常闭（ON）继电器；

（7）继电器 1814——常开（OFF）继电器；

（8）继电器 1815——PLC 开始运行时，接通（ON）一个扫描周期，作初始化处理；

（9）继电器 1900——产生 0.1 s 的时钟脉冲，即每隔 50 ms 接通 50 ms；

（10）继电器 1901——产生 0.2 s 的时钟脉冲，即每隔 0.1 s 接通 0.1 s；

（11）继电器 1902——产生 1 s 的时钟脉冲，即每隔 0.5 s 接通 0.5 s；

（12）继电器 1903——算术运算出错标志，当运算结果不以 BCD 码（用 16 位二进制代码表示 4 位十进制数）形式输出时，此继电器接通（ON）；

（13）继电器 1904——进位标志，数值运算有进位/借位时接通（ON）；

（14）继电器 1905——比较两个操作数，当第一个操作数大于第二个操作数时接通（ON）；

（15）继电器 1906——比较两个操作数，当第一个操作数与第二个操作数相等时接通（ON），在算术运算结果为 0 时，也接通（ON）；

（16）继电器 1907——比较两个操作数，当第一个操作数小于第二个操作数时接通（ON）。

4. 定时器、计数器

P 型机提供 48 个定时器或 48 个计数器，或者是总数不超过 48 个定时器与计数器的组合。

定时器和计数器的编号为 TIM00～TIM47 或 CNT00～CNT47。在分配定时器和计数器编号时，两者的编号不能相同，例如不能既有 TIM03 定时器又有 CNT03 计数器。当电源掉电时，定时器被复位，而计数器不复位，具有掉电保护功能。定时器和计数器不能直接产生输出，若要输出必须通过输出继电器。

9.2　欧姆龙 C 系列 P 型机的指令系统

欧姆龙 C 系列 P 型机的指令分成两大类，即基本指令和专用（功能）指令。

基本指令是指直接对输入、输出点进行简单操作的指令，包括逻辑操作（与、或、非等）指令和输出指令等。在编程器的键盘上设有与基本指令的符号和助记符相同的键，输入基本指令时，只要按下对应的键即可。

专用（功能）指令也称特殊指令。它包括数据处理、运算和程序控制等指令。由于专用指令很丰富，在编程器上没有对应的键盘。为了便于在编程器上输入程序，为每一条专用指令指定了一个功能代码（2 位数字），书写时用圆括号括起来，放在专用指令的助记符后面。在编程输入专用指令时，先按"FUN"键，再按功能代码即可。

9.2.1　基本指令

1. LD 指令与 LD-NOT 指令

格式：LD（LD-NOT）　B

B 为指定继电器的编号，内容见下表：

继电器 类型	输入、输出 继电器	内部辅助 继电器	内部特殊 继电器	保持继电器	定时器	计数器
B 的内容	0000～0911	1000～1807	1808～1907	HR000～HR915	TIM00～TIM47	CNT00～CNT47

符号：

$$\dashv\vdash^{B}\ ,\ \dashv\!/\!\vdash^{B}$$

功能：常开(或常闭)触点与母线连接指令，也称为装载或起始指令，每一个程序的开始都要使用它。

2. AND 与 AND-NOT 指令

格式：AND（AND-NOT） B

B 为指定继电器的编号，内容见下表：

继电器 类型	输入、输出 继电器	内部辅助 继电器	内部特殊 继电器	保持继电器	定时器	计数器
B 的内容	0000～0911	1000～1807	1808～1907	HR000～HR915	TIM00～TIM47	CNT00～CNT47

符号：

$$\dashv\vdash^{B}\ ,\ \dashv\!/\!\vdash^{B}$$

功能：串联常开(或常闭)触点指令，即进行逻辑"与"操作。

3. OR 指令

格式：OR(OR-NOT) B

B 为指定继电器的编号，内容见下表：

继电器 类型	输入、输出 继电器	内部辅助 继电器	内部特殊 继电器	保持继电器	定时器	计数器
B 的内容	0000～0911	1000～1807	1808～1907	HR000～HR915	TIM00～TIM47	CNT00～CNT47

符号：

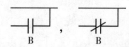

功能：并联常开(或常闭)触点指令，即进行逻辑"或"操作。

4. OUT 指令

格式：OUT B

B 为指定继电器的编号，内容见下表：

继电器类型	输出继电器	内部辅助继电器	保持继电器	暂存继电器
B 的内容	0500～0911	1000～1807	HR000～HR915	TR0～TR7

符号:

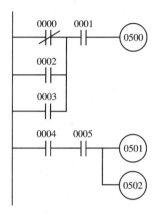

功能:输出逻辑运算的结果。它是将逻辑运算的结果,输出到一个指定的继电器。

例 9-1 写出如图 9-1 所示梯形图的指令表程序。

图 9-1

指令表程序:

	操作码(助记符)	器件号	说明
1	LD-NOT	0000	常闭触点 0000 接于母线上
2	OR	0002	并联常开触点 0002
3	OR	0003	0003
4	AND	0001	0001
5	OUT	0500	输出继电器 0500 输出
6	LD	0004	常开触点 0004 接于母线上
7	AND	0005	串联常开触点 0005
8	OUT	0501	输出继电器 0501 输出
9	OUT	0502	输出继电器 0502 输出

5. OUT-NOT 指令

格式:OUT-NOT B

B 为指定继电器的编号,内容见下表:

继电器类型	输出继电器	内部辅助继电器	保持继电器	暂存继电器
B 的内容	0500~0911	1000~1807	HR000~HR915	TR0~TR7

符号:

功能:输出取反后的逻辑运算结果。

关于上述指令的说明：

①使用 LD 或 LD-NOT 指令是指一个程序执行的开始,它们分别对应逻辑行从常开或常闭触点开始;

②OUT 指令和 OUT-NOT 指令表示一位输出,即用于一个输出继电器线圈的输出;

③OUT 指令和 OUT-NOT 指令不能用于驱动输入继电器;

④OUT 指令和 OUT-NOT 指令可以连续并联使用,次数不限。

6. AND-LD 指令

格式:AND-LD

指令 AND-LD 后面没有指定继电器编号。

符号:

功能:两个触点组串联连接指令,也称为串联指令。所谓"触点组"是指以 LD(或 LD-NOT)开头构成的一组触点。

例 9-2　将图 9-2 所示梯形图转换成指令表程序。

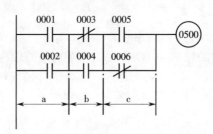

图 9-2

该梯形图应使用 AND-LD 指令,对于三个以上触点组串联(并联触点组也同样成立)可有两种编程方式,分别为一般编程法(指令表程序 1)和集中编程法(指令表程序 2)。

一般编程法(指令表程序 1):

1	LD	0001	} a
2	OR	0002	
3	LD-NOT	0003	} b
4	OR	0004	
5	AND-LD	—	a×b
6	LD	0005	} c
7	OR-NOT	0006	
8	AND-LD	—	(a×b)×c
9	OUT	0500	

按一般编程法(指令表程序 1),每写完两个触点组,紧跟着就编写 AND-LD 指令。然后接着写第三个触点组,再写一个 AND-LD 指令。在程序中将三个触点组分别设为 a、b、c,按一般编程法编程,PLC 运行的结果是先处理 a、b 两个触点组(即 a×b),然后将 a×b 看成一个新触

点组与触点组处理(即(a×b)×c)。

集中编程法(指令表程序 2):

1	LD	0001	
2	OR	0002	a
3	LD-NOT	0003	
4	OR	0004	b
5	LD	0005	
6	OR-NOT	0006	c
7	AND-LD	—	(b×c)
8	AND-LD	—	(b×c)×a
9	OUT	0500	

按集中编程法(指令表程序 2),先将 3 个触点组都写完,然后连续编写两条 AND-LD 指令,这种编程方式在 PLC 运行的逻辑结果与一般编程法(指令表程序 1)是一致的。但在具体执行过程中却不同,它是先处理 b、c 两个触点组(即 b×c),然后将(b×c)看成一个新触点组与 a 触点组进行处理(即(b×c)×a)。

这两种编程指令程序执行中先后次序不同,是因为集中编程法启用了存放指令的堆栈寄存器的下层空间,而一般编程法只启用堆栈寄存器的第一层。也就是说集中编程法中将指令按 a、b、c 顺序压入堆栈寄存器,当 a、b、c 从堆栈中弹出时按"先入后出"原则进行。所以最先弹出是 c 和 b,然后才是 a,那么执行指令的结果为 b×c,然后才进行(b×c)×a 的处理。

7. OR-LD 指令

格式:OR-LD

指令 OR-LD 后面设有指定继电器号。

符号:

功能:两个触点组并联连接指令,也称为并联指令。

例 9-3　将图 9-3 所示梯形图转换成指令表程序。

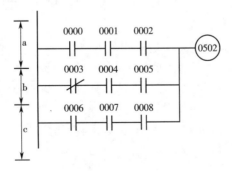

图 9-3

使用 OR-LD 指令同样有两种编程方式,分别为一般编程法和集中编程法。

一般编程法(指令表程序 1):

1	LD	0000	
2	AND	0001	a
3	AND	0002	
4	LD-NOT	0003	
5	AND	0004	b
6	AND	0005	
7	OR-LD	—	a + b
8	LD	0006	
9	AND	0007	c
10	AND	0008	
11	OR-LD	—	(a + b) + c
12	OUT	0502	

集中编程法(指令表程序 2):

1	LD	0000	
2	AND	0001	a
3	AND	0002	
4	LD-NOT	0003	
5	AND	0004	b
6	AND	0005	
7	LD	0006	
8	AND	0007	c
9	AND	0008	
10	OR-LD	—	b + c
11	OR-LD	—	(b + c) + a
12	OUT	0502	

使用 AND-LD 和 OR-LD 指令的注意事项:

①AND-LD 和 OR-LD 为独立指令,不带任何器件编号;

②AND-LD 用于串联两个或两个以上触点相并联的触点组(也称为"块"),每个触点组要独立编程;

③OR-LD 用于并联两个或两个以上的触点相串联的触点组,每个触点组要单独编程;

④使用一般编程法,串联(或并联)的触点组(块)是无限的;

⑤使用集中编程法,若使用 N 次 LD(或 LD-NOT),那么应写(N − 1)次 AND-LD(或 OR-LD);

⑥使用集中编程法串联(或并联)的触点组(块)不能超过 8 个,因为机器中存放这种指令的堆栈只有 8 级。所以 AND-LD(或 OR-LD)

8. TIM 指令

格式:TIM　N

　　　　SV

N:定时器的编号,数值范围 $0 \leqslant N \leqslant 47$。

SV:所需定时的设定值,也可以是输入继电器、输出继电器、内部辅助继电器、保持继电器通道的内容。

功能:接通延时(定时)指令。当定时器(TIM)由输入变为 ON(接通)时开始计时,经过设定时间后,定时器编号(N)所对应的继电器为 ON(定时器的触点动作)。

符号:

使用 TIM 指令时注意几点:

①TIM 指令像一个通电延时的时间继电器一样工作;

②TIM 指令中 SV 延时范围为 $0 \sim 999.9$ s,定时单位为 0.1 s,即 $(0 \sim 9999) \times 0.1$ s,例如定时设定值 SV 为 0030,则设定时间为 30×0.1 s $= 3$ s;

③TIM 指令是从输入端为 ON 时开始启动延时,其数据从预置数(SV)开始以 0.1 s 为单位递减。到零时,指定的定时器产生输出;

④TIM 指令在其输入端为 OFF 时复位,无论数值为多少,都将返回预置数(其触点恢复原始状态);

⑤电源掉电时,定时器复位,计时的当前值恢复为初始设定值;

⑥TIM 指令和后面要介绍的 CNT(计数)指令的编号不能重复使用,因为二者共同占有 48 个 $(00 \sim 47)$ 编号;

⑦TIM 指令的预置数 SV 不仅可以是直接数,也可以使用输入继电器、输出继电器、内部辅助继电器、保持继电器通道的内容作为设定值,但这些继电器通道的内容必须是十进制数(BCD 码)。

例 9-4 试分析图 9-4 所示梯形图工作原理。

梯形图中输入继电器 0002 闭合,一方面接通定时器,执行 TIM 指令。另一方面,输出继电器 0501 输出。8.3 s 后定时器输出,常闭触点 TIM01 断开,输出继电器 0501 断电复位(不输出)。对应的波形图如图 9-5 所示。

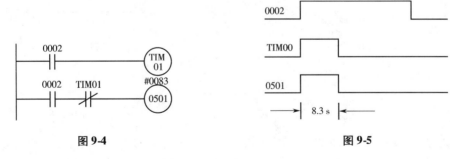

图 9-4　　　　　　　　　　　　　　　　　　图 9-5

9. CNT 指令

格式:CNT　N

　　　　SV

N:计数器的编号,数值范围 $0 \leqslant N \leqslant 47$。

SV:所需计数的设定值,也可以是输入继电器、输出继电器、内部辅助继电器、保持继电器通道的内容。

功能：预置计数指令。当计数器（CNT）的输入变为 ON（接通）时，开始计数，经过设定数值后，计数器为 ON（计数器触点动作）。

符号：

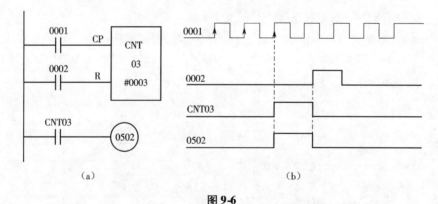

使用 CNT 指令时注意几点：

①CNT 指令设定范围 SV 为 1～9999，即它是预置计数器；

②随 CP 端每输入一个脉冲而将预置数 SV 减 1，当计数值减为 0000 时，计数器为 ON（其触点动作）；

③CNT 指令的 R 为复位端，当其为 ON 时，断开计数器的对外输出，同时将计数器的当前值恢复到设定值（装入设定值）；

④任何情况下，R 端优先执行；

⑤掉电时，计数器保留当前值（当前值不变，计数器不复位），这是执行 CNT 指令和执行 TIM 指令的不同之处；

⑥设定的 CNT 编号不能和 TIM 编号重复；

⑦CNT 指令的设定值 SV 不仅可以用直接数，也可以使用输入继电器、输出继电器、内部辅助继电器和保持继电器通道的内容作为设定值，但这些继电器通道的内容必须为十进制数（BCD 码）。

例 9-5 试分析图 9-6 梯形图和波形图的工作原理，并将其转换成指令表程序。

图 9-6
（a）梯形图；（b）波形图

CNT 指令设定值（预置数）SV 为 0003，即 3 个脉冲（与脉冲宽度无关）。CP 端每输入一个脉冲，设定值减 1。当其输入 3 个脉冲时，计数器中的设定值为 0000，常开触点 CNT03 闭合，输出继电器 0502 输出（为 ON）。当复位端 R 为 ON 时，计数器断开对外输出，输出继电器 0502 断开输出。

指令表程序

1	LD	0001
2	LD	0002
3	CNT	03
		#0003
4	LD	CNT03
5	OUT	0502

9.2.2　主要专用（功能）指令

主要专用指令如表 9-5 所示。

表 9-5　主要专用指令

指令格式		功能	说　明	继电器通道
语句表	梯形图			
END	─ END(01)	结束程序指令	①使用编程器输入指令时，需先按 FUN 键、0 键、1 键、WRITE 键才能将该指令输入 PLC。 ②END 指令总是作为程序的最后一条指令。 ③若程序结尾没有该条指令，在运行或监视程序时，显示器将显示"NOENDINST"误信错息	
IL	─ IL(02)	分支指令，在分支处形成新母线	①IL 和 ILC 指令允许嵌套使用，使用次数不受限制，但不能交叉使用。 ②当 IL 指令前的关系为 ON（接通）时，IL 和 ILC 指令之间的程序执行。当 IL 指令前的关系为 OFF（断开）时，IL 和 ILC 指令之间的程序不执行。 ③在 IL 和 ILC 之间程序不执行时，它们之间的继电器状态是不同的，输出继电器、内部辅助继电器为 OFF（断开）状态，定时器为复位状态计数器、移位寄存器和保持继电器均保持当前状态	无
ILC	─ ILC(03)	分支结束指令，从分支处返回（消除分支）		
JMP	─ JMP(04)	跳转指令	①JMP 和 JME 是一对程序控制指令，必须成对使用。在条件满足时，将依次执行 JMP 和 JME 指令之间的程序，反之则跳过这段程序不执行。(1)接在 JMP 指令以后的触点都使用 LD（或 LD-NOT）指令。 ②JMP 和 JME 指令在用户程序（即梯形图或指令表）中最多可重复使用 8 次。 ③JMP 和 JME 之间不能使用高速计数指令	
JME	─ JME(05)	跳转结束指令		

表 9-5(续一)

指令格式		功能	说　明	继电器通道
语句表	梯形图			
KEEP　B	 S ─── (KEEP B) R ───┘	保持指令	①KEEP 指令在置位输入端（S）为"ON"时，KEEP 指令指定的继电器变为"ON"。复位输入端（R）为"ON"时，KEEP 指令指定的继电器变为"OFF"。置位输入和复位输入同时"ON"时，复位输入优先。 ②电源断电时，B 若为内部辅助继电器（1000～1807），则为 OFF 状态。B 若为保持继电器（HR000～HR915），其内部保持原状态	输出继电器通道:0500～0911,内部辅助继电器通道:1000～1807,保持继电器通道:HR000～HR915
CNTR　N 　　SV	II ─┤ CNTR DI ─┤　N R ─┤　SV	可逆计数	①当计数器当前值为设定值时，再加 1 后计数器的当前值为 0000。当计数器当前值为 0000 时，再减 1 计数器的当前值为设定值。可见该指令相当于一个环行可逆计数器。 ②在开始执行 CNTR 指令或复位端（R）为 ON 时，可逆计数指令的当前值为 0000，加 1 或减 1 操作在此基础上进行。 ③当加 1 端（II）或减 1 端（DI）信号的上升沿同时到来时，CNTR 指令不作加 1 或减 1 操作。 ④CNTR 指令的设定值必须是 4 位 BCD 码，使用通道设置时必须注意此点，否则将不能运行 CNTR 指令	N:计数器的编号,其数值范围 $0 \leqslant N \leqslant 47$;SV:可以是计数值,也可以是内部辅助继电器或保持继电器的内容
DIFU　B	─┤ DIFU B ├─	上升（前沿）微分指令	①DIFU、DIFD 指令都是实现在程序循环扫描过程中某些只需运行一次的指令，不同之处是上升沿还是下降沿触发。 ②DIFU 和 DIFD 指令可以单独使用，也可同时使用，单独使用时没有什么限制，在一个程序中同时使用时，最多可使用 48 次，否则编程器会显示"DIF OVER"错误信息，并把第 49 个 DIFU 或 DIFD 作废	输出继电器通道:0500～0911,内部辅助继电器通道:1000～1807,保持继电器通道:HR000～HR915
DIFD　B	─┤ DIFD B ├─	下降（后沿）微分指令		

表 9-5(续二)

指令格式		功能	说　　明	继电器通道
语句表	梯形图			
CMP CP1 　　CP2	CMP CP1 CP2	数据比较指令	当 CP1 数值大于 CP2 数值时,专用内部辅助继电器 1905 接通(为ON)。 当 CP1 数值等于 CP2 数值时,专用内部辅助继电器 1906 接通(为ON)。 当 CP1 数值小于 CP2 数值时,专用内部辅助继电器 1907 接通(为ON)	输入继电器:00～04;输出继电器:05～09;内部辅助继电器:10～17,保持继电器:HR0～HR9;计数器/定时器:00～47
MOV　S 　　　D	MOV S D	数据传送指令	将一个指定通道的内容或一个4位十六进制常数(S)传送到另一个通道(D)中去	内部辅助继电器:00～17;内部特殊继电器:18～19;保持继电器:HR0～HR9;定时/计数器:00～47;常数:#0000～FFFF
ADD　Au 　　　Ad 　　　R 　　　A	ADD Au Ad R	加法指令	①加数 Au 和被加数 Ad 都存放在两个通道内。 ②某个通道(存放加数 Au 或被加数 Ad)与一个 4 位 BCD 直接数。 ③两个都是 4 位 BCD 直接数。 若产生进位,则特殊继电器 1904 为 ON;相加结果若为 0000,则特殊继电器 1906 为 ON	内部辅助继电器、保持继电器、定时/计数器、数据存储区、常数
SUB　Mi 　　　Sv 　　　R	SUB Mi Sv R	减法指令	将被减数通道(Mi)内容减去减数通道(Sv)内容或一个常数,结果存放到指定结果通道(R)中去	
STC	STC	置 1 指令	用于设置标志位,强制特殊继电器 1904 为 ON	无
CLC	CLC	清除指令	用于清除进位,强制特殊继电器 1904 为 OFF	无
NOP	NOP	空操作指令	在程序中预先插入一些 NOP 指令,当修改程序时,可避免改变序号	无

9.3 编程中应注意的基本原则

9.3.1 梯形图设计原则

1. 梯形图的每一逻辑行都是从左边母线开始,以输出线圈结束,也就是说,在输出线圈与右边母线之间不能再接任何继电器接点,所以右边母线经常省略。图 9-7(a)所示为非法电路,应改成图 9-7(b)所示的标准形式。

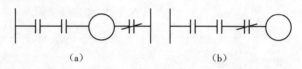

图 9-7 输出线圈与右母线的关系

(a)不合理电路;(b)合理电路

2. 所有输入/输出继电器、内部辅助继电器、TIM/CNT 等触点的使用次数是无限的,且常开、常闭形式均可,所以在画梯形图时,应使结构尽量简化(使之有明确的串、并联关系),而不必用复杂的结构来减少触点的使用次数。

3. 所有输出继电器都可以用作内部辅助继电器,且触点使用次数也是无限的;但输入继电器不能作为内部辅助继电器。图 9-8(a)为合理电路,图 9-8(b)为不合理电路。

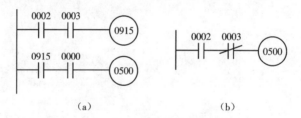

图 9-8 输入继电器的使用

(a)合理电路;(b)不合理电路

4. 输出线圈不能与左边母线直接相连,如果有这种需要的话,可通过一个常 ON 继电器 1813 或常 OFF 位取 1814 反来连接。图 9-9(a)为合理电路,图 9-9(b)、(c)为不合理电路。

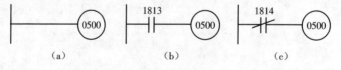

图 9-9 输出编程

(a)不合理电路;(b)、(c)合理电路

5. 两个或两个以上线圈可以并联,但不能串联,如图 9-10 所示。

6. 程序的运行是以第一个地址到 END 指令,按从左到右、从上到下的顺序执行。在编程时要考虑程序的先后顺序。在调试程序时,可以把程序分成若干段,每段插入一条 END 指令,

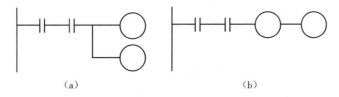

图 9-10　输入继电器的使用

（a）合理电路；（b）不合理电路

这样就可以逐段调试，直到整个程序都调好为止，如图 9-11 所示。

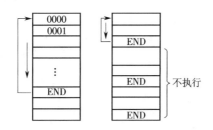

图 9-11　END 指令的使用

9.3.2　编程技巧

1. 电路块的重新排列

几个电路块串并联时，适当安排电路块的位置，可使指令编码简化。如图 9-12 所示，可将图（a）、图（b）简化成图（c）、图（d）形式。

2. 复杂电路的编程

图 9-13（a）、（b）所示的电路逻辑关系完全相同。

采用图 9-13（a）梯形图时，对应的语句表如下：

1	LD	0000	6	AND	0004
2	LD NOT	0001	7	OR-LD	
3	AND	HR001	8	AND-LD	
4	LD	0002	9	OR-LD	
5	LD	0003	10	OUT	0500

采用图 9-13（b）程序时，不需要分块，可直接编程。程序语句表如下：

1	LD	0003	5	AND	HR001
2	AND	0004	6	OR	0000
3	OR	0002	7	OUT	0500
4	ANDNOT	0001			

可见，同样的逻辑关系，采用图 9-13（b）程序简化了，要比采用图 9-13（a）好。

3. 程序段的先后次序

由于 PLC 的程序是按从上到下、从左到有的次序执行，所以在上面进行程序简化时，也应考虑程序段的先后次序。图 9-14（a）所示电路中，0600 总也不会为 ON；而改成图 9-14（b）形式后，则 0002 为 ON 时，0600 为 ON 一个扫描周期。

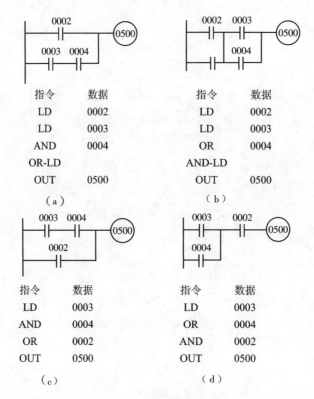

图 9-12　电路块的排列

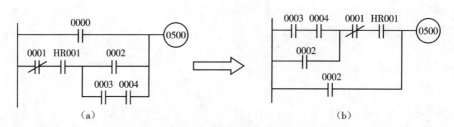

图 9-13　复杂逻辑程序段的编程

（a）不合理电路;（b）合理电路

4. 桥式电路的化简

PLC 不能对图 9-15（a）所示桥式电路编程,要编程必须先进行化简。简化后的电路如图 9-15（b）所示。

5. 对输入常闭触点的处理

PLC 是继电–接触控制的理想替代物,由于继电器电气原理图与 PLC 的梯形图类似,可将继电器原理图直接转换为相应的梯形图,但在转换中必须注意作为输入的常闭触点的处理。

还以三相异步电动机启停控制电路为例。图 7-2（b）是继电–接触控制原理图,如把图 7-2（d）中的 SB_2 改为通常继电器控制的常闭按钮,梯形图仍用图 7-2（c）。运行这一程序时,会发现输出继电器 0500 线圈不能接通,电动机不能启动。因为按下启动按钮 SB_1 时,0000 线圈接通,0001 常闭触点闭合,因接入 PLC 的 SB_1 改为常闭,所以 0001 线圈也接通,梯形图中的

指令	数据
LD	0002
OUT	1000
ANDNOT	1000
OUT	0600

(a)

指令	数据
LD	0002
ANDNOT	1000
OUT	0600
LD	0002
OUT	1000

(b)

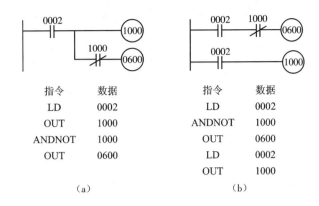

图9-14　程序段的先后次序

(a)不合理电路;(b)合理电路

(a)　　(b)

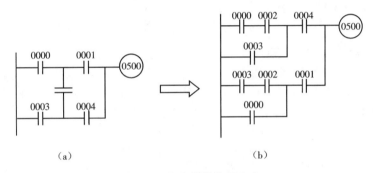

图9-15　程序段的先后次序

(a)桥式电路;(b)可编程序的等效桥式电路

0001触点断开,0500无法接通。必须将0001改为图9-16所示的常开触点才能满足启动、停止的要求。或者停止按钮SB_2采用常开触点,就可选用图7-2(c)的梯形图程序了。

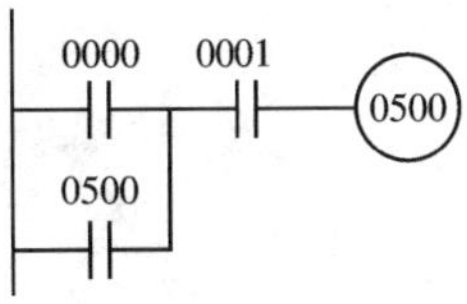

图9-16　SB_2为常闭输入时的正确梯形图

由此可见,若输入为常开触点,编制的梯形图与继电-接触控制原理图一致;若输入为常闭触点,编制的梯形图与继电器的原理图相反。一般为了与继电器原理图的习惯一致,在PLC中尽可能采用常开触点作为输入。

9.4　应用举例

9.4.1　简单电梯的控制

前面第6章已介绍过由继电器组成的电梯控制系统,但那个系统存在故障率较高、维护困难、控制装置体积大等问题。近年来,由微机和 PLC 组成的电梯逻辑控制系统已成为发展方向。下面主要分析 PLC 在电梯控制中的应用。

1. 工艺要求

(1)当轿厢停于 1 层或 2 层或 3 层时,按 PB$_4$ 按钮呼梯(4 层呼),则轿厢上升至 LS$_4$(4 层)停。

(2)当轿厢停于 4 层或 3 层或 2 层时,按 PB$_1$ 按钮呼梯(1 层呼),则轿厢下降至 LS$_1$(1 层)停。

(3)当轿厢停于 1 层,若 PB$_2$ 按钮呼梯(2 层呼),则轿厢上升至 LS$_2$(2 层)停,若按 PB$_3$ 按钮呼梯(3 层呼),则轿厢上升至 LS3(3 层)停。

(4)当轿厢停止于 4 层,若按 PB$_3$ 按钮呼梯,则轿厢下降至 LS$_3$ 停,若按 PB$_2$ 按钮呼梯,则轿厢下降至 LS$_2$ 停。

(5)当轿厢停于 1 层,而 PB$_2$、PB$_3$、PB$_4$ 按钮均有人呼梯时,轿厢上升至 LS$_2$ 暂停 4 s 后继续上升至 LS$_3$ 暂停 4 s 后,继续上升至 LS$_4$ 停止。

(6)当轿厢停于 4 层,而 PB$_1$、PB$_2$、PB$_3$ 按钮均有人呼梯时,轿厢下降至 LS$_3$ 暂停 4 s 后继续下降至 LS$_2$,在 LS$_2$ 暂停 4 s 后,继续下降至 LS$_1$ 停止。

(7)当轿厢在楼层间运行时间超过 12 s 时,电梯停止运行。

(8)当轿厢在上升(或下降)途中,任何反方向下降(或上升)的按钮呼梯均无效,楼层显示灯亮表征有该楼层信号请求,灯灭表示该楼层请求信号消除。

注意"△"亮表示电梯上升;"▽"亮表示电梯下降。

2. 硬件系统设计

该控制系统中共有 8 个输入信号、6 个输出信号,逻辑关系较为简单,因此可选用 C28P 实现该任务。假定输入信号全部采用常开接点,该任务中的输入、输出信号及 I/O 分配如下表。

输入信号		平层信号		输出信号	
呼梯按钮 PB$_4$(4 层)	0000	LS$_4$(4 层)	0004	上升 △	0505
呼梯按钮 PB$_3$(3 层)	0001	LS$_3$(3 层)	0005	下降 ▽	0500
呼梯按钮 PB$_2$(2 层)	0002	LS$_2$(2 层)	0006	1 层指示灯	0501
呼梯按钮 PB$_1$(1 层)	0003	LS$_1$(1 层)	0007	2 层指示灯	0502
				3 层指示灯	0503
				4 层指示灯	0504

3. 软件设计

熟悉机电控制的人员很容易将继电器的控制逻辑图直接翻译成梯形图,如图 9-17 所示。

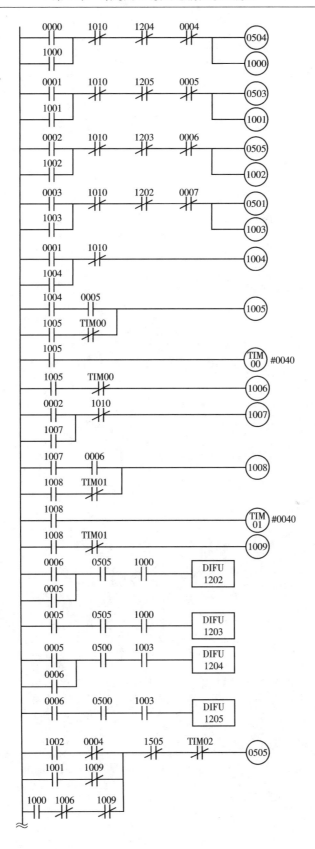

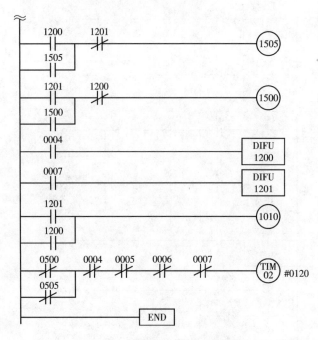

图 9-17　简单电梯控制的梯形图

9.4.2　换气系统控制

换气系统示意图如图 9-18 所示。该系统由进气风扇 Kl、排气风扇 K2、停止开关 S0、启动开关 S1、气流传感器 S2、风扇指示灯 H1 和 H2 等组成。

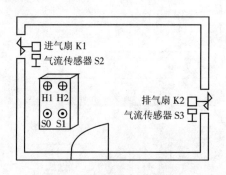

图 9-18　换气系统示意图

控制要求是屋内的空气压力不能大于大气压,所以只有排气扇运转,而且安装在排气扇上的气流传感器 S3 闭合后,进气扇才能工作。如果进气扇或排气扇工作 5 s 后,安装在各自风扇上的气流传感器没有信号,则显示风扇工作的指示灯闪动报警。采用欧姆龙 C200H PLC 实现时,换气系统参考梯形图如图 9-19 所示。

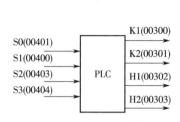

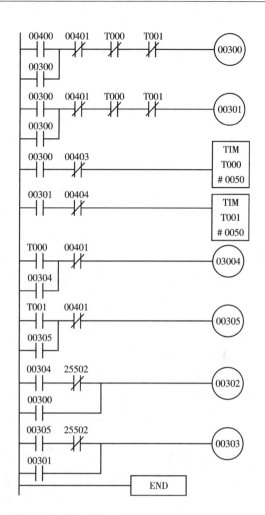

图 9-19　换气系统控制电路参考梯形图

9.4.3　停车场控制

控制要求是停车场有 20 个停车位置。当有空位时,停车场门口的绿灯亮;若是没有位置,停车场门口的红灯亮。

系统说明如下:

K1:人口车辆检测传感器;

K2:出口车辆检测传感器;

Q1:绿灯;

Q2:红灯;

Sl:系统复位按钮。

采用欧姆龙 C200H PLC 实现时,停车场控制电路参考梯形图如图 9-20 所示。

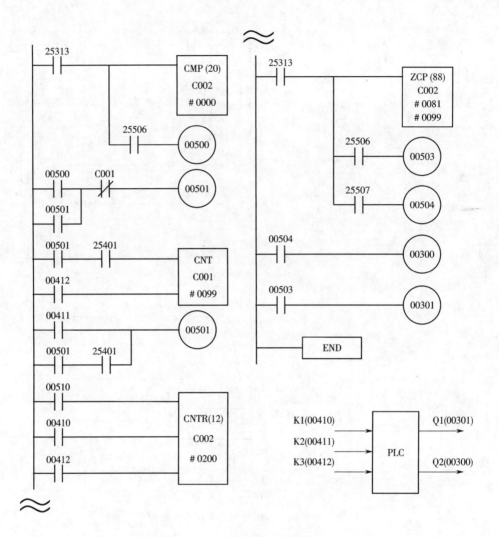

图 9-20　某停车场控制电路参考梯形图

9.4.4　锅炉引风机和鼓风机控制

锅炉燃料的燃烧需要充分的氧气,引风机和鼓风机为锅炉燃料的燃烧提供氧气。

1. 控制要求

引风机首先启动,延时 8 s 后鼓风机启动;停止时,按停止按钮,鼓风机先停,8 s 后引风机停止运行。

2. PLC 的 I/O 配置(表 9-6)、PLC 的 I/O 接线图(图 9-21)和梯形图(图 9-22)

表 9-6　PLC 的 I/O 配置

输入设备		PLC 输入继电器	输出设备		PLC 输出继电器
代号	功能		代号	功能	
SB₁	启动按钮	00000	KM₁	引风机控制接触器	10000

表 9-6(续)

输入设备		PLC 输入继电器	输出设备		PLC 输出继电器
代号	功能		代号	功能	
SB₂	停止按钮	00001	KM₂	鼓风机控制接触器	10001

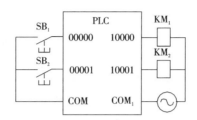

图 9-21 PLC 的 I/O 接线图

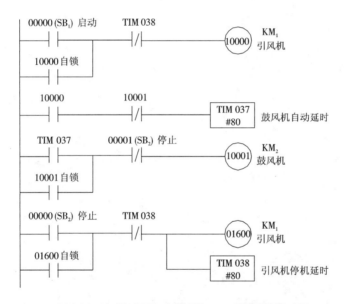

图 9-22 锅炉引风机和鼓风机 PLC 控制的梯形图

思考题与习题

9-1 PLC 扩展单元的作用是什么?

9-2 欧姆龙 C 系列 P 型机输入继电器加装 I/O 扩展单元后最多可占用几个通道,其编号是什么?

9-3 欧姆龙 C 系列 P 型机内部继电器包括哪几种,共同特点是什么?

9-4 保持继电器(HR)有哪些特点,编号范围是多少?

9-5 暂存继电器(TR)有哪些特点,编号范围是多少?

9-6 绘出下列指令程序的梯形图,并比较其功能,指出哪个更加合理。

（1）	LD	1000	（2）	LD	0002
	LD	0000		AND	0003
	AND-NOT	0001		AND	0004
	OR	LD		LD	0000
	LD	0002		AND-NOT	0001
	AND	0003		OR	LD
	AND	0004		OR	1000
	OR LD			OUT	1000
	OUT	1000			

9-7 举例说明什么是 AND-LD、OR-LD 的集中编程法。

9-8 将下列指令表程序转换成梯形图，并说明工作情况。

LD	0005
TIM	01
	#0010
LD	TIM01
OUT	0501

9-9 CNT 指令的功能是什么，输入端 CP 和 R 哪个优先执行？

9-10 END 指令的功能是什么？程序结尾没有编写该指令 PLC 能否正常工作？

9-11 IL-ILC 指令使用时要注意哪些问题？

9-12 IL-ILC 和 JMP-JME 指令的区别是什么？

9-13 SFT 指令指定的继电器是否一定同一通道编号相连的继电器，为什么？

9-14 CNTR 指令符号有几个输入端，各有什么作用？

9-15 数据比较（CMP）指令执行后比较的结果是如何区分的？

9-16 执行 BIN 指令前、后，源通道和结果通道中各存在什么数制的数？

9-17 译码（MLPX）指令的功能是什么？简述其标志位的含义。

9-18 高速计数 FUN(98) 与一般计数 CNT 指令的区别是什么？

9-19 欧姆龙 C 系列 P 型编程器工作方式选择开关有几个位置，分别起什么作用？

9-20 简述使用编程器"清除所有程序"的操作过程。

9-21 简述使用编程器"查找指令"的操作过程。

9-22 设计满足"电动机 M1 启动后 3 s，M2 自动启动"的梯形图和 I/O 连线图。

9-23 设计满足"电动机 M1 和 M2 互锁控制"的梯形图和 I/O 连线图。

附录1 常用电气图形、文字符号表

名　称		图形符号	文字符号	名　称		图形符号	文字符号
三极电源开关			Q	速度继电器	常开触头		KS
低压断路器			QF		常闭触头		
位置开关	常开触头		SQ	时间继电器	线圈		KT
	常闭触头				常开延时闭合触头		
	复合触头				常闭延时打开触头		
熔断器			FU		常开延时打开触头		
转换开关			SA		常闭延时闭合触头		

附录 1(续)

名　称		图形符号	文字符号	名　称	图形符号	文字符号
热继电器	热元件		FR	串励直流电机		
	常闭触头			并励直流电机		ZD
电磁离合器			YC	他励直流电机		
电位器			RP	复励直流电机		
整流桥			VC	直流发电机		ZF
照明灯			EL	三相鼠笼异步电机		D
信号灯			HL	三相绕线异步电机		D
电阻			R	单项变压器		T
插座			X	三相自耦变压器		T
电磁铁			YA	二极管		V

附录2 《民用建筑电气设计规范》相关内容

9.4 电梯、自动扶梯和自动人行道

9.4.1 电梯、自动扶梯和自动人行道的负荷分级及供电要求,应符合本规范第3.2节(负荷分级及供电)要求的规定。消防电梯的供电要求应符合本规范第13.9节(系统供电)的规定。客梯的供电要求应符合下列要求:

1 一级负荷的客梯,应由引自两路独立电源的专用回路供电;二级负荷的客梯,可由两回路供电,其中一回路应为专用回路;

2 当二类高层住宅中的客梯兼作消防电梯时,其供电应符合本规范第13.9.11条(公共建筑屋顶层,除消防电梯外的其他消防设备,可采用一组消防双电源供电,由末端配电箱引至设备控制箱,应采用放射式供电。)的规定。

3 三级负荷的客梯,宜由建筑物低压配电柜以一路专用回路供电,当有困难时,电源可由同层配电箱接引。

4 采用单电源供电的客梯,应具有自动平层功能。

自动扶梯和自动人行道宜为三级负荷,重要场所宜为二级负荷。

9.4.2 电梯、自动扶梯和自动人行道的供电容量,应按其全部用电负荷确定,向多台电梯供电,应计入同时系数。

9.4.3 电梯、自动扶梯和自动人行道的主电源开关和导线选择应符合下列规定:

1 每台电梯、自动扶梯和自动人行道应装设单独的隔离电器和保护电器;

2 主电源开关宜采用低压断路器;

3 低压断路器的过负荷保护特性曲线应与电梯、自动扶梯和自动人行道设备的负荷特性曲线相配合;

4 选择电梯、自动扶梯和自动人行道供电导线时,应由其铭牌电流及其相应的工作制确定,导线的连续工作载流量不应小于计算电流,并应对导线电压损失进行校验;。

5 对有机房电梯,其主电源开关应能从机房入口处方便接近;

6 对无机房的电梯,其主电源开关应设置在井道外工作人员方便接近的地方,并应具有必要的安全防护。

9.4.4 机房配电应符合下列规定:

1 电梯机房总电源开关不应切断下列供电回路:

1)轿厢、机房和滑轮间的照明和通风;

2)轿顶、机房、底坑的电源插座;

3)井道照明;

4)报警装置。

2 机房内应设有固定的照明,地表面的照度不应低于200 lx,机房照明电源应与电梯电源分开,照明开关设置在机房靠近入口处。

3 机房内应至少设置一个单相带接地的电源插座。

4 在气温较高地区,当机房的自然通风不能满足要求时,应采取机械通风。

5 电力线和控制线应隔离敷设。

6 机房内配线应采用电线导管或电线槽保护,严禁使用可燃性材料制成的电线导管或电线槽。

9.4.5 井道配电应符合下列规定:

1 电梯井道应为电梯专用,井道内不得装设与电梯无关的设备、电缆等。

2 井道内应设置照明,且照度不应小于 50 lx,应符合下列要求:

1)应在距井道最高点和最低点 0.5 m 以内各装一盏灯,中间每隔不超过 7 m 的距离应装设一盏灯,并应分别在机房和底坑设置控制开关;

2)轿顶及井道照明电源宜为 36 V,当必须采用 220 V 时,应装设剩余电流动作保护器;

3)对于井道周围有足够照明条件的非封闭式井道,可不设照明装置。

3 在底坑应装有电源插座。

4 井道内敷设的电缆和电线应是阻燃和耐潮湿的,并应使用难燃型电线导管或电线槽保护,严禁使用可燃性材料制成的电线导管或电线槽。

5 附设在建筑物外侧的电梯,其布线材料和方法及所用电器器件均应考虑气候条件的影响,并应采取防水措施。

9.4.6 当高层建筑内的客梯兼做消防电梯时,应符合防灾设置标准,并应采用下列相应的应急操作措施:

1 客梯应具有防灾时工作程序的转换装置;

2 正常电源转换为防灾系统电源时,消防电梯能及时投入;

3 发现灾情后电梯能迅速依次停落在首层。

9.4.7 电梯的控制方式应根据电梯的类别、使用场所条件及配置电梯数量等因素综合比较确定。

9.4.8 客梯的轿厢内宜设有与安防控制室及机房的直通电话,消防电梯应设置与消防控制室的直通电话。

9.4.9 电梯机房、井道和轿厢中电气装置的间接接触保护,应符合下列规定:

1 与建筑物的用电设备采用同一接地形式保护时,可不另设接地网;

2 与电梯相关的所有电气设备及导管、线槽的外露可导电部分均应可靠接地;电梯的金属构件,应采取等电位联结;

3 当轿厢接地线利用电缆芯线时,电缆芯线不得少于两根,并应采用铜芯导体,每根芯线截面不得小于 2.5 mm^2。

附录3 S7-200系列CPU22X主要技术指标

特性	CPU 221	CPU 222	CPU 224	CPU 226
外形尺寸/mm	$90 \times 80 \times 62$	$90 \times 80 \times 62$	$120.5 \times 80 \times 62$	$190 \times 80 \times 62$
存储器				
程序/字	2048	1024	4096	4096
用户数据/字	1024	1024	2560	2560
用户存储器类型	E^2PROM	E^2PROM	E^2PROM	E^2PROM
数据后备(超级电容)典型值/h	50	50	190	190
输入输出				
主机 I/O	6入/4出	8入/6出	14入/10出	24入/16出
扩展模块数量	无	2个模块	7个模块	7个模块
数字量 I/O 映像区大小	256	256	256	256
模拟量 I/O 映像区大小	无	16入/16出	32入/32出	32入/32出
指令				
33 MHz下布尔指令执行速度/(μs/指令)	0.37	0.37	0.37	0.37
I/O 映像寄存器	128I 和 128Q	128I 和 128Q	128I 和 128Q	128I 和 128Q
内部继电器	256	256	256	256
计数器/定时器	256/256	256/256	256/256	256/256
字入/字出	无	16/16	32/32	32/32
顺序控制继电器	256	256	256	256
For/NEXT 循环	有	有	有	有
增数运算	有	有	有	有
实数运算	有	有	有	有
附加功能				
内置高速计数器	4H/W(20 kHz)	4H/W(20 kHz)	6H/W(20 kHz)	6H/W(20 kHz)
模拟量调节电位器	1	1	2	2
脉冲输出	2(20 kHz,DC)	2(20 kHz,DC)	2(20 kHz,DC)	2(20 kHz,DC)
通信中断	1 发送器 2 接收器	1 发送器 2 接收器	1 发送器 2 接收器	2 发送器 4 接收器

附录 3(续)

特性	CPU 221	CPU 222	CPU 224	CPU 226
定时中断	2(1～255 ms)	2(1～255 ms)	2(1～255 ms)	2(1～255 ms)
硬件输入中断	4,输入滤波器	4,输入滤波器	4,输入滤波器	4,输入滤波器
实时时钟	有(时钟卡)	有(时钟卡)	有(内置)	有(内置)
口令保护	有	有	有	有
通信口数量	1(RS-485)	1(RS	485)	1(RS
支持协议 0 号口: 1 号口	PPI,DP/T,自由口 N/A	PPI,DP/T,自由口 N/A	PPI,DP/T,自由口 N/A	PPI,DP/T,自由口 PPI,DP/T,自由口
PROFIBUS 点到点	NETR/NETW	NETR/NETW	NETR/NETW	NETR/NETW

附录4 欧姆龙 C 系列机的技术指标

附表 4-1　C28、C40 机标准模块技术指标

单元名称	电源电压	输入	输出		型 号
C28P CPU	AC(100～240) V	DC24 V 16 点	继电器　2 A	12 点	C28P－CDR－A
			晶体管　0.5 A		C28P－CDT－A
			晶体管　1 A		C28P－CDT1－A
			双向晶闸管 0.2 A		C28P－CDS－A
			双向晶闸管　1 A		C28P－CDS1－A
		DC24 V　2 点 AC100 V 14 点	继电器　2 A		C28P－CAR－A
			双向晶闸管　1 A		C28P－CAS1－A
C40P CPU	AC(100～240) V	DC24V 24 点	继电器　2 A	16 点	C40P－CDR－A
			晶体管　0.5 A		C40P－CDT－A
			晶体管　1 A		C40P－CDT1－A
			双向晶闸管 0.2 A		C40P－CDS－A
			双向晶闸管　1 A		C40P－CDS1－A
		DC24 V　2 点 AC100 V 22 点	继电器　2 A		C40P－CAR－A
			双向晶闸管　1 A		C40P－CAS1－A
C28P 扩展 I/O 单元	AC(100～240) V	DC24 V 16 点	继电器　2 A	12 点	C40P－EDR－A
			晶体管　0.5 A		C40P－EDT－A
			晶体管　1 A		C40P－EDT1－A
			双向晶闸管　0.2 A		C40P－EDS－A
			双向晶闸管　1 A		C40P－EDS1－A
		AC100 V 16 点	继电器　2 A		C40P－EDR－A
			双向晶闸管　1 A		C40P－EAS1－A
C40P 扩展 I/O 单元	AC(100～240) V	DC24 V　24 点	继电器　1 A	16 点	C28P－EDR－A
			晶体管　0.5 A		C28P－EDT－A
			晶体管　1 A		C28P－EDT1－A
			双向晶闸管　0.2 A		C28P－EDS－A
			双向晶闸管　1 A		C28P－EDS1－A
		AC100 V　24 点	继电器　2 A		C28P－EAR－A
			双向晶闸管　1 A		C28P－EAS1－A

附表 4-2　C 系列 P 型机 CPU 特性

主要控制元件	MPU、C-MOS、LS-TTL
编程方式	梯形图
指令长度	1 地址/指令　6 字节/指令
指令数	37 种
执行时间	10 μs/指令(平均)
存储容量	1194 地址
内部辅助继电路	136 点(1000~1807),1807 在使用高速计数器时、用做软复位
特殊辅助继电器	16(1808~1907)常通、常断、电池失效、起始扫描 0.1 s 脉冲、2 s 脉冲、1.0 s 脉冲等
保持继电器	160 点(HR000~915)
暂存记忆继电器	8 点(TR0~7)
数据记忆通道	64 通道(DM00~63)使用高速计数器时,DM32~63 用于上下限设定区
定时器/计数器	48(TIM、TIMH、CNT 和 CNTR 的总和) TIM00~47(0~999.9s) TIMH00~47(0~999.9 s) CNT00~47(0~999 个数) CNTR00~47(0~999 个数) 使用高速计数器时,CNT47 用于现行值计数
高速计数器	计数输入:0000 硬复位输入:0001 最高响应频率:2 kHz 设定值范围:0000~9999 输出数:16 点 (高速计数器可由硬复位或软复位)
记忆保存	保持继电器、计数器现行值和数据寄存器内容 具有停电记忆功能
电池寿命	25 ℃时使用 5 年 高于 25 ℃时,使用寿命将缩短 当 ALARM 灯亮后,在一周内更换新电池
自检功能	CPU 失效(监视钟) 存储器失效 I/O 总线失效 电池失效等
程序检查	程序检查 (在 RUN 操作开始执行) END 指令丢失 JMP-JME 错误 线圈重复使用 电路错误 DIFU / DIFD 溢出错误 IL / ILC 错误

附表 4-3　C 系列 P 型机输入特性

参数	DC 输入（光电隔离）	AC 输入（光电隔离）
电源电压	DC24（1 ± 10%）V	AC100 ~ 120 V（ + 10% ~ - 15%） 50 /60 Hz
输入阻抗	3 kΩ	9. 7 kΩ（50 Hz） 8 kΩ（60 Hz）
输入电流	7 mA	10 mA
ON 电压	DC15 V	AC60 V
OFF 电压	DC5 V	AC20 V
ON 延时	2. 5 ms（输入继电器 0000 和 0001：0. 15 ms）	35 ms
OFF 延时	2. 5 ms（输入继电器 0000 和 0001：0. 15 ms）	55 ms

附表 4-4　C 系列 P 型机输出特性

输出方式	ON 延时	OFF 延时	最大开关容量	最小开关容量
继电器 （光电隔离）	15 ms	15 ms	2A/AC250 V 2A/DC24 V （$\cos\varphi = 1$） 4A/4 公共端 6A/8 公共端 12A（C20P） 16A（C28P） 20A（C40P） 28A（60P）/单元	10 mA DC5 V
晶体管 * （光电隔离）	15 ms	15 ms	0. 5 A, DC5 ~ 24 V	10 mA DC5 V 饱和电压：1. 5 V
双向晶闸管 ** （光电隔离）	15 ms	$\frac{1}{2}T + 1$ ms	1A/点 AC85 ~ 250 V 1. 6 ~ 4A /4 公共端	100 mA AC100 V 20 mA AC200 V

＊漏电流：100 μA,（DC24 V）；管压降：1. 5 V。

＊＊漏电流：20 μA /AC200 V,5 mA / AC100 V;管压降：1. 5 V。

参考文献

[1] 顾德英、罗长杰. 现代电气控制技术[M]. 北京:北京邮电大学出版社,2006.

[2] 王永华、宋寅卯. 现代电气控制及 PLC 应用技术[M]. 北京:北京航空航天大学出版社,2005.

[3] 韩顺杰、吕树清. 电气控制技术[M]. 北京:中国林业出版社、北京大学出版社,2006.

[4] 马小军. 建筑电气控制技术[M]. 北京:机械工业出版社,2005.

[5] 赵宏家、徐静. 建筑电气控制[M]. 重庆:重庆大学出版社,2002.

[6] 孙景芝. 建筑电气控制系统安装[M]. 北京:机械工业出版社,2007.

[7] 孙景芝. 楼宇电气控制[M]. 北京:中国建筑工业出版社,2002.

[8] 龙莉莉、肖铁岩. 建筑电气控制培训读本[M]. 北京:机械工业出版社,2007.

[9] 王俭、龙莉莉. 建筑电气控制技术[M]. 北京:中国建筑工业出版社,2002.

[10] 王青山、张铁东. 建筑设备控制系统施工[M]. 北京:电子工业出版社,2006.

[11] 曹晴峰. 建筑设备控制工程[M]. 北京:中国电力出版社,2007.

[12] 翟义勇. 建筑设备电气控制电路设计图解术[M]. 北京:机械工业出版社,2008.

[13] 窦晓霞、孙炳海. 建筑电气控制技术[M]. 北京:高等教育出版社,2004.

[14] 李金川、郑智慧. 空调制冷自控系统运行与管理[M]. 北京:中国建材工业出版社,2002.

[15] 孙光伟. 水暖与空调电气控制技术[M]. 北京:中国建筑工业出版社,2002.

[16] 崔福义、彭永臻. 给水排水工程仪表与控制[M]. 北京:中国建筑工业出版社,2003.

[17] 叶安丽. 电梯技术基础[M]. 北京:中国电力出版社,2004.

[18] 李惠昇. 电梯控制技术[M]. 北京:机械工业出版社,2003.

[19] 梁延东. 电梯控制技术[M]. 北京:中国建筑工业出版社,1997.

[20] 中国标准出版社. 电气简图用图形符号国家标准汇编[S]. 北京:中国标准出版社,2001.

[21] 中国标准出版社. 电气制图国家标准汇编[S]. 北京:中国标准出版社,2001.

[22] 中国建筑东北设计研究院、中国建筑标准设计研究院.《民用建筑电气设计规范》JGJ16 –2008[S]. 北京:中国建筑工业出版社,2008.

[23] 程周. 可编程序控制器原理与应用[M]. 北京:高等教育出版社,2003.

[24] 周万珍、高鸿斌. PLC 分析与设计应用[M]. 北京:电子工业出版社,2004.

[25] 黄明琪、冯济缨. 可编程序控制器[M]. 重庆:重庆大学出版社,2003.

[26] 田效伍. 电气控制与 PLC 应用技术[M]. 北京:机械工业出版社,2004.

[27] 夏田、陈婵娟. PLC 电气控制技术——CPM1A 系列和 S7 –200[M]. 北京:化学工业出版社,2008.

[28] 隋振有. 电控实用技术手册[M]. 北京:中国电力出版社,2007.

[29] 孙光伟. 水暖与空调电气控制技术[M]. 北京:中国建筑工业出版社,2011.

[30] 岳庆来. 变频器、可编程序控制器及触摸屏综合应用技术[M]. 北京:机械工业出版

社,2007.

[31] 梅丽凤.电气控制与 PLC 应用技术[M].北京:机械工业出版社,2012.

[32] 姚福来、孙鹤旭、杨鹏.变频器、PLC 及组态软件实用技术速成教程[M].北京:机械工业出版社,2010.

[33] 郑凤翼.欧姆龙 PLC 应用 100 例.北京:电子工业出版社,2012.

[34] 徐占国,郑凤翼,潘桂林.图解触摸屏·PLC·变频器综合应用工程实践.北京:电子工业出版社,2010.

[35] 廖常初,陈晓东.西门子人机界面(触摸屏)组态与应用技术(第 2 版)[M].北京:机械工业出版社,2008.

[36] 李道霖,张仕军,李彦梅,李雪梅.电气控制与 PLC 原理及应用[M].北京:电子工业出版社,2004.